ÉLÉMENTS DES SCIENCES NATURELLES

ZOOLOGIE

COMPRENANT

L'ANATOMIE, LA PHYSIOLOGIE
LA CLASSIFICATION ET L'HISTOIRE NATURELLE
DES ANIMAUX

PAR M. PAUL GERVAIS

Professeur à la Faculté des sciences de Paris

OUVRAGE ACCOMPAGNÉ
D'UN GRAND NOMBRE DE FIGURES INTERCALÉES DANS LE TEXTE
ET DE TROIS PLANCHES EN COULEUR
CONSACRÉES A L'ANATOMIE DE L'HOMME

PARIS
LIBRAIRIE DE L. HACHETTE ET Cie
BOULEVARD SAINT-GERMAIN, N° 77

1866

ÉLÉMENTS

DES SCIENCES NATURELLES

ZOOLOGIE

IMPRIMERIE GÉNÉRALE DE CH. LAHURE
Rue de Fleurus, 9, à Paris

INTRODUCTION HISTORIQUE.

Les sciences naturelles comprennent l'ensemble des notions relatives aux êtres organisés qui peuplent maintenant le globe ou qui ont vécu à sa surface à des époques antérieures; elles s'appliquent en même temps à nous faire connaître les matériaux dont notre planète est formée, ainsi que les grands phénomènes qui s'y sont accomplis depuis son origine et l'ont faite ce qu'elle est à présent. Dans le premier cas, elles prennent le nom de *Zoologie* ou de *Botanique;* dans le second, celui de *Géologie*.

Les progrès que ces sciences ont accomplis depuis Linné et Buffon en ont changé la face. Des lois fondamentales ont été reconnues et les tendances des naturalistes sont devenues plus pratiques sans perdre le caractère élevé qui leur est propre. Il est aujourd'hui facile de ramener les notions qui ont trait aux êtres vivants ou celles qui se rapportent aux roches constituant l'écorce du globe, à un nombre relativement restreint de données fondamentales qui ne le cèdent en rien pour la certitude à celles des sciences qui se piquent le plus d'être exactes.

La méthode que les naturalistes suivent dans leurs investigations a été la cause principale de ces progrès, et elle a acquis de nos jours une telle supériorité qu'on a pu l'appliquer avec un égal avantage aux autres branches des connaissances humaines. Sous le nom de méthode des naturalistes elle a conquis sa place dans les ouvrages où l'on traite des procédés logiques à l'aide desquels l'esprit humain peut arriver plus sûrement à la découverte de la vérité.

Son moyen consiste à recourir successivement à l'observation et à l'expérience, de manière à contrôler l'une par l'autre ces deux sources d'indications et de découvertes. En appréciant à leur valeur réelle les résultats fournis par ce double mode d'investigation, il devient aisé, dans beaucoup de circonstances, de tirer des faits reconnus exacts de précieuses indications qui mettent sur la voie de faits nouveaux. Dans ce cas, on procède à la fois par déduction et par induction, et l'on s'appuie sur le connu pour arriver à la découverte de l'inconnu ainsi qu'à la connaissance des lois qui régissent l'univers.

C'est ainsi que les naturalistes sont parvenus à comprendre les affinités de toutes sortes que les espèces animales ou végétales ont les unes avec les autres, et qu'ils ont pu en établir des classifications qui nous les font pour ainsi dire connaître jusque dans leurs moindres particularités, par la seule indication de la place assignée à chacune d'elles dans ces classifications. L'emploi de cette méthode a aussi conduit à de grandes découvertes en ce qui concerne l'appréciation de la nature intime des organes constituant les êtres vivants, les fonctions que ces organes accomplissent et les grands changements qui se sont effectués à diverses époques sur les différents points du globe.

Une place importante a donc été justement assignée aux différentes branches des sciences naturelles dans l'instruction publique chez toutes les nations; et en effet elles ne le cèdent en importance, ainsi qu'en utilité, ni aux sciences physiques telles que la chimie et la physique proprement dite, ni aux sciences mathématiques. Envisagées comme elles doivent l'être dans l'enseignement élémentaire, c'est-à-dire comme destinées à nous offrir le tableau des grands phénomènes de la nature et à nous donner la clef des détails infinis du monde matériel plutôt que l'énumération de ces détails, elles jouent un rôle considérable dans l'éducation et elles acquièrent un nouveau degré d'intérêt en nous montrant le parti presque toujours si avantageux que nous pouvons tirer des corps qu'elles étudient. Aussi ont-elles, à toutes les époques et chez tous les peuples, joui du privilége d'inspirer les méditations des esprits cultivés et d'exciter la curiosité du vulgaire.

Elles offrent un autre genre d'utilité, celui de nous habituer au grand art de la méthode en nous donnant la pratique des classifications. Ainsi que l'a très-bien établi Cuvier : « Cet art de la méthode, « une fois qu'on le possède bien, s'applique avec un avantage infini « aux études les plus étrangères à l'histoire naturelle. Toute dis« cussion qui suppose un classement de faits, toute recherche qui « exige une distribution de matières se fait d'après les mêmes lois; « et tel jeune homme qui n'avait cru faire de cette science qu'un « objet d'amusement, est surpris lui-même à l'essai de la facilité « qu'elle lui donne pour débrouiller tous les genres d'affaires. »

Mais la possession de ce précieux moyen d'investigation qu'on appelle *la méthode des naturalistes* est relativement toute récente. Les anciens ne le connaissaient point, et le fondateur de l'histoire naturelle, Aristote, qui a écrit plus de trois cents ans avant l'ère chrétienne un traité des animaux dont on admire encore aujourd'hui l'exactitude, n'en eut qu'un sentiment trop vague pour pouvoir en tirer utilement parti et en formuler les règles.

Les auteurs qui lui ont succédé n'ont pas été plus heureux. Au contraire, nous les voyons pour la plupart laisser perdre à la science le caractère sérieux et philosophique qu'Aristote lui avait donné, et l'un des plus renommés, Pline, est peut-être aussi celui qui lui a le plus nui, en sacrifiant, dans une foule de cas, la vérité des récits à l'élégance du style.

A part quelques rares exceptions, Pline a trouvé dans l'antiquité plus d'imitateurs que de critiques, et il faut arriver jusqu'à Albert le Grand, le célèbre encyclopédiste de la fin du moyen âge, pour voir reparaître dans la science les vues si sages qu'Aristote y avait introduites.

La Renaissance fut pour l'histoire naturelle une époque de progrès. Les voyages qui furent dès lors exécutés au cap de Bonne-Espérance, dans les Indes orientales et en Amérique, ont fourni des découvertes aussi curieuses qu'inattendues. On sait que la population animale et végétale de ces diverses contrées diffère considérablement de celle qui occupe le pourtour de la Méditerranée, seule région bien connue des anciens, et que, dans beaucoup de cas, les produits que l'on en tire ne ressemblent pas à ceux de nos contrées. Les savants y trouvèrent l'occasion de nombreuses découvertes, et l'agriculture, ainsi que l'industrie, ne tardèrent pas, de leur côté, à y voir de nouvelles sources de richesses. Ce fut aussi pour le commerce une puissante cause d'extension.

A la même époque, des recherches entreprises par Belon, Rondelet et quelques autres savants dans les pays déjà explorés par les anciens, ont permis de vérifier les documents recueillis par Aristote ainsi que par son disciple Théophraste, et de rectifier les erreurs sans nombre dont Pline et quelques autres avaient embarrassé l'histoire naturelle.

Ces curieuses recherches sur les animaux et les plantes qui peuplent les différents continents ou qui habitent les eaux de la mer sont loin, aujourd'hui même, d'avoir donné tous les résultats qu'on peut en attendre, et le catalogue des êtres existants n'est encore qu'incomplétement dressé. Les pays en apparence les mieux connus fournissent chaque jour de nouvelles découvertes, et toute exploration de terres lointaines, toute expédition dont font partie des naturalistes exercés, fournit des êtres dont on ignorait encore l'existence ou des produits qu'on n'avait point eu l'occasion d'utiliser. La découverte des terres australes et les voyages autour du monde exécutés à diverses reprises sur des bâtiments appartenant à plusieurs nations ont surtout ajouté aux découvertes des savants de la Renaissance.

Dès le commencement du dix-septième siècle, les observateurs disposèrent d'un moyen précieux d'investigation. L'emploi du microscope permit d'aborder un examen plus minutieux que précédemment des organes propres aux êtres vivants et des parties élémentaires dont ces organes sont formés. Le même instrument dévoila aussi l'existence, jusqu'alors ignorée, de tous ces infiniment petits de la création que l'on nomme les infusoires; il eut pour les sciences naturelles la même utilité que le télescope pour l'astronomie.

Grâce aux progrès des sciences physiques, les grandes questions que soulève la physiologie purent aussi être traitées avec plus de précision et de certitude. Harvey avait enfin démontré aux plus incrédules la circulation du sang; environ cent ans après lui, durant la première moitié du dix-huitième siècle, Réaumur étudia expérimentalement les phénomènes de la digestion, et plusieurs savants se sont appliqués à leur tour à la solution de questions également difficiles qui se rattachent à la théorie des fonctions envisagées soit chez les végétaux, soit chez les animaux. Les remarquables mémoires de Réaumur sur les insectes, dont tant d'espèces nuisent à nos cultures, méritent aussi d'être cités comme ayant largement concouru aux progrès de l'histoire naturelle.

Tous ces travaux justifiaient de grands perfectionnements accomplis dans l'art d'observer, et ils accumulaient dans la science des documents dont il importait de former un faisceau.

Pendant la seconde moitié du dix-huitième siècle, Linné et Buffon, également riches par leur propre fonds et par les données qu'ils trouvaient consignées dans les ouvrages de leurs devanciers ou de leurs contemporains, élevèrent à l'histoire naturelle un double monument qui leur mérita, à l'un et à l'autre, une immense réputation. Linné intitula son ouvrage *Systema naturæ* et Buffon donna au sien le titre d'*Histoire naturelle générale et particulière.*

Cependant un grand pas restait à faire : les procédés mis en usage pour l'étude de la nature étaient encore imparfaits à certains égards. La classification des êtres était toujours arbitraire et empirique, parce que les naturalistes continuaient à ignorer la manière d'apprécier les affinités réciproques des espèces et des genres, et qu'ils ne savaient pas les classer d'une façon hiérarchique et conforme à leur nature même. Aussi Buffon ne craignait-il pas de contester l'utilité des classifications, et Linné, dans l'impuissance où il était de classer les végétaux conformément à leurs véritables caractères, créait son système botanique, qui est resté le type des classifications artificielles.

C'est à l'école française que l'on doit le nouveau et important progrès qui s'accomplit bientôt. En 1789, Antoine Laurent de Jussieu formula dans son *Genera plantarum* les principes fondamentaux de la méthode naturelle, principes qui commençaient depuis quelque temps à germer dans l'esprit des naturalistes, et il en fit une heureuse application à l'arrangement méthodique du règne végétal.

Les zoologistes, qui depuis longtemps mettaient en pratique, mais d'une façon plus instinctive que scientifique, quelques-uns des préceptes dont la formule était enfin trouvée, n'ont pas tardé à marcher dans la voie ouverte par le botaniste célèbre que nous venons de citer, et encore aujourd'hui nous les voyons s'appliquer à perfectionner la classification naturelle des êtres dont ils s'occupent, comme le font de leur côté les savants qui étudient les plantes et continuent l'œuvre de Jussieu.

G. Cuvier et de Blainville doivent être cités en première ligne parmi les savants du dix-neuvième siècle qui ont amélioré les classifications zoologiques et donné une puissante impulsion à l'étude approfondie du règne animal, telle qu'on la poursuit maintenant sur tous les points du globe.

La minéralogie, de son côté, a trouvé ses législateurs dans deux autres naturalistes français, Romé de Lisle et Haüy. L'allemand Werner, qui écrivait, comme de Lisle, vers la fin du dernier siècle, n'a pas été moins utile à la géologie qu'à la minéralogie, par ses belles découvertes, et il a particulièrement facilité la marche de la première de ces sciences en réconciliant, pour ainsi dire entre elles, les deux théories de l'origine ignée et de l'origine aqueuse des roches qui pendant longtemps avaient été regardées comme exclusives l'une de l'autre, ce qui partageait les géologues en deux camps trop contraires dans leurs opinions pour accepter ce qu'il y avait de vrai dans le système opposé. Alexandre Brongniart eut aussi une grande part dans les découvertes qui fondèrent la science de la géologie, et à Pallas, à Lamarck, ainsi qu'à Cuvier, revient l'honneur d'avoir su tirer de l'examen des fossiles des conclusions à la fois fécondes pour la géologie et pour l'histoire générale des êtres organisés. Leurs travaux allèrent bien au delà du point auquel s'étaient arrêtés Réaumur, Guettard et les oryctographes ou géologues du siècle précédent.

Dès ce moment la géologie devint la véritable histoire du globe, au lieu d'en être le roman, et grâce aux infatigables recherches des anatomistes et des physiologistes, la biologie, c'est-à-dire l'histoire de la vie et des êtres qui en jouissent, végétaux ou animaux, devint à son tour une science positive, aussi méthodique dans ses investigations relatives aux organes et à leurs fonctions que savante dans leur classification et dans leur nomenclature.

C'est ainsi que les sciences naturelles ont réussi à retracer les phases diverses par lesquelles notre planète a passé depuis sa première apparition, à rétablir la succession des êtres organisés qui ont vécu à sa surface, et à nous faire connaître jusque dans les détails intimes de leur composition anatomique, aussi bien que dans leurs fonctions même les plus obscures et dans les moindres détails de leur genre de vie, tant d'espèces animales ou végétales dont la terre est peuplée.

Si l'homme est bien, comme on l'a dit, le maître de la création, l'histoire naturelle est évidemment le plus sûr moyen qu'il ait à sa disposition pour bien connaître son domaine.

ZOOLOGIE.

CHAPITRE I.

CARACTÈRES QUI DISTINGUENT LES ÊTRES ORGANISÉS DES CORPS BRUTS OU INORGANIQUES.

DIVISION DES CORPS NATURELS EN ORGANISÉS ET INORGANIQUES. — Il y a dans la nature deux catégories bien distinctes de corps. Quels que soient d'ailleurs les éléments chimiques qui les constituent ou les forces agissant sur eux, les uns ne sont formés que de matière à l'état brut et ils restent complétement inertes. Ces corps sont dépourvus d'organes pouvant servir à l'accomplissement de fonctions comparables à celles que nous voyons exécuter aux animaux et aux végétaux; tels sont les minéraux. La grande division qu'ils constituent parmi les corps dont l'étude fait l'objet des sciences naturelles, est l'empire inorganique; on les nomme à leur tour *corps bruts* ou corps *inorganiques*.

D'autres corps jouissent d'une activité propre, dite irritabilité, qui se traduit en actes spéciaux établissant des rapports nécessaires et constants entre eux et le monde extérieur; ils sont doués de la vie, et les organes qu'ils possèdent sont les instruments qui leur permettent de se soustraire à l'inertie caractéristique des autres corps naturels. Aussi exercent-ils un rôle spécial au sein de la nature, dont ils tirent incessamment des matériaux nécessaires à leur accroissement, à leur entretien propre, ou destinés à assurer la multiplication de leurs espèces. Ce sont, si l'on veut, de véritables machines, mais des machines animées par une force spéciale, la vie, dont les corps bruts ne subissent pas l'impulsion, et ils portent en eux ce principe d'action. Les corps de cette seconde catégorie sont appelés *vivants* ou *organisés*; tels sont les animaux et les plantes.

L'homme appartient par sa substance corporelle et périssable aux êtres organisés; il est le plus parfait d'entre eux.

L'examen des corps organisés ou êtres vivants constituant le règne animal et le règne végétal, et celui des corps qui sont inorganiques ou bruts, forment deux grandes branches de l'histoire naturelle, qui correspondent aux deux empires organique et inorganique. La première de ces branches comprend la *Zoologie* (histoire du règne animal) et la *Botanique* (histoire du règne végétal); elle a également reçu le nom général de *Biologie*, signifiant histoire de la vie. L'autre est appelée *Minéralogie* (histoire des minéraux) lorsqu'elle s'applique spécialement à l'observation des roches ou des minéraux envisagés en eux-mêmes; on la nomme *Géologie* (histoire de la terre) lorsqu'elle cherche à découvrir les conditions anciennes ou nouvelles de la formation du globe terrestre et les relations des différentes parties qui le constituent.

Une comparaison plus étendue entre les êtres vivants et les corps bruts fera mieux ressortir les différences qui distinguent l'une de l'autre ces deux grandes catégories de corps naturels; de plus, elle nous mettra à même de saisir le but élevé qu'on se propose par leur étude, ainsi que la valeur des méthodes auxquelles on a recours pour les mieux connaître. Ces différences entre les deux grandes divisions des corps terrestres sont de plusieurs sortes; on les tire de l'origine de ces corps, de leur composition chimique, de leur forme, de leur mode d'existence, de leur structure et de leur fin ou mode de terminaison.

I. Origine des corps naturels. — Au lieu de n'avoir pour point de départ et pour cause prochaine de leur formation que la mise en jeu de certains agents physiques ou celle des phénomènes chimiques, point de départ des masses minérales ou cause de leur décomposition, les corps organisés *naissent*, c'est-à-dire qu'ils doivent le jour à des êtres semblables à eux. Ils sont donc engendrés par des parents ayant des organes analogues aux leurs, doués des mêmes propriétés vitales et exerçant au sein de la création un rôle semblable à celui qu'ils doivent accomplir à leur tour. Les affinités chimiques suffisent à la production de nouveaux corps bruts; elles sont impuissantes, aussi bien que les autres forces purement physiques, pour la production de corps vivants, même très-simples. De l'acide carbonique et de la chaux donnent lieu à la formation du carbonate de chaux en se combinant ensemble, et un fragment de cette substance peut aussi, par la division, fournir autant de particules ou échantillons du même sel qu'on le voudra, ayant tous les mêmes caractères et qui sont à leur tour des corps jouissant des mêmes propriétés que le carbonate de chaux en question, que ce carbonate soit naturel ou qu'il ait été produit artificiellement par la chimie. Tous les autres corps bruts sont aussi dans ce cas.

Au contraire, il n'apparaît de nouveaux individus animaux ou végétaux qu'à la condition que des parents, c'est-à-dire des êtres semblables, de même espèce et jouissant de la propriété de se reproduire, leur aient donné naissance. Il en résulte que nul être vivant n'apparaît dans la nature s'il ne descend directement et par voie de génération d'êtres également doués de la vie et de parents semblables à lui. Tout corps organisé, c'est-à-dire vivant, provient donc d'un être organisé et vivant (*Omne vivum ex vivo*).

Chaque jour, les observations plus précises de la science tendent à mettre hors de doute la vérité de cette assertion. Elles conduisent à démontrer qu'il en est ainsi pour les espèces les plus petites ou les plus simples, telles que les plantes microscopiques ou les animaux infusoires, aussi bien que pour les animaux ou les végétaux de grande taille et d'une organisation plus parfaite dont il nous est toujours facile d'observer la filiation généalogique. On est ainsi amené à penser qu'il n'y a point, comme quelques auteurs le soutiennent, de génération spontanée, dans le sens rigoureux de ce mot, puisque dans aucun cas nous ne voyons les agents physiques ou chimiques suffire à l'apparition de nouveaux êtres organisés, si simples ou si petits qu'on les suppose.

II. Composition chimique des corps naturels. — Cependant les corps vivants ne sont pas formés de matériaux chimiques différents de ceux qui entrent dans la composition des corps bruts, et si les analyses comparatives qu'on a faites des uns et des autres ont montré qu'un certain nombre des éléments que la chimie nous apprend à connaître ne se rencontrent que dans les minéraux, ou du moins n'ont encore été rencontrés que là, elles ont aussi fait voir que plusieurs de ces éléments constitutifs sont nécessaires à la composition des animaux et des végétaux. Il en est même qui se retrouvent dans tous les êtres vivants et sont indispensables à leur existence. Ils y sont à l'état de combinaisons plus ou moins différentes par leurs caractères chimiques de celles qu'ils affectent dans les corps bruts ; ce sont les matériaux indispensables de la vie.

D'autres, au contraire, paraissent n'avoir dans les phénomènes vitaux qu'un rôle secondaire ; mais ils y sont aussi, dans la plupart des cas, soumis à un renouvellement incessant, et, sous ce rapport également, une grande différence se remarque entre le mode d'existence des corps vivants et celui des corps bruts.

Il existe d'ailleurs dans le corps des êtres vivants des composés qui sont absolument identiques à ceux que nous présente le monde inorganique. Ainsi il entre de l'eau et d'autres substances binaires comme partie intégrante de la constitution chimique des animaux et des végétaux aussi bien que de celle des minéraux. Le chlorure de sodium n'est pas moins indispensable à certaines humeurs des êtres vivants, particulièrement au sang des animaux, qu'il ne l'est aux eaux de la mer; le phosphate de chaux forme la partie terreuse du squelette et il se retrouve en masses dans certaines montagnes; les coquilles, ainsi que les polypiers, sont solidifiées par du carbonate de chaux ne différant pas de celui de la plupart de nos pierres calcaires; la potasse, sous forme de sel, est fort répandue dans les végétaux ainsi que dans leurs fruits et dans leurs graines, et l'analyse la retrouve en abondance dans leurs cendres; la silice forme la charpente solide ou la carapace de beaucoup d'animaux et de végétaux inférieurs (fig. 1), ce dont nous avons la preuve par les tripolis, qui ne

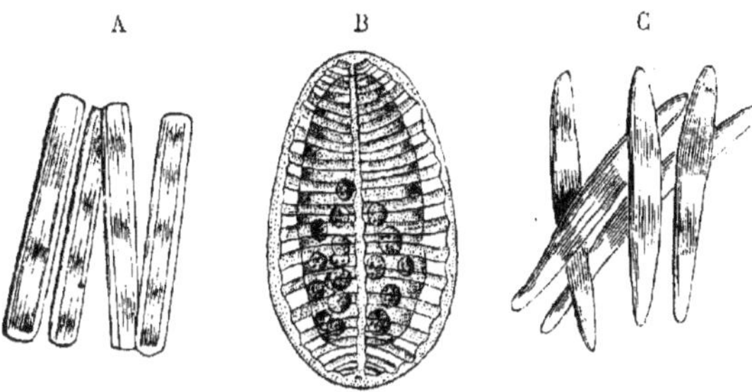

Fig. 1. — Carapaces siliceuses d'infusoires végétaux très-grossies.

sont autre chose que des agglomérations de carapaces d'infusoires siliceux. Nous pourrions citer bien d'autres exemples analogues à ceux-là.

Toutes les combinaisons chimiques que l'on observe dans les corps organisés ne sont pourtant pas aussi semblables à celles que la chimie minérale nous fait connaître, et si l'analyse qualitative a montré que la moitié environ des éléments chimiques aujourd'hui connus se retrouve dans les animaux ou les végétaux[1], l'analyse

FIG. 1. A) *Navicule.* — B) *Surrirelle.* — C) *Bacillaire.*

1. En voici la liste, établie d'après l'ordre de leur fréquence :

Carbone.	Chlore.	Fluor.	Lithium.
Hydrogène.	Iode.	Aluminium.	Argent.
Oxygène.	Calcium.	Brome.	Cœsium.
Azote.	Potassium.	Cuivre.	Rubidium.
Soufre.	Silicium.	Plomb.	
Phosphore.	Fer.	Arsenic.	

quantitative nous fait voir, à son tour, que dans beaucoup de cas, et ces cas sont, en réalité, les plus importants pour la théorie des manifestations vitales, les éléments chimiques forment dans les corps organisés et sous l'influence de la vie des composés différents de ceux de la nature minérale.

Le carbone est l'élément essentiel de ces combinaisons nouvelles. Il y est associé à de l'hydrogène et à de l'oxygène, auxquels s'ajoute, dans d'autres cas, une certaine quantité d'azote On nomme ces substances, propres aux corps vivants et que la chimie ne reproduit qu'avec peine, des principes immédiats, ou, pour rappeler leur origine, des substances organiques, et on les partage en deux groupes, dits quaternaires et ternaires, suivant qu'elles renferment ou non de l'azote, et qu'elles sont alors formées de quatre éléments ou de trois.

Le soufre ou le phosphore, quelquefois l'un et l'autre de ces deux éléments, peuvent aussi faire partie intégrante de certains composés dits quaternaires, tels que l'albumine et autres principes qu'on a appelés protéiformes. La gélatine nous fournit l'exemple d'un principe immédiat purement quaternaire.

A la série des principes ternaires appartiennent les corps gras, les fécules, les sucres, les gommes et plusieurs autres substances encore dont nous tirons un très-grand parti pour notre alimentation ou qui jouent un rôle important dans l'industrie.

III. Forme des corps naturels. — La forme n'est pas moins caractéristique lorsqu'il s'agit de distinguer les corps vivants d'avec les corps bruts. Un fragment de pierre enlevé à un rocher est un individu minéral au même titre que le rocher lui-même; mais il peut avoir une forme totalement différente de celle de ce rocher. Ou bien la forme des minéraux est irrégulière et la manière dont le fragment a été séparé peut seule en rendre raison; ou bien le minéral est régulier, et il constitue alors un solide géométrique parfaitement reconnaissable, terminé par des arêtes vives ainsi que par des surfaces planes (fig. 2). On le rendrait incomplet en en séparant un seul fragment.

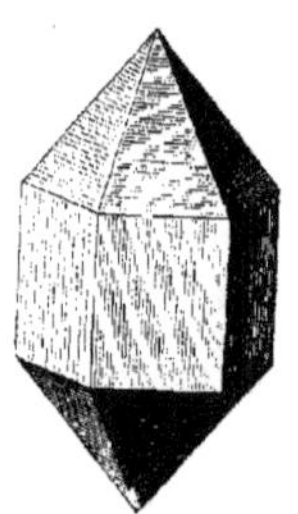

Fig. 2. — Cristal de roche.

Les corps vivants ont aussi une forme déterminée, et cette forme, ou la série de ces formes, car ils en changent souvent avec l'âge, fait également partie de leurs caractères; une espèce diffère d'une autre espèce par la forme qui lui est propre. Mais ici il n'y a ni arêtes ni surfaces planes, et l'apparence extérieure n'a rien de ce qui distingue les

Fig. 2. Forme dodécaédrique de la silice ou cristal de roche.

cristaux. Ses contours sont émoussés et l'ensemble en est sphérique comme dans beaucoup d'œufs, dans les volvox et d'autres espèces inférieures ; radiaire, comme dans l'étoile de mer ou dans la fleur de fraisier; ou bien encore symétriquement paire, comme cela a lieu pour le corps de l'homme, qu'on peut partager en deux moitiés inversement similaires entre elles. En outre, l'intérieur des corps vivants n'est point formé par une masse homogène, et ces corps ne sont pas composés de matières restant à l'état purement moléculaire ; c'est ce que nous verrons en traitant de leur structure. Enfin les matériaux chimiques des corps vivants sont dans un état constant de renouvellement, et la forme, ainsi qu'on l'a dit souvent, en domine la substance, tandis que le contraire a lieu pour les corps bruts.

IV. Mode d'existence des corps naturels. — Subordonnés à la seule influence des agents physiques ou chimiques, et n'ayant d'autres propriétés que celles qui sont caractéristiques de la matière envisagée en dehors de toute action vitale, les corps bruts n'ont pas une existence indépendante. Ils restent sous l'action des agents dont nous venons de parler ; un état de véritable inertie est leur caractère dominant; ils s'accroissent sans se nourrir et par simple juxtaposition de particules nouvelles. Aussi n'ont-ils ni évolution régulière, ni âges, ni facultés nutritives, ni moyens de propagation, et tels ils ont été produits, tels ils resteraient, si aucune force extérieure ne venait agir sur eux.

Les êtres vivants ne sont pas dans le même cas. Ils reçoivent de leurs parents, avec la vie que ceux-ci leur transmettent, une activité incessante dont l'exercice les met dans un état constant d'action et de réaction par rapport au monde extérieur; ils exécutent des fonctions plus ou moins complexes, mais toujours évidentes, et certaines forces spéciales surajoutées aux forces physiques qui régissent les corps bruts modifient en eux l'action de ces dernières forces.

Il en résulte que les êtres vivants sont toujours des individualités distinctes du monde extérieur et que leur activité se traduit en actes indépendants, ce qui donne à chacun d'eux un rôle spécial dans la nature. L'absorption et l'exhalation des matières nutritives qu'ils tirent du monde ambiant sont la condition indispensable de l'existence des êtres vivants, et leur accroissement se fait par intussusception, après élaboration intérieure, au lieu de s'accomplir par simple juxtaposition ; c'est-à-dire qu'ils grandissent par l'accumulation de parties intérieures et se développent par tous les points de leur masse en en renouvelant incessamment les matériaux. La mise en jeu des forces qui les animent est le point de départ d'une série de fonctions qui nécessitent la présence d'instruments spéciaux auxquels on donne le nom d'*organes*, et c'est de l'activité propre de ces organes, ainsi que de celles des propriétés inhérentes aux éléments anatomiques qui les constituent, que résulte l'évolution de ces corps doués de vie, et, par conséquent, les manifestations de la vie qui les distingue.

V. Structure des corps naturels. — Les organes ou instruments de la vie des êtres organisés ne sont pas formés de matériaux conservant l'état purement moléculaire à la manière des parties constituant les corps bruts. Une seule molécule, un atome même, s'il s'agissait d'un corps simple, représenterait à la rigueur chacun de ces derniers, s'il était de même nature chimique que les particules qui les constituent. Au contraire, les principes immédiats des animaux et des végétaux, ainsi que les autres matériaux dont les corps vivants sont formés, sont indispensables à leur constitution, et la molécule ou l'atome ne joue plus chez eux qu'un rôle secondaire. Il y a une structure anatomique due à la présence des tissus, et les éléments constitutifs de ces tissus peuvent être de plusieurs sortes. Ils sont formés de petits organes ayant une forme particulière qu'il est possible de ramener par l'analyse microscopique, et en assistant à leur première formation, à des cellules ou utricules, et ces cellules jouissent, comme l'ensemble des corps qu'elles constituent, de la propriété d'absorption et d'exhalation. Ce sont les véritables matériaux organisés des êtres vivants, comme les molécules chimiques sont les matériaux des corps bruts, mais elles possèdent des propriétés plus complexes que celles réservées à ces derniers, et la vie réside dans chacune d'elles tout aussi bien que dans l'ensemble des êtres qu'elles constituent par leur agrégation. En outre, elles sont assujetties dans leur mode de formation, ainsi que dans leur multiplication, à des lois tout à fait comparables à celles qui président à la multiplication et au développement des êtres organisés eux-mêmes.

Les principes immédiats et les matières salines ou autres qui font partie des corps vivants sont à la disposition de ces utricules, qui ont toutes leur vie propre, et les diverses transformations qu'elles subissent concourent, par une action commune, à la vie de tous ces agrégats plus ou moins complexes de cellules vivantes que nous appelons des animaux ou des végétaux, suivant le règne auquel ils appartiennent. Ce sont ces corps que nous regardons comme étant les véritables individus, quoiqu'ils résultent en définitive de l'association de cellules souvent fort différentes les unes des autres et en nombre presque toujours très-considérable. Ajoutons que c'est de l'activité des cellules constituant les tissus animaux et végétaux que dépend l'activité vitale. De la complication et de la diversité de ces cellules dépend aussi la supériorité des organismes et celle des fonctions qu'ils exécutent.

Il est un certain nombre d'êtres vivants si simples (animaux ou végétaux) qu'ils ne consistent qu'en une seule cellule chacun. L'œuf et la graine commencent l'un et l'autre par une cellule unique, dans laquelle apparaissent bientôt des cellules nouvelles, et l'accumulation de ces cellules, ou la substitution de cellules nouvelles aux cellules mises hors de service, se continue ainsi pendant toute la vie, depuis le moment où cet œuf ou cette graine ont commencé à germer jusqu'à celui où l'être qui en est résulté est arrivé au terme naturel de son existence.

VI. Fin ou mode de terminaison des corps naturels. — En effet, tandis que les corps bruts peuvent durer indéfiniment si les conditions au milieu desquelles ils se sont formés restent les mêmes, les êtres vivants, par cela seul qu'ils sont doués d'activité et qu'ils possèdent dans leurs cellules élémentaires, ou dans les organes formés par ces cellules, des instruments toujours en action, subissent la conséquence de leur propre activité. La durée de leur existence est limitée par l'usage dont leurs organes sont susceptibles, et, après s'être développés, après avoir fonctionné pendant un certain temps en vue d'un but physiologique déterminé, ils s'usent dans le sens vrai de ce mot, perdent l'activité dont ils étaient doués et deviennent incapables de fonctionner davantage, ce qui détermine leur mort.

Les matériaux chimiques qui les constituaient, et plus particulièrement leurs principes immédiats, se dissocient alors pour entrer dans de nouvelles combinaisons ou servir à l'alimentation d'autres êtres vivants. La fermentation et la putréfaction en détruisent aussi une grande partie, et la seule condition susceptible d'en conserver des traces est la fossilisation. Dans ce cas les débris minéralisés des corps organisés vont concourir à la formation de nouvelles roches, et l'on voit souvent des débris fossiles d'animaux ou de végétaux si petits que le microscope seul peut en démontrer la présence, donner lieu, par leur accumulation, à l'apparition de dépôts sédimentaires qui constituent de puissantes masses de terrains (fig. 3). La craie blanche résulte d'une semblable accumulation de corps organisés qui se sont déposés au fond de l'océan vers la fin de la période secondaire.

C'est de la même manière que les infusoires à carapaces siliceuses et les bacillaires (fig. 1) font apparaître par leur amoncellement de nouvelles couches au fond des lacs, et, aux époques géologiques anciennes, le rôle de ces infiniment petits n'a pas été moins considérable qu'il ne l'est actuellement.

La fossilisation nous a aussi conservé les restes de beaucoup d'êtres organisés très-différents de ceux d'aujourd'hui, qui se sont succédé sur notre planète depuis que la vie a commencé à se manifester à sa surface. Parfois on retrouve, non-seulement la forme de ces débris organiques, mais leur structure s'est aussi conservée. Certaines parties fossiles des animaux ou des plantes, comme les dents (fig. 4), les os et le bois, peuvent montrer les moindres parti-

Fig. 3. — Foraminifères microscopiques de la craie de Meudon (très-grossis).

cularités microscopiques qui les distinguaient, ce qui permet de les comparer exactement aux mêmes parties prises dans les espèces ac-

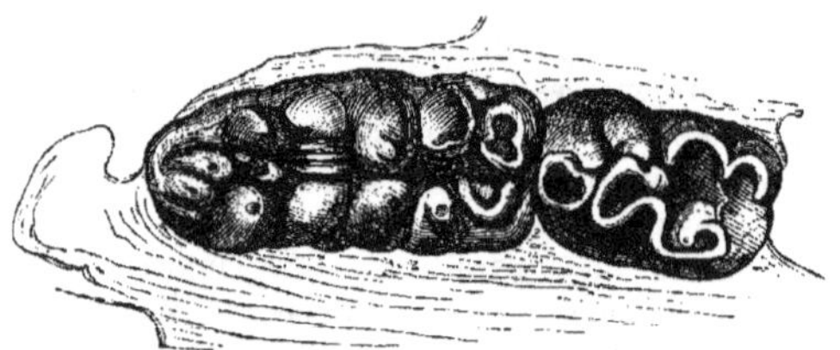

Fig. 4. — Deux dents fossiles de mastodonte (réduites).

tuelles et d'établir leurs analogies ou leurs différences. Dans d'autres cas, ce sont les matériaux chimiques qui ont résisté à la destruction, et on retrouve dans le globe des couches sédimentaires ayant cette origine et d'une étendue non moins considérable, qui sont des principes immédiats à peine altérés ou même n'ayant subi aucune modification. Ainsi nous verrons, en traitant des minéraux, que les houilles, les lignites, les succins, etc., sont plus particulièrement dans ce cas. Le guano, qui aujourd'hui s'emploie comme engrais, est aussi une substance organique, résultant de l'accumulation sur le sol de certaines îles des excréments des oiseaux marins qui viennent s'y reposer.

CHAPITRE II.

DE L'ESPÈCE EN HISTOIRE NATURELLE ET PARTICULIÈREMENT CHEZ LES ÊTRES ORGANISÉS.

Une question domine toute l'histoire naturelle, c'est la question de l'*espèce*, que nous devons traiter avant d'exposer en détail les particularités distinctives des animaux ou des végétaux et de décrire les organes qui les constituent ou les fonctions qu'ils exécutent.

OPINIONS DES ANCIENS. — Les anciens ne se sont pas arrêtés à cette question, si importante cependant, et l'on peut dire qu'ils n'en ont pas compris les difficultés, comme nous pouvons le faire aujourd'hui en présence du nombre presque infini des animaux et des plantes dont l'observation de la nature actuelle et les découvertes paléontologiques nous révèlent les particularités caractéristiques. Placés d'ailleurs sous l'influence d'autres idées cosmogoniques que les nôtres et peu au courant des lois de la filiation des animaux inférieurs, ils expliquaient par une génération équivoque ou même spontanée l'apparition journalière d'un grand nombre de ces derniers.

Quoique Aristote ait eu à cet égard des idées beaucoup plus exactes que la plupart des naturalistes qui ont écrit après lui, il faut arriver jusqu'à Redi, savant observateur italien qui vivait au dix-septième siècle, pour voir démontrer scientifiquement que la corruption n'engendre pas des vers ou la vase des poissons et des grenouilles. Les expériences de Redi ne laissèrent à cet égard aucun doute, puisqu'il montra que les vers de la viande sont les larves des mouches, et qu'ils naissent des œufs déposés par ces insectes. Tout le monde sait aujourd'hui que les grenouilles sont des têtards ayant accompli leur métamorphose, et que ce sont les œufs des grenouilles qui donnent naissance aux têtards. L'expérience bien simple de Redi sur les vers de la viande fut un coup mortel porté à la théorie des générations spontanées.

La Genèse, en parlant de l'apparition des êtres organisés et de l'intervention directe de la volonté divine dans leur création, dit que les plantes, les poissons, les animaux terrestres et aquatiques, les oiseaux, les bêtes sauvages et les animaux domestiques ont été créés, *chacun suivant son espèce*. C'est ce mot *espèce* (*species*) que les naturalistes ont pris pour exprimer chaque sorte d'êtres créés appartenant à l'empire organique; il fait allusion aux caractères propres et par conséquent spécifiques ou spéciaux présentés par toute plante ou tout animal comparé aux autres plantes ou animaux de même sorte et que se transmettent avec la vie, de génération en génération, les individus d'une même espèce.

OPINION DE LINNÉ ET DE JUSSIEU. — Le mot espèce pris dans ce sens répond au mot *genre* (γενος) signifiant lignée, tel que l'emploie souvent Aristote. Linné s'en est servi de préférence à ce dernier, et comme les règles qu'il a données pour la nomenclature des êtres ont bientôt fait loi dans la science, le mot espèce (*species*) est ainsi passé dans le langage pour exprimer l'*ensemble des êtres vivants ayant les mêmes qualités et les mêmes formes qui proviennent les uns des autres par voie de génération*; comme le sont, par exemple, les hommes, les lions, les chevaux et toutes les autres sortes d'animaux ou de végétaux, à quelque race ou à quelque pays qu'ils appartiennent. Aussi Linné a-t-il dit qu'il y a autant d'espèces qu'il est sorti primitivement de formes distinctes des mains du créateur (*species tot numeramus quot diversæ formæ in principio sunt creatæ*).

Mais cette notion, en apparence si claire et si précise, de l'espèce organique ne laisse pas d'offrir dans l'application pratique de fréquentes difficultés. Les naturalistes l'ont souvent altérée ou modifiée, en supposant aux êtres de même espèce, et qui descendent par conséquent les uns des autres, une ressemblance plus grande que celle qu'ils ont réellement. Il est bien évident, en effet, que la grenouille et le têtard, qui sont bien de la même espèce puisqu'un seul et même individu, vu à deux termes différents de son existence, se présente sous l'une ou l'autre de ces formes, sont loin de se ressembler absolument. De même le coq et la poule diffèrent l'un de l'autre; l'enfant n'a pas tous les caractères physiques de l'adulte ou du vieillard, et en mille autres circonstances des individus de même espèce nous montrent des différences pour le moins aussi considérables que celles-là.

De Jussieu a par conséquent exagéré la ressemblance que doivent offrir entre eux les individus d'une même espèce, lorsqu'il a dit qu'ils sont semblables dans la totalité de leurs parties et qu'ils se reproduisent avec une telle similitude de caractères que chacun est la représentation fidèle de son espèce dans le passé, dans le présent et dans l'avenir (*vera totius speciei præteritæ et præsentis et futuræ effigies*).

VARIÉTÉS ET RACES. — De Jussieu ne tient pas assez compte, dans le passage que nous venons de lui emprunter, des différences de l'âge, de celles des races et de certaines autres variations encore, qu'il connaissait cependant d'une manière parfaite. Cette variabilité relative existe dans la plupart des espèces, principalement dans celles qui vivent sous l'influence de l'homme, qu'elles appartiennent au règne animal ou au règne végétal; et, dans la nature, on la remarque également. Il se produit aussi des variétés ou des races différentes les unes des autres, qui durent un temps plus ou moins long, et sont même susceptibles, dans certains cas, d'être prises pour des espèces véritables, différentes de celles auxquelles elles appartiennent, lorsqu'on ne se rend pas un compte exact de leurs caractères. Cette erreur est surtout facile à commettre si l'on n'a pas la clef du mode d'apparition de ces fausses espèces et si l'on ne constate pas la facilité avec laquelle elles peuvent revenir à l'espèce dont elles dérivent, après s'en être écartées sans avoir cessé de lui appartenir.

On réserve habituellement le nom de *variétés* pour les modifications individuelles des espèces, quelle que soit la valeur des différences qui les distinguent, et l'on appelle *races* ces mêmes variétés, lorsque, fixées par la reproduction, elles peuvent fournir pendant un laps de temps plus ou moins long une lignée particulière.

Quoi de plus fécond en variétés et en races que nos espèces domestiques de mammifères ou d'oiseaux ou que nos espèces de plantes alimentaires ou d'agrément. La culture agit sur elles avec une promptitude qui pourrait faire croire à la possibilité de transformations plus profondes et appuyer l'hypothèse des naturalistes qui attribuent la formation des espèces à la modification lente mais successive et continue des formes primitives, tout à fait différentes d'abord de ce qu'elles sont ensuite devenues, et qui, moins parfaites lors de leur première apparition, se seraient modifiées lentement sous l'influence des agents atmosphériques, et auraient ainsi éprouvé des transfigurations bien autrement considérables que celles que la culture peut leur faire éprouver.

L'homme tire parti de la variabilité restreinte des espèces, mais sans avoir pour cela le pouvoir de créer des espèces nouvelles; et si par des soins bien entendus il exagère certaines qualités utiles des races sur lesquelles il agit, ou s'il atténue certaines de leurs propriétés qui sont contraires au but qu'il se propose d'atteindre en les multipliant, son action est cependant limitée. Il ne saurait transformer une espèce donnée en une autre espèce d'un genre différent, et dès que son action cesse de se faire sentir, le retour à la forme initiale ne tarde pas à s'opérer. Le choix et la création des bonnes variétés constitue un art qui fait chaque jour de rapides progrès et devient un élément précieux de la richesse agricole; mais combien d'artifices, de précautions et de soins l'entretien des variétés exige-t-il? C'est ce dont on ne peut se faire une idée qu'en voyant à l'œuvre les agriculteurs, les horticulteurs et tous les praticiens des différents arts qui relèvent des sciences naturelles.

Limite de la variabilité. — Si nous discutions à fond la théorie de l'espèce, nous verrions que, même en accordant aux changements de formes dont ces collections naturelles d'individus sont susceptibles une étendue plus grande encore que celles dont elles jouissent, il ne nous serait pas possible d'admettre comme réelles les transformations extrêmes que divers auteurs ont supposées; et cependant la variabilité est dans certains cas si étendue, qu'elle peut aboutir à la production de formes monstrueuses et même laisser subsister ces formes pendant plusieurs générations; mais elle est impuissante à transformer une espèce dans une autre espèce, à produire des transfigurations de valeur réellement générique et à modifier les êtres de manière à changer leurs caractères profonds et leurs aptitudes physiologiques. C'est pourtant une opinion qui a été soutenue et que bien des personnes croient soutenable; aussi devons-nous la discuter.

Hypothèse de la variabilité absolue. — Il y a des savants qui n'ont pas craint d'affirmer que la variabilité des espèces animales et végétales est illimitée, et ils ont été ainsi conduits à supposer qu'en se modifiant pendant une longue série de siècles et sous l'influence de circonstances climatériques différentes, les animaux et les végétaux, fort simples d'abord et doués de fonctions peu actives, qui ont apparu les premiers sur le globe, sont devenus à la longue et petit à petit les animaux ou les végétaux de genres plus parfaits, qui caractérisent la nature actuelle et la mettent tant au-dessus des premiers âges du monde. Dans leur opinion, les espèces les plus élevées de la création n'auraient point eu d'autre origine, et ni l'intervention créatrice, ni les forces encore inconnues qui ont été mises en jeu lors de l'apparition des premiers organismes, n'auraient été nécessaires pour la formation de ces espèces, si supérieures qu'elles soient actuellement.

Celles-ci n'étant qu'une évolution des précédentes, malgré la complication de leur structure ou l'importance du rôle qu'elles accomplissent, elles n'auraient eu qu'à subir les phases diverses de leur évolution pour acquérir les caractères que nous leur reconnaissons aujourd'hui, absolument comme un œuf de grenouille passe par l'état de têtard avant de devenir une grenouille parfaite, ou un œuf de poulet par celui d'embryon avant d'arriver à être poussin, poulet et coq.

Les personnes peu familiarisées avec les notions fondamentales de l'histoire naturelle et qui ne se font pas encore une idée suffisamment exacte de la rigueur nécessaire aux démonstrations scientifiques, sont souvent disposées à accepter de confiance ces hypothèses dont Lamark a eu l'un des premiers l'idée, et que depuis lors E. Geoffroy et M. Darwin ont reproduites avec de légères variantes. Elles y trouvent le moyen d'expliquer comment ont apparu tous ces animaux et tous ces végétaux, si différents les uns des autres, dont le globe est aujourd'hui peuplé, et elles admettent volontiers que les animaux et les végétaux dont les restes fossiles se rencontrent dans les terrains secondaires et tertiaires ont servi de transition entre les espèces de la période primaire et celles d'aujourd'hui.

Nous n'avons pas cru devoir nous dispenser de rappeler ici combien des suppositions aussi hasardées sont contraires aux errements de la science et de montrer quelle est la fragilité de la base sur laquelle elles reposent.

A vrai dire, la science ignore quelles forces ont été mises en action lors de l'apparition des êtres vivants, même des plus simples, et elle ne sait pas davantage comment il a été procédé à leur renouvellement aux diverses époques que la paléontologie nous apprend à distinguer; l'ordre seul de ces apparitions commence à être connu. La physiologie ne réussit pas davantage à établir comment la première cellule a été formée. Ce sont là pour la science autant de mystères restés jusqu'à ce jour impénétrables. Pourquoi dès lors résoudre, avec une pareille promptitude et en s'appuyant sur de pures hypothèses, comme le font les imitateurs de Lamark, des problèmes encore si peu accessibles à nos moyens d'investigation! C'est aller contre les principes mêmes de la science.

A quoi sert en outre de déplacer la question en supposant une filiation des espèces d'aujourd'hui avec celles d'autrefois, lorsqu'on n'a nul espoir de simplifier la question par ce nouveau moyen, ni encore moins de la résoudre?

Où sont en effet les formes intermédiaires par lesquelles chaque sorte d'êtres aurait passé en se modifiant pour devenir une espèce ou un genre différent? Nous ne les voyons nulle part, et les espèces envisagées dans la série des temps ne sont ni plus ni moins distinctes les unes des autres qu'elles ne le sont dans l'état présent de la vie sur le globe.

Nul n'a donc le droit de dire au nom de la science que les êtres d'autrefois ont donné naissance en se transformant à ceux de nos jours, car la science elle-même ne nous apprend pas qu'il en ait été ainsi. Et quand certains théoriciens affirment que les progrès croissants de l'organisme ont changé en êtres plus perfectionnés les êtres extrêmement simples des premiers temps géologiques, ils sont en opposition avec les faits, car on trouve dans les plus anciennes formations des représentants de la plupart des grandes divisions de l'empire organique.

Il est d'ailleurs facile de constater que si certains genres ou certaines familles, comme les fougères, les cicadés, les térébratules et les nautiles ont parcouru toute la série des temps géologiques et sont encore représentées parmi les êtres vivants, en conservant des caractères génériques semblables à ceux qu'ils présentaient dès l'origine, d'autres formes animales ou végétales se sont éteintes durant la succession des âges du globe, et que certaines autres ont apparu à des époques déterminées et plus ou moins rapprochées de la nôtre sans qu'il eût existé auparavant aucune espèce susceptible de leur donner naissance par sa propre transformation. Les belemnites, les grands reptiles secondaires, les oiseaux et les mammifères, propres à la période tertiaire, sont en particulier dans ce cas. Apparitions et extinctions successives, telle est la loi des manifestations de la vie sur notre planète. L'hypothèse de Lamark est un jeu de l'esprit plutôt que l'expression d'une doctrine réellement scientifique, et l'ouvrage de M. Darwin n'a rien changé aux convictions des naturalistes qui ont approfondi ces questions. Le grand problème de l'apparition des espèces animales et végétales reste toujours sans solution.

Pour constater si certaines espèces se sont modifiées sensiblement dans leur organisation depuis le commencement des temps historiques, on a eu recours aux momies enfouies il y a trois mille ans par les Égyptiens dans leurs catacombes, et on en a comparé les caractères à ceux d'animaux morts de nos jours ; les graines de différents végétaux ont été aussi examinées de la même manière. Dans aucun cas il n'a été trouvé de différences dignes d'être signalées, et il est même arrivé qu'on a pu reconnaître les variétés auxquelles appartenaient ces différents sujets et constater que ces variétés existaient encore dans le même pays : preuve que les caractères sont plus fixes qu'on ne serait d'abord porté à le penser.

Les mêmes remarques ont été faites au moyen des animaux et des plantes remontant à des époques aussi anciennes, au moins, qu'on trouve en Danemark dans ces curieux atterrissements dus à d'anciennes sociétés humaines, dont il a été souvent question dans les Revues littéraires et scientifiques, sous le nom de *Kjokkenmœd-*

dings[1]. On y a trouvé des restes d'espèces encore existantes dans le pays et d'autres appartenant à des espèces qui en ont disparu depuis un certain temps, par exemple le grand pingouin (fig. 5); mais dans aucun cas les caractères spécifiques n'avaient varié. C'est aussi ce qu'on a observé pour les fragments d'êtres organisés, enfouis dans les débris des habitations lacustres de la Suisse, habitations qui remontent,

Fig. 5. — Grand Pingouin.

comme les dépôts danois dont il vient d'être question, à l'âge de pierre, c'est-à-dire à un âge antérieur aux données de l'histoire.

Il y a plus : certains animaux sauvages d'espèces encore existantes, tels que le loup, la loutre, le blaireau, le castor, la marmotte et le hamster, ont laissé des ossements dans les tourbières avec ceux de plusieurs espèces éteintes, dans les cavernes où ils sont aussi associés à des animaux d'espèces perdues et dans le diluvium dont le dépôt ne remonte pas à une époque moins ancienne. Ces animaux contemporains des grandes espèces anéanties dont la disparition a si

1. Signifiant *débris de cuisine*, parce que ce sont en général les restes de l'alimentation de l'homme.

singulièrement appauvri la faune de l'Europe et celle de plusieurs autres parties du monde, depuis le commencement de la période quaternaire, présentent exactement dans les parties qu'on en a recueillies, à l'état fossile, les particularités caractéristiques des loups, des loutres, des castors, des blaireaux et des autres animaux actuellement vivants à l'espèce desquels ils appartiennent, ce qui est encore en opposition avec l'hypothèse de la variabilité continue. Le renne, dont tant d'ossements ont été enfouis à une date également très-reculée dans un grand nombre de localités du centre et du midi de l'Europe, n'est pas moins semblable dans toutes ses parties au renne actuellement relégué dans les régions polaires.

Il nous semble inutile, après des preuves si variées et si concluantes, de discuter maintenant la conclusion à laquelle se sont arrêtés les naturalistes dont nous réfutons les idées, à savoir que l'homme et les espèces les plus parfaites ne doivent leur existence qu'à la transformation lente et progressive d'organismes primitivement imparfaits que le temps, les circonstances physiques et d'autres causes encore, au nombre desquelles on a même énuméré les propres tendances des espèces ainsi modifiées, auraient successivement élevés à l'état de perfection qui les distingue dans la nature actuelle. Nous verrons dans un autre chapitre que l'étude de la structure anatomique de l'homme ne justifie pas davantage cette singulière proposition, et que le genre humain n'est certainement pas non plus, comme on a voulu l'établir aussi, la transformation d'une des espèces animales qui se rapprochent de lui par certains de leurs caractères anatomiques.

Il résulte de la discussion qui précède, qu'en ce qui concerne les animaux et les végétaux, les espèces, dont le nombre est, il est vrai, très-considérable, peuvent être définies : des réunions d'individus ayant des caractères propres, et qui se continuent par voie de génération avec ces mêmes caractères, depuis leur première apparition, tout en étant susceptibles de quelques variations secondaires qui ne leur enlèvent rien de leurs traits fondamentaux.

Nomenclature des espèces. — Nous montrerons en traitant de la classification que la réunion, conformément aux principes de la méthode naturelle, de certaines espèces ayant des caractères communs, mais non entièrement identiques, et des propriétés ou qualités qui les rapprochent, forme ce qu'on appelle les *genres*. Ainsi les différentes espèces analogues au chien ou au chat forment les genres chien (*Canis*) ou chat (*Felis*) ; le genre chêne (*Quercus*) réunit les espèces analogues au chêne ordinaire. Au genre *Canis* appartiennent le loup, le chacal, le renard, le fennec, etc., et l'on associe sous la dénomination générique de *Felis*, le tigre, le lion, le jaguar, la panthère, le couguar, l'ocelot, le chat sauvage de nos forêts, le chat domestique, etc. Dans la nomenclature linnéenne chaque espèce reçoit deux noms : l'un générique (*Canis*, *Felis*, *Quercus*), qui conserve sa valeur substantive; l'autre spécifique ou qualificatif. *Felis tigris* est le tigre; *Felis leo*, le lion; *Felis unca*, le jaguar; *Felis pardus*, la panthère; *Felis puma*, le couguar, etc.

Hybrides. — Il arrive à quelques espèces rapprochées les unes des autres par leurs caractères de se mêler entre elles et de donner des *métis* ou *hybrides;* mais ces métis sont généralement inféconds, ou bien la forme intermédiaire aux deux espèces intervenant que produisent ces mélanges ne saurait se perpétuer au delà de quelques générations. Le plus souvent même elle cesse avec les premiers hybrides produits. Il en est ainsi du mulet, hybride résultant de l'union d'individus appartenant l'un à l'espèce du cheval, l'autre à l'espèce de l'âne. Un des hybrides les plus curieux que l'on ait obtenu, dans la classe des mammifères, est celui du lion et du tigre.

De l'espèce chez les corps bruts. — Une dernière question nous reste à traiter, pour en finir avec la définition de l'espèce : elle est relative aux corps bruts.

Existe-t-il des espèces dans le règne minéral comme il y en a dans les deux règnes animal et végétal? Les minéralogistes se servent du même mot que les zoologistes ou les botanistes pour indiquer les différentes sortes d'agrégats moléculaires formant les corps dont ils s'occupent; mais les minéraux n'ont pas d'organes, leur structure intérieure est purement moléculaire, les diverses parties qui les composent ne sont pas dans un état constant d'activité vitale ni accompagnées de phénomènes de multiplication et de destruction de cellules; enfin ils n'ont pas la possibilité de se multiplier par la production de nouveaux individus destinés à durer, comme ceux dont ils descendent, pendant un temps déterminé. On voit par là que l'espèce dans les corps bruts n'est pas comparable à l'espèce chez les êtres vivants.

Ces différences posées, peu importe que l'on se serve du même terme dans les deux cas, puisque le mot espèce reprend ici la signification qu'il a dans le langage usuel (*species*, apparence). Il n'indique plus une filiation d'êtres semblables, descendant les uns des autres par voie de reproduction. Les corps de même composition chimique, qu'on appelle alors des espèces, sont plutôt des corps de même *sorte;* mieux vaudrait employer deux mots, puisqu'il y a ici deux ordres bien différents de faits à indiquer; mais c'est ce que les naturalistes n'ont pas encore jugé nécessaire.

CHAPITRE III.

CARACTÈRES DISTINCTIFS DES ANIMAUX. — DÉFINITION DE LA ZOOLOGIE.

LA PLUPART DES ANIMAUX SONT FACILES A DISTINGUER DES VÉGÉTAUX. — Les animaux, êtres organisés et par conséquent doués de la vie, comme le sont aussi les végétaux, possèdent en commun avec ces derniers plusieurs facultés importantes, les mêmes qui servent à distinguer des corps bruts les corps vivants et doués d'organisation. Mais il n'en est pas moins facile d'établir entre eux et les végétaux une distinction tranchée. Le rôle que les animaux sont destinés à accomplir dans l'économie générale de la nature est bien supérieur à celui qu'exercent les plantes, et à certains égards il est totalement différent. Aussi peut-on indiquer entre les deux règnes organisés des différences de plusieurs sortes.

CARACTÈRES TIRÉS DES FONCTIONS DE RELATION. — Doués, comme les végétaux, de fonctions nutritives, dont l'absorption et l'exhalation forment les conditions essentielles et fondamentales, ainsi que de la propriété de pouvoir propager leur espèce par la procréation de nouveaux individus pourvus de caractères semblables aux leurs, les animaux sont, en outre, capables de percevoir, à des degrés différents, il est vrai, suivant la complication de leur structure, leurs relations avec le monde extérieur et de modifier ces relations suivant qu'ils en reconnaissent la nécessité. De là la présence en eux d'un ordre de fonctions tout à fait inconnues dans le règne végétal, les fonctions de relation, et celle d'organes spécialement affectés à l'exercice de ces nouvelles fonctions. Il en résulte pour les animaux des propriétés d'un ordre particulier, et des organes également particuliers se trouvent ajoutés à leur organisme.

C'est par la *sensibilité*, dont le système nerveux est l'agent, que les animaux ont connaissance des conditions physiques au milieu desquelles ils se trouvent placés ; elle leur permet aussi de percevoir certains phénomènes qui se passent en eux, la faim, la soif, la douleur. Ce sont les sensations qui les leur font connaître.

La *locomotilité* ou propriété de se mouvoir, qui s'exerce principalement par le système musculaire, leur donne à son tour le moyen de s'éloigner des conditions qui pourraient leur être nuisibles ou de se rapprocher de celles qui leur paraissent agréables ou avantageuses.

Cette double faculté de sentir et de se mouvoir place les animaux beaucoup au-dessus des végétaux, et les organes particuliers qui en sont les instruments fournissent d'excellents caractères pour différencier le règne animal d'avec le règne végétal.

Les animaux sont des êtres doués de sensibilité et pouvant se mouvoir, ce qui n'a pas lieu pour les végétaux; à cet effet, les premiers sont pourvus de système nerveux et de système musculaire, tandis que les seconds en manquent. La complication des organes nerveux et musculaires est d'ailleurs en rapport dans chaque espèce animale avec la supériorité du rôle que cette espèce est appelée à remplir au sein de la création.

Cependant il ne faudrait pas croire que la sensibilité ou la locomotilité, étudiées en elles-mêmes ou dans leurs organes, soient toujours des moyens certains de reconnaître si l'être organisé que l'on examine est réellement un animal. Il existe des végétaux qui, sans être pour cela pourvus de nerfs ou de muscles, peuvent faire mouvoir certaines de leurs parties ou même changer de place et se porter avec rapidité d'un lieu dans un autre. Diverses plantes sont dans ce cas, et les germes d'un grand nombre de végétaux aquatiques ne sont pas moins actifs dans leurs mouvements de translation que les infusoires, animaux avec lesquels ils ont été souvent confondus. On sait aussi que les acacias et autres plantes de la même famille ou de familles différentes ferment leurs feuilles le soir pour les rouvrir lorsque le jour paraît; plusieurs plantes font exécuter à leurs fleurs des mouvements en rapport avec la marche du soleil, se ferment pendant le jour pour ne s'épanouir que la nuit, ou inversement, et cela à des heures quelquefois déterminées. La sensitive jouit de la curieuse propriété de fermer ses feuilles et de les abaisser au moindre attouchement; mais ce ne sont pas là des actes réels de sensibilité. On ne doit y voir autre chose qu'une exagération de l'irritabilité propre à tous les êtres vivants et point du tout un fait d'innervation comparable dans sa nature à ce qui se passe chez les animaux,

En outre, il s'en faut de beaucoup que la sensibilité et la locomotion musculaire soient également développées dans toutes les familles du règne animal. Certaines espèces appartenant aux degrés inférieurs de l'échelle zoologique et chez lesquelles la structure anatomique est beaucoup plus simple que chez les autres, paraissent ne point avoir de système nerveux, ou du moins on n'a pas encore pu démontrer la présence de ce système dans leurs tissus, et, dans certains cas, leur système musculaire n'est pas plus évident. Par ces organismes plus simples que les autres, le règne animal se confond pour ainsi dire avec le règne végétal, et il existe en effet un certain point par lequel les deux grandes divisions des êtres organisés se réunissent l'une à l'autre. Autant il est aisé de distinguer un animal d'un végétal lorsqu'on a affaire à des espèces d'une organisation quelque peu compliquée, autant cette distinction devient difficile dans les espèces très-simples et dont la structure reste purement cellulaire.

Caractères tirés des organes digestifs. — La même confusion est possible pour ces espèces inférieures lorsqu'on les examine sous le rapport de leurs organes de nutrition. La digestion a cependant été signalée comme pouvant servir aussi à distinguer les animaux d'avec les végétaux. On a dit que les premiers seuls digéraient et qu'ils possédaient à cet effet un canal intestinal ou tout au moins un estomac, tandis que chez les végétaux il n'y a jamais ni digestion proprement dite des aliments ni organes digestifs. Mais ici encore il y a certains êtres qui, envisagés sous d'autres rapports, semblent devoir être regardés comme animaux et qui cependant n'ont point d'organes de digestion; ce sont aussi des espèces appartenant aux groupes les plus inférieurs et elles sont de même au nombre de celles qui établissent la jonction entre les deux règnes. D'ailleurs, il existe chez les végétaux des fonctions tout à fait comparables à la digestion des animaux, et la différence entre les deux règnes est moins dans la nature des phénomènes de cet ordre que dans les conditions de leur accomplissement.

Prétendus caractères chimiques. — Quant aux caractères de l'ordre chimique, on les a aussi donnés dans certains cas comme pouvant servir à faire distinguer les animaux d'avec les végétaux, et l'on dit que les premiers de ces êtres étaient formés de principes immédiats pour la plupart quaternaires, c'est-à-dire azotés, tandis que les principes constituant les végétaux étaient essentiellement ternaires, par conséquent dépourvus d'azote. Mais il est bien reconnu que les deux sortes de principes immédiats (ternaires et quaternaires) sont également indispensables aux phénomènes vitaux des animaux et à ceux des végétaux, et le chimiste retrouve les uns et les autres dans les deux règnes. Le caractère différentiel qu'on avait indiqué à cet égard est donc de nulle valeur, ou plutôt il n'existe pas.

Point de contact des deux règnes. — Nous l'avons déjà fait remarquer, il est facile, quand on compare les animaux pris dans leurs espèces ordinaires et les mieux douées sous le rapport des fonctions de relation, de les distinguer des végétaux phanérogames et d'établir entre les deux règnes une ligne de démarcation tranchée; mais la distinction entre ces deux divisions primordiales des êtres organisés est loin d'être toujours aussi évidente. En effet, il existe entre ces deux règnes des points de contact tels, qu'il est difficile dans certains cas de décider si l'on a affaire à des animaux ou à des végétaux. Les bacillaires, les navicules[1] et les vibrions, dont on a fait la famille des diatomées, paraissent être des algues, c'est-à-dire des végétaux inférieurs, et cependant quelques auteurs les regardent encore comme des animaux. Il y a peu d'années, on plaçait aussi avec ces derniers les corallines et les acétabules dont on a constaté depuis lors la nature végétale, et que leurs caractères rapprochent égalément des algues. Les éponges et certaines espèces de composition purement cellulaire établissent entre les deux règnes une jonction plus évidente, qui rend difficile d'indiquer nettement le point de séparation des animaux d'avec les végétaux.

La série animale et la série végétale semblent ainsi partir d'un point unique, celui où l'organisme reste pour ainsi dire sous l'état purement cellulaire; mais bientôt elles divergent et toute confusion entre les espèces propres à chacune d'elles est devenue impossible; le règne animal et le règne végétal sont alors facilement séparables.

Définition de la zoologie. — La *zoologie* (de ζωον, animal, et λογος, discours) est la branche des sciences naturelles qui nous fait connaître les animaux. Elle embrasse l'ensemble des notions relatives à ces êtres envisagés sur tous les points de vue, en tant que corps organisés ayant un rôle au sein de la création et pouvant servir à nos besoins. Elle s'occupe donc de leur mode d'action dans la nature et conformément aux conditions dans lesquelles ils sont placés; elle s'applique à bien connaître leurs organes, la manière dont ces organes sont constitués et comment ils fonctionnent. Elle nous guide dans l'exploitation des richesses tirées du règne animal et nous dit comment elles peuvent être employées pour subvenir à nos besoins industriels, agricoles et autres; en outre, elle nous initie aux principales données que la connaissance approfondie des animaux peut fournir à la philosophie générale.

Cette science acquiert un degré d'élévation plus grand encore lorsque, comparant l'organisme humain à celui des animaux, elle nous révèle les conditions de notre propre nature et nous montre l'harmonie qui existe entre la supériorité de nos organes et l'élévation intellectuelle et morale dévolue à notre espèce.

Buffon, qui avait compris tout le parti que la science peut tirer de ces comparaisons entre la structure de l'homme ou ses fonctions

1. Voir p. 12, fig. 13.

et celles des animaux, a dit avec beaucoup de sens que « s'il n'existait point d'animaux, la nature de l'homme serait encore plus incompréhensible. »

BRANCHES DIVERSES DE LA ZOOLOGIE. — La zoologie se partage en plusieurs branches secondaires dont on a quelquefois, mais bien à tort, fait des sciences distinctes et dont chacune représente un des points de vue principaux sous lesquels les animaux sont susceptibles d'être envisagés. C'est donc mal à propos que certaines personnes, prenant la partie pour le tout, regardent comme l'unique préoccupation de cette grande division de l'histoire naturelle la description extérieure des animaux ou leur classification. Ce sont là deux des objets principaux qu'elle se propose; mais l'*anatomie comparée* ou l'*organographie*, qui nous donne la notion exacte des organes propres aux animaux et celle de leurs rapports; l'*organogénie*, qui suit ces organes dans les phases diverses de leur développement et nous en montre les métamorphoses dans chaque espèce, ainsi que les modifications propres à ses différents âges; la *physiologie*, qui en examine les fonctions et provoque des expériences pour mieux s'en rendre compte; enfin toutes les connaissances scientifiques relatives aux mœurs des animaux, à leur répartition sur le globe, aux lois de leur apparition successive et aux applications si importantes et si multipliées dont ils sont susceptibles, restent au même titre que la description extérieure de ces êtres et leur classification des subdivisions de la zoologie. Celle-ci constitue, comme on le voit, une science de première importance, aussi intéressante par la variété des notions qu'elle nous fournit que féconde dans ses applications.

CHAPITRE IV.

PRINCIPAUX TISSUS DES ANIMAUX.

ANATOMIE GÉNÉRALE. — Les parties solides de l'organisme animal, comme par exemple les dents, les os, etc., qui sont durs et semblent être les uns et les autres des parties homogènes, et celles dont la consistance est plus ou moins molle, comme les chairs, le cerveau, l'enveloppe cutanée, etc., résultent de l'assemblage d'une multitude de corpuscules élémentaires ayant chacun une organisation propre dont l'association forme ce qu'on appelle des *tissus*. Pour étudier ces éléments anatomiques ou tissus, il faut avoir recours au microscope; certains réactifs chimiques en facilitent aussi l'examen. Mais la nécessité d'une étude aussi minutieuse des matériaux solides de l'organisme n'a été bien comprise que par les anatomistes modernes.

Peu de temps après l'invention du microscope, plusieurs observateurs se servirent de cet instrument pour regarder les particules élémentaires des fibres. Malpighi, Leuwenhoeck, Grew et quelques autres dont les travaux remontent également à la seconde moitié du dix-septième siècle, arrivèrent ainsi à des résultats dignes d'être signalés. Ils virent les cellules des plantes, ainsi que leurs vaisseaux, les trachées des insectes, les globules du sang et d'autres parties élémentaires non moins curieuses, que les anciens n'avaient point encore observées.

Mais les tissus des animaux étant d'une observation plus difficile que ceux des végétaux, à cause des transformations plus profondes qu'ils subissent pour réaliser la complication plus grande de ces êtres, il fallut un temps plus considérable et des recherches plus minutieuses pour s'en faire une idée aussi exacte que celle que l'on eut bientôt acquise de la structure microscopique des végétaux.

Bichat, médecin français, mort jeune encore dans les premières années du siècle actuel, en 1802, réunit en un corps de doctrine sous le titre d'*anatomie générale* les notions constatées de son temps au sujet des tissus du corps humain, et il fit bien comprendre l'utilité de cette étude pour la solution des questions relatives à la physiologie et à la médecine; mais il négligea de recourir au microscope, et ne fit pas assez d'attention aux résultats qu'on avait déjà obtenus par l'étude des plantes. En se bornant à un examen superficiel des tissus observés chez les animaux supérieurs, il limita le champ de ses études de manière à se priver d'indications qui pouvaient seules le mettre sur la voie d'une connaissance plus exacte, et son mérite est plutôt d'avoir montré l'utilité que pourrait offrir une étude approfondie des éléments fondamentaux des organes que d'en avoir établi la théorie. Cette nouvelle branche de la science a été nommée *histologie* [1].

Il était réservé à un physiologiste de l'école de Berlin, M. Schwann, élève de Schleiden et de J. Muller, d'établir la loi fondamentale de l'histologie ou histoire des tissus, et d'en découvrir la généralité pour les deux règnes végétal et animal. Dans un mémoire publié en 1838, M. Schwann a montré que la constitution cellulaire

1. Du grec ιστος, trame ou tissu, et λογος, description, discours.

est la règle commune de la formation histologique chez tous les êtres organisés et celle de la composition de tous leurs tissus. Il établit par conséquent qu'un même mode de développement des éléments anatomiques se retrouve chez les animaux aussi bien que chez les végétaux.

THÉORIE DE LA COMPOSITION CELLULAIRE. — On disait antérieurement aux travaux histologiques de M. Schwann et des auteurs plus récents que le tissu cellulaire engendre tous les autres tissus par ses transformations; mais par tissu cellulaire on entendait alors ce tissu facile à insuffler qui sépare les muscles ou d'autres organes les uns des autres, c'est-à-dire le tissu fibreux ou connectif. Bien qu'il se serve des mêmes expressions que Bichat, M. Schwann a réellement introduit dans la science un tout autre ordre d'idées, et sur un grand nombre de points les faits ont donné raison à sa manière de voir.

Par éléments cellulaires, on entend maintenant non plus le tissu cellulaire des anatomistes de l'école de Bichat, mais de véritables cellules, c'est-à-dire des utricules distinctes les unes des autres et ayant chacune sa vie propre. Qu'on envisage les tissus dans un règne ou dans l'autre, on constate que ce ne sont pas des trames à la manière de celles des étoffes fabriquées par l'industrie avec les fibres tirées des végétaux ou des animaux; ce sont quelquefois des feutrages, d'autres fois des masses compactes résultant d'éléments cellulaires simplement rapprochés ou plus ou moins complétement confondus entre eux, ou au contraire des fibres fasciculées; mais plus souvent encore ce sont de simples amas d'utricules sphériques ou polyédriques facilement séparables les unes des autres et qui ne forment un ensemble que parce qu'elles sont serrées les unes contre les autres, comme cela se voit dans les parenchymes des végétaux, ou soudées par leurs parois. Mais il est toujours possible, en les prenant au début de leur apparition, de reconnaître que les tissus des animaux résultent, comme on l'avait déjà reconnu pour ceux des végétaux, de cellules véritables, c'est-à-dire de très-petites utricules composées d'une membrane enveloppe, dans laquelle est renfermée une substance particulière susceptible de phénomènes osmotiques s'exerçant à travers la paroi qui la contient. Chaque cellule exécute, au moins pendant un certain temps, des phénomènes d'absorption et d'exhalation (endosmose et exosmose) inséparables de toute action vitale.

COMPOSITION ET FORMES DIVERSES DES CELLULES. — La membrane des cellules animales est essentiellement de nature quaternaire et spécialement albuminoïde. Tantôt les cellules restent distinctes les unes des autres pendant toute leur existence, et elles sont séparées par un liquide abondant qui les tient même en suspension et dans lequel elles peuvent nager librement (globules du sang, de la lymphe, etc.); tantôt elles sont serrées les unes contre les autres (corde dorsale des embryons). Mais si la pression agit sur elles, leur forme devient polyédrique (cartilages), ou bien elles s'aplatissent et prennent une disposition tabulaire (épiderme).

Il peut arriver aussi que, la substance dans laquelle elles sont plongées venant à se solidifier au lieu de conserver sa consistance liquide, elles se confondent avec cette substance et même les unes avec les autres, dans une gangue commune, ce qui a lieu par exemple pour les os; enfin, il y en a d'allongées ou d'étoilées qui se mettent en communication entre elles par leurs extrémités prolongées ou par des appendices ou rayons, ce qui permet la circulation du liquide contenu dans les vaisseaux linéaires ou anastomotiques résultant de leur association.

Reproduction des cellules. — Les différentes sortes de cellules ne sont pas susceptibles de se transformer les unes dans les autres,

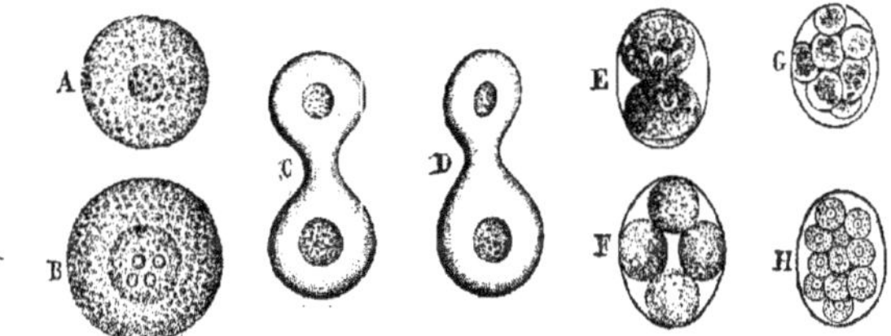

Fig. 6. — Développement des cellules.

mais elles ont, comme les espèces vivantes dont elles sont les principaux éléments constitutifs, des phases diverses ou des âges et elles commencent souvent par être plus simples et plus évidemment cellulaires qu'elles ne le seront après avoir accompli leur évolution.

Semblables aux cellules végétales, qui jouissent aussi de la faculté de se multiplier de manière à fournir à l'accroissement en volume de ces êtres organisés, les cellules animales renferment dans leur inté-

Fig. 6. Développement des cellules.

A) Cellule pourvue de son noyau (nucleus).

B) Cellule dont le noyau ou nucleus renferme des nucléoles.

C et D) Deux cellules se multipliant par division (exemple tiré des globules sanguins de l'embryon du poulet).

E à H) Multiplication des cellules par segmentation dans le vitellus de l'œuf d'un ver intestinal du genre Ascaride. Il en apparaît d'abord deux, puis quatre, huit, seize, etc.

rieur une petite masse distincte appelée *noyau* (*nucleus*) ou *cytoblaste*, et toute cellule pourvue de son noyau est capable d'en fournir à son tour de nouvelles. Celles-ci se développent le plus souvent dans l'intérieur de la cellule mère et elles ne deviennent libres que par la rupture de sa membrane enveloppe. Alors elles remplacent les cellules qui leur avaient donné naissance, augmentent d'autant le nombre des cellules existantes et, par suite, la masse de l'organisme dont elles font partie s'accroît à son tour.

Toute cellule dépourvue de son nucleus, a perdu, par cela même, la faculté de produire des cellules nouvelles. L'épiderme superficiel est dans ce cas; il se détache et tombe pour être remplacé par la couche qui s'était formée au-dessous de lui au moyen de cellules encore actives, mais qui vont à leur tour devenir des cellules stériles en perdant leur noyau.

Les cellules se multiplient aussi par division ou segmentation. C'est une sorte de scissiparité de ces éléments de l'organisme.

SUBSTITUTIONS HISTOLOGIQUES. — Dans certains organes, la nature du tissu change avec l'âge, comme si le tissu qui compose les organes se transformait en un tissu d'une autre nature; ainsi le squelette d'abord cartilagineux de la plupart des animaux vertébrés devient osseux. On se tromperait en croyant que les cellules cartilagineuses s'y transforment en cellules osseuses. Elles meurent, sont résorbées et disparaissent pour faire place à des cellules d'une autre sorte, de forme étoilée, qu'on nomme les cellules osseuses. Il y a, dans ce cas et dans d'autres analogues, substitution d'un tissu à un autre, mais non transformation comme on l'avait d'abord admis. Les expériences de transplantation sur un animal d'un tissu pris dans un animal différent que l'on a faites dans ces derniers temps, sont une preuve nouvelle de la spécialité des tissus et de leur vitalité propre. Elles ont surtout réussi dans les essais entrepris à l'aide de tissus osseux.

ÉNUMÉRATION CARACTÉRISTIQUE DES PRINCIPAUX TISSUS ÉLÉMENTAIRES. — Il était naturel, après avoir réuni au sujet des tissus les notions que possède aujourd'hui la science et que les détails précédents ne font connaître qu'en résumé, d'établir une classification des différents tissus comme on établit la classification des espèces propres à l'un et l'autre règne. On a alors été conduit à reconnaître différents genres de tissus renfermant chacun un certain nombre d'espèces ou de variétés histologiques. Nous signalerons principalement ceux qu'on observe le plus souvent dans les organes de l'homme et des animaux supérieurs, savoir : les tissus *épidermoïdes*, *nerveux*, *musculaires*, *fibreux* et *squelettiques*.

1° Les *tissus épidermoïdes* ont pour type l'*épiderme* ou surpeau, dont notre corps est entièrement recouvert. Ils comprennent aussi les épidermes des muqueuses dits *épithéliums*, dont il y a plusieurs sortes, tels que l'épithélium pavimenteux ou en pavés; l'épithélium

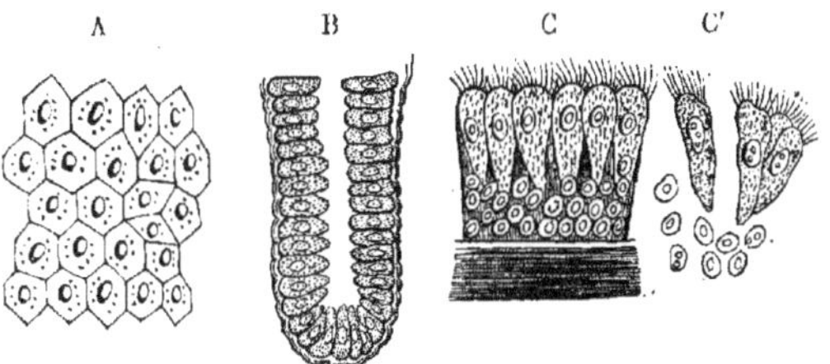

Fig. 7. — Tissus épidermoïdes.

vibratile, dont la surface libre est garnie de cils mouvants d'une extrême ténuité, etc. L'étui de la corne des animaux ruminants, les ongles, les sabots, les poils, les plumes, appartiennent également, par leur composition, aux tissus de ce genre, dont les formes sont du reste très-nombreuses et qui ont toujours pour fonction principale de protéger les organes. Aussi en recouvrent-ils la surface externe, et, suivant les chances plus ou moins grandes que cette surface a d'être lésée, les tissus épidermoïdes sont plus ou moins développés.

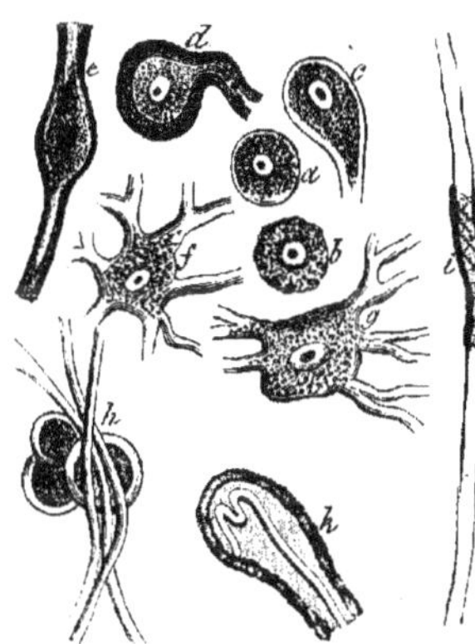

Fig. 8. — Tissu nerveux.

2° Les *tissus nerveux*, dont les différentes dispositions seront exposées à propos du système nerveux, forment aussi un groupe distinct; ils sont tantôt cellulaires, tantôt transformés en tubes. Ils président aux fonctions de la sensibilité, ou sont incito-moteurs, c'est-à-dire destinés à déterminer les

Fig. 7. Tissus épidermoïdes.

A) Cellules de l'épiderme cutané, avant la naissance et encore pourvues de leur noyau.

B) Epithélium des villosités intestinales du lapin.

C) Id., de la muqueuse des bronches; la partie superficielle est pourvue de cil vibratiles. — C') Les mêmes cellules ciliées et non ciliées isolées les unes des auetrs.

Fig. 3. Tissus nerveux.

a et *b*) Cellules nerveuses sphériques; — *c* et *d*) cellules unipolaires; — *e*) cel-

mouvements en excitant la contraction des muscles auxquels ils se rendent.

3° Les *tissus musculaires*, formant des fibres par la réunion de leurs éléments cellulaires. Ces éléments sont superposés comme des disques qui seraient empilés les uns sur les autres; ils deviennent des faisceaux de fibres ou des muscles, par la réunion de ces fibres

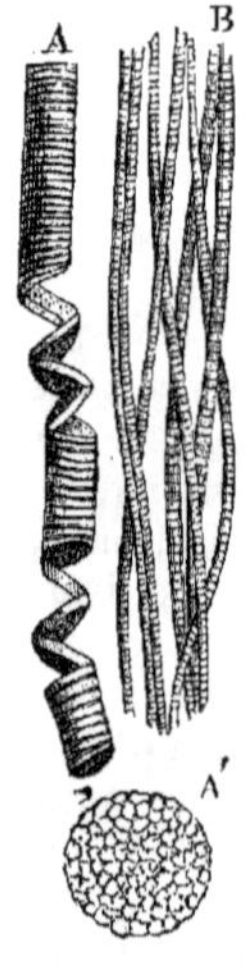

Fig. 9. — Tissu musculaire.

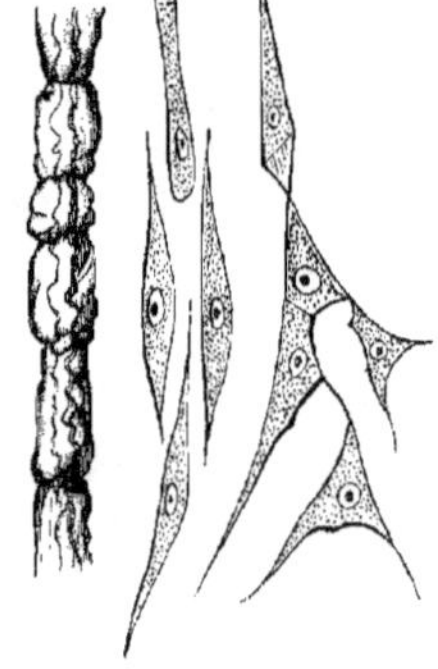

Fig. 10. — Tissus fibreux ou connectif.

sous des enveloppes communes. Leur propriété principale est de se contracter sous l'influence nerveuse.

4° Les *tissus fibreux*, dont fait partie le tissu dit cellulaire par les anatomistes qui s'occupent exclusivement de l'homme. Les tendons

lule bipolaire; — *f* et *g*) cellules multipolaires; — *h*) cellules sphériques des ganglions et fibres nerveuses; — *i*) fibre nerveuse conductrice et son enveloppe; — *k*) terminaison d'une fibre nerveuse dans un organe.

Fig. 9. Tissu musculaire.

A) Fibrille musculaire dépouillée de son enveloppe ou sarcolemme, pour faire voir les disques successifs considérés comme des cellules dont elle est constituée.

A') L'un de ces disques.

B) Plusieurs fibres moins grossies que dans les figures précédentes.

Fig. 10. Tissu fibreux ou connectif : cellules qu'on y observe et fibres.

A) Fibres constituantes de l'arachnoïde du cerveau humain.

B) Cellules allongées et pourvues de leur nucleus; tirées de la peau de l'agneau avant la naissance.

C) Autres cellules; de l'allantoïde de l'agneau.

terminant les muscles et servant à les attacher au squelette, le tissu élastique qui existe entre les vertèbres ou dans d'autres points de l'économie, l'enveloppe blanche de l'œil appelée sclérotique, la tunique fibreuse des artères et le derme ou partie fondamentale de la peau que le tannage transforme en cuir, sont autant de formes du tissus fibreux.

5° Les *tissus squelettiques* ou *scléreux*. Ils comprennent les cartilages à cellules sphériques, et les os, caractérisés par des cellules étoilées. Dans les uns et les autres, les cellules tendent à se confondre entre elles par leur fusion avec la substance qui leur est interposée, cette substance se solidifiant plus ou moins complétement, ce qui donne à l'ensemble du squelette la résistance qui le distingue.

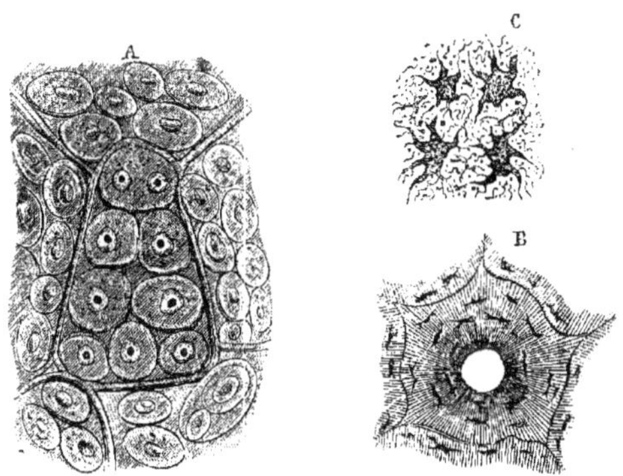

Fig. 11. — Tissus squelettiques.

6° Il y a encore d'autres tissus, et en particulier le *tissu graisseux*, dans les utricules duquel s'accumulent des principes ternaires de nature grasse, qui sont comme des matériaux mis en réserve pour l'accomplissement des phénomènes de combustion respiratoire dont l'économie animale est le siége.

Du sarcode. — Dujardin, savant micrographe français que la science a perdu il y a quelques années, est du nombre des savants qui n'ont pas accepté dans son entier la théorie cellulaire de

Fig. 11. Tissus squelettiques.
A) Cellules d'un cartilage, avec leurs noyaux et en voie de multiplication.
B) Coupe d'un canalicule osseux, dit de Havers, montrant la disposition de cellules étoilées répandues dans la masse d'un os.
C) Cellules étoilées plus grossies.

M. Schwann comme l'a fait l'école allemande. Ses objections sont tirées de ce que le corps de certains animaux inférieurs, principalement celui de beaucoup de protozoaires, renferme souvent un élément anhiste, c'est-à-dire non comparable aux tissus proprement dits et dépourvu de toute structure utriculaire. Dans beaucoup de cas, cet élément, que Dujardin appelait *sarcode*, forme même, à l'exclusion de tout autre, la partie vivante de ces animaux. Leur corps, suivant lui, n'a pas de membrane limitante ; il s'étire et s'épanche, pour ainsi dire, dans tous les sens comme une glaire douée d'irritabilité. Les foraminifères et les amibes sont des exemples remarquables de cette conformation. Toutefois on a objecté à Dujardin la possibilité de ra-

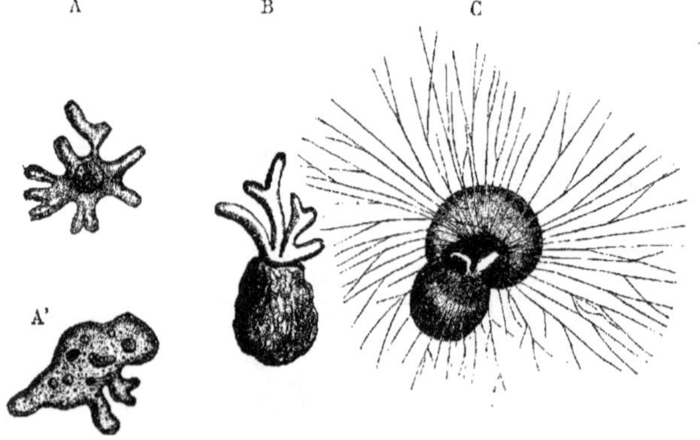

Fig. 12. — *Animaux sarcodiques* appartenant à l'embranchement des protozoaires.

mener ces organismes, si simples qu'ils soient, à la forme cellulaire, et l'on a dit que ce n'étaient que des cellules douées d'une extrême contractilité. On sait d'ailleurs que beaucoup d'organismes inférieurs, soit animaux soit végétaux, ont une structure purement cellulaire et qu'on ne constate en eux aucune trace de vaisseaux. Mais ce n'est qu'à titre de curiosités zoologiques que nous rappelons ces faits, et ce que nous avons dit des tissus, quoique très-élémentaire, suffit à l'objet de ce livre.

DES MEMBRANES. — Ainsi que nous l'avons vu, les tissus acquièrent chez les animaux supérieurs une grande complication, et leur diver-

FIG. 12. *Animaux sarcodiques* appartenant à l'embranchement des protozoaires.
A et A') Deux formes de l'*amibe*, aussi appelé Protée par quelques auteurs.
B) *Difflugie*, genre fluviatile de foraminifères ou rhizopodes.
C) *Miliole* (genre marin de foraminifères) montrant ses expansions sarcodiques.

sité est surtout remarquable si on l'étudie en tenant compte de la complication des fonctions que chacun d'eux est appelé à remplir; mais ce n'est pas là seulement ce qui les distingue. Ils s'associent entre eux pour former les organes, et leur disposition la plus fréquente est celle de lames constituant la surface des principaux organes; c'est de cette disposition des tissus que résulte ce qu'on nomme les *membranes*.

Les membranes limitent le corps des animaux et sont externes, comme nous le voyons pour la peau; dans d'autres cas, elles sont internes comme les membranes digestive, respiratoire, etc., qui sont appelées des muqueuses; ou encore placées autour des gros viscères. Les éléments histologiques y sont associés les uns aux autres dans des proportions qui varient suivant la membrane que l'on observe. Ainsi la peau, tout en ayant, comme la muqueuse digestive des cellules épidermoïdes, des cellules fibreuses, des cellules musculaires, etc., ne les a ni dans la même proportion, ni de nature précisément identique : ce qui concourt à lui donner ses caractères propres et des propriétés dont ne jouissent pas les membranes séreuses, telles que la plèvre qui enveloppe les poumons ou le péritoine qui enveloppe les intestins, et qui appartiennent à un troisième ordre de membranes.

Chaque membrane présente donc plusieurs couches ou tuniques de nature histologique différente. Leur couche superficielle, celle de la peau comme celle des muqueuses, est de nature épidermoïde; c'est pour ainsi dire une couche isolante et elle n'est pas sensible. On la retrouve aussi dans les séreuses.

Au-dessous de la couche épidermoïde se voit la couche de tissu connectif (chorion ou cuir à la peau, chorion muqueux aux muqueuses), et au-dessous encore une couche musculaire chargée d'accomplir les mouvements de la membrane. La couche musculaire de la peau reçoit le nom de peaucier. Chez l'homme, elle est plus développée à la région occipito-frontale qu'ailleurs; dans le cheval elle est surtout évidente à la peau du ventre, et elle en exécute les contractions. La couche musculaire du tube digestif n'est pas moins facile à reconnaître; ce sont ses contractions qui déterminent les mouvements constamment exécutés par l'estomac et par les intestins (mouvements vermiculaires et mouvements péristaltiques).

La médecine attache à l'étude anatomique des membranes une très-grande importance, à cause de la sympathie qui existe entre ces surfaces quelle que soit leur position ou leur rôle. On sait en effet que, suivant les conditions atmosphériques, telles membranes sont plus facilement affectées que telles autres, et que leurs maladies respectives sont souvent en rapport avec les saisons. Qui ignore que l'inflammation des membranes respiratoires est plus fréquente en hiver ou par le froid humide, et qu'en été, au contraire, on est plus exposé aux maladies des membranes digestives ou des membranes du cerveau? On sait aussi que dans certains cas l'un des procédés curatifs auxquels les médecins ont recours, consiste à dégager une membrane engorgée, si cette membrane enveloppe un organe délicat (le cerveau ou les poumons, par exemple) en exagérant momentanément la fonction d'un autre; ce qui explique pourquoi l'on purge souvent pour guérir d'une irritation de poitrine ou d'un simple rhume, en déplaçant la fluxion d'une membrane et la portant sur une autre.

PRINCIPAUX ORGANES DES ANIMAUX. — Les fonctions que les membranes remplissent dans l'économie sont très-diverses, et les différents organes qu'elles forment, comme l'estomac, les intestins, les bronches, les méninges ou membranes du cerveau, etc., présentent des complications d'autant plus grandes dans leur conformation qu'on a affaire à des animaux plus rapprochés de l'homme.

Mais ce ne sont pas là, il s'en faut de beaucoup, les seuls organes de l'économie. A la surface des membranes se développent des parties de plusieurs sortes, les unes affectées aux sécrétions, c'est-à-dire au dégagement de certains principes, tantôt odorants, tantôt digestifs, etc., qu'elles retirent du sang. Ces organes sécréteurs sont des espèces de petits sacs; d'autres fois des amas de sacs sous forme de grappes, et ils versent leurs produits au dehors par un canal commun. Ils constituent un ordre particulier de parties anatomiques auxquelles on a donné le nom commun de *cryptes* et qui sont généralement connues sous les dénominations de glandes, glandules, follicules sébacés, etc. Il y en a à la surface externe du corps, aussi bien qu'aux muqueuses digestives, respiratoires, etc. Les sécrétions ont un rôle actif dans les phénomènes dont l'organisme est le siége.

C'est aussi à la surface des membranes que se développent des organes d'un autre ordre, les uns protecteurs, les autres sensoriaux, que de Blainville a désignés sous le nom de *phanères*, signifiant apparents [1], parce que leur produit, au lieu de s'écouler au dehors et de disparaître rapidement comme le font les fluides sécrétés par les cryptes, acquiert de la consistance et devient lui-même partie intégrante de l'économie. La série de ces organes, qu'on appelle aussi du nom commun de *bulbes*, est plus variée encore que celle des cryptes ou organes sécréteurs; elle comprend le bulbe oculaire ou globe de l'œil, le bulbe auditif ou oreille interne, les dents, les plumes, les poils, et différents autres organes, comme les écailles des poissons, la coquille des molusques, etc.

1. Du gre φανερος.

Comme on le voit, nous avons des organes bien différents les uns des autres, et qui, en général, ne sont pourtant que des dépendances des grandes membranes dont nous avons parlé en commençant cette énumération : les uns sont les cryptes ou organes de sécrétion, et les autres, les phanères ou organes de sensation et de protection.

Les *os*, dont l'ensemble constitue le squelette, sont encore un autre genre d'organes, et il faut y ajouter les *muscles* par lesquels les os sont mis en mouvement, les *vaisseaux* qui portent dans tous les points de l'économie les matériaux nécessaires à l'accroissement et à l'entretien des parties, ainsi que les organes d'ordre *nerveux*, comprenant le cerveau, les nerfs spéciaux, sensibles ou moteurs, et les ganglions nerveux des diverses sortes.

C'est de l'agencement harmonique de ces parties, toutes élémentairement composées de cellules, et de leur action commune, mais subordonnée conformément à l'importance de leur rôle respectif, que résulte l'activité vitale, et cette activité est plus ou moins grande suivant la complication de l'édifice anatomique qu'elles constituent par leur réunion.

PARENCHYMES. — Les organes sont formés, comme les membranes, par la combinaison des différents tissus, et souvent il est aisé d'y reconnaître des assemblages de parties également hétérogènes, qui peuvent être, à leur tour, des membranes différentes les unes des autres et disposées de façons très-diverses. Cette structure complexe caractérise particulièrement les *parenchymes*. Le poumon, le foie, etc., dans lesquels la dissection démontre aisément des canaux de plusieurs sortes, des vaisseaux sanguins et lymphatiques, des nerfs, une enveloppe générale de nature fibreuse qui pénètre plus ou moins dans l'intérieur de ces organes au moyen d'expansions, etc., sont autant d'exemples de parenchymes. La consistance des parenchymes, leur apparence extérieure, la multiplicité de leurs éléments constituants, varient suivant les différents organes que ces parenchymes constituent et leurs caractères peuvent même changer avec l'âge.

Une dissection délicate, pour laquelle l'emploi du microscope est souvent nécessaire, permet cependant de retrouver les éléments anatomiques entrant dans la constitution de chacun d'eux et d'en reconnaître la véritable nature histologique. Chaque parenchyme se résout alors en un certain nombre des tissus élémentaires dont il a été question précédemment.

CHAPITRE V.

FONCTIONS ET ORGANES DES ANIMAUX.

ABSORPTION. — La propriété la plus générale des corps doués de la vie, après celle inconnue dans son essence qui les soustrait à l'inertie caractéristique des corps bruts, est l'*absorption*. Pour vivre, s'accroître et exercer leurs différentes fonctions, les animaux et les végétaux doivent se procurer des matériaux nouveaux, qu'ils tirent du monde extérieur. Ces matériaux sont fournis par les aliments, et c'est par le moyen de l'absorption que les animaux contractent ces emprunts. Des substances salines, des gaz et des principes immédiats, entrent à tout instant dans leur corps ou en sont rejetés, après y avoir subi certaines modifications en rapport avec les besoins de la vie et l'accomplissement de ses fonctions diverses.

La propriété d'absorber, propriété caractéristique de tous les corps organisés, est facile à démontrer chez les espèces les plus parfaites du règne animal comme chez les plus simples. Les empoisonnements par la respiration, par la peau ou par le tube digestif, nous en fournissent chaque jour des preuves aussi bien que les phénomènes ordinaires de la respiration et de la digestion. L'expérience suivante rendra compte de la manière dont se passent les phénomènes de cet ordre.

Si l'on tient un animal quelconque, soit une grenouille, plongée par ses extrémités inférieures dans une solution de prussiate de potasse, il y a absorption de cette substance à travers la peau et elle circule bientôt dans les autres parties du corps, de manière qu'après quelques instants toutes en sont imprégnées. Que l'on touche alors avec une baguette de verre chargée de perchlorure de fer la langue, les yeux ou quelque autre région n'ayant pas participé au bain de prussiate de potasse, il s'y formera aussitôt des taches noires par précipité d'une certaine quantité de prussiate de fer. Ces taches seront une preuve irrécusable de la diffusion dans toute l'économie du liquide absorbé par les pattes de derrière. Le sang s'en est chargé et il en a porté à tous les tissus.

Des phénomènes analogues se passent dans toutes les parties de l'économie, aussi bien à la surface externe du corps que dans l'intérieur des organes, quels que soient d'ailleurs les membranes ou les parenchymes qui constituent ces derniers.

Le fait encore inexpliqué de l'absorption chez les êtres organisés a été désigné sous le nom d'*osmose*, et l'on appelle *osmotiques* les phénomènes qui en dépendent. Ce nom est tiré du mot grec ωσμος, qui signifie action de pousser ou passage, parce que l'absorption s'opère essentiellement à travers les membranes organiques, telles que la membrane cutanée, les muqueuses, les séreuses, etc., et que les pellicules enveloppant les cellules qui constituent les tissus sont des instruments d'absorption aussi bien que les membranes elles-mêmes.

Fig. 13 — Endosmomètre.

L'*endosmose* est le passage des gaz ou des liquides absorbés du dehors par l'organisme, au dedans de cet organisme; l'*exosmose* est le phénomène inverse. Ce sont deux modes de l'absorption. En général ils sont simultanés et se prêtent un mutuel secours. C'est à Dutrochet, physiologiste français, mort il y a une vingtaine d'années, que l'on doit les premières notions un peu précises sur ces curieux phénomènes.

Si deux gaz ou liquides hétérogènes et miscibles se trouvent en présence, mais séparés par une cloison membraneuse, il s'établit à travers cette cloison organisée deux courants dirigés en sens inverse et inégaux en intensité. Celui des deux gaz ou liquides qui reçoit de

Fig. 13. *Endosmomètre*. A) Le vase rempli d'eau — B) Le récipient rempli de gomme ou de sucre, dont la partie inférieure est fermée par une membrane et la supérieure garnie d'un tube béant.

son antagoniste plus qu'il ne lui donne, accroît son propre volume d'une quantité égale à l'excès de ce qu'il en reçoit sur ce qu'il lui donne.

Les expériences de Dutrochet et celles qu'on a faites plus récemment, ont montré que l'échange se continue jusqu'à ce que la concentration soit la même des deux côtés de la membrane. Elles ont également fait voir qu'il y a pour chaque membrane une certaine position respective des fluides miscibles dans laquelle l'endosmose et l'exosmose sont plus actives. Ainsi la direction la plus favorable de l'endosmose à travers les peaux est de la face interne de ces membranes à l'externe, à l'exception toutefois de la peau de grenouille, avec laquelle le courant le plus fort est dirigé en sens inverse, du moins lorsqu'on se sert d'alcool, comme cela a lieu dans l'expérience faite autrefois par Sœmmering. La direction favorable à travers les estomacs et les vessies urinaires varie beaucoup plus qu'avec les peaux, suivant les différents liquides employés.

Les phénomènes osmotiques sont étroitement liés à l'état physiologique des membranes. Ainsi certaines substances toxiques, par exemple l'hydrogène sulfuré, leur retirent cette propriété ; les membranes desséchées ou altérées par la putréfaction ont également perdu les aptitudes dues à la position des faces par rapport aux liquides et le plus souvent l'osmose cesse entièrement lorsque la désorganisation a commencé à s'emparer des membranes en expérience.

Osmomètre. — On démontre aisément les phénomènes osmotiques au moyen d'un petit appareil facile à établir et que l'on nomme *osmomètre* ou *endosmomètre* (fig. 13). C'est un vase sans fond, bouché inférieurement par une vessie ou toute autre membrane, dont on se propose d'étudier l'action, et terminé supérieurement par un tube gradué. On y met une certaine quantité soit d'alcool, soit de dissolution concentrée de gomme, de sucre, etc. Ensuite on le plonge dans un vase contenant de l'eau, de manière qu'il puisse s'établir un courant d'échange entre l'eau et le liquide contenu dans l'endosmomètre, à travers la membrane tendue sous ce dernier. Lorsque l'appareil a fonctionné pendant quelques heures, on constate l'ascension du liquide dans le tube gradué. Sa hauteur continue à s'élever sensiblement au-dessus de la surface du récipient extérieur, attendu que la loi des vases communiquants n'est pas applicable aux faits de cet ordre.

Les phénomènes osmotiques jouent un grand rôle dans la physiologie de tous les êtres organisés et des modes divers de leur exercice dépendent un grand nombre d'actes vitaux. Leur étude n'est pas moins utile à la connaissance des maladies qu'à celle des fonctions étudiées dans l'état de santé. L'ensemble du corps, les cellules diverses qui sont les matériaux élémentaires des différents organes, sont également le siége de phénomènes de cette nature.

Dialyse. — Un chimiste anglais, M. Graham, a dernièrement indiqué le moyen de tirer parti de la propriété osmotique des membranes pour la séparation des parties constituantes propres aux différents liquides de l'organisme, et il a imaginé, sous le nom de *dialyse*, un procédé d'analyse fort commode dans certains cas. En tenant compte de la solubilité des corps, il a montré qu'on pouvait les partager en deux classes, celle des corps qu'il nomme *cristalloïdes* et qui sont doués d'une grande solubilité, et celle des corps *colloïdes* ou analogues à la colle, à la glu et à l'albumine, lesquels n'ont ni le caractère cristallin ni la solubilité prononcée des autres. Les substances cristalloïdes passent à travers la mambrane du dialyseur qui est faite en papier parcheminé et les substances colloïdes restent au-dessous. On arrive par là à une séparation presque aussi complète que si, dans un autre mode bien connu d'analyse, on soumettait à l'action du feu un mélange de substances volatiles et de substances fixes pour les séparer les unes des autres.

Diversité des fonctions des animaux. — La faculté d'absorber et d'exhaler, c'est-à-dire le pouvoir qu'ont les tissus d'emprunter au monde extérieur les particules chimiques nécessaires à l'organisme, et de rejeter celles qui leur sont devenues sans utilité, suffirait, dans certaines circonstances, à l'entretien de la vie, et elle est, avec la faculté de produire de nouveaux individus destinés à continuer l'espèce, la principale manifestation vitale des êtres les plus simples, pour l'un et l'autre règne. Il s'en faut cependant de beaucoup que les végétaux et les animaux restent habituellement dans une condition aussi inférieure. La nutrition, réduite chez les espèces placées au bas de l'échelle organique, aux seuls actes physico-chimiques de l'absorption et de l'exhalation, s'opère d'une manière d'autant plus compliquée qu'on l'étudie dans des plantes ou des animaux plus parfaits, et de nombreux actes physiologiques, exécutés par autant d'organes distincts, interviennent alors pour en assurer l'accomplissement.

Les résultats obtenus sont en proportion de la complication des moyens mis en action. L'ensemble des phénomènes de nutrition forme alors une série compliquée d'actes divers, que l'on a rapportés à plusieurs chefs principaux sous les noms de digestion, de circulation, de respiration, etc.

Classification des fonctions. — A mesure que les fonctions se multiplient et se compliquent par le fait d'une sorte de division du travail physiologique, le nombre des organes est aussi plus grand et leur structure est plus compliquée. C'est ainsi que l'organisme et ses fonctions se perfectionnent concurremment, et de même qu'il est alors difficile de décider si c'est l'organisation qui fait la vie ou la vie l'organisation, de même aussi on ne saurait établir si la complication plus grande des organes est la cause de celle des fonctions ou si elle en est au contraire l'effet. Ces questions n'ont d'ailleurs aucune importance pour les problèmes que nous avons à traiter ici; nous nous bornerons donc à énumérer les diverses fonctions propres aux animaux, nous réservant d'en développer les principales particularités anatomiques et physiologiques dans les chapitres suivants.

Un premier ordre de fonctions comprend les FONCTIONS DE NUTRITION, plus particulièrement destinées à l'entretien de la vie individuelle, et qui se divisent en *digestion*, *circulation*, *respiration* et *urination* ou sécrétion urinaire. C'est à propos de ces fonctions qu'il sera question de la chaleur des animaux.

Un second ordre est celui des FONCTIONS DE REPRODUCTION, ayant pour but non plus d'assurer l'existence des individus, mais de leur donner les moyens de multiplier leur espèce et d'en assurer la continuation malgré leur propre disparition. Ces fonctions et celles de l'ordre précédent ne sont pas spéciales aux animaux; les végétaux les possèdent également. Elles constituent donc des propriétés communes à tous les êtres vivants; on les appelle quelquefois fonctions végétatives.

Le troisième ordre comprend les FONCTIONS DE RELATION, qui sont spéciales aux animaux et leur donnent le moyen de connaître leurs rapports avec le monde extérieur et de les modifier au besoin. Ce sont la *sensibilité*, comprenant l'innervation et les sensations, ainsi que la *locomotion*, ou propriété qu'ont les animaux de se mouvoir. Comme ces êtres vivants sont les seuls qui les possèdent, on les a aussi appelées fonctions animales.

Quelques remarques générales sur l'ensemble des fonctions et sur les organes qui les exécutent vont nous mettre à même de mieux comprendre leur importance et les particularités qu'elles présentent dans les principaux groupes d'animaux.

LA MÊME FONCTION PEUT ÊTRE REMPLIE PAR DES ORGANES DIFFÉRENTS. — La nature ne s'est pas assujettie dans l'organisme animal à charger toujours un même organe de l'exécution d'une même fonction. Il est des fonctions, comme celles de la sensibilité, dont un même système a constamment l'exercice et que nul autre ne saurait exercer à sa place; car toute sensibilité implique la présence d'organes de nature nerveuse : ganglions, nerfs, etc. D'autres fonctions, au contraire, peuvent avoir pour agents des organes différents, suivant les classes chez lesquelles on les étudie. C'est ainsi que la respiration s'opère au moyen de poumons chez les vertébrés aériens, tandis que chez les poissons elle a lieu par des branchies dépendant de l'appareil hyodien; chez les crustacés par des branchies dépendant des pattes ou par les pattes elles-mêmes, et chez les insectes par des trachées qui s'ouvrent sur les parties latérales du corps, au lieu d'avoir pour orifice l'ouverture antérieure du tube digestif.

Les organes locomoteurs pourraient nous offrir d'autres exemples de ces changements de fonctions. C'est ainsi que les membres, si différents entre eux chez l'homme et servant à des usages si variés, sont, au contraire, fort semblables chez beaucoup de quadrupèdes et affectés au seul usage de la marche. Ils servent à nager chez les mammifères marins et chez les poissons. Chez les chauves-souris et les oiseaux les membres antérieurs sont seuls modifiés pour le vol, et chez les insectes cette fonction s'exécute au moyen d'organes tout différents par leur nature, bien que désignés aussi sous le nom d'ailes. Ces ailes, ces nageoires ou les pattes des vertébrés répondent aux membres de l'homme; les pattes des insectes sont aussi les véritables membres de ces animaux, tandis que leurs ailes sont des expansions d'un tout autre ordre et qui n'ont aucun analogue dans le corps des animaux vertébrés.

CORRÉLATION DES ORGANES. — Les animaux peuvent être comparés à des machines animées, ayant pour instruments de leurs fonctions les organes par lesquels ils sont constitués et pour cause d'activité une force particulière, la vie, aussi inconnue dans son essence qu'admirable dans ses effets. Chacun d'eux est un tout harmonique, calculé par la nature en vue d'un résultat déterminé, et quoique le nombre des espèces organisées actuellement existantes s'élève à plusieurs centaines de mille, leurs formes et leurs caractères respectifs sont subordonnés à des règles déterminées. Toutes les combinaisons d'organes ne sont pas possibles, et dans chaque espèce les différentes parties ou organes sont toujours dans un état de corrélation qui les subordonne les unes aux autres, et assure l'exercice régulier de leurs fonctions.

Cette appropriation de l'organisme avec les circonstances au milieu desquelles il est appelé à fonctionner a frappé tous les observateurs sérieux; sa constatation a conduit à la théorie célèbre des causes finales dont, il faut bien l'avouer, on a fait dans plus d'une circonstance des applications erronées, mais qui a une portée philosophique qu'on ne saurait contester.

Il existe donc une sorte d'harmonie préétablie entre les organes des animaux et les conditions de leur existence, et l'on démontre que les organes sont entre eux dans un état de corrélation qui mérite d'être signalé. Dans son Discours sur les révolutions du globe, Cuvier a érigé ce fait en principe général, et il en a donné des exemples parfaitement choisis en comparant entre eux les carnassiers et les herbivores de la classe des mammifères. « Si, dit Cuvier, les intestins d'un animal sont organisés pour ne digérer que de la chair, et de la chair récente, il faut aussi que ses mâchoires soient construites pour dévorer sa proie ; ses griffes pour la saisir et la déchirer ; ses dents pour la couper et la diviser ; le système entier de ses organes de mouvement pour la poursuivre et pour l'atteindre ; ses organes des sens pour l'apercevoir de loin ; il faut même que la nature ait placé dans son cerveau l'instinct nécessaire pour savoir se cacher et tendre des piéges à ses victimes. Telles sont les conditions du régime carnivore ; tout animal destiné pour ce régime les réunira infailliblement, car sa race n'aurait pu subsister sans elles.... Les animaux à sabots doivent tous être herbivores, puisqu'ils n'ont aucun moyen de saisir une proie ; nous voyons bien encore que, n'ayant d'autre usage à faire de leurs pieds de devant que de soutenir leur corps, ils n'ont pas besoin d'une épaule aussi vigoureusement organisée, d'où résulte l'absence de clavicule et d'acromion, l'étroitesse de l'omoplate ; n'ayant pas non plus besoin de tourner leur avant-bras, leur radius sera soudé au cubitus, ou du moins articulé par ginglyme, et non par arthrodie avec l'humérus ; leur régime herbivore exigera des dents à couronne plate pour broyer les semences et les herbages ; il faudra que cette couronne soit inégale, et, pour cet effet, que les parties d'émail y alternent avec les parties osseuses ; cette sorte de couronne nécessitant des mouvements horizontaux pour la trituration, le condyle de la mâchoire ne pourra être un gond aussi serré que dans les carnassiers : il devra être aplati et répondre aussi à une facette de l'os des tempes plus ou moins aplatie ; la fosse temporale, qui n'aura qu'un petit muscle à loger, sera peu large et peu profonde, etc. »

Il serait facile de trouver dans les autres classes du règne animal des exemples aussi saisissants du principe de la corrélation des organes entre eux et de leur appropriation aux conditions d'existence. Les oiseaux, les poissons, le règne animal tout entier nous en fourniraient autant qu'ils possèdent de genres ou d'espèces, et si certaines espèces ont disparu de la surface du globe depuis l'apparition de l'homme ou plus anciennement, c'est que les conditions nouvelles au milieu desquelles elles se sont trouvées placées ont rendu leur existence impossible. Elles ont cessé d'être ; elles ne se sont pas modifiées comme le voudrait la théorie de Lamarck que nous avons précédemment discutée.

Application du principe de la corrélation des organes a la reconstruction des animaux fossiles. — On dit souvent que la notion d'un organe, si peu important qu'il soit dans l'économie de l'animal auquel il a appartenu, une phalange par exemple ou une dent, peut permettre à un naturaliste exercé de reconstruire par la pensée tout l'animal dont cette partie provient et d'en opérer avec certitude la restauration, si c'est une espèce perdue. On s'appuie à cet égard sur les magnifiques résultats obtenus par Cuvier et d'autres paléontologistes dans la reconstruction des animaux antédiluviens, au moyen des débris fossilisés que le sol nous en a conservés.

Après avoir montré dans son Discours sur les révolutions du globe combien les ossements fossiles des quadrupèdes sont difficiles à déterminer, ce célèbre naturaliste ajoute en effet : « Heureusement l'anatomie comparée possédait un principe qui, bien appliqué, était capable de faire évanouir tous les embarras : c'était celui de la *corrélation des formes* dans les êtres organisés, au moyen duquel chaque sorte d'être pourrait à la rigueur être reconnue par chaque fragment de chacune de ses parties. » Rien n'est plus vrai, et l'on peut dire également avec Cuvier qu'aucune partie ne peut changer sans que les autres ne changent aussi ; mais il faut surtout l'entendre des parties importantes, et toutes ne sauraient offrir des indications ayant une égale valeur. Quand le même auteur dit plus loin : « Chacune d'elles prise séparément indique et donne toutes les autres, » il cesse d'être exact.

Une dent, un os quelconque tirés du cheval ou du bœuf ordinaires nous permettront sans doute de conclure à tous les autres caractères de ces deux quadrupèdes, parce que nous les connaissons déjà ; mais si cette pièce, tout en indiquant le genre cheval ou le genre bœuf, montre par quelque différence de valeur spécifique que nous n'avons affaire ni aux espèces déjà connues du genre cheval ni à celles du genre bœuf, il ne nous sera pas possible de juger d'après elle des autres caractères différentiels de l'espèce dont cette seule partie est soumise à notre observation. Chaque pièce prise séparément n'indique donc pas et ne donne donc pas toutes les autres. L'observation de l'animal entier pourra seule nous les donner, et si nous avons son squelette avec toutes ses parties osseuses, nous ne saurons pas davantage ce que ses autres organes pouvaient présenter de particulier. Cuvier dit lui-même : « Je doute que l'on eût deviné, si l'observation ne l'avait appris, que les ruminants auraient tous le pied fourchu ;... je doute que l'on eût deviné qu'il n'y aurait de cornes au front que dans cette seule classe ; que ceux d'entre eux qui auraient des canines aiguës manqueraient, pour la plupart, de cornes, etc. »

A plus forte raison en sera-t-il ainsi lorsque, au lieu d'animaux peu différents de ceux de la nature actuelle, nous aurons à déterminer les ossements d'espèces appartenant à des genres ou à des familles disparues, comme la classe des mammifères et surtout celles des reptiles et des poissons nous en fournissent en grand nombre. Il nous sera constamment impossible de remonter des caractères connus aux caractères à connaître, et le principe de la corrélation des formes, appliqué avec trop de confiance, pourrait même conduire à de graves erreurs. Il a souvent fait attribuer à des animaux différents des pièces que l'on a reconnues ensuite provenir d'un même animal, et d'autres fois il a fait considérer comme provenant d'une même espèce animale des pièces qui appartenaient cependant à des genres différents.

De semblables méprises ne sont pas rares en paléontologie, et les plus grands naturalistes n'ont pas toujours su les éviter. C'est ainsi que des ossements du genre des halithérium, sortes de mammifères marins analogues aux lamantins et aux dugongs, qui ont vécu dans les mers de l'Europe pendant la période tertiaire, ont fait d'abord croire non-seulement à l'ancienne existence d'un lamantin, mais aussi à celle d'une espèce de phoques et d'une espèce d'hippopotames, et qu'il a été démontré depuis que les pièces d'après lesquelles ce phoque et cet hippopotame avaient été indiqués provenaient du même animal que celles reconnues de prime abord pour être d'un lamantin.

De même encore les premiers débris observés des simosaures, singuliers reptiles de la période triasique, dont les os abondent en Alsace et ailleurs, avaient fait supposer la présence dans ces terrains de fossiles d'ichthyosaures, de plésiosaures et de chélonées ou tortues de mer, qui n'y ont pas été constatés. L'analogie apparente de certains os des simosaures avec ceux des reptiles qui viennent d'être énumérés avait conduit à ces conclusions inexactes, qu'on n'a pu rectifier que par l'observation des squelettes à peu près complets appartenant aux animaux dont il s'agit, et que de nouvelles fouilles ont fait plus ultérieurement découvrir.

Supériorité relative des organismes. — Cuvier n'admettait pas que l'on pût tirer des différences existant dans l'ensemble des organes propres à chaque espèce d'animaux le moyen de juger de la supériorité relative de ces derniers les uns par rapport aux autres. C'est cependant un fait évident, et l'un des résultats les plus importants de la science est de pouvoir établir la place de chaque être dans les cadres méthodiques en tenant compte du *degré d'organisation* qui distingue son espèce. Cuvier s'était servi surtout, pour classer les animaux, des caractères tirés de leurs organes de nutrition; mais, ainsi que l'a établi de Blainville, on arrive plus sûrement encore à ce résultat en tenant compte de leurs organes de relation et des particularités physiologiques en rapport avec la différence de structure de ces organes. C'est par les fonctions de relation que les animaux se distinguent des plantes, et l'on trouve dans les organes qui servent à ces fonctions d'excellentes indications pour juger de leur supériorité ou de leur infériorité relative.

COMPARAISON DES ORGANES DE L'HOMME AVEC CEUX DES ANIMAUX. — L'anatomie, en comparant les organes de l'homme avec ceux des animaux, se propose un double but : elle cherche à constater les ressemblances des organes entre eux ou leurs dissemblances; elle essaye en outre d'en connaître le caractère réel et pour ainsi dire la nature propre.

Il y a plusieurs manières d'étudier les organes sous ce double rapport. On établit, par exemple, quelle est leur disposition particulière dans l'espèce soumise à l'observation et quels sont leurs usages dans cette même espèce, c'est-à-dire leur mode de participation aux phénomènes de la vie. Ce premier résultat obtenu, on recherche si chacun de ces organes de l'homme ou de tel ou tel animal ne se retrouve pas chez d'autres espèces; on établit alors sous quelle forme il y existe et quelles y sont ses fonctions; on cherche également à apprécier les rapports de similitude qu'ont entre eux les différents organes d'un même animal envisagé isolément et l'on établit la classification des organes par catégories distinctes.

De là deux sortes de recherches ou d'observations : celle des *organes analogues* et celle des *organes homologues*.

ORGANES ANALOGUES ET ORGANES HOMOLOGUES. — Un organe du corps humain étant donné, il s'agit de constater s'il se trouve aussi dans le corps des animaux et quelles sont les espèces chez lesquelles on le rencontre. La notion des données qui ressortent de cette comparaison est un des buts principaux que se propose l'anatomie comparée; elle est aussi d'une grande utilité pour la classification naturelle des animaux. En même temps elle éclaire le physiologiste en lui montrant qu'un même organe, suivi dans la série des animaux qui en sont pourvus, depuis les moins parfaits jusqu'à ceux qui se rapprochent le plus de l'homme ou à l'homme lui-même, subit une série de modifications qui sont souvent comparables à celles que l'on remarque en étudiant cet organe dans une même espèce appartenant aux classes supérieures, depuis sa première apparition dans l'embryon jusqu'à son développement définitif dans le sujet adulte et parfait. C'est ce qui a fait dire qu'un même organe examiné dans des espèces inférieures s'y montrait dans une sorte d'arrêt de développement, comparativement à ce qu'il est dans les espèces supérieures, et qu'il y restait dans tous les âges à un état qu'on a même appelé embryonnaire, pour indiquer sa ressemblance avec la disposition qu'il présente pendant la vie embryonnaire chez l'homme ou chez les animaux qui approchent le plus de notre espèce.

On a appelé *recherche des analogues* cette comparaison d'un même organe suivie dans les différents termes de l'échelle animale. C'est une branche fort intéressante de l'anatomie comparée et dont les plus grands naturalistes se sont occupés avec une sorte de prédilection.

En rendant compte, dans l'histoire de l'Académie des sciences de Paris pour 1774, d'un mémoire relatif aux membres de l'homme et des animaux, mémoire que Vicq d'Azyr venait de soumettre à l'appréciation de cette compagnie, Condorcet s'exprimait ainsi à propos du double caractère des recherches dont il voulait signaler l'importance : « On entend ordinairement par anatomie comparée l'observation des rapports et des différences qui existent entre les parties analogues de l'homme et des animaux. M. Vicq d'Azyr donne ici un essai d'une autre espèce d'anatomie comparée qui jusqu'ici a été peu cultivée et sur laquelle on ne trouve dans les anatomistes que quelques observations isolées : c'est l'examen des rapports qu'ont entre elles les différentes parties d'un même individu. » Condorcet ajoutait, d'après Vicq d'Azyr, que « dans cette nouvelle espèce d'anatomie comparée, on observe, comme dans l'anatomie comparée ordinaire, ces deux caractères que la nature paraît avoir imprimés à tous les êtres, celui de la constance dans le type et celui de la variété dans les modifications. »

Il eût été difficile de mieux exprimer les tendances de ces deux points de vue de la science dont l'un nous fait connaître les différences qu'un même organe, envisagé dans la série des animaux, présente, suivant la manière dont il doit fonctionner dans chacun d'eux, et dont l'autre nous montre comment la nature a réussi à multiplier en apparence les organes des animaux les plus parfaits, tout en se servant d'un petit nombre d'organes identiques au fond mais qu'elle répète dans chaque espèce en leur imprimant des modifications secondaires afin d'en varier les caractères.

Depuis Vicq d'Azyr, beaucoup de recherches ont été entreprises dans cette double direction. L'examen d'un même organe suivi dans ses modifications diverses, d'un genre ou d'une famille à d'autres genres ou à d'autres familles, a donné lieu à la théorie célèbre de l'*unité de composition*, dont Étienne Geoffroy Saint-Hilaire a été l'un des principaux promoteurs; d'autre part, on a nommé *théorie des homologues* la classification des organes d'un même être en un certain nombre de groupes primordiaux.

Quelques exemples donneront une idée des résultats auxquels conduisent ces deux manières d'envisager les organes. C'est au moyen de la première que l'on démontre que les mains de l'homme, les membres antérieurs des mammifères ou des reptiles, les ailes des chauves-souris ou des oiseaux et les nageoires thoraciques des poissons sont des organes analogues et formés des mêmes parties, malgré la différence de leurs formes. La seconde théorie nous permet d'établir que les membres postérieurs, sont les homologues des membres antérieurs, c'est-à-dire de même ordre anatomique et formés d'os semblables; et que, de même, les vertèbres le sont également entre elles, qu'elles appartiennent au cou, au thorax, aux lombes, au sacrum et à la queue ou coccix; enfin que la tête est composée de vertèbres comme le reste du tronc : ce qui permet d'y trouver des parties homologues à celles dont ce dernier est formé; et aussi de comparer de la même manière les membres postérieurs avec les antérieurs, ce qui était l'objet spécial du travail de Vicq d'Azyr.

Les découvertes de plusieurs naturalistes français ont beaucoup contribué aux progrès de ces deux branches de l'anatomie, qui se distinguent des autres par leur caractère éminemment philosophique.

CHAPITRE VI.

DE LA NUTRITION EN GÉNÉRAL; FONCTIONS ET ORGANES PAR LESQUELS ELLE S'EXÉCUTE.

De la nutrition en général. — Bien différents des corps bruts dans leur mode d'existence, les êtres organisés ne subsistent qu'à la condition de s'assimiler incessamment, soit pour s'accroître, soit pour remplacer les particules qu'ils ont perdues par suite de l'activité spéciale dont ils jouissent, de nouveaux matériaux qui servent ainsi d'*aliments* à la vie. Ils se débarrassent en même temps de ceux de leurs propres matériaux qui sont devenus inutiles à l'exercice de leurs fonctions ou qui pourraient même devenir nuisibles, par suite des modifications qu'ils ont subies. C'est donc à la condition de se maintenir dans un état constant d'échanges avec le monde extérieur que ces êtres continuent à vivre, et lorsqu'ils sont séparés des parents qui leur ont donné naissance, ils doivent pourvoir eux-mêmes à leur propre subsistance. Si, comme cela a lieu dans les premiers temps de leur vie individuelle, la somme de leurs acquisitions dépasse celle des pertes qu'ils éprouvent, il y a accroissement de la masse totale de leur corps. La balance exacte entre le gain et la dépense caractérise dans un autre âge l'exercice régulier des fonctions; mais il arrive toujours, après un certain temps, que des troubles fonctionnels ou l'altération des instruments de la vie, c'est-à-dire des organes, fait subir à chaque individu une sorte de langueur et conduisent à la décrépitude par le ralentissement des fonctions. La mort sera la conséquence plus ou moins prochaine, mais fatale, de ce nouvel état de choses.

On appelle *fonctions de nutrition* l'ensemble des actes physiologiques qui concourent à l'accroissement des corps vivants et entretiennent les organes dans un état permanent d'activité. Ces différents actes et les instruments qui les accomplissent peuvent être groupés dans plusieurs catégories secondaires, qu'il est convenable d'étudier séparément.

Ainsi chez les êtres organisés les plus simples, tels que les animaux et les végétaux de structure purement cellulaire, tous les actes nutritifs se résument à des phénomènes osmotiques (absorption et exhalation), dont les cellules sont le siége. Il n'y a pas d'organes particuliers pour les différentes fonctions dans lesquelles la nutrition se divise au contraire chez les êtres plus parfaits. L'échange des liquides et celui des gaz nécessaires à l'entretien de la vie ou rejetés par elle s'opère ici à travers les parois des cellules.

Toutefois il n'en est pas ainsi dans la très-grande majorité des animaux, et si leurs éléments histologiques exécutent séparément des phénomènes comparables à ceux qui suffisent aux espèces les plus simples, espèces que l'on peut comparer elles-mêmes à des cellules vivant isolément, l'ensemble de leur corps se compose d'organes qui exercent des fonctions à part, souvent très-diverses, et dont chacune concourt d'une manière particulière à l'exercice de la vie. Le travail nutritif se trouve ainsi subdivisé et réparti entre plusieurs systèmes d'organes différents les uns des autres, exécutant séparément une partie des fonctions dévolues à l'être lui-même, et c'est de l'ensemble de ces fonctions combinées entre elles que résulte la vie de celui-ci Cet ensemble acquiert une grande complication chez l'homme, ainsi que chez les animaux qui se rapprochent le plus de lui.

Dans ces animaux et dans beaucoup d'autres, les intestins sont plus spécialement chargés de l'élaboration des aliments, dont ils tirent des matériaux utiles à l'accroissement des parties ou à leur renouvellement; d'autres exécutent le transport, depuis les intestins jusqu'aux organes circulatoires, de ces matériaux que la digestion a séparés, et il en est dont la fonction est particulièrement de promener dans les différentes régions du corps le sang nécessaire à la nutrition des organes, ou de le conduire à des organes encore différents des précédents, et qui lui permettent d'échanger son acide carbonique contre de l'oxygène, ou de se débarrasser, par la sécrétion urinaire, de l'excédant des principes azotés que ce sang renferme. De là plusieurs séries de fonctions et concurremment aussi plusieurs séries d'organes, qui demandent, pour être bien compris, un examen particulier.

Division des fonctions nutritives et de leurs organes en plusieurs groupes principaux[1]. — On donne le nom de *digestion* à l'action exercée par les animaux sur les aliments, soit solides, soit liquides, que ces animaux se procurent pour subvenir aux besoins de leur nutrition. Chez le plus grand nombre, la digestion a lieu dans le canal digestif ou tube intestinal, qui se partage dans certains cas en un certain nombre d'organes dont la disposition et les principaux caractères varient avec le régime spécial des espèces et le rang qu'elles occupent dans l'échelle zoologique.

La *circulation* reçoit ces matériaux nutritifs, devenus assimilables, pour les ajouter à la masse du fluide nourricier, c'est-à-dire au sang. Elle a aussi pour but de promener ce liquide dans toutes les parties du corps et de ramener des différents organes les matériaux inutiles ou viciés dont sans cette opération ils resteraient engorgés au préjudice de la vie. Son rôle est par conséquent multiple. Aussi a-t-elle à sa disposition des organes de plusieurs sortes : le cœur, les vaisseaux artériels et veineux, les vaisseaux capillaires, les vaisseaux lymphatiques et les vaisseaux chylifères.

Deux autres fonctions essentielles à la nutrition s'ajoutent à la digestion et à la circulation. Ce sont les fonctions de *respiration* et la *sécrétion urinaire*. L'une et l'autre opèrent l'épuration du sang qui a servi à la nutrition et le débarrassent des principes inutiles dont il s'est chargé pendant son passage à travers les tissus. Ces principes résultent, les uns de la combustion, à l'aide de l'oxygène du sang, du carbone entrant dans la composition des substances organiques dont l'économie est en partie formée; de là vient que le sang est alors chargé d'acide carbonique. Les autres ont pour origine la transformation des substances quaternaires en urée ou en acide urique, c'est-à-dire en une substance qui va bientôt se résoudre en eau, en acide carbonique et en ammoniaque.

Fig. 14. Les principaux viscères respiratoires et digestifs de l'homme vus en place dans la cavité thoraco-abdominale, après que la peau de la partie antérieure du cou, les côtes, le sternum et la peau qui recouvre ces régions, ainsi que l'abdomen, a été enlevée.

oh.) Os hyoïde; — *Lx*) larynx; — *C. thyr.*) corps thyroïde recouvrant en partie le larynx; — *Tr. art.*) trachée artère et sa division en bronches; — *Pl. p., pl. p.*) plèvre; — *Pd.*) poumon droit; — *Pg.*) poumon gauche; — *Méd.*) médiastin ou séparation des deux plèvres; — *Cr.*) emplacement du cœur et péricarde; — *Fe.*) le foie renversé pour montrer sa face concave; — *C. hep.*) canaux hépatiques; — *V. bil.*) vésicule biliaire; — *C. chol.*) canal cholédoque; — *P*) pancréas; — *Duod.*) duodenum — rate; — *In.*) partie de l'intestin grêle; — *Cœ*) cœcum; — *app. v.*) appendice vermiforme du cœcum; — *G. I.* et *g. I.*) gros intestin : colon ascendant, colon transverse et colon descendant; — *R*) rectum; — *Ves.*) la vessie urinaire.

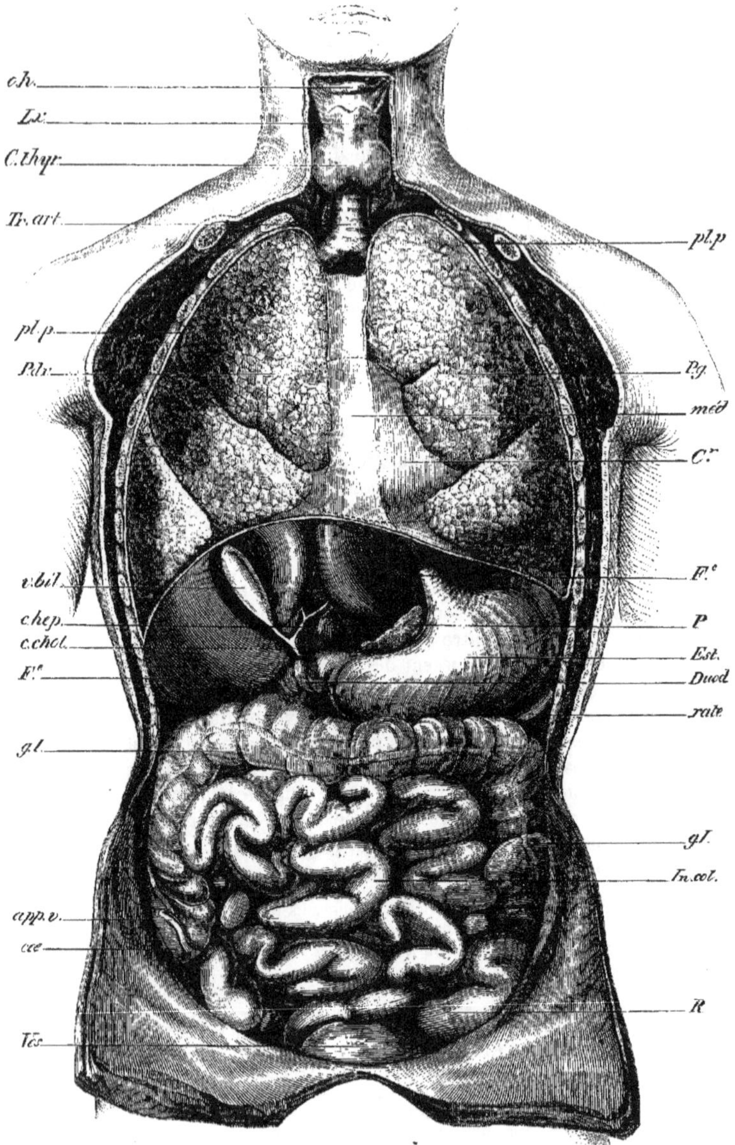

FIG. 14. — Principaux viscères de la cavité thoraco-abdominale.

Des organes spéciaux sont presque constamment chargés de l'accomplissement de ces deux fonctions, respiratrice et urinaire, qui se complètent l'une par l'autre.

Dans les organes respiratoires (poumons, branchies ou trachées) s'opère l'échange de l'acide carbonique dont le sang s'est chargé, contre une nouvelle quantité d'oxygène nécessaire à l'entretien des fonctions nutritives; l'élimination de l'urine a lieu par l'intermédiaire des reins et au moyen d'une sorte de filtration du sang à travers ces organes.

De l'activité plus ou moins grande des fonctions nutritives résulte celle de la vie, et la complication des organes qui les accomplissent est toujours en rapport avec celle des systèmes d'organes affectés aux fonctions de relation. Dans les animaux supérieurs, l'exercice de la nutrition est accompagné de la production d'une quantité notable de chaleur, dont le degré reste à peu près fixe pour chaque espèce; c'est ce que l'on a appelé la *chaleur animale*. Les combinaisons chimiques et les réactions diverses accomplies sous l'influence de la vie chez les animaux à température élevée, ou animaux à sang chaud, sont au nombre des causes principales de cette production de calorique.

Chez les animaux supérieurs les organes principaux de la nutrition sont placés dans la cavité thoraco-abdominale constituée par une sorte de cage osseuse destinée à les protéger et ils forment différents viscères. On se fera une idée exacte de leur disposition chez l'homme par la figure 14, qui les représente presque tous dans leur situation naturelle. Ce sont : les poumons, enveloppés dans une membrane séreuse appelée plèvre ; le cœur, dont la séreuse a reçu le nom de péricarde ; l'estomac; l'intestin grêle; le gros intestin, et deux systèmes de glandes, dont l'une a surtout un volume considérable et constitue le foie. Les poumons et le cœur sont renfermés dans le thorax et séparés des viscères spécialement digestifs (estomac, intestins, foie) par le diaphragme formant une cloison transversale de nature musculaire, tendue entre la poitrine et l'abdomen. A ces différents organes s'ajoutent les reins ainsi que le reste de l'appareil urinaire, dont une seule partie, la vessie, se trouve représentée dans la figure à laquelle nous renvoyons.

Une planche (pl. 1.) est spécialement consacrée au système vasculaire. On y a représenté en rouge les vaisseaux qui renferment du sang chargé d'oxygène et capable d'exercer la nutrition des organes. Les vaisseaux colorés en bleu sont ceux du système sanguin chargé d'acide carbonique, et qui diffère du sang renfermé dans les canaux précédents, parce qu'il est noirâtre au lieu d'être rouge vermeil.

CHAPITRE VII.

DE LA DIGESTION.

I

COUP D'ŒIL GÉNÉRAL SUR CETTE FONCTION — ALIMENTS ET CONDITIONS DE L'ALIMENTATION.

La digestion a pour principal objet de fournir à l'économie animale de nouveaux matériaux destinés à remplacer ceux qu'elle consomme par l'exercice de son activité propre. Elle subvient à une grande partie des dépenses de la vie, et, comme le sang a pour ainsi dire la gestion de cette dépense, c'est dans ce liquide que sont versés les produits assimilables que la digestion tire des aliments. Ceux-ci, à leur tour, sont empruntés au monde extérieur par l'animal lui-même.

Les différentes espèces ont recours, pour se procurer les aliments nécessaires à leur entretien, à des ruses souvent fort ingénieuses, et qui nous montrent la variété infinie des ressources mises par la nature à la disposition des animaux. Ces ruses sont on ne peut plus variées, et les organes qui servent de moyen de préhension présentent aussi de très-grandes différences, suivant les groupes chez lesquels on les étudie ou les actes qu'ils sont destinés à accomplir; aussi est-ce une étude des plus intéressantes que celle des procédés employés par les différents animaux pour se procurer leur nourriture.

Aliments. — A en juger par les formes si diverses et si variées sous lesquelles ils la recueillent, cette nourriture présenterait elle-même de bien grandes différences, suivant qu'elle est tirée du règne animal ou du règne végétal, ou encore de telle ou telle classe de chacun de ces deux règnes. Il y a des espèces qui ne vivent que de végétaux, et parmi elles on en distingue qui mangent presque uniquement des feuilles : ce sont les *herbivores* par excellence ; d'autres préfèrent les racines, les écorces ou les fruits : on nomme *frugivores* les animaux qui sont dans ce dernier cas. Ceux, au contraire, qui ne vivent que de graines sont dits *granivores*.

Parmi les animaux carnassiers, ou qui se nourrissent de matières animales, on distingue aussi plusieurs catégories : les *carnivores*, surtout avides de la chair des mammifères et de celle des oiseaux; les *piscivores* ou ichthyophages, s'attaquant aux poissons; les *insectivores*, qui ne mangent que des insectes, etc.

Enfin, les animaux qui se nourrissent indifféremment de substances animales et végétales sont appelés *omnivores*. L'homme et différentes espèces de mammifères, tels que l'ours, le chien et le porc, sont plus particulièrement dans ce cas.

A chacun de ces régimes correspond une conformation particulière des organes digestifs, et l'on constate que le canal intestinal des herbivores est beaucoup plus long et beaucoup plus compliqué dans ses différentes parties que celui des carnassiers; mais, au fond, ces différents régimes ne donnent pas des résultats aussi dissemblables qu'on pourrait le croire, et l'alimentation, quelle qu'en soit le mode, peut être ramenée à des conditions identiques, son résultat définitif étant de procurer à l'économie des principes immédiats, les unes ternaires, les autres quaternaires, ainsi qu'un certain nombre de substances salines.

Classification des aliments. — La différence du régime n'implique donc pas une différence correspondante et fondamentale dans les matériaux chimiques de l'alimentation, et tous les animaux, qu'ils vivent d'herbes, de fruits, de graines, d'insectes, de poissons ou de la chair et du sang des quadrupèdes et des oiseaux, retirent, en définitive, de leur alimentation, des principes analogues et qui sont toujours les mêmes. L'élaboration des aliments est plus ou moins longue; elle exige des actes plus ou moins différents, suivant l'origine de ces aliments; mais ses résultats ne changent pas pour cela. Le lion et le tigre assouvissant leurs appétits sanguinaires, ou le bœuf et l'antilope, qui paissaient tranquillement l'herbe des prairies avant de servir de proie à ces redoutables carnivores, demandent à leur alimentation des principes absolument les mêmes, à savoir, des substances salines, qu'ils peuvent même prendre avec leur boisson, sans détruire en apparence nul être organisé, et des substances organiques, les unes ternaires, les autres quaternaires, que la chair des animaux ou les tissus des végétaux renferment également.

Contrairement à la vie végétale, qui tire une grande partie de ses matériaux de consommation du monde minéral, la vie des animaux s'entretient au moyen de substances organiques toutes formées, et la nature trouve dans la destruction de tous ces individus des deux règnes, qui servent de pâture aux différents animaux, le moyen de maintenir chaque espèce dans une juste proportion numérique. Par la férocité des carnivores, elle met obstacle à la trop grande abondance des herbivores, et ces derniers, à leur tour, s'opposent à la multiplication excessive des végétaux.

Une autre remarque curieuse peut donc être ajoutée à celles qui précèdent. Tandis que les végétaux jouissent de la propriété de former de toutes pièces, au moyen de matériaux empruntés au monde inorganique, la masse des principes immédiats nécessaires à la constitution de leurs organes, et de se nourrir avec des produits tirés du sol, les animaux ne créent point leurs principes de toutes pièces et leur substance ne s'accroît chimiquement qu'au détriment de celle d'autres êtres vivants, plus particulièrement de celle des végétaux. Le règne végétal est comme le grand laboratoire dans lequel se fabriquent les substances organiques. Ces substances passent des plantes dans les animaux herbivores pour arriver ensuite aux carnassiers lorsqu'ils se nourrissent de ces derniers. Elles font plus tard retour aux plantes qui les absorbent sous forme d'engrais, mais après avoir été modifiées dans leur composition et réduites en eau, acide carbonique et principes ammoniacaux.

On se tromperait si l'on voulait juger de la nature chimique des aliments et de leur rôle dans l'économie par le régime des animaux. La proportion dans laquelle ces aliments contiennent les principes nécessaires à la vie des organes, et la facilité avec laquelle les animaux peuvent les en extraire, motivent, il est vrai, certaines différences dans la conformation des organes de la digestion. Ainsi, l'estomac des ruminants est plus compliqué que celui des carnassiers, et leur tube digestif est plus long. Les organes de sécrétion n'ont pas non plus un même développement dans les différentes espèces carnassières ou herbivores; mais ce ne sont là que des particularités de second ordre, et il est dans la nature des substances alimentaires dites organiques d'appartenir à l'une et l'autre des deux catégories quaternaire et ternaire, quelle que soit leur provenance. Aussi est-ce en tenant compte de leurs caractères chimiques qu'il faut les classer, et non d'après leur origine animale ou végétale.

Envisagés ainsi, les aliments d'origine organique doivent être partagés en deux grandes catégories absolument correspondantes à celles dans lesquelles se divisent les principes immédiats constituant les organes. Les animaux, quelque soit leur régime, doivent, sous peine de périr dans un temps plus ou moins rapproché, trouver dans leur alimentation, indépendamment des principes minéraux qui suffisent aux plantes, des aliments des deux catégories ternaire et quaternaire. Le fond l'emporte ici sur la forme, et, en réalité, si variés que soient en apparence les moyens auxquels les animaux ont recours pour se nourrir, leur alimentation se réduit constamment à ces deux ordres d'aliments, dits aliments ternaires ou respiratoires et aliments quaternaires ou plastiques. L'alimentation de l'homme n'échappe pas à ces conditions, et les mets les plus succulents ou les plus délicats des peuples civilisés peuvent être ramenés, en dernière analyse, à quelques principes ternaires ou quaternaires mêlés à un petit nombre de substances salines.

A la division des aliments ternaires, appartiennent les corps gras : graisses, huiles diverses, cires, etc., quelle que soit leur provenance. La cellulose, plus rare chez les animaux que chez les végétaux, les gommes, l'amidon ou fécule, les sucres, l'acide lactique, etc., sont aussi de ce groupe. La plupart de nos boissons artificielles, le vin, la bière, le cidre et d'autres encore, en possèdent aussi les caractères principaux et sont dus à leur transformation. La fécule donne un principe sucré sous l'influence de la diastase, et le sucre, par sa fermentation, fournit de l'alcool, principe essentiel de plusieurs liqueurs. Envisagé dans sa composition moléculaire, le sucre peut être ramené aux éléments de l'eau et de l'acide carbonique.

La classe des aliments quaternaires dits aussi aliments azotés ou plastiques, n'est pas moins riche en espèces. On y rapporte l'albumine, base des tissus nerveux, ainsi que du blanc d'œuf, etc.; l'albumine se trouve aussi dans le suc propre de certains végétaux ou dans leurs graines. La chondrine des cartilages est encore un aliment de ce groupe, et il en est de même pour la fibrine du sang et des muscles, pour le gluten des graines des graminées, pour les mucilages végétaux, etc. La caséine en fait aussi partie. Ce dernier principe, que l'on extrait surtout du lait, existe également dans le sang des animaux et dans les graines de certaines légumineuses, telles que les haricots, les lentilles et les pois; enfin, la gélatine doit être également signalée parmi les aliments quaternaires. Elle concourt à former la peau, les tendons et le tissu connectif que tant d'espèces d'animaux recherchent avec avidité pour s'en nourrir.

Conditions de l'alimentation. — Toute alimentation doit comprendre des principes appartenant aux deux catégories dites ternaire ou respiratoire, et quaternaire ou plastique; elle n'est réellement complète que s'il s'y trouve mêlé des substances d'origine purement minérale : de l'eau, si indispensable à tout organisme, du chlorure de sodium ou sel marin, du phosphate de chaux, du carbonate de chaux, des sels de fer et d'autres corps simples ou composés.

On a montré, par des expériences faciles à répéter, que si l'on soumettait des animaux d'une manière continue à une nourriture entièrement privée de sels calcaires, leurs os ne tarderaient pas à se ramollir. Il ne s'y ferait plus de dépôt terreux dans la gangue organique qui en est la trame et leur consistance diminuerait par suite de la résorption ou disparition de leurs anciens matériaux. Il est également prouvé que la chlorose, maladie plus connue sous le nom de pâles couleurs, tient principalement à la diminution de la quantité normale du fer dans le sang. D'autre part, les recherches des physiologistes ont montré que ni l'albumine pure, ni la gélatine, ni l'amidon, ni le sucre, pris séparément et comme unique nourriture, ne suffisent à l'entretien de la vie. Le dépérissement et la mort sont la conséquence prochaine d'une semblable alimentation. La meilleure nourriture est celle où le plus grand nombre possible de substances nutritives se trouvent mêlées les unes aux autres; et nous voyons chaque jour ce principe mis en pratique dans la préparation des mets que l'on sert sur nos tables.

Effets de l'inanition. — Le besoin d'aliments se trahit par une sensation douloureuse dont l'estomac est le siége principal. Une abstinence prolongée ne tarderait pas à occasionner des défaillances. L'anéantissement des forces suivrait bientôt et serait accompagné d'évanouissements, précurseurs de la mort.

La condition du travail digestif est de fournir incessamment au sang des matériaux nouveaux pour suppléer à ceux qu'il consomme et de remplacer au sein des organes les matériaux que l'activité vitale enlève incessamment aux tissus. L'absorption gastro-intestinale doit s'opérer d'une manière continue, et les vaisseaux chylifères des animaux privés d'aliments ne tardent pas à se vider de fluides blancs, c'est-à-dire de chyle. Mais chez les animaux hibernants les fonctions se ralentissent pendant le sommeil auxquels ils sont assujettis en hiver, et sont pour ainsi dire suspendues. Si leur combustion respiratoire et la transformation de leurs principes plastiques continuait comme pendant la veille, ils ne tarderaient pas à périr après avoir consommé les matériaux qu'ils avaient accumulés par la digestion. Cependant, comme leur vie n'a pas été entièrement anéantie, et s'ils sont devenus très-maigres lorsqu'ils sortent de leur somnolence, cela tient à ce qu'ils ont employé une notable partie de leurs matériaux plastiques et respiratoires, et plus particulièrement la provision de graisse dont ils s'étaient chargés avant de s'endormir.

La privation de boissons agit plus promptement encore que celle des aliments solides, et si l'individu qui s'y trouve soumis est placé dans une atmosphère chaude et sèche, ou si, par surcroît de dépense, il est assujetti à une marche forcée ou à un travail actif, l'altération de ses traits, l'affaiblissement de ses membres, l'affaissement de ses tissus et d'autres signes de la déperdition qu'il éprouve, trahissent bientôt son état de souffrance. L'ingestion d'une forte quantité de liquides peut seule lui faire reprendre l'apparence de la santé, et de l'eau suffit pour arriver à ce résultat. On observe fréquemment des faits de ce genre dans les caravanes, soit sur les hommes, soit surtout sur les animaux, principalement sur les chameaux et les dromadaires, qui sont cependant des espèces plus appropriées que les autres par la nature à supporter de longues privations. Lorsqu'ils sont arrivés au terme de leur marche ou aux oasis qui en marquent les longues étapes, ils reprennent bientôt leur apparence primitive, après avoir bu abondamment; ils ont ainsi fourni à leurs tissus le moyen de s'imbiber de nouveau. La transformation est si prompte, qu'il arrive parfois à leurs propriétaires de ne pas les reconnaître.

La prétendue résurrection des tardigrades et de quelques animaux également inférieurs qui sont exposés par leur mode d'existence à une dessiccation extrême, est le même phénomène poussé jusqu'à ses dernières limites. Les tardigrades sont des espèces de mites qui vivent dans la poussière des toits et y subissent, par les variations du soleil et de la pluie, soit un extrême dessèchement, soit une humidité exagérée ; ils résistent aux effets de cette curieuse alternative, jouissant de toute leur activité lorsque leurs tissus sont suffisamment

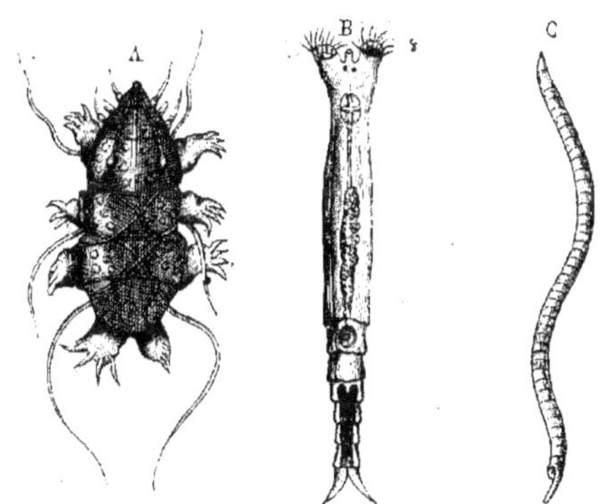

FIG. 15. — Animalcules considérés comme ressuscitants [1].

imbibés, et se desséchant complétement dans le cas contraire. On a pu reproduire ces phénomènes artificiellement en desséchant les tardigrades dans des étuves dont la température était portée au-dessus de cent degrés. Leur vitalité n'est que suspendue, et si on les place ensuite à l'air extérieur, il suffit d'une goutte d'eau pour leur rendre la possibilité de se mouvoir et leur faire reprendre toute leur activité.

FIG. 15. Animalcules considérés comme ressuscitants (figures grossies). A) *Tardigrade.* — B) *Rotifère.* — C) *Anguillule du blé.*

Ces animaux ont cependant des muscles, des nerfs, du sang, etc., et tout cela reprend son activité vitale en s'imbibant.

Les rotifères, genre de systolides qui vivent dans les mêmes conditions, jouissent aussi de cette singulière propriété, et il en est également ainsi des anguillules du blé niellé, qui sont de petits vers de la classe des nématoïdes, analogues à ceux du vinaigre et de la colle.

II

TUBE DIGESTIF.

MUQUEUSE DIGESTIVE. — La partie fondamentale de l'appareil digestif est un canal ou tube, tantôt de diamètre à peu près égal dans toute sa longueur, tantôt dilaté sur différents points de son trajet de manière à constituer des espèces de chambres ou réservoirs dans lesquels la nourriture s'amasse en quantité plus considérable pour y éprouver des modifications qui la rendent susceptible d'être absorbée. Il s'opère dans ces cavités une séparation des parties assimilables d'avec celles qui doivent être rejetées au dehors, sous forme de fèces ou excréments.

STRUCTURE DE LA MUQUEUSE DIGESTIVE. — Par sa composition anatomique, le tube digestif appartient à la catégorie des membranes muqueuses, dont le caractère le plûs apparent est d'avoir leur surface lubréfiée par la sécrétion d'une mucosité plus ou moins abondante. Ses deux orifices, antérieur et postérieur, sont en continuité non interrompue avec l'enveloppe extérieure du corps, c'est-à-dire avec la peau, et l'on a souvent regardé le tube digestif comme une simple rentrée de cette membrane dans l'intérieur du corps.

Une expérience remarquable de Trembley sur l'hydre, genre de petits polypes qui vit dans nos eaux douces, a longtemps servi d'argument principal en faveur de cette manière de voir, qui pourtant n'est pas exacte. Suivant Trembley, on peut retourner l'hydre de telle sorte que son estomac devienne la peau externe du polype, et que sa peau précédemment externe occupe la place de l'estomac et se transforme en un organe de digestion.

L'examen de la manière dont se développe le tube digestif des espèces supérieures a montré que telle n'était pas l'origine de cet appareil chez les animaux vertébrés.

Envisagée sous le rapport des éléments anatomiques dont elle est constituée, la membrane digestive se laisse assez bien comparer à la peau, quoiqu'elle n'en soit pas la continuation directe. On y remarque plusieurs couches superposées qui constituent ses différentes tuniques. Ce sont :

1° Une sorte d'épiderme tantôt plus mince, tantôt plus épais, suivant les points observés, et qui appartient au même groupe histologique que l'épiderme cutané. On le désigne, comme tout épiderme propre aux membranes muqueuses, par le nom d'*épithélium*, et l'on en distingue plusieurs formes, suivant les portions de l'appareil digestif ou les espèces animales que l'on observe.

2° Au-dessous de cet épithélium, et comme représentant à la muqueuse digestive le derme ou cuir de la peau extérieure, est le *chorion muqueux*. C'est une tunique de nature fibro-celluleuse, à mailles lâches et facilement perméables, qui dans certains points présente des saillies coniques ou cylindriformes, molles et flottantes, qui sont ses *villosités*. Ce sont, pour ainsi dire, des papilles analogues à celles de la peau, mais de dimensions plus grandes et qui jouent un rôle important dans les phénomènes d'absorption intestinale. Chez certaines espèces, leurs dimensions sont plus considérables que chez les autres. Le rhinocéros, par exemple, en présente qui ont jusqu'à 33 centimètres de long sur 22 de large et dont l'extrémité libre est bifurquée.

3° La troisième tunique de l'intestin est de nature *musculaire;* elle se compose de deux couches de fibres le plus souvent lisses, et dont l'une a ses faisceaux disposés longitudinalement, tandis que l'autre les a transversaux ou circulaires; les contractions alternatives de ces deux systèmes de fibres raccourcissent partiellement l'intestin ou l'allongent, et c'est de leur jeu que résulte cette apparence vermiculaire des mouvements intestinaux qui ont reçu, à cause de cela même, le nom de mouvements vermiculaires. Ce double mouvement en sens inverse (péristaltique et antipéristaltique) est la principale cause du transport des aliments d'un point du tube intestinal à un autre et il assure leur marche à travers l'appareil digestif.

On remarque par endroits un développement plus considérable des fibres musculaires de l'intestin, là précisément où l'action mécanique doit se faire sentir davantage. Le pylore, ou orifice terminal de l'estomac de beaucoup d'animaux, et le gésier des oiseaux, qui est une sorte de pylore exagéré, en sont des exemples remarquables. On peut encore citer la valvule, dite iléo-cœcale ou iléo-colique, qui sépare l'intestin proprement dit en deux parties : l'une, appelée intestin grêle, et l'autre, gros intestin.

A l'entrée du canal intestinal est la bouche, organe de mastication et d'insalivation, et l'orifice opposé constitue l'anus. On remarque à ces deux orifices un développement du système musculaire plus considérable que sur la plupart des autres points. Il y existe de véritables muscles souvent disposés en anneaux, et le nom de *sphincter* qu'on leur donne à la partie terminale du tube digestif, rappelle qu'ils forment des espèces de liens ou cordons destinés à l'occlusion de cet appareil. A l'encontre de ceux de la tunique intestinale, ces muscles des orifices terminaux du tube digestif restent soumis à l'action de la volonté, et les fibres qui les constituent sont de nature striée, au lieu d'être lisses comme celles de la tunique musculaire de l'intestin.

De même que les autres membranes, la muqueuse intestinale reçoit des vaisseaux et des nerfs, les premiers chargés de fournir à sa dépense vitale, les seconds destinés à régler ses différentes fonctions.

CAVITÉS DIVERSES ET CONDUITS FORMANT LE TUBE DIGESTIF. — Les modifications que le tube intestinal présente sur son trajet ne sont pas inutiles à connaître si l'on veut arriver à bien comprendre les différents actes desquels résulte la digestion. En effet, chacune des dilatations ou chambres qu'on y remarque est le siége d'une élaboration particulière des aliments, et l'appareil digestif conserve sa disposition en forme de tube, dans les parties où cette disposition est plus appropriée aux phénomènes particuliers qui s'y accomplissent. Chez l'homme et chez beaucoup d'autres animaux le tube digestif est ainsi divisé en plusieurs organes successifs, les uns constituant des dilatations ou cavités, comme la bouche et l'estomac; les autres de forme tubulaire et toujours plus longs qu'ils ne sont larges; exemple : l'ésophage et l'intestin proprement dit.

C'est par une cavité que l'appareil digestif commence, et cette cavité s'appelle la BOUCHE. Limitée en avant par les lèvres dont un muscle circulaire détermine le resserrement ou l'ouverture, elle a pour parois latérales les *joues*, dilatées en forme de sacs ou abajoues chez certaines espèces; pour voûte le *palais*, portant en arrière une sorte de voile (voile du palais et luette) qui empêche les aliments de remonter dans les fosses nasales; inférieurement la *langue*, ainsi que les muscles tendus au-dessous d'elle entre les deux branches de la mâchoire inférieure, constituent son plancher. Les mâchoires et d'autres os, tels que les palatins, en constituent la charpente, et ces mâchoires sont elles-mêmes des instruments de digestion, puisqu'elles contribuent, au moyen des *dents* dont leur bord libre est armé et par leur propre pression, à la mastication des aliments et à la formation du bol alimentaire.

Le voile du palais sépare en arrière la bouche d'avec le PHARYNX, qui en est pour ainsi dire une dépendance. Le pharynx, appelé aussi arrière-bouche ou gosier, est placé entre la bouche et l'ésophage, et il constitue une sorte de carrefour auquel aboutissent aussi les orifices postérieurs des narines et le larynx. Ces orifices ont besoin d'être mis en rapport entre eux pour conduire aux poumons l'air aspiré par les narines, mais ils doivent rester fermés pendant que s'opère la déglutition. Le voile du palais, rejeté en arrière, va boucher l'orifice postérieur des narines et l'entrée de la trachée-artère, c'est-à-dire le larynx est fermé par une sorte de soupape mobile soutenue par un cartilage. Cette soupape est l'*épiglotte*, qui s'abaisse lors du passage des aliments; elle n'existe que chez l'homme et chez les mammifères.

Sans cette curieuse disposition, les aliments remonteraient dans le nez ou entreraient dans le larynx, ce qui arrive cependant quelquefois, malgré les précautions prises à cet égard par la nature.

C'est dans le pharynx que s'accomplit l'acte de la *déglutition*, c'est-à-dire l'action d'avaler les aliments et leur envoi à l'estomac à travers l'ésophage.

Après le pharynx vient l'ÉSOPHAGE, partie tubulaire allongée qui pourrait être comparée à la tige d'un entonnoir dont le pharynx serait la partie évasée. Son nom est tiré du grec et signifie porte-manger. C'est lui en effet qui mène les aliments de la bouche dans l'estomac. Il descend au-devant de la colonne vertébrale, en arrière et un peu à gauche de la trachée-artère, et suit intérieurement la cage thoracique pour aboutir à l'estomac. Chez les oiseaux il est dilaté vers son milieu en une grande poche dans laquelle les aliments s'accumulent pour subir une première action des sucs digestifs. Cette dilatation est appelée le *jabot*.

Quant à l'ESTOMAC, c'est un grand réservoir musculo-membraneux dans lequel s'accumulent les aliments descendant de l'ésophage; il les garde un certain temps dans son intérieur pour agir sur eux et en séparer une première série de matières assimilables. Il est situé immédiatement au-dessous du diaphragme, sorte de vélum musculo-tendineux séparant la cavité thoracique de la cavité abdominale; sa forme est celle d'une cornue ou d'une cornemuse, et il a son grand axe dirigé transversalement et un peu obliquement de gauche à droite. Sa partie gauche est plus dilatée que l'autre. L'ouverture par laquelle elle communique avec l'ésophage s'appelle le *cardia*. On reconnaît à l'estomac un grand cul-de-sac placé du côté de son ouverture cardiaque, et un petit cul-de-sac plus rapproché au contraire de l'ouverture opposée, qui est le *pylore*. Le bord supérieur de l'estomac constitue sa petite courbure, et son bord inférieur sa grande courbure. Sa capacité est variable d'une espèce à l'autre; elle augmente d'ailleurs ou diminue incessamment par la dilatation ou la constriction de ses fibres, suivant la quantité des aliments qui lui sont transmis.

Estomacs simples et estomacs complexes. — L'estomac de l'homme, celui du chien, du chat, du cochon, etc., sont des estomacs simples, parce qu'ils ne sont pas partagés intérieurement en loges secondaires, et dans beaucoup d'autres animaux il en est également ainsi. Mais il y a des mammifères dont l'estomac se complique par la séparation de ses diverses parties, cardia, grand cul-de-sac, petit cul-de-sac et pylore, en autant de loges distinctes. Cette disposition est surtout évidente chez les ruminants (bœuf, chèvre, mouton, antilope, cerf, girafe, chevrotain et chameau); c'est elle qui a fait dire de ces animaux qu'ils ont plusieurs estomacs. Mais une comparaison attentive de ces estomacs prétendus multiples, avec l'estomac simple des mammifères ordinaires et l'observation de formes intermédiaires à ces deux conditions dans d'autres espèces, comme l'hippopotame, le pécari, le lamantin, etc., conduisent à regarder la disposition propre aux ruminants comme résultant non pas de la présence de parties nouvelles et différentes de l'estomac simple de l'homme, mais de la complication plus grande des divisions reconnues dans l'estomac de ce dernier.

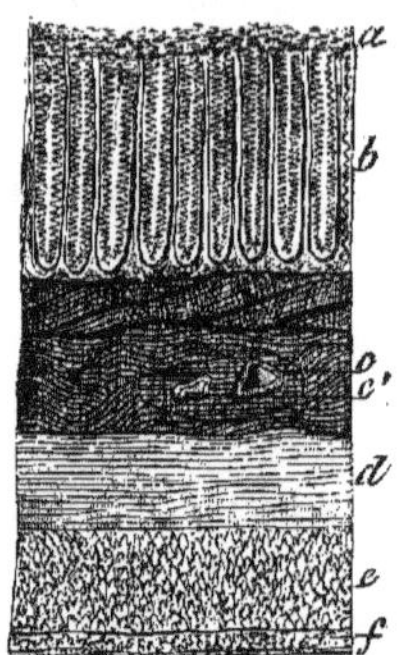

Fig. 16. — Coupe de la muqueuse de l'estomac (cochon).

Estomac des ruminants. — Chez les ruminants, le grand cul-de-sac se sépare en une première cavité, elle-même divisée en deux ou trois chambres et constituant un réservoir considérable. Ces animaux y accumulent les aliments qu'ils recueillent en grande quantité, et que dans l'état de nature ils doivent ramasser avec précipitation, afin d'échapper à la poursuite des carnivores dont ils forment eux-mêmes la nourriture. Cette première cavité stomacale est la *panse* ou herbier, dont la face interne est garnie de papilles recouvertes d'un épithélium très-épais, destiné à la protéger contre le fourrage, les herbes, les graines ou les autres substances dures qu'elle reçoit.

La seconde cavité est le *bonnet*, ainsi appelé de sa forme. Sa surface est également papilleuse, et l'épithélium épais que ses saillies papilliformes recouvrent représente dans son ensemble une apparence

Fig. 16. Coupe de la muqueuse de l'estomac du *cochon* (figure grossie).
a) *Épithélium* superficiel; — *b*) *glandes en tubes* revêtues de leur épithélium; — *c*) *chorion muqueux*; — *c'*) vaisseaux parcourant son tissu; — *d*) *couches de fibres musculaires* transversales; — *e*) *couches de fibres musculaires* longitudinales; — *f*) *tunique séreuse* fournie par le péritoine.

réticulée. Le bonnet reçoit partiellement les aliments accumulés dans la panse; il les moule petit à petit sous forme de pelotes qui remontent successivement à la bouche pour y être mâchées et insalivées de nouveau. Cette seconde mastication constitue l'acte de la rumination. Les animaux sauvages qui jouissent de cette faculté l'exercent lorsqu'ils se sont placés dans un endroit isolé où ils ne craignent plus la poursuite de leurs ennemis, et c'est aussi pendant le repos que nos ruminants domestiques s'y livrent de préférence. On les voit mâcher sans prendre du dehors aucun aliment, et la pelote formée dans le

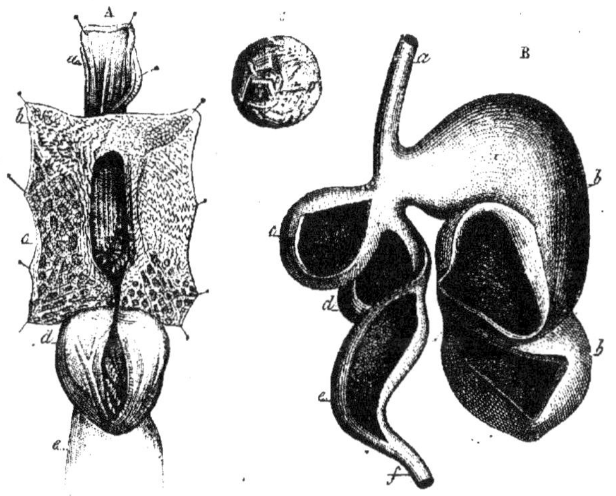

Fig. 17. — Estomac d'un ruminant (le mouton).

bonnet passe le long de leur cou, allant de cette partie de l'estomac à la bouche, pour redescendre ensuite de cette dernière cavité dans la poche qui fait suite au bonnet. C'est par une rainure de la partie nommée chez l'homme grande courbure que la pelote ali-

Fig. 17. Estomac d'un ruminant (le mouton).

Fig. A = *a*) l'*ésophage* ouvert; — *b* et *c*) portions de la *panse* et du *bonnet* les plus rapprochées, ouvertes pour montrer la gouttière ou rainure; — *d*) *feuillet* fendu longitudinalement; — *e*) *caillette*.

Fig. B = *a*) *ésophage*; — *b b*) la *panse* divisée en deux compartiments; — *c*) *bonnet*; — *d*) *feuillet*; — *e*) *caillette*; — *f*) commencement du duodénum.

Les diverses cavités de l'estomac ont été ouvertes pour en montrer l'intérieur.

Fig. C = La pelote alimentaire que le bonnet renvoie à la bouche pour qu'elle y soit mâchée de nouveau.

mentaire, poussée de la panse dans le bonnet, remonte et suit l'œsophage pour gagner la bouche.

La troisième cavité stomacale des ruminants est le *feuillet*, ainsi nommé à cause des valvules longitudinales ou plis comparables aux feuillets d'un livre qu'il présente dans son intérieur. Les aliments ramenés dans la bouche et déglutis de nouveau y descendent directement en repassant par la gouttière formée par la grande courbure, et ils commencent à y subir l'élaboration qui constitue essentiellement la digestion stomacale. Le feuillet des ruminants répond en partie au petit cul de l'estomac humain; il est suivi d'une quatrième cavité.

Cette dernière est la *caillette*, ainsi appelée de son action sur le lait. Elle n'est autre que la portion de notre propre estomac la plus rapprochée du pylore.

De l'estomac chez quelques autres animaux. — Les dauphins et le paresseux ont aussi l'estomac multiloculaire. Chez d'autres espèces (semnopithèques, kangurous, etc.), cet organe présente dans sa longueur des brides musculaires qui le font ressembler au gros intestin.

Les oiseaux ont habituellement, après le jabot, une cavité, garnie de nombreux cryptes glanduleux, qui a reçu le nom de *ventricule succenturié;* elle est située avant le gésier et répond à la partie cardiaque de l'estomac humain. Son produit exerce une action dissolvante sur les aliments résistants dont les contractions musculaires du gésier déterminent ensuite la trituration définitive.

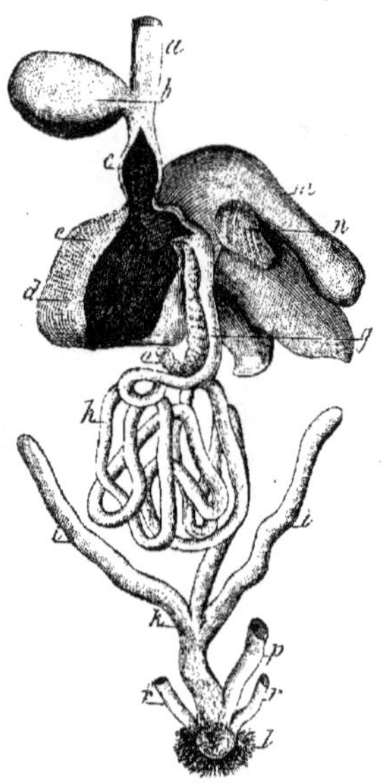

Fig. 18. — Appareil digestif de la poule.

Intestins. — La partie du tube digestif qui fait suite à l'estomac

Fig. 18. Appareil digestif de la poule.

a) Partie inférieure de l'*œsophage;* — *b*) *jabot;* — *c*) *ventricule succenturié;* — *d*) *gésier;* — *e*) sa paroi musculaire; — *g*) *duodénum;* — *h*) *intestin grêle;* — *i i*) les deux *cæcums;* — *k*) commencement du *gros intestin;* — *m*) *foie* rejeté à gauche; — *n*) sa *vésicule biliaire;* — *o*) *pancréas.*

On a aussi représenté l'*oviducte* (*p*) et les *uretères* (*r r*), pour montrer l'ensemble des parties aboutissant au *cloaque* (*l*) avec le rectum.

constitue les intestins proprement dits. Elle conserve une forme spécialement tubulaire, sa longueur dépasse habituellement celle du corps, et comme elle est logée dans la cavité abdominale, elle est contournée sur elle-même et repliée en circonvolutions, de manière à n'occuper qu'une place peu considérable eu égard à sa longueur. Les replis n'en sont pas immédiatement en contact les uns avec les autres. Ils sont séparés entre eux au moyen d'une membrane de nature séreuse, le *péritoine*[1], et recouverts par les expansions de cette membrane qui s'étend aussi sur les parois de toute la cavité abdominale. C'est dans les replis du péritoine que les intestins exécutent leurs mouvements. Il leur amène les vaisseaux sanguins fournissant les sécrétions digestives et le sang nécessaires à leur propre nutrition. Les nerfs qui les animent et les vaisseaux chylifères chargés de recueillir les matériaux rendus absorbables par la digestion intestinale suivent aussi les replis de cette membrane.

Nous avons déjà vu qu'on reconnaissait aux intestins deux parties différentes l'une de l'autre; ces deux parties sont en général faciles à distinguer. La première, dite *intestin grêle*, forme à elle seule les quatre cinquièmes du tube digestif, et ses différentes portions sont désignées par les noms de *duodénum*, *jéjunum* et *iléon*. La seconde, dite *gros intestin*, comprend le *cæcum*, le *colon* et le *rectum;* elle aboutit à l'anus; son diamètre est plus considérable que celui de l'intestin grêle, et son apparence est également différente de la sienne.

Le cæcum est le commencement du gros intestin; c'est entre lui et le colon que s'opère la jonction de ce dernier avec l'intestin grêle, jonction qui a précisément lieu au point occupé par la *valvule iléo-cæcale*, qui serait mieux nommée iléo-colique ; car chez certaines espèces, comme l'ours, la plupart des insectivores, quelques oiseaux, beaucoup de reptiles, etc., il n'y a pas du tout de cæcum.

Dans l'espèce humaine cette partie de l'intestin est de grandeur moyenne et elle est terminée par un prolongement grêle auquel on a donné le nom d'*appendice vermiforme*. Il y a au contraire un cæcum considérable chez les animaux herbivores; exemple : le cheval, les ruminants, le lapin et beaucoup d'autres rongeurs, les kangurous, etc. Il est alors dilaté de manière à simuler une sorte de second estomac qui serait placé au commencement du gros intestin, comme l'estomac proprement dit l'est en avant de l'intestin grêle. Il s'y fait une digestion complémentaire de la digestion stomacale et les matières alimentaires, non encore attaquées par les sucs digestifs, s'y accumulent aussi comme dans un réservoir pour y subir cette nou-

1. Περιτοναίον, étendu autour. On y distingue l'*épiploon*, vulgairement toilette, recouvrant la masse des intestins, le mésentère, etc.

velle action. Chez les oiseaux il y a souvent deux cœcums (fig. 18, *ii*) au lieu d'un seul à la jonction des deux parties de l'intestin; en outre un petit cœcum peut exister aussi, dans les mêmes animaux, sur le trajet de l'intestin grêle.

Certains poissons, au nombre desquels on peut citer les raies et les squales (fig. 19), ont l'intestin disposé intérieurement en forme de spirale et comparable à une vis d'Archimède; il en résulte que la surface absorbante s'y trouve notablement augmentée sans qu'il ait besoin d'avoir une longueur considérable.

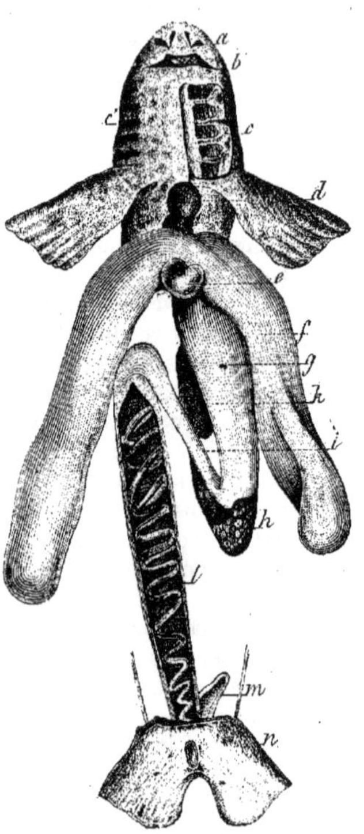

Fig. 19. — Appareil digestif d'un *squale* du genre roussette.

Longueur proportionnelle des intestins. — D'autres particularités relatives aux intestins des animaux ne sont pas moins curieuses. Nous citerons spécialement les variations de longueur que l'intestin présente, en rapport avec le régime de ces animaux. Celui de l'homme a environ 12 mètres, les deux parties comprises. Chez le bœuf il a près de 50 m. et 20 fois au moins la longueur du corps; chez le mouton plus de 28 m.; chez le cheval 25; chez le cochon 19 ou 20. On a établi pour un certain nombre d'autres animaux le rapport existant entre la longueur de leurs intestins et celle de leur corps et il est résulté de cette comparaison le fait suivant. Les animaux herbivores ont le tube digestif proportionnellement beaucoup plus long; les carnivores au contraire l'ont beaucoup plus court, et, chez les omnivores, il est d'une longueur intermédiaire.

Fig. 19. Appareil digestif d'un *squale* du genre roussette.

b) Bouche; — e) vésicule biliaire; — f) portion gauche du *foie* (la portion droite ne porte pas de lettre); — *g) estomac; — h) rate; — k) pancréas; — l) intestin* ouvert pour montrer sa valvule spirale; — *m) cœcum; — n) anus.*

On voit aussi dans cette figure : *a)* les *narines*; — *c c)* les *branchies* de droite; — *c')* les *ouïes* ou orifices branchiaux du côté droit; — *d)* le *cœur.*

La grenouille, qui se nourrit de végétaux pendant qu'elle est à l'état de têtard, et de substances animales lorsqu'elle s'est métamorphosée, a dans son premier âge le tube digestif proportionnellement beaucoup plus long que lorsqu'elle est arrivée à l'état adulte. La même remarque s'applique aux batraciens de la même famille.

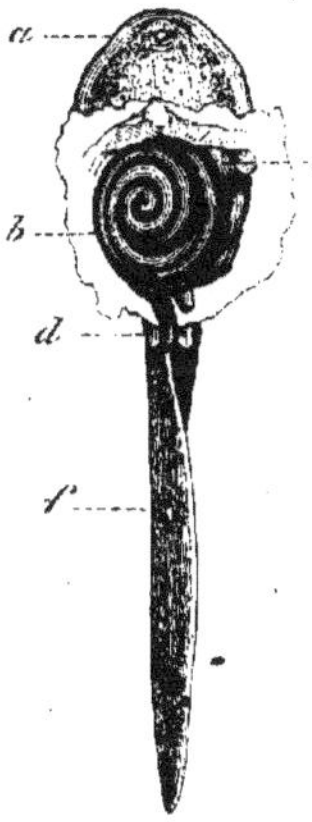

Fig. 20. — Appareil digestif du têtard.

Dans l'hydrophile, espèce de gros insecte coléoptère vivant dans l'eau, c'est le contraire qui a lieu. Sa larve, dite ver assassin, se nourrit de substances animales, et elle a le canal digestif de faible longueur, tandis qu'étant devenue insecte parfait, l'hydrophile se nourrit de végétaux et a le canal intestinal notablement plus considérable que dans son premier âge.

Les insectes, les crustacés, les arachnides, la plupart des vers, les mollusques et les échinodermes ont d'ailleurs le canal intestinal complet, c'est-à-dire pourvu de deux orifices terminaux, l'un répondant à la bouche des animaux vertébrés, l'autre à l'anus. La position de ces deux orifices est assez variable et dans certaines espèces ils sont fort

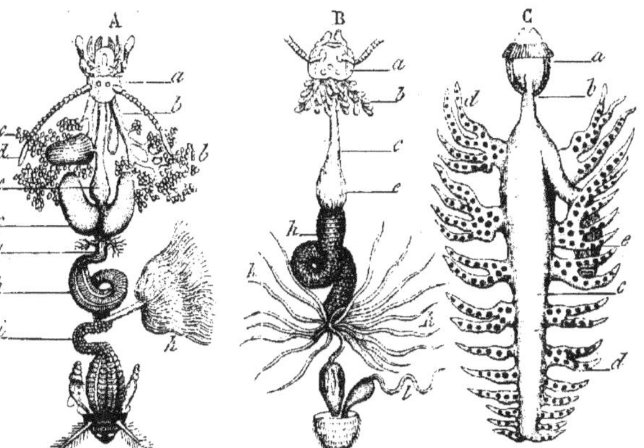

Fig. 21. — Appareils digestifs des animaux sans vertèbres.

FIG. 20. Appareil digestif du têtard.
a) *Bouche*, — *b*) l'*intestin*, plus long proportionnellement que dans la grenouille

rapprochés l'un de l'autre, ce qui se voit déjà dans quelques poissons. Ces poissons, qui ressemblent pour la plupart aux anguilles par leurs caractères zoologiques, ont l'anus placé sous la gorge, à peu de distance de la symphyse des maxillaires inférieurs.

Appareil digestif des animaux les plus inférieurs. — Il existe des animaux dont l'appareil digestif ne présente qu'un seul orifice, lequel sert à la fois de bouche et d'anus. Les actinies et les autres polypes sont dans ce cas. Chez certaines méduses, nommées à cause de cela rhizostomes, cet orifice est multiple et chacune de ses ouvertures est située à l'extrémité d'appendices en forme de racines par le moyen desquels se fait la succion des aliments. Dans d'autres plus simples encore, tels que les éponges, certains infusoires, les foraminifères, etc., il n'y a plus de cavité digestive proprement dite et il peut arriver aussi qu'il n'y ait pas d'orifice spécial pour l'entrée des aliments. Ils sont alors absorbés par simple endosmose ou introduits tantôt par un point du corps, tantôt par un autre.

III

DES DENTS.

Usage des dents. — Les dents sont de petits organes plus durs que les os, placés à l'intérieur de la bouche, où ils sont implantés par une ou plusieurs *racines* sur le bord des mâchoires; elles servent à moudre ou à broyer les aliments, au moyen de leur partie visible dite la *couronne*. La ligne de séparation entre la couronne et les racines d'une même dent s'appelle le *collet*.

Ces organes sont de la catégorie de ceux que nous avons réunis

adulte et formant des circonvolutions; — *d*) rudiments de membres placés de chaque côté de l'*anus*; — *f*) la queue qui disparaîtra lors de la métamorphose.

Fig. 21. Appareil digestif de plusieurs espèces d'animaux sans vertèbres.

A = *Taupe-Grillon* : *a*) la tête et ses appendices; — *b*) glandes salivaires du côté droit; — *c*) granules sécréteurs des mêmes glandes, côté gauche; — *d*) antenne descendue jusqu'à la hauteur du renflement ésophagien appelé jabot; — *e*) proventricule ou partie cardiaque de l'estomac; — *f*) poches accessoires de l'estomac; — *g*) partie moyenne de l'estomac; — *h*) ventricule chylifique ou partie pylorique de l'estomac; — *i*) l'intestin; — *k*) canaux de Malpighi représentant le foie.

B = *Abeille* : *a*) tête; — *b*) glandes salivaires; — *c*) ésophage; — *e*) jabot; — *h* estomac; — *k*) canaux de Malpighi; — *l*) glande anale.

C = *Éolide* (genre de mollusques nudibranches) : *a*) bouche et ses mâchoires; — *b*) ésophage; — *c*) estomac; — *e*) rectum; — *d*) appendices représentant le foie.

sous le nom commun de phanères (p. 41), et ils résultent de l'ossification d'un bulbe spécial. Ils se forment dans des loges ou petites cavités de la muqueuse des gencives à peu près de la même manière que les poils, les ongles ou les plumes le font dans le derme cutané et leur bulbe est également renfermé dans une espèce de sac membraneux. Un nerf de sensibilité et des vaisseaux nourriciers aboutissent à chacun de ces petits organes pour entretenir leur vitalité (fig. 25). C'est la présence de ce nerf qui rend si douloureuses les moindres inflammations du bulbe dentaire.

Les dents résultent de la solidification de leur bulbe pulpeux, au moyen d'une matière calcaire. Cette matière est essentiellement du phosphate de chaux.

Le travail de la formation des dents commence de fort bonne heure dans l'intérieur des follicules dentaires; il est déjà en train de s'accomplir avant la naissance. Mais chez la plupart des animaux les dents n'apparaissent pas au dehors avant que l'animal soit venu au monde, et elles ne poussent que successivement. Il peut même exister deux dentitions : l'une composée de dents peu nombreuses et qui s'useront pendant la jeunesse de l'animal; l'autre comportant un plus grand nombre de ces organes et destinée à servir à la mastication pendant le reste de la vie.

Les dents de la première apparition reçoivent chez l'homme et chez les mammifères le nom de *dents de lait;* mais on en trouve aussi chez certains reptiles et même chez les poissons. Les autres sont dites *dents de remplacement*, dents persistantes ou dents de seconde dentition.

La fonction de ces organes est essentiellement de servir à la mastication des aliments. Les dents peuvent aussi être employées par les animaux à leur propre défense, et suivant leurs usages elles ont des formes particulières qui fournissent de très-bons caractères pour la distinction des espèces.

Formule dentaire. — Les dents diffèrent également suivant le régime des animaux, la fonction qu'elles sont appelées à remplir, la place qu'elles occupent dans la bouche, etc. Chez les mammifères il est ordinairement fort aisé de les distinguer, comme on le fait pour l'homme, en trois sortes, savoir : des incisives, des canines et des molaires; et, comme leur nombre ainsi que leur répartition sont fixes pour chaque genre, souvent même pour chaque espèce, on établit ce qu'on appelle leur *formule*, c'est-à-dire qu'on représente par des chiffres leur nombre, et leur répartition en incisives, canines et molaires. Cette formule est très-commode à consulter lorsqu'on veut d'un seul coup se faire une idée de la dentition d'une espèce de mammifères.

Chez l'homme adulte où il y a 32 dents (fig. 23 à 25), 16 de chaque côté, la formule dentaire pour chaque côté est la suivante :

$$\frac{2}{2}\text{i.}\ \frac{1}{1}\text{c.}\ \frac{5}{5}\text{m.},$$

ce qui veut dire : 2 paires d'incisives supérieures et 2 inférieures, 1 paire de canines supérieures et 1 inférieure, et 5 paires de molaires supérieures et 5 inférieures; au total 32 dents.

Pour l'enfant (fig. 22), antérieurement à l'apparition des dents persistantes et en ne considérant que les dents de lait, la formule dentaire est la suivante :

$$\frac{2'}{2'}\text{i.}\ \frac{1'}{1'}\text{c.}\ \frac{2'}{2'}\text{m.},$$

c'est-à-dire : 2 paires d'incisives à la mâchoire supérieure et à l'inférieure, 1 paire de canines également à chaque mâchoire et

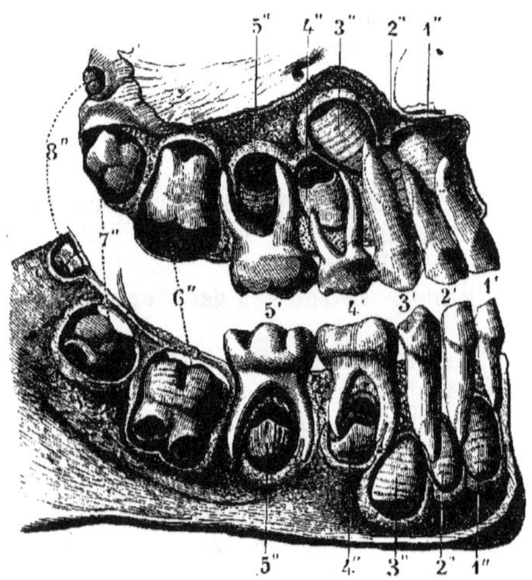

Fig. 22. — Dentition de l'enfant.

2 paires de molaires; au total 20 dents. Le signe ' indiquera que c'est de la dentition de lait et non de la dentition persistante qu'il s'agit, et dans la figure ci-jointe (fig. 22), où l'on voit les dents

FIG. 22. *Dentition de l'enfant.*

On a enlevé la table externe des os pour montrer les racines des dents de lait de 1' à 5' et les germes des dents permanentes ou de seconde dentition 1" à 8" qui remplaceront bientôt ces dernières et compléteront la dentition.

de lait marquées 1' à 5' pour l'une et l'autre mâchoire, nous avons aussi fait représenter les germes des dents de la dentition permanente ou seconde dentition. Ceux-ci sont indiqués par les chiffres 1'' à 8''. Dans l'une et dans l'autre dentition 1 et 2 sont les incisives, 3 est la canine soit inférieure soit supérieure, et 4 à 8 sont des molaires.

Chez l'homme ces dents justifient assez bien leurs noms : les in-

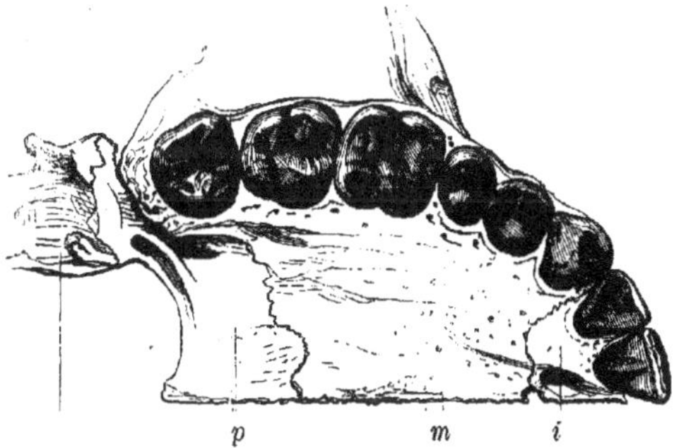

Fig. 23. — Dents de l'homme (mâchoire supérieure).

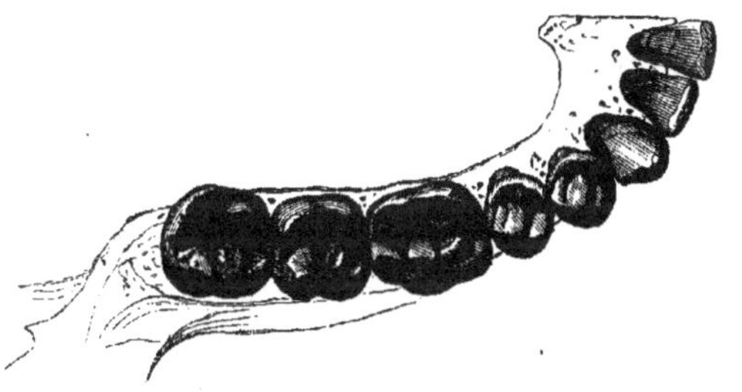

Fig. 24. — Dents de l'homme (mâchoire inférieure).

cisives sont tranchantes et servent à couper, les canines rappellent jusqu'à un certain point la dent aiguë et saillante des chiens, et les molaires sont tuberculeuses, en forme de meule, particulièrement celles du n° 5 pour le jeune âge et celles des n°s 6'' à 8'' pour l'âge adulte.

La forme des dents de l'homme vues par la couronne, c'est-à-dire

Fig. 23. Dents de l'homme (mâchoire supérieure).

i) L'os incisif ou intermaxillaire, en partie soudé au maxillaire; il porte les dents incisives; — *m*) l'os maxillaire, vu par sa surface palatine; il porte la canine et les 5 molaires, comprenant 2 avant-molaires et 3 arrière-molaires, dont

par leur surface triturante, est très-bien indiquée par les deux figures 23 et 24, dont la première donne les dents de la mâchoire supérieure pour le côté droit et la seconde celles de la mâchoire inférieure pour le même côté.

L'ensemble des dents du côté droit avec leurs racines, leur mode

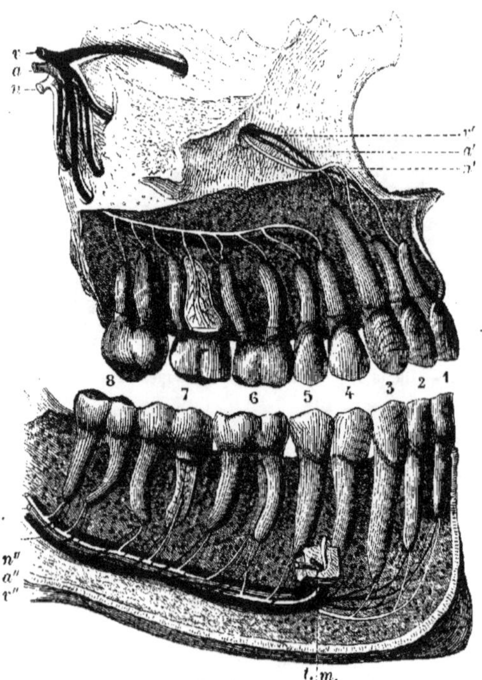

Fig. 25. — Dents de l'homme, vues de profil.

d'implantation dans les alvéoles ou cavités osseuses des os maxillaires, ainsi que les vaisseaux et nerfs se rendant à chacune d'elles, se voient dans la figure 25, qui est aussi consacrée à la dentition hu-

la première, dite principale, a déjà apparu avant la chute des dents de lait et fonctionne dès l'âge de sept ans ; — *p*) os palatin ; — *pg*) ptérygoïdien.

Fig. 24. Dents de l'homme (mâchoire inférieure).

Fig. 25. Les dents de l'homme, vues de profil, côté droit. On a enlevé la table

maine. Les chiffres 1 à 8 y indiquent la série des dents 1″ à 8″ de la figure 22 parvenues à leur état complet de développement et telles qu'elles sont chez l'adulte.

Dans les mammifères il n'y a également de dents que sur les os maxillaires supérieur et inférieur, ainsi que sur l'os intermaxillaire.

Ainsi que nous l'avons déjà dit, leur forme et leur formule présentent chez ces animaux une grande diversité et dans certains genres l'établissement de la formule dentaire présente de véritables difficultés.

Voici des formules dentaires pour quelques espèces :

Chien . . . . 42 dents : $\frac{3}{3}$ i. $\frac{1}{1}$ c. $\frac{6}{7}$ m.

Chat (fig. 27) . . . . . . 30 dents : $\frac{3}{3}$ i. $\frac{1}{1}$ c. $\frac{4}{3}$ m.

Cheval . . . . 42 dents : $\frac{3}{3}$ i. $\frac{1}{1}$ c. $\frac{7}{6}$ m.

Bœuf, chèvre et mouton[1]. 32 dents : $\frac{0}{3}$ i. $\frac{0}{1}$ c. $\frac{6}{6}$ m.

D'autres mammifères n'ont que deux sortes de dents au lieu de trois ; par exemple, les rongeurs, qui manquent de canines. Il peut aussi n'exister que des dents d'une seule sorte, comme cela se voit chez les édentés, qui ne possèdent en général que des molaires, et l'on connaît même des cas d'absence complète de ces organes. Ils nous sont fournis par les édentés de la famille des fourmiliers ainsi que par l'échidné.

Les formules dentaires sont d'un emploi constant dans la classification des mammifères.

Certaines espèces de cette classe diffèrent beaucoup des autres par l'uniformité de leurs dents, comme les dauphins, les tatous, etc. ;

externe des os incisifs et maxillaires pour montrer les racines des dents, ainsi que les nerfs et les vaisseaux qui se rendent à la pulpe dentaire.

1 et 2, incisives ; 3, canines ; 4 à 8, molaires.

v) Veines dentaires ; — *a*) artères dentaires ; — *n*) nerfs dentaires.

Les rameaux vasculaires et nerveux allant aux incisives et à la canine supérieures sont différents de ceux qui vont aux molaires. Les premiers *v′ a′ n′* viennent du nerf, de l'artère et de la veine sous-orbitaires en passant par le trou de ce nom ; les seconds sont la continuation directe de la branche dentaire des nerf, artère et veine du maxillaire supérieur *v*, *a*, *n*. Les vaisseaux sanguins des dents inférieures et leurs nerfs sont fournis par l'artère et la veine dentaires inférieures et par le nerf maxillaire inférieur *v″ a″ n″*. Ils ne s'épuisent pas dans les dents et sortent par le trou mentonnier (*tr. m.*) pour se rendre à la lèvre inférieure.

Une racine des molaires, n° 7, a été sciée pour montrer la distribution des vaisseaux et du nerf dans sa pulpe.

1. Voir fig. 26 (p. 81).

il en est d'autres chez lesquelles ces organes n'acquièrent pas leur consistance ordinaire. Elles restent alors cornées, comme on le voit chez l'ornithorhynque, singulier animal propre à la Nouvelle-Hollande, ainsi que chez les baleines et les rorquals. Dans ces dernières, les dents constituent les fanons, substance employée dans l'industrie sous la dénomination de *baleine*.

Appropriation de la forme des dents aux différents modes d'alimentation. — Ces particularités du système dentaire nous conduisent à parler de la différence de forme que les dents, et surtout les molaires, présentent suivant que les animaux se nourrissent de chair, d'insectes, de fruits, de feuilles, etc., ou qu'ils ont au contraire un régime omnivore.

Les animaux dont le régime est omnivore ont, comme l'homme,

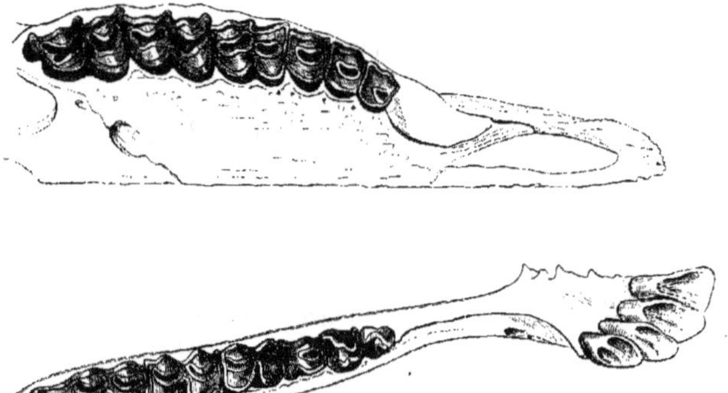

Fig. 26. — Dentition du mouton.

la couronne des dents molaires émoussée et tuberculeuse (fig. 23 et 24). Une disposition peu différente se retrouve chez ceux qui sont frugivores. Beaucoup de singes, les ours, les chiens, les rats, les cochons, et un assez grand nombre d'autres, appartiennent à cette catégorie. Les mammifères vivant d'insectes ont aussi des dents garnies de tubercules ; mais ces tubercules sont, en général, plus relevés, plus aigus, et plus obliques ; c'est ce que l'on voit chez les musaraignes, les taupes, certaines mangoustes, ainsi que chez les sarigues et les petites espèces du genre australien des dasyures.

Chez les herbivores, les dents ont leur couronne surmontée d'arêtes longitudinales ou transversales, et, dans certains cas, on y voit des replis de substance dure, c'est-à-dire d'émail, qui en augmentent la résistance, tels sont les jumentés, les ruminants (fig. 26), certains rongeurs, etc.

Celles des animaux piscivores sont comprimées et à couronne festonnée afin de mieux retenir les poissons et en même temps de les couper.

Les dents des carnivores sont tranchantes : elles coupent comme des lames de ciseaux. Nous en donnerons comme exemple celles du chat domestique (fig. 27), dont la formule a été indiquée plus haut.

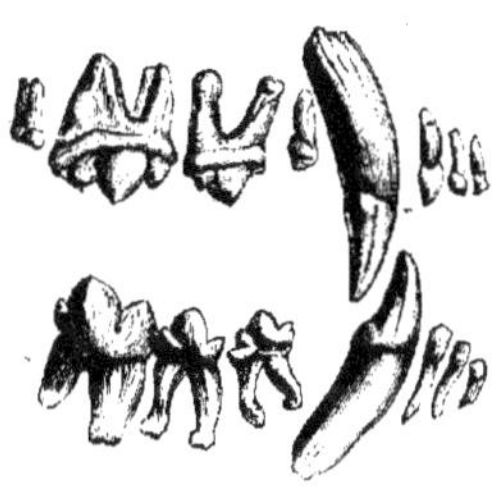

Fig. 27. — Dentition du chat.

On sait que les oiseaux manquent de dents ou que du moins ils n'ont que des rudiments de ces organes cachés sous la corne de leur bec et très-difficiles à observer. La corne si dure de ce bec leur tient lieu d'organes de mastication, et ils n'ont pas non plus de lèvres ; il en est de même des tortues.

Les crocodiles ont au contraire de véritables dents, mais qui n'ont jamais qu'une seule racine ; et chez d'autres reptiles ces organes, au lieu d'être implantés dans des alvéoles, se soudent au corps des mâchoires ou sont appliqués contre leur face interne.

Les poissons présentent, sous le même rapport, des différences encore plus grandes, mais dont le détail n'importe pas aux questions que nous avons à traiter ; nous renvoyons donc pour ce qui les concerne aux ouvrages spéciaux d'ichthyologie.

STRUCTURE DES DENTS. — On a longtemps pensé que les dents ne différaient pas des os par leur structure ou même qu'elles n'avaient pas de structure propre, et malgré les travaux du célèbre micrographe Leuwenhoeck, cette opinion était acceptée il n'y a encore qu'un petit nombre d'années. On sait maintenant qu'elles sont composées de trois substances différentes : l'émail, l'ivoire et le cément.

L'ÉMAIL est l'enveloppe extérieure et vitrée de la couronne des dents. Il résulte de l'accollement, sous la forme d'une couche solide et comparable au vernis des faïences, d'une multitude de cellules allongées, d'abord molles et semblables aux filaments du velours, mais susceptibles d'acquérir promptement une consistance fort dure. C'est la partie extérieure et protectrice des dents ; on pourrait la comparer à une sorte d'épiderme vitreux.

L'IVOIRE a plus de ressemblance avec les véritables os, mais sa consistance est plus grande que la leur. C'est la partie principale des dents ; on l'a quelquefois nommé pour cela *dentine*, ou, à cause des nombreux canalicules qui en parcourent la masse, substance tubulaire. C'est, à proprement parler, la pulpe dentaire ossifiée et sa solidification se fait de l'extérieur à l'intérieur. Il en résulte que, dans les dents qui ont été arrachées avant d'être complétement formées, la partie molle ayant disparu, l'intérieur en est toujours plus ou moins évidé. C'est à Leuwenhoeck que l'on doit la découverte des

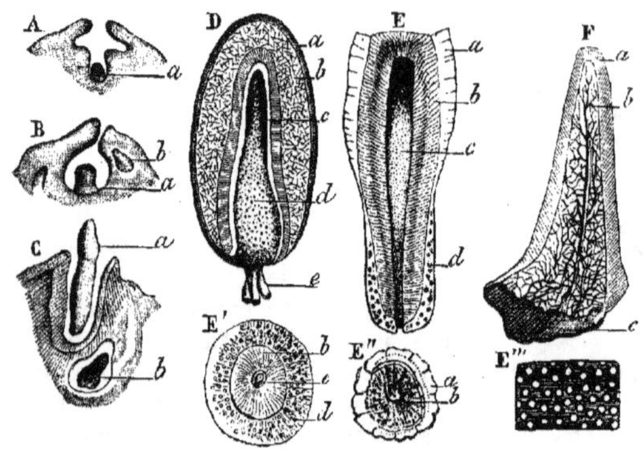

Fig. 28. — Développement et structure des dents.

canalicules calcigères de l'ivoire, canalicules si déliés que leur ouverture n'admet pas même les globules du sang.

On emploie à différents usages l'ivoire de plusieurs espèces d'animaux; celui des éléphants, de l'hippopotame, du morse, du narwal et des cachalots, est surtout recherché, et l'on trouve dans certaines localités de la Sibérie ainsi que de l'Amérique boréale, des amas de dents fossiles d'éléphants, soit défenses, soit molaires, assez

Fig. 28. Développement et structure des dents.

A, B et C = Phases du développement des dents : *a*) est le germe de la dent de lait dans son sac alvéolaire ou sorti de la gencive; — *b*) est le germe de la dent de remplacement qui devra lui succéder lors de la seconde dentition.

D = Bulbe dentaire très-grossi : *a*) est le sac ou follicule de ce bulbe; — *b*) la membrane qui fournira l'émail; — *c*) l'émail; — *d*) le bulbe qui se transformera en ivoire; — *e*) représente les vaisseaux et le nerf dentaires.

E = Dent incisive de l'homme, sciée verticalement pour montrer : *a*) l'émail; — *b*) l'ivoire et ses canalicules; — *c*) la partie non encore éburnée du bulbe; — *d*) le cément recouvrant la racine.

E' = Coupe transversale de la même dent, prise à la racine : *b*) ivoire; — *c*) partie non éburnée du bulbe; — *d*) cément.

E'' = Coupe de la même dent, prise à la couronne : *a*) émail; — *b*) ivoire.

E''' = Une petite lame d'ivoire, très-grossie, pour montrer les tubes dont il est creusé.

F = Dent de squale, sciée verticalement : *a*) émail; — *b*) les tubes calcigères, qui sont moins réguliers et plus gros; — *c*) partie inférieure du bulbe.

bien conservées pour qu'on les utilise comme celles des animaux fraîchement morts ; elles y sont en très-grand nombre. La turquoise de Simorre est de l'ivoire fossile provenant des mastodontes et coloré par un sel de cuivre.

Le CÉMENT, aussi appelé cortical osseux, est la troisième des substances qui concourent à la formation des dents. Il enveloppe surtout leurs racines, et, dans certains cas, on l'observe aussi dans le replis de leur couronne entre ses lobes, au-dessus de l'émail, mais dans des excavations ménagées naturellement à la surface de la dent. Il existe abondamment sur les molaires des éléphants (fig. 29), et c'est lui

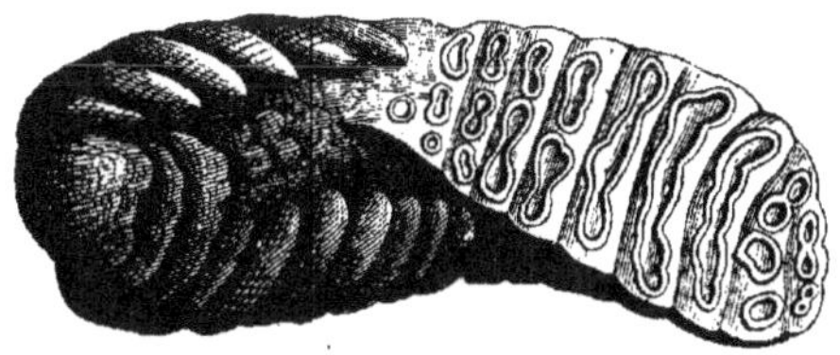

Fig. 29. — Dent molaire d'éléphant.

qui comble les intervalles de leurs crêtes ou collines ; les mastodontes (fig. 4), par contre, en sont privés, et le caractère différentiel entre ces deux genres consiste en ce que le premier, qui renferme à la fois des espèces vivantes et d'autres éteintes, a toujours la couronne des dents molaires cémentées, tandis que le second, dont les espèces sont toutes anéanties, a les molaires dépourvues de cément.

Le cément est une substance osseuse semblable à celle des os, et l'on y retrouve les corpuscules étoilés, visibles au microscope, qui caractérisent ces derniers.

Les caractères fournis par la structure intime des dents ne sont pas moins curieux que ceux que l'on tire de la forme extérieure de ces organes ou de la formule suivant laquelle ils sont disposés. On est arrivé, par l'étude microscopique des dents prises chez plusieurs genres éteints d'animaux, à mieux comprendre leurs affinités zoologiques ou à les caractériser d'une manière plus précise qu'on ne l'avait fait d'abord. C'est ainsi que les zeuglodontes, gigantesques animaux marins, qui sont fossiles aux États-Unis, ont pu être reconnus pour des mammifères et retirés de la classe des reptiles dans laquelle on les avait d'abord placés. Les dents des labyrinthodontes ou mastodonsaures, grands batraciens fossiles, dont les pistes, observées dans les grès du trias, ont été d'abord décrites sous le nom de chirothériums, présentent de leur côté un caractère qui leur est exclusivement propre :

ce sont des rentrées flexueuses de l'émail séparant, comme par des rayons, l'ivoire en différents segments. Ce caractère permet de distinguer aisément une dent de ce genre de celles de tous les grands reptiles ou poissons des mêmes terrains.

IV

GLANDES DU TUBE DIGESTIF ET SÉCRÉTIONS QU'ELLES FOURNISSENT.

La membrane digestive doit ses qualités muqueuses non-seulement à la disposition facilement perméable de sa tunique fibreuse; mais encore à la présence dans cette tunique, au-dessous de l'épithélium qui la recouvre, d'une multitude de petits sacs glanduleux destinés à sécréter divers liquides qui viennent s'épancher à sa surface pour agir sur les aliments. Certains de ces sacs glanduleux restent séparés les uns des autres et conservent leur individualité propre; d'autres sont associés sous la forme de petites grappes et versent leur produit par un canal commun. Il en est de plus compliqués encore, acquérant un volume et une importance telle, par la multiplicité des éléments glandulaires dont ils sont formés, qu'ils deviennent des organes de premier ordre et prennent un volume considérable. Tel est le foie, qui possède une poche de dépôt, placée sur le trajet de son canal excréteur et destinée à retenir pendant un temps déterminé le fluide qu'il sécrète.

Tous les organes de sécrétion, intestinaux ou autres, simples ou compliqués, possèdent, dans leur partie spécialement sécrétrice, un épithélium particulier dont les cellules sont elles-mêmes les agents spéciaux de la sécrétion. Pour chaque sorte de glande sécrétrice, ces cellules élaborent un produit particulier, et, lorsqu'elles crèvent ensuite, leur produit se mêle au liquide exsudé à travers la membrane à la surface de laquelle se passe la sécrétion; de même nous voyons dans la peau des oranges de petites loges remplies d'utricules chargées du principe essentiel et de nature inflammable qui se développe dans le péricarpe de ces fruits. Le phénomène des sécrétions ne se passe pas autrement chez les animaux. La différence réside seulement dans la simplicité de l'appareil sécréteur pour le fruit que nous venons de prendre comme exemple, et dans sa complication au contraire extrême, lorsqu'il s'agit d'une sécrétion animale ayant l'importance de la salive, de la bile ou du suc gastrique, étudiées chez les animaux supérieurs. Mais la sécrétion biliaire elle-même, chez les espèces animales les plus simples, a déjà une analogie évidente avec la sécrétion telle que nous la montrent les végétaux, et le foie résulte alors d'une multitude de glandules éparses le long de la partie de l'intestin de ces animaux qui répond au duodénum. De simples poches, disséminées sur cette portion du tube digestif, en sont chargées et la structure de ces poches le cède encore en simplicité à celles qui sécrètent le mucus intestinal ou le suc gastrique dans les espèces plus parfaites.

Nous partagerons les organes sécréteurs, placés sur le trajet du tube digestif, en glandules et en glandes conglomérées. Cette division, tout artificielle qu'elle puisse paraître, nous permettra de mieux saisir l'importance relative de ces organes, et de nous rendre compte du rôle dont ils sont chargés.

1° *Glandules digestives.* — Les cryptes ou poches de sécrétion qui les forment sont séparées les unes des autres ou simplement réunies en petites grappes ne comprenant qu'un nombre peu considérable de granules sécréteurs.

Il y a dans la bouche plusieurs sortes de *glandules en grappe*, es-

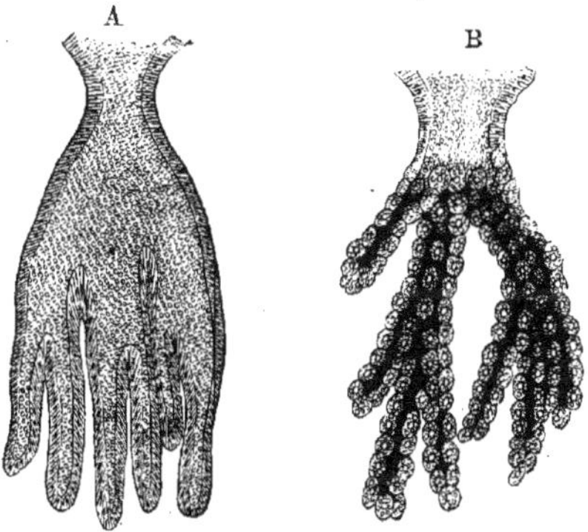

Fig. 30. — Glandules de l'estomac humain.

sentiellement destinées à la sécrétion du mucus. On les distingue d'après leur position en labiales ou des lèvres, génales ou des joues, gengivales ou des gencives et tonsillaires ou des amygdales. Le pharynx et l'ésophage en présentent également, et il y en a sur tout le reste du canal digestif jusqu'à l'anus inclusivement.

Les glandules de l'estomac, spécialement chargées de la sécrétion du suc gastrique, rentrent dans cette catégorie ; il en est de même de celles de l'intestin, auxquelles on donne le nom de *glandules de Brunner*.

Fig. 30. *Glandules de l'estomac humain* (très-grossies).
A) Glandule muqueuse de la partie pylorique.
B) Glandule du suc gastrique.

Les *glandules du suc gastrique* (fig. 30, B) sont plutôt branchues qu'en forme de grappe. Leur sécrétion est d'une importance spéciale pour la digestion stomacale. C'est un liquide limpide, d'une saveur acidule et salée, un peu plus dense que l'eau. Il agit sur les carbonates et sur les chlorates, ce qui a fait croire qu'il renfermait de l'acide chlorhydrique libre. Il est chargé d'une certaine quantité d'acide lactique, de chlorure de sodium et d'un petit nombre d'autres substances salines. Le suc gastrique doit surtout son action à la présence d'un principe azoté particulier agissant sur les matières albuminoïdes à la manière d'un ferment. Ce principe lui est fourni par les cellules épithéliales des glandules gastriques ; c'est la *pepsine*, aussi appelée gastérase et chymosine.

Chez les oiseaux, une sécrétion abondante ayant de même une action spéciale sur les aliments est fournie par des glandules qui forment par leur réunion le ventricule succenturié. Le castor a le cardia pourvu d'un appareil assez analogue, mais ne constituant qu'une plaque au lieu d'un anneau complet, comme le ventricule succenturié des oiseaux.

D'autres glandules intestinales sont dites *glandules tubiformes*, parce qu'au lieu d'être en grappes ou en branches raccourcies, elles sont en forme de tubes étroits et cylindriques serrés les uns contre les autres. A cette catégorie appartiennent les *glandules de Lieberkuhn* existant dans l'estomac, dans l'intestin grêle et dans le gros intestin.

2° *Glandules closes.* — Ces petits organes seraient mieux nommés *follicules clos*. Ils n'ont pas de communication avec l'extérieur. Ce sont de petites outres fermées, placées dans l'épaisseur de la muqueuse digestive et souvent reléguées au-dessous des cryptes ouvertes à sa surface. On ignore leur véritable usage.

3° *Glandes digestives conglomérées.* — Si l'on suppose des amas plus ou moins volumineux de glandules se réunissant par leurs canalicules particuliers à des canaux secondaires et, ultérieurement, à un canal excréteur unique auquel ceux-ci servent d'affluents, absolument comme les grappillons d'une forte grappe de raisins ont rattachés par leurs pédicelles au pédicule commun de cette grappe, on aura une idée assez exacte des glandes conglomérées ou glandes principales du tube digestif. Il faudra toutefois considérer qu'ici des vaisseaux artériels et veineux en nombre souvent fort considérable, des capillaires plus abondants qu'aux glandules, des lymphatiques, des nerfs et du tissu connectif interposé à toutes ces parties viennent s'ajouter à la grappe sécrétrice pour en former une masse à part, ayant une enveloppe fibreuse propre et restant toujours séparée de la muqueuse digestive à laquelle elle n'est plus rattachée que par le canal destiné à l'écoulement de sa sécrétion. Les glandes conglomérées deviennent ainsi de véritables parenchymes, et une dissection délicate, accompagnée d'une analyse microscopique attentive, permet seule de distinguer leurs divers éléments histologiques. Les principales glandes de cet ordre qui dépendent du tube digestif sont les salivaires, le pancréas et surtout le foie. Nous les examinerons successivement, ainsi que les sucs qu'elles fournissent à la digestion.

Glandes salivaires et salive. — Chez l'homme et chez les animaux supérieurs, les glandes qui versent la salive dans la cavité buccale sont de trois sortes : les sublinguales, les sous-maxillaires et les parotides.

Les dénominations sous lesquelles nous venons de les énumérer indiquent la place occupée par chacune de ces glandes. Leur fonction est de sécréter la *salive*, humeur fluide, qui sert à ramollir les aliments et vient en aide à la mastication pour en rendre la déglutition plus facile. La salive est en outre douée d'une action chimique spéciale, analogue à celle de la diastase. Elle en est redevable à un principe particulier, la *ptyaline*[1], qui s'y trouve mêlée. La ptyaline commence la transformation des aliments amylacés en sucre.

Il importe de remarquer que la salive des trois glandes salivaires ne jouit pas de propriétés absolument identiques, et après avoir parlé de la salive mixte constituée par leur mélange, nous devons aussi dire un mot de chacune de ces glandes prises en particulier et indiquer la nature spéciale de son produit.

1° *Glandes sublinguales.* — Elles forment un groupe placé sous la langue en arrière de la symphyse du menton, et elles versent leur salive par plusieurs canaux qui s'ouvrent auprès du frein de la langue : ces canaux sont les *conduits de Rivinus*. La salive des sublinguales est visqueuse et filante ; elle sert principalement à la déglutition. La mucosité fournie par les glandules buccales se joint à elle pour faciliter ce résultat.

2° *Glandes sous-maxillaires.* — Il y en a deux, une pour chaque côté, placée à la face interne de la mâchoire inférieure. La salive qu'elles fournissent est portée séparément dans la bouche par un canal propre, dit *canal de Warthon*, qui s'ouvre par un orifice extrêmement étroit de chaque côté du frein de la langue, à peu de distance des canaux particuliers des sublinguales. La salive fournie par les sous-maxillaires est plus abondante chez les carnivores et surtout chez les édentés que chez les granivores. Son action paraît spécialement liée à la gustation. C'est elle qui s'échappe par jets dans l'intérieur de la bouche, lorsque quelque substance acidule ou certaines frian-

1. De πτιαλείν, cracher.

dises excitent nos désirs. Elle est plus liquide que la précédente. Chez les édentés, les glandes qui la fournissent dépassent en volume les deux autres groupes de salivaires.

3° *Glandes parotides.* — Celles-ci ont habituellement plus de développement que les autres, et il en est ainsi chez l'homme. Elles doivent leur nom à la place qu'elles occupent auprès des oreilles; il y en a aussi une pour chaque côté, et dont le canal, dit *canal de Stenon*, vient aboutir auprès de la deuxième molaire supérieure.

Leur salive est particulièrement utile pour la mastication, et elles versent sur les aliments une quantité considérable de liquide; aussi prennent-elles chez les mammifères herbivores et granivores un volume considérable, tandis qu'elles sont beaucoup plus petites chez les carnivores et surtout chez les animaux aquatiques dont les aliments n'ont, pour ainsi dire, pas besoin d'être humectés.

La sécrétion de la salive s'opère aussi chez les animaux sans vertèbres et dans beaucoup d'entre eux, particulièrement dans certains insectes, elle a une action irritante. Les glandes salivaires des insectes ont la forme de tubes qui sont souvent très-allongés ou celle de grappes à grains bien séparés les uns des autres (fig. 21, A et B, *b*).

Glandes du venin. — Les particularités des glandes salivaires sont nombreuses, toujours en rapport avec le régime des animaux ou les conditions au milieu desquelles ceux-ci sont appelés à vivre. Nous ne saurions en donner ici l'énumération détaillée. Nous rappellerons néanmoins que ce sont des glandes fort analogues aux salivaires et versant, comme elles, leur produit dans la bouche, qui fournissent le venin des serpents dits venimeux. Cette salive présente, outre les caractères de la salive ordinaire, la particularité d'être chargée d'un principe spécial ayant sur les animaux une action toxique. C'est un alcaloïde particulier auquel on a donné les noms d'*échidnine* et de *vipérine*. On peut l'isoler des autres principes constitutifs de la salive, et l'on en obtient des effets comparables à ceux du venin lui-même, mais bien plus intenses, ce qui tient à ce qu'il est alors débarrassé de tous les éléments de la salive ordinaire auxquels il était associé dans l'organisme.

Pancréas. — Cette autre glande est située au commencement de l'intestin grêle, et elle verse son produit dans le duodénum. Par ses caractères anatomiques, autant que par la nature et le mode d'action du fluide qu'elle sécrète, elle a une grande analogie avec les salivaires; aussi a-t-elle été appelée pendant longtemps *glande salivaire abdominale*. Son *canal*, dit *pancréatique* ou de Wirsung, est double, une partie des rameaux excréteurs de la glande se réunissant séparément des autres pour former une branche plus petite, plus rapprochée de l'estomac. Le principal s'accolle au canal cholédoque et débouche tout près de lui.

On a reconnu la présence du pancréas chez tous les vertébrés aériens. Quoi qu'on en ait dit, il existe aussi chez certains poissons, au nombre desquels on peut citer les raies, les squales, les brochets, etc., ce qui ne permet plus de considérer comme en étant une transformation dans les animaux de cette classe les appendices en cul-de-sac dits cœcums pyloriques, que beaucoup d'entre eux présentent autour de la partie pylorique de leur estomac.

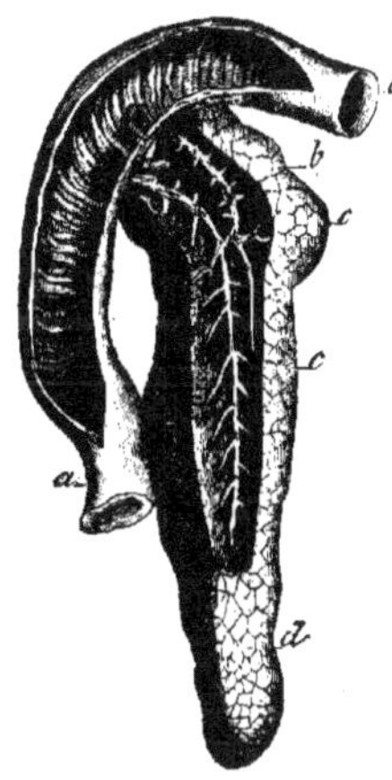

Fig. 31. — Pancréas de l'homme.

Le suc pancréatique renferme, comme la salive, des combinaisons salines et plusieurs substances quaternaires en dissolution dans une proportion considérable d'eau. Son principe actif est la *pancréatine*, fort analogue à la ptyaline, et opérant comme elle la transformation des fécules ou aliments amylacés en sucre; c'est une sorte de diastase. On démontre ses propriétés en ménageant le déversement du suc gastrique au dehors, au moyen d'une fistule pratiquée artificiellement, et en le faisant agir à une température de 35 ou 40° sur les substances dont il vient d'être question. Leur transformation s'opère aussi complétement que dans l'économie vivante, ce qui montre la nature purement chimique de ce phénomène. On sait depuis un certain nombre d'années que le suc pancréatique sert également à émulsionner les matières grasses, et que, par suite, il concourt à en faciliter l'absorption.

Foie. — C'est la plus volumineuse de toutes les glandes. Quoique le foie soit primitivement double et placé sur la ligne médiane chez les animaux supérieurs il se trouve refoulé à droite par le fait, également adventif, de l'enroulement des viscères digestifs. Sa fonction principale est de sécréter la *bile;* mais il en a une autre dont la démonstration et l'explication sont dues à MM. Claude Bernard, Barreswil et Schiff. C'est celle de fournir du sucre à l'économie et d'être, dans les animaux supérieurs, le principal agent de la transformation

Fig. 31. Pancréas de l'homme.
a Le duodénum recevant la sécrétion pancréatique; — *b*) petite branche du canal pancréatique; — *c c*) grande branche du canal pancréatique; — *d*) l'extrémité du pancréas.

en glucose ou matière sucrée des principes amylacés qui se développent dans son propre tissu. C'est là ce qu'on nomme sa *fonction glucogénique*, ce qui signifie en rapport avec la production du sucre.

Il résulte de cette dernière propriété du foie que le sang amené à cet organe par les veines sous-hépatiques et qui est pauvre en matière sucrée et chargé au contraire en plus grande abondance des principes de la bile, s'est chargé, lorsqu'il en sort, d'une quantité notable de principes sucrés et débarrassé d'un liquide jaune et amer qui n'est autre que la bile elle-même.

M. Pettenkofer a donné la recette d'une liqueur propre à faire reconnaître la bile, et à l'aide de laquelle on démontre que ce principe existe tout formé dans le sang; on sait d'ailleurs que si, par suite de quelque altération maladive, le sang traverse le foie sans s'y débarrasser de la bile, les yeux, la peau, etc., prennent une couleur jaune très-prononcée; c'est ce qui constitue la jaunisse.

On juge de la quantité plus ou moins grande du sucre du sang par la quantité de matière fermentescible, c'est-à-dire transformable en acide carbonique et en alcool, que l'on peut en extraire. Le réactif cupropotassique fournit un autre moyen de reconnaître si le sang ou toute autre humeur organique renferme ou non du sucre.

Le foie se partage en plusieurs lobes et lobules, enveloppés les uns et les autres d'une capsule fibreuse (capsule de Glisson). Dans l'homme il pèse de 1 500 à 2 000 grammes et il a de 28 à 33 centimètres de diamètre transversal sur 15 à 28 de développement antéro-postérieur. Le péritoine ne le recouvre qu'en partie. Sa substance présente un aspect glanduleux, et les *granules* qu'on y remarque sont autant de points sécréteurs ou glandules ici agglomérés en très-grand nombre qui tirent la bile des vaisseaux qui se rendent au foie, pour la verser dans des canalicules qui se réunissent les uns aux autres pour constituer les *canaux biliaires* ou hépatiques et, en fin de compte, dans le canal biliaire principal qui, à son tour, verse en partie la bile dans un réservoir appelé *vésicule biliaire* ou poche du fiel, en partie dans le *canal cholédoque*. Ce dernier est le véritable canal conducteur de la bile à l'intestin. Il porte au duodénum la bile hépatique, venant directement du foie, et la bile cystique, c'est-à-dire la bile qui a séjourné dans la vésicule biliaire.

Le système vasculaire est très-développé dans le foie. La veine qui y apporte le sang chargé des principes de la bile résulte de la réunion des veines de la rate, du pancréas, de l'estomac et des intestins; elle s'y ramifie à la manière des artères; c'est la *veine porte*, dont les différentes divisions réunies sous le nom de veines sus-hépatiques vont, après leur sortie, retrouver la veine cave.

Il y a des animaux dont le foie est encore plus volumineux que celui de l'homme. Dans les capromys, genre de rongeurs propre aux Antilles, il a ses lobes décomposés en lobules, et cette division se continue presque jusqu'aux granules hépatiques.

Certains animaux ont une vésiculaire biliaire, tandis que d'autres en manquent; les premiers sont en plus grand nombre que les seconds.

Chez les poissons le foie est souvent très-volumineux, et il forme dans certaines espèces deux énormes lobes, l'un à droite, l'autre à gauche (fig. 19, *f*). Il se charge aussi d'une quantité considérable de principes huileux. L'huile retirée du foie de la morue ainsi que de celui de plusieurs autres espèces de gades et de différents squales est employée en médecine sous le nom d'huile de foie de morue. C'est un principe dépurateur du sang, propriété qui tient sans doute à la présence dans cette huile d'une certaine quantité d'iode.

Le foie des mollusques est le plus souvent congloméré. Cependant celui des espèces formant l'ordre des nudibranches, ordre dont les éolides (fig. 21, C) font partie, est décomposé en une succession de rameaux allant d'une part à l'intestin et prolongés par leur extrémité libre dans des espèces de villosités branchiformes de la peau.

Le foie des animaux articulés est aussi formé d'expansions tubiformes qui sont même plus déliées encore que celles des mollusques nudibranches. On les décrit, en anatomie comparée, sous le nom de *canaux de Malpighi*, parce qu'ils ont été d'abord observés par ce célèbre anatomiste (pl. 21, fig. A et B, lettre *h*). Nous avons déjà dit que, chez des espèces plus inférieures encore, la bile était sécrétée par de simples follicules disséminés sur le trajet de l'intestin dans sa partie répondant au duodénum.

La sécrétion de la bile sert à la dépuration du sang. Ce liquide a aussi une action émulsive sur les matières grasses et il retarde la putréfaction des excréments jusqu'après leur expulsion des voies digestives. Il est de consistance visqueuse, coloré en jaune verdâtre chez l'homme et en vert brun chez le bœuf. On y trouve, comme base essentielle, de la soude combinée avec deux acides quaternaires, l'acide cholique et l'acide choléique. La taurine de la bile est un principe différent, mais qui résulte de la décomposition d'une certaine quantité de l'acide choléique de la bile. Cette décomposition fournit de la taurine et du glycocolle ou sucre de gélatine.

La bile donne aussi de la cholestérine, principe ternaire assez analogue aux corps gras, mais incapable de se saponifier; la cholestérine forme la plus grande partie des calculs biliaires. Examinée au microscope, la bile montre des plaques de matière colorante jaune verdâtre, de petits cristaux de cholestérine et des globules de mucosité.

V

THÉORIE DE LA DIGESTION.

Pendant longtemps on n'a eu au sujet de la manière dont s'opèrent les phénomènes digestifs, que des notions fort peu exactes. Les uns, à l'exemple d'Érasistrate, petit-fils d'Aristote, ne voulaient y voir qu'un travail mécanique; d'autres disaient avec Hippocrate que c'est une sorte de coction, ce qui signifiait qu'elle était plutôt chimique que mécanique, et Platonicus, disciple de Praxagore, la comparait à une putréfaction, c'est-à-dire à une sorte de fermentation. Il y a du vrai dans ces diverses opinions, mais aucune d'elles ne rend suffisamment compte de l'importante fonction dont nous venons de passer en revue les différents organes.

Des expériences, surtout entreprises par Réaumur et par Spallanzani, ont mis en évidence la complexité des phénomènes digestifs dont quelques-uns sont réellement chimiques et comparables à ceux de la coction ou de la fermentation, et les autres de nature mécanique ou purement physiques et conformes à l'hypothèse d'Érasistrate. Plus récemment les progrès des sciences physico-chimiques ont conduit la théorie de la digestion bien au delà du point où l'avaient laissée les savants physiologistes du dix-huitième siècle que nous venons de citer.

Parmi les actions mécaniques concourant à la digestion, la plus facile à constater est la mastication, dont le but est de concasser les aliments et de les broyer de manière à ce qu'ils puissent ensuite être facilement pénétrés par les fluides sécrétés, soit par la salive dans la bouche, soit par les sucs gastrique, pancréatique ou biliaire dans l'estomac et dans le duodénum.

Nous avons déjà vu que les ruminants ramènent sous leurs dents, pour les mâcher de nouveau et d'une manière plus complète, les aliments introduits à la hâte dans la première poche de leur estomac. Certaines espèces ne les broient réellement que dans leur estomac, qui est alors garni de pièces dures et muni de muscles puissants. C'est ce qui a lieu pour les oiseaux pourvus de gésier. Ces oiseaux sont principalement des espèces granivores ou insectivores. On peut également citer comme ayant une action essentiellement mécanique l'estomac de certains crustacés et mieux encore celui des bulles, genre de mollusques marins chez lesquels cet organe est soutenu par un appareil calcaire qui a été pris par un naturaliste italien, Gioeni, pour la coquille d'un animal d'un genre différent.

Mais la mastication buccale n'est pas uniquement une action mécanique. Elle a pour complément indispensable, chez l'homme et chez beaucoup d'espèces, l'insalivation, destinée à rendre les aliments plus faciles à avaler. La salive agit en même temps, par sa ptyaline ou principe actif, sur leurs substances amylacées ou féculentes dont elle commence la transformation en glucose ou matière sucrée. Nous savons, en effet, que l'action de la ptyaline est une action analogue à celle de la diastase, et nous retrouverons la même métamorphose chimique de l'amidon en principe sucré chez les végétaux lorsque nous étudierons leurs fonctions nutritives. Les principes amylacés dont les végétaux sont en partie formés, éprouvent une transformation analogue à celle que nous voyons subir aux aliments également amylacés des animaux ou aux cellules de même nature qui se développent dans le foie de ces derniers.

La mastication et l'insalivation étant accomplies, la déglutition intervient pour faire passer les aliments de la bouche dans l'estomac en les obligeant à traverser l'ésophage. Cet acte est du nombre de ceux qui sont essentiellement mécaniques. Les aliments arrivent ainsi dans l'estomac sous la forme d'une pâte molle, mélange des substances salines avec les principes ternaires gras ou féculents et les principes quaternaires, tels que la gélatine, la fibrine, l'albumine, la caséine, etc. C'est sous l'influence des sécrétions stomacales ainsi que du ressassement opéré par les contractions de l'estomac que le bol alimentaire prend une apparence homogène. On a donné à cette opération le nom de *chymification*.

Réaumur voulant s'assurer si l'estomac agit en dissolvant les aliments ou au contraire en les broyant mécaniquement par la force de ses contractions, introduisit dans cet organe, chez des animaux, de petites sphères métalliques percées de trous et remplies de viande. Les mouvements de l'organe, étant ainsi devenus impuissants, par la résistance des boules, la viande n'en fut pas moins dissoute grâce aux sucs versés par l'estomac, et l'on acquit ainsi la preuve que la digestion stomacale est avant tout un acte de dissolution.

Vers la même époque, Stevens répéta ces expériences sur un homme qui avait la faculté, propre à quelques bateleurs, de pouvoir introduire dans son estomac des corps étrangers, tels que des pierres, etc., et de les rendre ensuite à volonté. Ses conclusions furent analogues à celles de Réaumur.

Il en fut de même pour Spallanzani qui, en retirant, au moyen d'éponges, du suc gastrique de l'estomac de différents animaux et en agissant ensuite en vase clos et à une température convenable au moyen du suc exprimé de ces éponges sur des substances alimentaires, réussit à opérer artificiellement et en dehors de l'organisme de véritables digestions de viande.

Plus récemment, W. Beaumont, ayant pu faire des observations sur un Canadien qui avait une ouverture fistuleuse de l'estomac, suite d'un coup de feu, reconnut aussi l'action dissolvante que cet organe exerce sur les aliments, et le docteur Blondlot, de Nancy, a répété ces observations sur des animaux auxquels il pratiquait des fistules stomacales artificielles.

C'est sur les substances de composition quaternaire que le suc gastrique agit particulièrement, et l'estomac est le siége de la digestion de ces aliments ainsi que le lieu où ils sont absorbés. Il en détermine la dissolution et permet leur absorption par les veines à travers les parois de sa propre cavité.

La chymification est donc un phénomène complexe, duquel résulte la possibilité, pour les substances quaternaires et par conséquent azotées, d'être absorbées immédiatement, et pour les substances ternaires, soit grasses, soit amylacées, celle de continuer séparément leur route, c'est-à-dire de passer de l'estomac dans les intestins. C'est pourquoi l'expérience qui consiste à faire digérer artificiellement des aliments au moyen du suc gastrique retiré de l'estomac ne réussit pas lorsqu'au lieu de chair musculaire, de cervelle, de caséum ou de toute autre substance analogue et de nature plastique, on emploie des fécules ou des corps gras.

L'absorption de ces derniers exige une seconde digestion qui a lieu dans l'intestin au moyen du suc pancréatique et de la bile; et cela est si vrai que si, au lieu d'employer inutilement du suc gastrique pour la digestion artificielle des aliments féculents, on a recours à du suc pancréatique, leur transformation s'opère aussi promptement que si elle avait lieu dans les intestins. Dans le but de faire plus aisément ces essais, on a pratiqué sur des ruminants des fistules permettant d'éconduire le suc fourni par le pancréas et de le recueillir extérieurement au fur et à mesure qu'il se produit.

M. W. Bush, médecin de l'hôpital de Bonn, a pu observer avec attention une femme chez laquelle un coup de corne de taureau avait déterminé une plaie fistuleuse du duodénum, et dans ce cas, pour ainsi dire complémentaire de celui décrit par Beaumont, il a constaté que le chyme arrive dans l'intestin après avoir perdu la plus grande partie des substances plastiques qui faisaient partie des aliments ingérés, et qu'il ne se compose plus guère que des corps gras et amylacés qui faisaient partie des aliments ingérés.

Le suc pancréatique détermine la transformation des matières amylacées en un principe sucré qui est ensuite absorbé par les intestins. C'est le *chyle* qui passe à travers les parois intestinales pour être reçu, non plus dans les veines, comme cela a lieu pour les aliments plastiques digérés dans l'estomac, mais dans des vaisseaux particuliers appelés vaisseaux chylifères. En outre, le suc pancréatique concourt, avec la bile, à l'émulsion des principes gras, et c'est après avoir été ainsi émulsionnés que ces derniers sont également absorbés par les vaisseaux chylifères et versés par eux dans la masse du sang.

Cependant le chyme intestinal, tel qu'il est transmis par l'estomac au duodénum, possède encore une faible quantité de principes plastiques ou azotés; la digestion s'en termine dans les intestins, et, dans certaines espèces, le cæcum constitue sur le trajet de ces derniers un réservoir qu'on a souvent comparé à un second estomac. On le trouve rempli de la portion des aliments qui n'a pas encore subi l'action des sucs digestifs, et diverses glandules de l'intestin achèvent, en ce qui concerne les principes azotés, le travail commencé par l'estomac proprement dit.

Peu à peu s'opère l'absorption, à travers les parois de l'intestin, des matières assimilables, et celles qui n'ont pas la propriété de pouvoir être utilisées par l'économie, ou qui ont résisté pour une cause quelconque à l'action des sucs digestifs, sont rejetées au dehors par l'anus. Tel est le mode de formation des excréments ou fèces, dans lesquels on retrouve, avec les matières incapables de servir à la nourriture des animaux, celles qui n'ont subi pendant leur trajet aucune modification ou n'ont été qu'incomplétement transformées.

CHAPITRE VIII.

DE LA CIRCULATION ET DE SES ORGANES.

Aperçu général sur cette fonction. — Le corps de l'homme et celui des animaux se compose de l'association de deux ordres de parties qui paraîtraient bien différentes les unes des autres si on ne les envisageait que sous le rapport de leur consistance. Les premières sont solides, formées par les tissus dont nous avons déjà parlé (p. 35), et disposées sous la forme d'instruments ayant chacun un rôle dans les manifestations vitales; on les regarde comme étant plus spécialement les agents de la vie. Les secondes sont liquides, et au lieu d'occuper une place toujours identiquement la même, elles doivent à leur fluidité la possibilité de s'épancher entre les organes, d'en pénétrer la substance pour les imprégner et de s'y renouveler incessamment, parce que leurs particules se déplacent en roulant les unes sur les autres. Il y a une *circulation* plus ou moins active de ces fluides. Certains d'entre eux, et en particulier le sang, sont promenés dans les différents organes dont ils parcourent le parenchyme. Leur action sur les matériaux solides de l'organisme ou organes proprement dits est considérable; la nutrition trouve en eux un auxiliaire indispensable.

Cependant les liquides de l'organisme ne restent pas, comme on pourrait le croire, à l'état de simples principes chimiques qui seraient mis à la disposition des parties vivantes. Il ne leur suffit pas, pour accomplir leur rôle, d'être formés de principes immédiats, ni d'en contenir en proportion considérable pour être en état de fournir des matériaux nouveaux à la substance des organes. Ils sont toujours doués, dans quelqu'une de leurs parties, d'une certaine organisation, et l'on y trouve en particulier des cellules, c'est-à-dire des éléments histologiques tout à fait analogues à ceux dont l'anatomie microscopique nous démontre la présence dans les organes proprement dits. Ce sont donc, à certains égards, de véritables organes, et, en réalité, la grande différence qui les distingue des instruments vitaux auxquels nous réservons ordinairement ce nom tient surtout à ce que, dans les liquides organisés, les cellules restent dissociées les unes par rapport aux autres, tandis qu'ici elles sont maintenues en suspension au sein d'un liquide abondant : ce qui leur permet de rouler les unes sur les autres lors de la circulation de ces liquides et de changer incessamment de place. Au contraire, dans les organes ordinaires, le liquide interposé aux cellules constituantes de ces organes est peu abondant; ces cellules n'en sont qu'imbibées au lieu de flotter dans sa substance, et elles restent en contact entre elles; souvent même le liquide, formant plasma, peut, en se solidifiant, se transformer en une gangue solide qui réunit les matériaux élémentaires des mêmes organes en une masse compacte et solide : c'est ce qui a lieu pour les os, les dents, les cartilages et divers autres parties importantes de l'économie.

Le *sang* est de tous les liquides vivants le plus abondant et celui qui remplit le rôle le plus indispensable. Les cellules qu'il renferme, et qui l'ont fait comparer aux tissus proprement dits, sont les *corpuscules* ou *globules sanguins* qu'il charrie avec lui dans sa marche à travers les autres organes; il en forme la partie solide et organisée. Le *sérum* ou plutôt le *plasma sanguin*, substance à la fois riche en sels inorganiques, en principes ternaires et en principes quaternaires, en est la partie liquide et dépourvue de véritable organisation. Le sang pourrait être défini un organe mobile visitant incessamment tous les autres, parce que tous ont besoin de son puissant concours pour vivre et remplir leurs fonctions. Sa fluidité pouvait seule lui permettre de remplir ce but, et depuis longtemps on l'a appelé de la *chair coulante*.

Différentes sortes de circulation. — Après avoir étudié les phénomènes digestifs et la préparation dans le canal intestinal des divers principes utiles à l'organisme, l'ordre naturel des phénomènes physiologiques nous conduit donc à traiter du sang et des actes si multiples chez l'homme, mais si simples comparativement chez les animaux inférieurs, qui assurent la circulation de ce fluide à travers toutes les parties du corps : c'est la *circulation sanguine* ou circulation proprement dite. Nous verrons quels sont les instruments (*cœur et vaisseaux*) à l'aide desquels cette importante fonction s'exécute, et nous en indiquerons le mécanisme.

Nous joindrons également au présent chapitre des remarques relatives aux actes complémentaires de la circulation sanguine et aux organes qui les produisent, ce qui nous conduira à parler aussi, mais d'une manière abrégée, de la *circulation lymphatique* et de la *circulation du chyle*. En outre, quelques lignes seront consacrées à certains organes d'apparence glandulaire qui manquent cependant de conduits excréteurs, et que l'on appelle des *ganglions sanguins*. Ces organes sont sans doute destinés à l'élaboration des éléments organisés propres au sang et aux autres fluides circulatoires; le plus connu d'entre eux est la *rate*.

Du SANG. — Le sang est le plus important des liquides de l'économie animale, et celui dont la masse est la plus considérable. C'est de lui que presque tous les autres liquides et tous les autres organes tirent leurs matériaux, et il trouve lui-même dans les produits de la digestion le moyen de réparer ses pertes, et dans la respiration ou l'urination celui de se débarrasser en partie de la portion de ses principes que l'activité vitale a altérés.

Le sang est absolument indispensable à l'exercice de la vie. Lorsque, par suite d'une saignée abondante ou d'une blessure grave, l'homme ou les animaux ont perdu une quantité notable de ce liquide, ils ne tardent pas à s'affaisser sur eux-mêmes, et on les voit périr bientôt, parce que l'on est dans l'impossibilité de leur rendre immédiatement le liquide vivant qu'ils viennent de perdre.

On avait pensé autrefois qu'il serait possible de recourir, dans des cas de cette nature, à la transfusion, et l'on faisait passer des veines d'un ou de plusieurs individus bien portants dans celles du sujet qu'un accident ou une maladie avaient rendu exsangue, du sang en quantité suffisante pour le ramener à la vie. Dans plusieurs occasions on a vu ce procédé héroïque couronné de succès. Mais il s'en faut de beaucoup que l'opération réussisse toujours, et malgré le retentissement qu'elle a obtenu, on n'y a plus recours que très-rarement. En physiologie, on la répète quelquefois sur des animaux, pour montrer que les différents principes du sang sont indispensables à l'entretien de la vie. Alors on transfuse, soit du sang qui n'a subi aucune altération, soit du sang auquel on a enlevé l'une de ses parties constituantes, les globules ou la fibrine par exemple. La vie peut être ranimée par la première expérience; la mort est la conséquence plus ou moins prochaine, mais fatale, de la seconde.

Anatomiquement, le sang est composé de deux parties : l'une est liquide pendant la vie, quoique renfermant des principes coagulables : c'est le sérum, mieux nommé *plasma;* l'autre consiste en nombreux corpuscules microscopiques appelés *globules sanguins*, *globules blancs* et *globulins*, que la partie liquide charrie avec elle dans sa course à travers l'organisme. Nous commencerons par l'examen des éléments solides.

Globules sanguins. — Chez l'homme et chez presque tous les autres vertébrés, les globules sanguins sont rouges; ce sont eux qui donnent au sang la couleur qui le distingue. Ces corpuscules, qu'on ne voit qu'à l'aide du microscope, furent aperçus en 1658, par Swammerdam, dans le sang des grenouilles; mais il ne publia pas sa découverte. En 1673, Malpighi les observa à son tour dans le sang du hérisson; il les prit pour des globules graisseux.

Les globules du sang sont, au contraire, formés en grande partie de deux principes albuminoïdes, c'est-à-dire quaternaires. L'un est analogue à l'albumine, quoique différant de cette substance par quelques légères particularités : c'est la *globuline* ou matière fondamentale des globules; l'autre, appelé *hématosine*, en est la partie colorante : les quatre éléments ordinaires des principes immédiats y sont associés à une certaine proportion de fer.

L'hématosine donne aux globules sanguins la couleur qui les distingue, et c'est à ces corpuscules que le sang doit sa teinte rouge, le plasma étant incolore, comme on peut s'en assurer en recourant à la filtration de ce liquide. L'action de l'oxygène donne aux globules la teinte rutilante ou vermeille qui se remarque dans le sang du système aortique (sang rouge, oxygéné ou aortique), mais l'acide carbonique dont il se charge dans les organes le rend plus foncé et d'un violet noirâtre (sang noir, dit aussi sang veineux, quoique les veines qui reviennent des poumons renferment du sang rouge). Le branchiostome, petite espèce de poisson d'une organisation très-inférieure à celle des autres animaux de la même classe, et peut-être aussi quelques autres poissons se rapprochant des anguilles par leurs caractères génériques, sont les seuls vertébrés qui aient les globules incolores et par suite le sang blanc.

Les globules sanguins ne sont pas de forme sphérique, comme leur nom semblerait l'indiquer. Ce sont des disques aplatis, circulaires dans certains animaux et ovalaires dans d'autres. Les mammifères, sauf un très-petit nombre d'exceptions parmi lesquelles nous citerons les chameaux et les lamas, ont les globules de forme circulaire. Le diamètre de ceux de l'homme n'est égal qu'à $\frac{1}{126}$ de millimètre; ceux du cheval, du mouton et du bœuf n'ont que $\frac{1}{200}$ de millimètre; ceux de la chèvre, $\frac{1}{270}$ de millimètre; les globules du sang des chameaux et des lamas ont $\frac{1}{125}$ de millimètre dans leur plus grand diamètre, et $\frac{1}{220}$ dans le plus petit.

La forme elliptique est ordinaire aux globules sanguins de tous les vertébrés ovipares, et les batraciens sont de tous ces animaux ceux qui possèdent les plus volumineux; chez les poisons cyclostomes, ces petits organes sont de forme sphérique.

Fig. 32. — Globules du sang.

Voici quelques mesures des globules sanguins prises dans les différentes classes des vertébrés ovipares :

Oiseaux : Paon, moineau et chardonneret, $\frac{1}{86}$ mm. et $\frac{1}{100}$ mm.; mésange bleue, $\frac{1}{90}$ et $\frac{1}{162}$; pigeon, $\frac{1}{78}$ et $\frac{1}{143}$; autruche, $\frac{1}{66}$ et $\frac{1}{118}$.

Reptiles : Tortue grecque, $\frac{1}{79}$ et $\frac{1}{87}$; caïman, $\frac{1}{52}$ et $\frac{1}{84}$; lézard vert, $\frac{1}{61}$ et $\frac{1}{108}$; couleuvre à collier, $\frac{1}{54}$ et $\frac{1}{85}$.

Batraciens : Grenouille verte, $\frac{1}{45}$ et $\frac{1}{66}$; salamandre tachetée,

FIG. 32. *Globules du sang.*

a) Globules du sang humain, vus sous différents aspects; — *b*) globules de chameau; — *c* et *d*) *id.* d'oiseaux; — *e*) *id.* de grenouille, vu par la tranche; — *f*) *id.* du protée; — *g*) *id.* de la salamandre; on en a déchiré la membrane extérieure; — *h*) *id.* de la lamproie; — *i*) *id.* du homard; — *k*) *id.* de la limace.

k) Leucocyte ou globule blanc de sang humain.

$\frac{1}{28}$ et $\frac{1}{45}$; triton à crête, $\frac{1}{33}$ et $\frac{1}{51}$; grande salamandre du Japon, $\frac{1}{19}$ et $\frac{1}{32}$; protée, $\frac{1}{13}$ et $\frac{1}{44}$; sirène, $\frac{1}{16}$ et $\frac{1}{30}$.

Poissons : Perche, $\frac{1}{83}$ et $\frac{1}{111}$; carpe, $\frac{1}{65}$ et $\frac{1}{95}$; anguille, $\frac{1}{69}$ et $\frac{1}{112}$; raie bouclée, $\frac{1}{35}$ et $\frac{1}{60}$.

Les globules sanguins sont bien de la nature des cellules, et à l'aide de réactifs on peut mettre en évidence leur membrane enveloppe ainsi que leur noyau. Lorsqu'on veut en conserver pour les observer ultérieurement, il suffit de les laisser dessécher sur une lame de verre. On peut aussi en garder pendant longtemps en versant dans un sirop de sucre quelques gouttes de sang : les globules s'y maintiennent parfaitement. C'est ainsi que plusieurs physiologistes ont pu faire en Europe une étude attentive des globules sanguins de différents animaux exotiques qui n'avaient pas encore paru vivants dans nos ménageries.

En médecine, lorsqu'il s'agit de juger de l'origine humaine ou animale, de quelques taches de sang constatées sur les vêtements d'un individu accusé de crime, on a recours à la facilité avec laquelle les globules sanguins desséchés depuis longtemps reprennent leur forme primitive, et l'on cherche à constater, par l'observation microscopique, la nature du sang de cette tache. On arrive ordinairement, en mesurant les globules, à reconnaître de quelle espèce le sang de la tache provient, homme, animal mammifère ou oiseau, et l'on en tire telles conclusions que comportent les circonstances de l'accusation.

Les globules rouges sont très-rares chez les animaux sans vertèbres ; cependant on a constaté leur présence chez quelques espèces appartenant à des groupes assez différents les uns des autres (des annélides, des échinodermes, etc.). Quand les animaux sans vertèbres ont le sang rouge, c'est ordinairement au sérum que ce liquide doit sa couleur, tandis que chez les vertébrés il la doit aux globules dont nous avons parlé dans ce paragraphe. La couleur rouge du sang de la plupart des annélides tient à la couleur de leur sérum.

GLOBULES BLANCS ou *leucocytes*. — Indépendamment des globules rouges auxquels il doit sa couleur, le sang des vertébrés renferme une quantité notable, mais cependant moins considérable, de petits globules blancs. Ces corpuscules, qui se retrouvent aussi dans la lymphe, sont plus nombreux dans les très-jeunes sujets que chez ceux déjà plus avancés en âge. Chez l'homme ils sont aux globules rouges dans la proportion de $\frac{1 \text{ à } 2}{100}$. Ils ne circulent que par instants. Si l'on examine au microscope la circulation sanguine, on les voit le plus souvent fixés à la paroi interne des vaisseaux capillaires, et ils ne se mêlent à la masse des globules rouges que par intervalles et d'une manière intermittente. Ils ont environ $\frac{1}{100}$ de mm. en diamètre.

GLOBULINS. — Ce sont d'autres éléments anatomiques du sang qui

se retrouvent aussi dans la lymphe et dans le chyle ; ils sont encore plus rares que les globules blancs et il n'y en a guère que 1 pour 10 ou même 20 de ces derniers ; leur diamètre moyen ne dépasse pas $\frac{1}{400}$ de mm.

PLASMA DU SANG ; SA COMPOSITION CHIMIQUE. — La partie fluide du sang ou plasma sanguin est un liquide très-complexe dans sa composition et très-facilement altérable. L'âge, le sexe, l'état physiologique du sujet, les conditions de l'alimentation et les influences de la santé ou de la maladie apportent certains changements dans la proportion relative des nombreux composés chimiques qui concourent à la former. Diverses substances peuvent également s'y mêler accidentellement, qu'elles soient apportées, même chez des sujets bien portants, par l'absorption alimentaire ou respiratoire. Chez les malades, la médication introduit aussi dans le sang, soit par les voies digestives, soit par la peau, des substances qui peuvent aisément y être retrouvées par l'analyse chimique. Leur présence dans les urines, après un temps plus ou moins long, est une preuve non moins concluante de la facilité avec laquelle elles ont parfois été absorbées.

Les détails exposés dans les chapitres qui précèdent nous ont déjà conduit à supposer que le sang devait renfermer une certaine quantité des différents principes dont les organes sont eux-mêmes constitués, ainsi que les matériaux destinés à la formation des produits qui peuvent être rejetés au dehors par les sécrétions. C'est en effet ce qui a lieu. Il y a dans le plasma du sang, outre l'eau qui en constitue près des $\frac{7}{10}$:

1° Des principes albuminoïdes ou protéiques, c'est-à-dire des matières de composition quaternaire, telles que de la fibrine, de l'albumine, de la globuline, de l'hématosine, etc. ;

2° Des matières grasses : cholesterine, cérébrine, acides gras divers, oléine, stéarine ;

3° Du glucose, matière sucrée, principalement due à la transformation, sous l'influence des diastases salivaires, pancréatique et hépatique, des substances amylacées apportées par les aliments ou provenant du foie ;

4° Des matières salines, telles que du chlorure de sodium, du carbonate de soude, du phosphate de soude, du phosphate de chaux, du phosphate de magnésie, etc.

On a aussi indiqué la présence normale dans le sang d'une certaine quantité de caséine et d'urée.

COAGULATION DU SANG. — Le sang tiré d'une veine ne tarde pas à se partager en deux parties distinctes. En effet, la fibrine, soumise à des conditions différentes de celles où elle se trouvait dans les vaisseaux, se précipite immédiatement et se coagule. Elle descend comme un voile au fond du vase et entraîne avec elle les globules pour former ensemble une masse consistante, qui est le *caillot*. Le reste, ou la partie liquide du plasma sanguin, se sépare alors et constitue le *sérum* proprement dit, dans lequel restent en dissolution les autres principes du sang, et plus particulièrement l'albumine et les substances salines.

On sait qu'un des caractères de l'albumine est de se coaguler par l'action de la chaleur; aussi, en chauffant le sérum, le voit-on bientôt se prendre en masse.

Le caillot est rouge parce qu'il a emprisonné les globules sanguins qui sont précisément les matériaux colorants du sang, et ce sont quelques-uns de ces corpuscules, restés en suspension dans le sérum, qui lui donnent la teinte plus ou moins rosée qui le distingue habituellement. En filtrant le sang, de manière à retenir tous les globules sur le filtre, on obtiendra du sérum parfaitement limpide.

Une solution de chlorure de sodium retarde la coagulation du sang; c'est pour cela qu'une coupure ou une piqûre saignent plus longtemps si l'on tient la partie lésée dans l'eau de mer ou dans de l'eau salée que si on la laisse exposée à l'air.

Quand on filtre du sang avant sa coagulation, la fibrine passe dans le sérum en même temps que l'albumine, mais elle se coagule bientôt après. Par suite de l'absence des globules, le caillot est alors dépourvu de toute couleur. C'est l'abondance de la fibrine dans les maladies inflammatoires qui produit la couche épaisse et blanche de cette substance, dont le caillot est alors recouvert et que l'on appelle la *couenne inflammatoire*.

D'autres différences, mais d'une moindre importance, existent encore dans le sang humain suivant l'âge, le sexe, ou les conditions physiologiques, et diverses maladies, autres que l'état inflammatoire, y déterminent également des modifications remarquables que plusieurs médecins ont décrites avec soin.

HISTORIQUE ET THÉORIE DE LA CIRCULATION DU SANG. — L'auteur le plus ancien dans lequel on puisse chercher des renseignements à cet égard est Hippocrate, qui vivait au cinquième siècle avant l'ère chrétienne. Ses écrits ont été pendant longtemps la base de la médecine, et il paraît s'être inspiré dans leur rédaction, non-seulement des connaissances propres de son temps à la Grèce, son pays, mais aussi de celles qu'avaient recueillies les Asiatiques et plus particulièrement les Chaldéens. Ce qu'il nous dit des organes de la circulation et de leurs fonctions est cependant très-peu considérable. Les vaisseaux sanguins, artériels et veineux sont confondus par Hippocrate, sous la dénomination commune de veines. Proxagoras, quelques siècles plus tard, distinguait les artères des veines, et cette distinction se retrouve aussi dans Érasistrate. Le nom donné aux artères faisait sans doute allusion au rôle qui leur était alors attribué, celui de fournir de l'air au sang, et la trachée-artère passait pour être la voie principale par laquelle l'air leur arrive, ce qui certainement rend mal compte de la manière dont les choses ont lieu, mais n'est cependant pas tout à fait inexact.

Aristote a su que le sang part du cœur pour aller trouver les diverses parties du corps, mais il a considéré son retour à cet organe comme le fait d'une simple oscillation et non comme résultant d'une véritable circulation. Le mot de circulation n'a même été employé que beaucoup plus tard.

Galien, anatomiste célèbre du deuxième siècle et l'un des principaux fondateurs de la science médicale, n'alla pas beaucoup plus loin que ses prédécesseurs, et cependant il avait disséqué. On a de lui une anatomie qui, jusqu'à Vesale, c'est-à-dire jusqu'à la Renaissance, a été la seule dont se soient servis les médecins ; il avait puisé une partie des matériaux de ses ouvrages au sein de la célèbre école d'Alexandrie.

Une des premières notions exactes relatives au parcours du sang fut signalée, en 1553, par l'Aragonais Michel Servet, et six ans plus tard par Colombo, anatomiste de Padoue. Elle faisait connaître le trajet de ce liquide allant du cœur aux poumons et des poumons au cœur : ce que l'on nomme la *petite circulation*. Servet est plus connu comme théologien que comme anatomiste. Les uns disent qu'il a lui-même fait cette découverte ; les autres assurent qu'il en a trouvé l'indication dans un manuscrit de Nemesius, évêque d'Émèse (Syrie), qui vivait au quatrième siècle. Servet a parlé de la petite circulation dans son ouvrage sur le renouvellement du christianisme. Il fut l'ami de Calvin, mais se brouilla plus tard avec lui et fut brûlé par ses ordres à Genève, en 1558.

Césalpin, médecin et naturaliste toscan, mort en 1603, a le premier introduit dans la science le mot de *circulation* pour indiquer le mouvement circulaire que le sang exécute à travers les vaisseaux, et l'on doit encore citer parmi les promoteurs de cette grande découverte Pierre Sarpi, religieux de Venise, qui passe pour avoir reconnu le premier le rôle des valvules des veines, et même donné la théorie de la *grande circulation*, c'est-à-dire du trajet exécuté par le sang qui part du cœur pour aller dans les différentes parties du corps et revient ensuite à cet organe, centre de toute la circulation. Mais Georges Ent, biographe de Harvey, assure que ce dernier avait exposé à Londres, en 1619, sa théorie de la *double circulation* (petite circulation ou circulation pulmonaire, et grande circulation ou circulation générale), et que Sarpi en eut connaissance par l'ambassadeur vénitien en ce moment à Londres. La découverte des valvules des veines est aussi attribuée à Fabricius d'Aquapendente (1574).

Toujours est-il que, dès l'époque de la Renaissance, l'école italienne avait, au sujet du cours accompli par le sang à travers les vaisseaux, des notions infiniment plus exactes que celles des anciens, et que, si la théorie de la double circulation n'est pas née dans cette école, elle y a eu ses germes dans les travaux de Colombo, de Césalpin, de Sarpi et des grands anatomistes qui professaient à cette époque à Padoue, à Pise, à Florence, à Rome, etc. On commençait également à reconnaître l'importance d'étudier les organes du corps humain sur l'homme lui-même, au lieu de se borner à des détails tirés des animaux. La gloire d'avoir jeté les fondements de la véritable anatomie humaine revient à Vésale (1514-1564), qui fit de nombreuses dissections à Paris et mourut au moment où il allait remplacer, à Padoue, Fallope, son propre élève, qui fut aussi l'un des plus savants anatomistes de cette belle époque.

Les grandes découvertes scientifiques sont rarement le travail d'un seul homme, et de nombreuses expériences, des descriptions contradictoires sont indispensables à leur démonstration. Si dans bien des circonstances, on ne cite le plus souvent, à propos de chacune d'elles, qu'un seul nom, l'histoire ne doit pas entièrement oublier les travaux préparatoires qui les ont rendues possibles ; c'est ce qui nous a fait insister ici sur les travaux des savants de l'école italienne.

L'anatomiste anglais Harvey (1578-1657), auquel revient en grande partie la gloire d'avoir démontré le cours véritable du sang dans l'homme et les mammifères, et d'avoir fait comprendre aux savants les phénomènes principaux de la circulation, avait d'ailleurs étudié pendant quelque temps en Italie, sous Fabricius d'Aquapendente, que nous avons vu prendre une part réelle aux premières recherches relatives à la grande découverte qui lui est attribuée.

Favorisé par sa position de médecin du roi d'Angleterre (Jacques Ier et son fils Charles Ier), Harvey entreprit des expériences qui ne devaient plus laisser de doute. Il lia les artères et montra que le sang s'accumulait entre la ligature et le cœur; il lia des veines et vit que le sang se trouvait au contraire dans l'impossibilité d'opérer son retour vers le cœur, et qu'il était arrêté au delà de la ligature, au lieu de l'être en deçà comme dans l'expérience précédente; il s'appuya de nouveau sur la présence des valvules veineuses et sur leur direction; enfin il rattacha aux battements du cœur le phénomène du pouls, qui résulte de la dilatation et du resserrement alternatifs des artères. Harvey conclut de ses expériences et de ses remarques que le sang est successivement poussé par le ventricule gauche dans l'artère aorte et dans ses divisions pour aller dans les différentes parties du corps, et qu'il en revient par les veines dans l'oreillette droite, d'où il passe ensuite par le ventricule du même côté dans l'artère pulmonaire, traverse les poumons et revient au côté gauche du cœur, exécutant de la sorte un circuit qui se continue sans interruption. Pour simplifier, on admet le dédoublement de ce circuit en deux temps principaux : la *petite circulation*, qui va du ventricule droit du cœur à l'oreillette gauche du même organe, en passant par les poumons où s'accomplit l'hématose, et la *grande circulation* qui commence au ventricule gauche, va aux différents organes par le système aortique et ses divisions, et revient à l'oreillette droite par les veines générales. De là la théorie longtemps admise de la grande circulation ou circulation générale, et de la petite circulation ou circulation pulmonaire.

Ce n'est pas que Harvey n'ait eu à lutter contre de nombreux contradicteurs. En Angleterre même, et là plus qu'ailleurs, il rencontra des antagonistes intraitables. Mais, peu à peu, la nouvelle doctrine fit des prosélytes, et les découvertes ultérieures de la science la rendirent enfin évidente pour tout le monde. Leuwenhoeck, qui l'avait d'abord combattue, s'en fit le défenseur zélé lorsqu'il eut observé les capillaires qui rejoignent les artères aux veines et assurent le passage du sang des premiers de ces vaisseaux dans les seconds. Malpighi fit cesser tous les doutes lorsqu'il réussit à observer la marche même du sang dans les capillaires où elle est rendue si sensible par la direction que suivent les globules en suspension dans le plasma (fig. 34, p. 109).

A une époque plus rapprochée de nous, l'étude attentive des modes de circulation du sang propres aux poissons, aux principaux groupes d'animaux sans vertèbres, est venue ajouter de nouvelles découvertes à celles auxquelles avait donné lieu l'examen comparatif des vertébrés à sang chaud. Mais nous devons en renvoyer l'exposé après la description du cœur et des différentes sortes de vaisseaux au moyen desquels la circulation s'exécute chez les vertébrés supérieurs.

Des différents organes composant le système vasculaire des vertébrés. — Chez ces animaux, de même que chez l'homme, qui appartient à la même division, le sang exécute ses mouvements circulatoires dans un système clos de vaisseaux. Ce sont des organes membraneux, disposés en forme de tubes, et qui fournissent des embranchements d'autant plus multipliés qu'on les observe à une plus grande distance du cœur, organe central de la circulation.

Ces vaisseaux sont de deux sortes : les uns, appelés *artères*, prennent le sang au cœur pour le porter soit dans toutes les parties du corps, soit spécialement aux organes respiratoires ; les autres, ou les *veines*, ramènent le sang au cœur ou le portent directement, comme cela a lieu pour les poissons, de l'appareil respiratoire dans tous les organes qu'il est chargé de nourrir. Entre les extrémités des artères et les premiers rameaux des veineux sont les *vaisseaux capillaires*. Les parois de ces différentes sortes de vaisseaux, et plus particulièrement celles des vaisseaux capillaires, doivent à leur nature membraneuse d'être perméables aux fluides mis en circulation; aussi est-ce en les traversant que les particules liquides ou gazeuses nécessaires à la nutrition des organes ou cédées au sang par ces derniers sortent du plasma sanguin ou se mêlent à ce liquide.

CŒUR. — Chez l'homme, le cœur est placé dans la poitrine, vers sa partie moyenne, un peu à gauche de la ligne médiane et plus rapproché de la paroi antérieure que de la postérieure dont il est en partie séparé par le poumon du même côté. Il est enveloppé par les deux feuillets du *péricarde*, membrane de nature séreuse qui le sépare des organes voisins et rend ses battements plus faciles. Sa grosseur est à peu près celle du poing, et il a une forme irrégulièrement conique, à sommet inféro-antérieur.

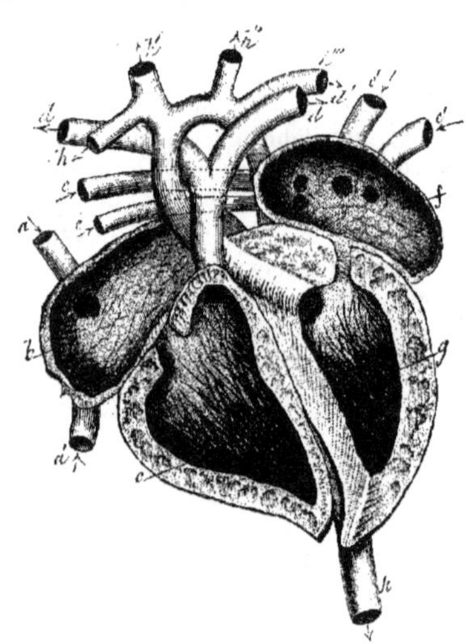

Fig. 33. — Cœur et principaux vaisseaux sanguins d'un mammifère.

Le cœur est l'agent principal des mouvements circulatoires. On peut le regarder comme le centre ou le point de départ et le point d'aboutissement de tout le système vasculaire. Cependant il n'est lui-même qu'une portion très-limitée de ce système, mais renforcée par des

FIG. 33. *Cœur et principaux vaisseaux sanguins d'un mammifère* (figure théorique; les valvules ne sont pas représentées).

a a') Veines caves supérieure et inférieure; — *b*) oreillette droite; — *c*) ventricule droit; — *d d'*) artère pulmonaire; — *e* et *e'*) veines pulmonaires droites et gauches; — *f*) oreillette gauche; — *g*) ventricule gauche; — *h*, *h'*, *h''*, *h'''*) artère aorte et ses divisions constituant l'artère sous-clavière droite (*h*); l'artère carotide du même côté (*h'*); l'artère carotide gauche (*h''*); l'artère sous-clavière gauche (*h'''*); ces quatre artères naissent de la crosse de l'aorte dont on voit l'origine au sommet du ventricule gauche.

muscles volumineux destinés à le transformer en un agent puissant d'impulsion. Il est creusé intérieurement de quatre cavités : les deux supérieures, à parois moins résistantes, sont les *oreillettes;* les deux inférieures, plus charnues, sont les *ventricules.*

La membrane intérieure du cœur est une membrane fibreuse recouverte d'une lame épithéliale ; on l'appelle *endocarde.*

Si l'on divise le cœur suivant un plan allant de la base au sommet de cet organe, on reconnaît qu'il a une oreillette et un ventricule à droite ainsi qu'une oreillette et un ventricule à gauche. Chacune de ses deux moitiés est elle-même en rapport avec l'une des deux grandes divisions du système vasculaire (planche II). A l'oreillette droite aboutit le sang noir ramené par les veines caves, et elle le lance dans le ventricule du même côté, qui l'envoie à son tour dans l'artère pulmonaire. Cette moitié du cœur est donc spécialement affectée à la circulation du sang noir ou sang chargé d'acide carbonique (fig. 34, A).

Au contraire, l'oreillette gauche reçoit des veines pulmonaires le sang qui a été s'oxygéner dans le poumon, c'est-à-dire le sang redevenu rouge, et elle le transmet au ventricule gauche pour que celui-ci le chasse ensuite dans le système aortique : la moitié gauche du cœur est ainsi particulièrement affectée à la circulation du sang rouge (fig. 34, A).

C'est pourquoi, au lieu de diviser la circulation en deux temps principaux, la grande circulation et la petite, il est préférable de la partager en circulation du sang noir ayant pour centre d'impulsion la moitié droite du cœur, et en circulation du sang rouge dont l'organe moteur est la moitié gauche du même organe. Les faits tirés par l'anatomie comparée confirment pleinement cette classification.

Les deux moitiés droite et gauche du cœur sont physiologiquement indépendantes l'une de l'autre dans leur destination; elles le sont aussi dans leurs mouvements, et, jusqu'à un certain point, dans leur conformation anatomique. On a même été conduit, en faisant ces remarques, à admettre que le cœur, au lieu d'être un organe simple, est anatomiquement double, et qu'il résulte de la jonction de deux parties distinctes, ou plutôt de deux cœurs qui pourraient exister séparés l'un de l'autre, le cœur droit et le cœur gauche. Le cœur du dugong a deux pointes, une pointe pour chaque ventricule, au lieu d'une seule commune à tous les deux, comme cela se voit au cœur de l'homme ou des autres mammifères ainsi qu'à celui des oiseaux qui ont aussi cet organe pourvu de quatre cavités.

Les poissons nous fournissent une preuve nouvelle à l'appui de la théorie qui admet la duplicité du cœur des vertébrés aériens, et cette preuve est encore plus concluante que la précédente. Chez ces animaux, le cœur n'a que deux cavités, l'une et l'autre situées sur le trajet du sang noir et ne répondant, par conséquent, qu'à la moitié droite du cœur des vertébrés à respiration aérienne (fig. 34, B).

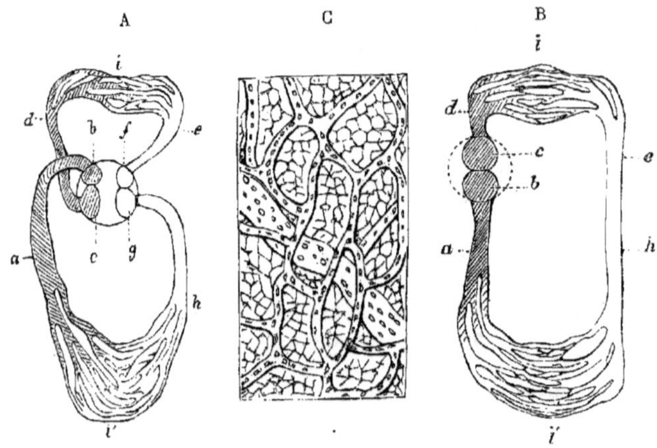

Fig. 34. — Théorie de la circulation et vaisseaux capillaires.

Les crustacés et les mollusques présentent une disposition inverse; leur cœur, en général unique comme celui des vertébrés inférieurs,

Fig. 34. Théorie de la circulation.

A = Théorie de la circulation chez les mammifères et les oiseaux.

a) Le système des veines générales faisant retour au cœur par les veines caves; — *b*) oreillette droite qui reçoit le sang noir ramené par ces veines; — *c*) ventricule droit auquel l'oreillette l'envoie; — *d*) artère pulmonaire qui le conduit au poumon; — *e*) système des veines pulmonaires ramenant au cœur gauche le sang hématosé dans le poumon; — *f*) oreillette gauche; — *g*) ventricule gauche; — *h*) système aortique recevant le sang du cœur droit et le conduisant dans toutes les parties du corps pour les nourrir; — *i*) le système des vaisseaux capillaires du poumon, siége de l'hématose; — *i'*) le système des vaisseaux capillaires des différentes parties du corps, siége de la nutrition et, par suite, de la transformation du sang rouge en sang noir.

B = Théorie de la circulation du sang chez les poissons.

a) Le système des veines générales faisant retour au cœur; — *b*) oreillette unique répondant à l'oreillette droite des mammifères; — *c*) ventricule unique répondant au ventricule droit des mêmes animaux; — *d*) système de l'artère branchiale répondant à l'artère pulmonaire des animaux aériens; — *e*) l'origine des vaisseaux aortiques ramenant des branchies le sang qui s'y est pourvu d'oxygène; — *h*) l'aorte; — *i*) les vaisseaux capillaires des branchies; — *i'*) les vaisseaux capillaires des différentes parties du corps.

C. = Portion de parenchyme dans lequel on aperçoit les anastomoses des vaisseaux capillaires et les globules sanguins circulant dans l'intérieur de ces vaisseaux.

c'est-à-dire des poissons, est placé sur le cours du sang oxygéné, d'où l'on doit conclure qu'il répond au cœur gauche des vertébrés supérieurs. Nous reviendrons ailleurs sur le système circulatoire de ces animaux, qui appartiennent à la grande division des invertébrés.

Une particularité curieuse du cœur de certains vertébrés mérite d'être également signalée, c'est celle que l'on remarque chez les reptiles ainsi que chez les batraciens. Chez ces animaux, il y a bien deux oreillettes, comme chez les mammifères, mais les deux ventricules sont plus ou moins complétement confondus en un seul. Le crocodile est celui de tous ces animaux qui se rapproche le plus des mammifères. La cavité répondant à ses ventricules droit et gauche est séparée par une cloison presque complète, mais cette cloison est encore percée de quelques trous. Chez les tortues, au contraire, la communication des deux cavités droite et gauche est entièrement libre, et il en est de même chez les sauriens, les serpents et les batraciens. Chez ces animaux, il n'y a plus qu'une seule cavité ventriculaire, comme si deux demi-ventricules appartenant l'un au cœur droit et l'autre au cœur gauche s'étaient soudés ensemble pour n'en former qu'un seul. Il en résulte que dans ces animaux les deux sangs noir et rouge se mêlent dans cette cavité ventriculaire commune.

Les fibres musculaires du cœur sont plus abondantes aux ventricules de cet organe qu'aux oreillettes, et leur disposition est assez compliquée. Elles sont entre-croisées sur certains points, enroulées en spirale dans d'autres, et susceptibles d'être partagées en deux ordres principaux. Les unes (*fibres unitives*) sont communes aux deux ventricules qu'elles enveloppent comme d'un sac musculaire adhérant à la face interne ou viscérale du péricarde; les autres sont particulières à chaque ventricule pris isolément : ce sont les *fibres propres*.

Les battements du cœur sont le signe des contractions qu'il exécute pour donner accès au sang dans ses cavités et le chasser dans les deux systèmes artériels. On y distingue la diastole ou dilatation, et la systole ou contraction. Dans la dilatation, le cœur fonctionne comme pompe aspirante ; il agit au contraire comme pompe foulante dans la contraction. On compte en moyenne chez l'homme 70 ou 75 contractions ou battements par minute; mais il y en a davantage chez les enfants, et les oiseaux en ont jusqu'à 140. Les poissons, animaux dont la vie est moins active, n'en ont pas plus de 20 à 24.

C'est le nombre de ces battements qui détermine celui des pulsations; il varie avec l'état de santé et les diverses autres conditions de la vie. A une grande hauteur au-dessus du niveau de la mer, le nombre des battements est plus considérable qu'à l'ordinaire, et l'on a constaté qu'il pouvait être de 110 à une altitude 4000 mètres.

La force de propulsion du cœur a été mesurée pour quelques animaux. On a vérifié que la pression à laquelle elle soumet le sang des artères fait équilibre, chez le cheval, à une colonne mercurielle de 0m146, et chez le chien à une colonne de 0m,,084.

Le cœur, avons-nous dit, n'est qu'une modification spéciale du système vasculaire employée à produire de fortes contractions ayant pour but de chasser le sang dans les artères. Cet organe agit à la manière d'une pompe aspirante et foulante; il existe chez tous les animaux vertébrés et on le retrouve chez beaucoup d'invertébrés. Toutefois, dans le branchiostome, que nous avons déjà signalé comme le dernier des poissons, il est remplacé par un simple point pulsatile et n'a pas la forme ordinaire. Chez ce poisson, inférieur à tous les autres, il existe par compensation des points également contractiles sur d'autres parties du système vasculaire, mais ce ne sont pas davantage de véritables cœurs.

Valvules du coeur. — Des valvules, c'est-à-dire des membranes destinées à assurer le cours du sang et à l'empêcher de refluer vers l'oreillette pendant les contractions du ventricule qui doivent le faire passer dans les artères, existent aux points mêmes où chaque oreillette débouche dans son ventricule. Il y en a aussi à l'endroit où les ventricules sont à leur tour en rapport avec les artères, soit l'artère pulmonaire, soit l'artère aorte. Ce sont des espèces de voiles minces, mais résistants, qui ont une forme concave, leur concavité étant tournée dans le sens suivant lequel le sang marche.

Les valvules auriculo-ventriculaires sont les plus étendues et celles qui diffèrent le plus des valvules ordinaires propres aux veines. Elles sont grandes, triangulaires, attachées au point du cœur dont elles commandent l'entrée par leur base et en rapport par le sommet opposé à cette base avec des filaments tendineux; ceux-ci sont des espèces de cordages qui les rattachent aux colonnes charnues de la face interne des ventricules. Aussi peuvent-elles se resserrer ou s'écarter suivant qu'elles doivent laisser passer le sang de l'oreillette dans le ventricule ou au contraire l'empêcher de refluer et de rentrer dans l'oreillette.

L'ouverture auriculo-ventriculaire droite a sa valvule triple ou formée de trois voiles triangulaires : c'est la *valvule tricuspide* ou triglochine. Celle de l'orifice auriculo-ventriculaire gauche n'a que deux voiles, ce qui est en rapport avec la forme de ce ventricule, dont les parois charnues sont beaucoup plus épaisses que celles du ventricule opposé; on la nomme *valvule mitrale*, c'est-à-dire en forme de mitre. Chez les oiseaux, cette valvule présente une disposition assez différente de celle qu'elle a dans les mammifères : elle se compose de deux lames semi-lunaires, charnues, de grandeur inégale et dépourvues de filaments tendineux la rattachant aux colonnes charnues du ventricule.

Chez les dauphins la valvule mitrale est à trois pointes et très-peu différente de celle du cœur droit.

Les autres valvules du cœur existent au point d'insertion des artères pulmonaire et aorte avec les ventricules correspondants. Elles

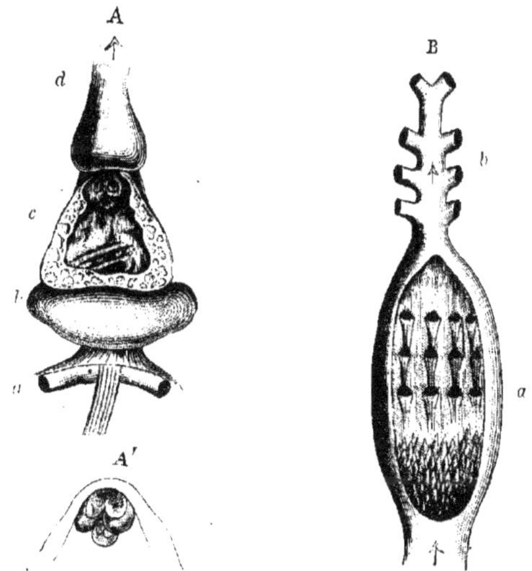

Fig. 35. — Valvules du cœur et bulbe artériel chez les poissons.

sont dans l'un et l'autre cas formées de trois petites cupules auxquelles leur forme a fait donner le nom de *valvules sigmoïdes*.

Bulbe artériel et valvules du coeur des poissons. — Les poissons acanthoptérygiens et malacoptérygiens, c'est-à-dire les poissons ordinaires et du même ordre que la perche ou la carpe, ont aussi des valvules sigmoïdes, mais au nombre de deux seulement.

Fig. 35. Valvules du cœur et bulbe artériel chez les poissons.

A et A' = Cœur et ses valvules chez le thon.

a) Veines caves ; — *b*) oreillette ; — *c*) ventricule ouvert montrant les valvules sigmoïdes ; = *c'*) ces valvules ; — *d*) bulbe artériel.

A' = Les valvules sigmoïdes, vues séparément.

B = Bulbe artériel du squale lamie et ses valvules.

a) Les valvules disposées sur trois rangs ; — *b*) l'artère branchiale et ses principales divisions.

Quelquefois cependant on leur en trouve trois ou même quatre, les deuxième et troisième étant, il est vrai, de dimension beaucoup moindre.

L'entrée de l'artère branchiale de tous les vertébrés de cette classe est renflée en ampoule allongée et douée d'une grande élasticité. C'est le *bulbe artériel*. Cet organe manque ou disparaît de très-bonne heure chez les vertébrés allantoïdiens ou vertébrés supérieurs.

Dans les poissons plagiostomes (raies et squales), on trouve tantôt deux rangs, tantôt trois rangs de valvules sigmoïdes ; elles sont multiples pour chaque rang.

Chez les esturgeons, les lépisostées, les polyptères et les amies, il y a aussi deux rangs de ces valvules, mais le nombre de ces dernières, pour chaque rang, présente quelques différences. On a tiré de ces dispositions des caractères utiles pour la classification des poissons.

Les batraciens à branchies persistantes présentent une disposition assez analogue. Ils ont un bulbe artériel à tous les âges et ce bulbe est de même garni intérieurement d'un certain nombre de valvules.

Artères. — Le sang chassé du cœur, pour être envoyé aux différents organes, passe dans les artères, vaisseaux auxquels leur élasticité permet de se dilater sans se rompre, sous l'influence des ondées sanguines qui leur arrivent à chaque contraction des ventricules. Leurs mouvements alternatifs de dilatation et de resserrement constituent le pouls, que l'on peut observer partout où il existe des artères suffisamment grosses.

Ces vaisseaux sont formés de trois tuniques membraneuses : la première intérieure, à la fois épithéliale et fibreuse, qui est la continuation de l'endocarde ou membrane interne du cœur; la seconde, élastique et musculeuse; la troisième fibro-celluleuse. C'est à leur tunique élastique que les artères doivent la propriété de se dilater sans se rompre à chaque contraction du cœur et de revenir ensuite sur elles-mêmes à la manière d'un tube de caoutchouc.

Il y a des artères chargées de sang rouge et d'autres qui sont chargées de sang noir : ces dernières ne se voient que dans la petite circulation ou circulation pulmonaire; les premières appartiennent à la grande circulation.

Les premières vont dans toutes les parties du corps; elles commencent au ventricule gauche par l'aorte, là où sont les valvules sigmoïdes de ce côté; elles constituent le *système aortique* et ses divisions. A mesure qu'on s'éloigne du cœur, ces artères sont plus nombreuses et en même temps leur calibre devient plus petit. Elles se ramifient comme les branches d'un arbre creux qui enverrait des rameaux dans toutes les parties du corps et dans toutes les directions. Ces canaux secondaires dérivent de troncs principaux constituant les subdivisions primordiales de l'aorte.

A sa sortie du cœur, l'aorte se recourbe à gauche en manière de crosse (*crosse de l'aorte*) et fournit bientôt, par sa convexité, les artères qui vont porter le sang aux membres supérieurs et celles qui se rendent à la tête. Ce sont, en procédant de droite à gauche : 1° le tronc brachiocéphalique qui se divise en artère sous-clavière droite destinée au membre supérieur du même côté, et en artère carotide primitive droite, divisée elle-même en externe et en interne; les carotides gagnent la tête, l'interne va dans le cerveau, et l'externe à la face; 2° l'artère carotide primitive gauche, divisée comme sa correspondante de droite en externe et en interne; et 3° l'artère sous-clavière gauche, qui naît séparément de cette dernière au lieu de former d'abord avec elle un tronc brachiocéphalique comme il y en a un à droite.

Les artères sous-clavières droite et gauche se continuent par l'artère brachiale divisée à son tour en radiale et en cubitale. C'est de ces divers troncs que naissent les artères nécessaires aux muscles des bras, ainsi qu'aux autres parties constituant ces appendices, jusqu'à leurs extrémités digitales. Le point où l'on tâte le plus habituellement le pouls est la partie inférieure de l'artère radiale.

Après la crosse de l'aorte et comme continuation de ce vaisseau, point de départ du système sanguin oxygéné, vient l'aorte descendante qui fournit elle-même les troncs principaux destinés aux parties situées au-dessous du cœur.

Ces troncs principaux sont : les intercostales, consacrées aux côtes et à leurs muscles; les artères cœliaque et mésentérique, allant aux viscères digestifs; les artères lombaires; les artères rénales ou des reins, et enfin, dans le bassin, les deux artères iliaques primitives, dont chacune est bientôt partagée en iliaque interne desservant le bassin lui-même, et en iliaque externe gagnant le membre inférieur correspondant.

Après être entrée dans le membre inférieur, celle-ci se continue par l'artère fémorale ou artère de la cuisse, par la tibiale et par la péronière, artères de la jambe, jusqu'aux pédieuses, plantaires, etc., qui sont les artères du pied.

Les différentes particularités du système vasculaire aortique propres à l'homme sont représentées sur la planche I, p. 161 de cet ouvrage, qui donne aussi le mode de distribution des veines.

Au point de sa bifurcation en iliaques primitives, l'aorte descendante se continue sur la ligne médiane par une artère très-grêle chez l'homme à laquelle on donne le nom de sacrée moyenne, parce qu'elle longe le sacrum. Chez les animaux pourvus d'une queue, cette artère se distingue à peine de l'aorte par son diamètre, et son développement est alors en rapport avec celui de la partie du corps, la queue, qu'elle suit dans toute sa longueur.

C'est un caractère propre aux artères que d'aller toujours en se ramifiant, à mesure qu'elles s'éloignent du cœur. Il existe cependant quelques exceptions à cette règle. Chez les loris, petits animaux mammifères de la famille des lémures, ainsi que chez quelques édentés (paresseux et fourmiliers didactyles), la brachiale fournit un certain nombre de canaux secondaires disposés en une sorte de plexus autour de son canal principal et de ces canalicules partent divers rameaux allant aux muscles avant que ces artères secondaires opèrent leur réunion en un canal unique. L'artère fémorale du loris grêle présente aussi une conformation analogue. On a pensé qu'il y avait un rapport entre cette curieuse disposition et la lenteur extrême des mouvements chez les animaux qui la présentent.

Chez les poissons, le système aortique ne vient pas du cœur, mais des branchies dont l'aorte reçoit le sang par diverses artérioles émanant de ces organes. Il en est de même chez les têtards des grenouilles et des salamandres (fig. 37, p. 117).

Indépendamment du système aortique, il existe un autre système de vaisseaux artériels, celui de l'*artère pulmonaire*. Cette artère a pour fonctions de porter le sang noir du cœur aux poumons; elle se divise pour aboutir à chacun de ces organes respiratoires et se ramifie ensuite dans leur intérieur (pl. I).

Chez l'homme adulte, on trouve un cordon fibreux rattachant l'artère pulmonaire, prise un peu avant son point de bifurcation, à la concavité de l'aorte : c'est le vestige d'un vaisseau qui, avant la naissance, faisait communiquer ensemble les deux artères pulmonaire et aorte, ce qui permettait le passage dans l'aorte d'une partie du sang chassé par le ventricule droit, et son mélange avec celui venant du ventricule gauche. Ce canal, temporaire chez l'homme et chez les vertébrés dont le cœur est pourvu de quatre cavités distinctes, persiste pendant toute la vie chez ceux dont le cœur n'a que trois cavités, tels que les reptiles. On lui a conservé son nom de *canal artériel* et on le donne, avec juste raison, comme un des exemples les plus probants à l'appui de cette vue théorique, que beaucoup de particularités propres aux animaux inférieurs ne sont que la persistance, pendant toute la vie de ces animaux, de particularités anatomiques disparaissant dès le premier âge chez des espèces plus parfaites. Ce sont de véritables arrêts de développement. Le cœur des crocodiles (fig. 36, lettre A) nous en fournit un exemple remarquable.

Chez ces reptiles, le canal artériel persiste pendant toute la vie, mais il est disposé de telle façon que sa jonction avec l'aorte ne s'opère qu'après sa séparation des troncs brachiocéphaliques que nous avons vus fournir le sang à la tête et aux membres antérieurs. Comme les deux ventricules du cœur sont ici à peu près complétement séparés l'un de l'autre, il en résulte que l'aorte descendante, qui fournit le sang aux viscères digestifs, aux membres postérieurs et à la queue, contient seule du sang mélangé (en partie rouge ou oxygéné et en partie chargé d'acide carbonique). Au contraire, le sang

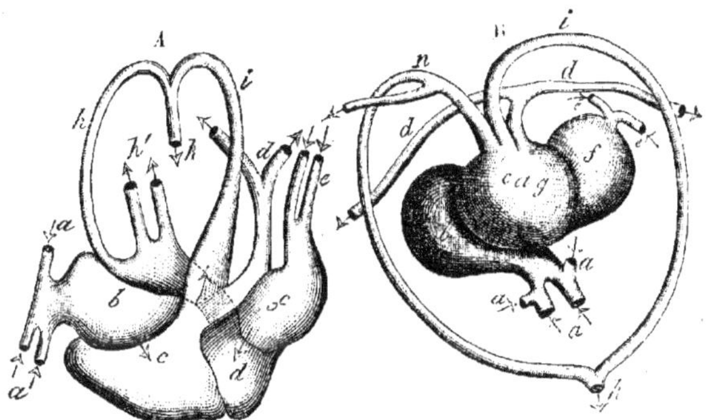

Fig. 36. — Cœur et principaux vaisseaux du crocodile et de la tortue.

qui va à la tête et aux membres supérieurs est du sang rouge pur ou presque pur. Cette disposition assure aux centres nerveux des crocodiles une activité presque aussi grande que chez les animaux vertébrés supérieurs, dans lesquels le canal artériel disparaît de très-bonne heure; aussi les crocodiles, malgré la stupidité de leurs

Fig. 36. Cœur et principaux vaisseaux du crocodile et de la tortue.

A = Cœur et vaisseaux du crocodile.

a a) veines caves; — *b*) oreillette droite; — *c*) ventricule droit; — *d*) artère pulmonaire, naissant du même ventricule; — *e*) veines pulmonaires; — *f*) oreillette gauche; — *g*) ventricule gauche; — *h*) aorte; — *h'*) tronc céphalique de l'aorte; — *i*) canal artériel rejoignant l'aorte au delà du tronc céphalique.

B = Cœur et vaisseaux de la tortue.

a a a) veines caves; — *b*) oreillette droite; — *c* et *g*) ventricules droit et gauche réunis; — *d d*) artères pulmonaires; — *e e*) veines pulmonaires; — *f*) oreillette gauche; — *g*) ventricule gauche confondu avec le ventricule droit; — *n*) aorte; — *i*) canal artériel; — *k*) jonction du canal artériel avec l'aorte descendante.

nstincts, ont-ils une activité vitale supérieure à celle des autres reptiles.

Chez les tortues (fig. 36, lettre B), le canal artériel est plus long que chez les crocodiles, et sa jonction à l'aorte ne s'opère qu'en arrière du cœur après que les vaisseaux des parties antérieures du corps en sont sortis ; mais comme les deux ventricules communiquent largement entre eux, le sang qui entre dans l'aorte n'est pas sensiblement différent de celui qui va aux poumons par les artères pulmonaires, et ces animaux ont des allures indolentes en rapport avec cette imperfection de leur système circulatoire et le peu d'activité qu'elle donne à leurs centres nerveux. Le canal artériel des tortues acquiert un développement tel, qu'on le décrit souvent comme étant une seconde crosse de l'aorte, ce qui a fait admettre l'existence chez ces animaux de deux aortes qui se réuniraient au delà du cœur pour former l'aorte ventrale ou descendante.

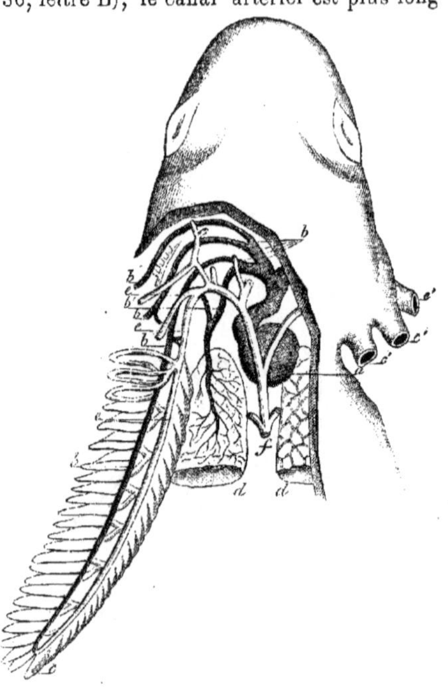

Fig. 37. — Circulation du sang dans la larve des tritons.

Les batraciens sont dans une condition particulière en ce qui concerne les organes centraux de la circulation. Subissant des métamorphoses, ils respirent d'abord à la manière des poissons, et ce n'est

Fig. 37. Circulation du sang dans la larve des tritons ou salamandres aquatiques. a) ventricule unique du cœur ; — b b) branches gauches de l'artère branchiale ; — b') rudiment de l'artère pulmonaire ; — c) une des trois branchies du côté gauche ; — c' c' c') l'insertion des trois branchies du côté droit ; — e e) veines qui ramènent le sang des branchies au système aortique ; — d d) poumons.

que plus tard qu'ils acquièrent des poumons; leur cœur qui n'a d'abord que deux cavités, répond alors au cœur droit des vertébrés supérieurs. L'artère qui en part conduit immédiatement le sang aux branchies seules, mais à une époque plus avancée une ou deux de ses branches, à droite et à gauche, porteront aussi du sang aux poumons.

Vaisseaux capillaires. — En quittant les derniers ramuscules artériels et avant d'entrer dans les petits rameaux par lesquels commence le système veineux chargé d'opérer son retour au cœur, le sang s'épanche dans le système des vaisseaux capillaires. Ainsi que leur nom l'indique, ces vaisseaux sont très-ténus; leur nombre est extrêmement considérable, et au lieu d'être disposés en rameaux, comme le sont les artères ou les veines, ils forment entre les plus fines branches de ces deux sortes de conduits sanguins, un réticule anastomotique comparable aux mailles d'un filet ou à celles d'une raquette; seulement il y en a dans toutes les directions, et nulle partie du corps n'en est dépourvue, à moins qu'elle ne soit de nature purement épidermique ou épithéliale. Leur abondance est telle qu'on enfoncerait difficilement la pointe d'une aiguille dans une partie quelconque du corps sans blesser plusieurs centaines de ces petits vaisseaux.

C'est dans le système capillaire que s'opèrent principalement les phénomènes d'échange osmotique desquels résulte la nutrition des organes au moyen des principes contenus dans le sang, et c'est en les traversant que ce liquide perd sa couleur rouge vermeille pour se transformer en sang noir. Cela tient surtout à ce que l'oxygène dont les globules s'étaient chargés dans l'acte de la respiration est employé à la combustion des principes carbonés en excès dans l'économie. Aussi le sang, en sortant des vaisseaux capillaires pour entrer dans les veines, a-t-il déjà échangé son oxygène contre de l'acide carbonique dont la respiration pourra seule le débarrasser, et sa couleur est devenue noire de vermeille qu'elle était.

On peut aisément apercevoir la circulation capillaire en regardant avec un microscope la membrane transparente qui forme la palmature des doigts postérieurs chez les grenouilles. La membrane bordant la queue des têtards de ces animaux, celle des nageoires chez les embryons des poissons, la vésicule ombilicale de ces derniers et d'autres parties encore permettent de faire aussi la même observation. La marche du sang y est indiquée par le mouvement de translation des globules charriés par le plasma de ce liquide. On les voit se presser les uns contre les autres dans la course qu'ils exécutent à travers les capillaires. Ces observations sont véritablement fort intéressantes, et l'on ne doit pas négliger de les répéter lorsqu'on veut se faire une idée exacte du phénomène de la circulation ou en donner une démonstration rigoureuse (fig. 34, C).

VEINES. — La fonction des veines est en grande partie de ramener au cœur le sang envoyé, à travers les artères dépendant de l'aorte, dans toutes les parties du corps. Tel est le rôle des veines du système veineux général aboutissant à l'oreillette droite par les veines caves inférieure et supérieure. Un autre système de veines sert à la respiration ; il prend le sang hématosé dans le poumon pour le rapporter à l'oreillette gauche (voir la planche I, p. 161).

1. Le *système veineux général* ou des veines caves (pl. I) a ses origines aux vaisseaux capillaires de toutes les parties du corps, que le sang doit avoir traversés pour entrer dans ses plus fines radicules. Les veines couleur bleue, bien que le sang les parcoure inversement de ce qu'il fait pour les artères, sont le plus souvent accolées à ces derniers vaisseaux, et l'on dit alors qu'elles en sont satellites. C'est ce qui a lieu pour les parties profondes, soit au tronc, soit aux membres ; il peut même y avoir, et il y a le plus souvent, deux veines satellites pour chaque artère ; les choses se passent ainsi aux parties terminales des membres.

Mais il n'y a pas d'artères considérables placées superficiellement ; la lésion de ces vaisseaux eût exposé l'homme et les animaux à des accidents trop fréquents et trop graves, et la nature a dû éviter ce danger. En effet, une simple déchirure, une morsure, deviendraient la cause d'hémorragies mortelles si les gros troncs artériels n'étaient pas tous situés profondément. Le même inconvénient n'existait pas pour les veines, qui n'ont ni l'élasticité des artères, ni leur importance comme canaux sanguins ; aussi, indépendamment de celles qui sont profondes et satellites des artères, y en a-t-il également de superficielles.

Aux membres supérieurs, les veines superficielles aboutissent les unes à l'axillaire ou veine de l'aisselle, les autres à la sous-clavière qui longe la clavicule et reçoit en même temps des veines profondes. Le pli du bras, comme celui de la jambe, présente un système assez compliqué de veines. C'est la veine dite céphalique que l'on pique habituellement au bras pour opérer la saignée ; la médiane basilique, qui en est fort voisine, doit être évitée autant que possible, parce qu'elle croise l'artère brachiale et que l'on pourrait ouvrir celle-ci à sa place ou même simplement la piquer en même temps qu'elle, ce qui occasionnerait des accidents très-sérieux.

Les veines superficielles du cou, ramenant le sang de la tête, sont les deux jugulaires externes et la jugulaire antérieure ; les profondes sont les deux jugulaires internes.

Les veines des membres inférieurs et celles du tronc, qui sont placées au-dessous du diaphragme, telles que les veines des reins, etc., aboutissent, comme les veines des membres supérieurs, à un tronc principal se rendant à l'oreillette droite du cœur : c'est la veine cave inférieure. La veine cave supérieure, après avoir reçu les veines du cou et celles des membres supérieurs, se rend aussi à la même oreillette, mais sans se confondre avec la veine précédente, de sorte qu'il y a deux veines caves, l'une supérieure, ramenant le sang noir de la tête et des membres supérieurs ; l'autre inférieure, ramenant le sang noir de tous les autres points du corps. Les veines de l'estomac, celles de la rate et celles des intestins se réunissent pour former un tronc commun appelé veine porte, qui traverse le foie et y présente une disposition tout à fait particulière. En sortant de cet organe, la veine porte opère sa jonction avec la veine cave inférieure.

Le sang n'entre dans les veines qu'après avoir traversé les vaisseaux capillaires, c'est-à-dire après s'être soustrait à l'influence motrice du cœur gauche, dont l'effet le plus apparent est le pouls. Suivant le mode de station de l'animal et les parties de son corps qu'il a servi à nourrir, le sang remonte ou descend vers le cœur sans que les veines exercent sur lui aucune action destinée à servir à sa propulsion. Il se produit là un simple phénomène de siphon et les mouvements de diastole de l'oreillette droite, ainsi que ceux du ventricule du même côté, aident beaucoup à l'apport du sang, en agissant comme pompe aspirante sur la double colonne sanguine que renferment les veines caves supérieure et inférieure. Il n'est donc pas étonnant que les veines n'aient pas de rôle actif dans la circulation ; elles n'ont d'ailleurs qu'un faible rudiment de la membrane élastique qui caractérise les artères. Elles sont cependant extensibles, mais sans jouir pour cela de la propriété de revenir immédiatement sur elles-mêmes, et leur dilatation exagérée n'est pas toujours sans inconvénients, puisqu'elle peut persister anormalement, ce qui donne alors lieu à des varices.

Les trois tuniques des veines sont, en procédant de dedans en dehors : une tunique interne extensible, une tunique moyenne dite musculeuse et une tunique externe appelée aussi gaîne celluleuse. Leur face interne est garnie d'une mince couche d'épithélium.

Les veines présentent dans l'intérieur de leur trajet des espèces de demi-capsules membraneuses qu'on a comparées à des nids de pigeon. Ces poches sont formées par la tunique interne et par la moyenne. Elles ont un rôle analogue à celui des valvules du cœur et on les appelle *valvules des veines ;* ce sont elles qui aident à maintenir dans sa voie ascensionnelle la colonne sanguine faisant retour au cœur, en la soutenant et en s'opposant à sa marche rétrograde.

Chez certains animaux le système veineux présente des dilatations partielles ou *sinus* qui permettent la stase du sang, soit en vue d'une suspension momentanée de la fonction respiratrice, soit pour d'autres causes encore. Ces dilatations en forme de réservoirs s'observent particulièrement chez les animaux à respiration aérienne qui jouissent de la faculté de plonger. Le phoque, l'hippopotame, l'ornithorhynque, etc., en présentent, principalement dans la région sus-hépatique de la veine cave; des diverticulums de même nature s'étendent chez les cétacés jusque sur les plèvres, c'est-à-dire dans le thorax. C'est ce qui leur permet de retenir leur respiration pendant tout le temps qu'ils passent au fond de l'eau.

Nous avons déjà vu que le système veineux forme dans le corps une sorte d'arborisation dont les branches et les rameaux sont extrêmement multipliés et dans laquelle le sang suit une marche inverse à celle qu'il a dans les artères. Dans les veines, il va des moindres rameaux aux troncs les plus considérables jusqu'à ce qu'il arrive au cœur; tandis que dans les artères il passe des rameaux les plus volumineux dans ceux qui ont une moindre importance. Sa marche l'éloigne alors du cœur, tandis que, à travers les veines, elle l'en rapproche. La division en rameaux et ramuscules n'en est pas moins régulière dans l'un et l'autre cas.

Une partie du système veineux de l'homme et des autres vertébrés échappe cependant à cette disposition. C'est celle qui traverse le foie et qu'on nomme système de la *veine porte hépatique*. Les veines sous-hépatiques se divisent dans le foie en une multitude de veines et veinules, aboutissant de nouveau à des réseaux capillaires, comme le fait de son côté l'artère nutritive entrant dans cet organe; mais ces veinules se réunissent ensuite les unes aux autres, pour sortir du foie sous la forme d'un petit nombre de vaisseaux veineux, dits veines sus-hépatiques. Les veines sus-hépatiques opèrent immédiatement ou après un assez court trajet leur jonction à la veine cave inférieure.

Dans les vertébrés ovipares, contrairement à ce qui a lieu chez l'homme et chez les autres mammifères, la veine rénale ou veine des reins, qui dépend aussi du système de la veine cave inférieure, se ramifie dans l'intérieur de ces glandes, comme le fait la veine porte hépatique dans le foie. C'est alors une *veine porte rénale* et elle reçoit une partie du sang qui revient des extrémités postérieures.

2. *Système des veines pulmonaires*. — Tous les vaisseaux veineux dont nous venons de parler appartiennent au système de la circulation du sang noir; mais de même qu'il y a des artères chargées de sang noir, il y a aussi des veines chargées de sang rouge. Ce sont celles qui opèrent le retour au cœur du sang hématosé dans les poumons. Il y en a quatre : deux pour chaque poumon. Ces *veines pulmonaires*, droites et gauches, aboutissent toutes à l'oreillette gauche.

VAISSEAUX LYMPHATIQUES ET CIRCULATION DE LA LYMPHE. — Les artères, les vaisseaux capillaires et les veines, dont le corps est si abondamment pourvu dans toutes ses parties, ne sont pas les seuls vaisseaux dont l'anatomie puisse y démontrer la présence. Des canaux vasculaires d'un autre ordre, et dont le nombre est également très-considérable, sont répandus dans tous les organes et y pompent un fluide qui est surtout différent du sang par sa couleur. Ce fluide est la *lymphe*, humeur à peu près transparente, un peu salée, à réaction franchement alcaline, contenant des corpuscules leucocytes et des globulins analogues à ceux du sang rouge, mais point de globules de cette dernière couleur.

Les vaisseaux dans lesquels la lymphe circule sont très-déliés, transparents ou blanchâtres comme le liquide qu'ils contiennent, ce qui les a fait appeler vaisseaux blancs; ils sont noueux dans leur marche et se pelotonnent par endroits de manière à constituer des renflements en apparence glanduleux (*ganglions lymphatiques*), dont font partie les prétendues glandes du cou susceptibles d'engorgement.

Il y a des vaisseaux lymphatiques dans tous les organes. De quelque partie qu'ils proviennent, ils se réunissent en deux troncs principaux : l'un situé dans le thorax, sur le côté gauche de la colonne vertébrale, est le *canal thoracique*. Ce canal reçoit la lymphe de tout le côté correspondant du corps, ainsi que celle de l'abdomen et des membres inférieurs, et il la verse dans la veine sous-clavière gauche, où elle se mêle au sang noir qui va chercher de nouveau l'oxygène dans le poumon. Son extrémité postérieure est renflée en une sorte d'ampoule allongée, qui est le *réservoir de Pecquet*.

L'autre canal est le *grand vaisseau lymphatique droit*, qui s'épanche dans la veine sous-clavière droite, après avoir reçu la lymphe de tous les vaisseaux blancs émanant du côté droit de la tête et du tronc, ainsi que du membre supérieur correspondant; c'est en réalité un second canal thoracique, et chez certains animaux sa longueur et ses dimensions sont presque égales à celles du précédent.

Tous les animaux vertébrés ont des vaisseaux lymphatiques, et chez les poissons ces vaisseaux sont en communication avec des canaux particuliers qui admettent de l'eau venant de l'extérieur. On nomme ces derniers *vaisseaux aquifères*. Quelques poissons présentent sur le trajet des lymphatiques de la queue une dilatation en forme de cœur, exécutant des battements tout à fait comparables à ceux du cœur sanguin, mais qui ne sont pas isochrones avec eux. C'est le *sinus caudal*.

Les batraciens et les reptiles nous présentent une particularité analogue. Chez ces animaux il y a des espèces de *cœurs lympha-*

tiques, c'est-à-dire des renflements pulsatiles placés sur plusieurs points de ce système. Chez les grenouilles on constate aisément la présence de deux de ces petits cœurs dans la région ischiatique, en dessus de l'articulation des cuisses. Il suffit pour les voir battre d'enlever avec précaution la peau de la région correspondante.

VAISSEAUX CHYLIFÈRES ET CHYLE. — Le sang artériel, en se rendant aux différents organes pour les nourrir, éprouve une déperdition que ne compensent ni le sang veineux faisant retour aux poumons pour s'y oxygéner de nouveau, ni l'économie qui préside à la récolte des principes restés sans emploi dans les différents organes, économie dont nous avons la preuve par la réunion au sang des fluides lymphatiques. L'accroissement du corps, la transpiration pulmonaire et cutanée, la combustion des principes carbonés, les sécrétions de toutes sortes et d'autres actes aussi indispensables que ceux-là à la nutrition générale et à la vie, diminuent incessamment la masse du sang, en même temps qu'ils en appauvrissent la composition.

C'est alors qu'intervient comme moyen réparateur l'absorption gastro-intestinale, rendue salutaire par le choix d'une alimentation suffisamment complète. Les principes quaternaires et les boissons chargées de substances salines sont plus particulièrement absorbés par les veines à travers les parois de l'estomac, et ils vont, avec la lymphe, grossir la masse du sang noir avant qu'il ne subisse dans les poumons le bénéfice de l'acte respiratoire. Les aliments ternaires digérés dans l'intestin grêle sont absorbés et conduits dans le sang, non plus par des vaisseaux veineux ordinaires, mais par des vaisseaux à part, fort semblables par leur ténuité et leur structure aux vaisseaux lymphatiques, et qui vont, comme presque tous ces derniers, porter leur contenu au canal thoracique, après avoir cheminé à travers les replis du péritoine, où il est assez aisé de suivre leur trajet. Ces vaisseaux se remplissent par endosmose, à travers les parois de l'intestin. Ils n'ont pas d'ostioles comme on l'a dit souvent, et c'est à travers leurs membranes, par l'extrémité des villosités intestinales, que le fluide nutritif y pénètre. Ils forment sur certains points des pelotonnements d'apparence glanduleuse, dits *ganglions mésentériques*.

Le *chyle* est un liquide blanc, laiteux, un peu salé et alcalin ; sa composition chimique diffère à peine de celle du sang, et il est comme lui séparable en un caillot fibrineux et en une sérosité chargée d'albumine. Il est surtout riche en matière grasse, et l'on y trouve du glucose. Comme les autres liquides organisés, il renferme des globulins comparables à ceux de la lymphe et du sang.

GANGLIONS VASCULAIRES. — Le sang subit dans certains organes des modifications particulières encore mal définies par les physiologistes, mais qui n'en sont pas moins certaines. C'est surtout sur les globules que ce phénomène d'élaboration agit, et il facilite tantôt leur multiplication, tantôt la destruction de ceux qui ont fait leur temps. Parmi ces organes on peut citer la *rate*, placée au côté gauche de l'estomac; le *corps thyroïde*, situé auprès du larynx et dont l'hypertrophie constitue le goître; enfin les *capsules surrénales*, qui surmontent les reins. Le *thymus*, qui n'existe que pendant le jeune âge, est aussi un organe du même ordre. C'est ce corps que l'on mange sous le nom de riz de veau; il est placé au devant du cou et au sommet de la poitrine.

De la circulation chez les animaux sans vertèbres. — Les détails qui précèdent sont principalement tirés de l'homme et des animaux vertébrés; nous devons les compléter par quelques faits empruntés à l'étude des animaux sans vertèbres.

Ce qui frappe immédiatement, si l'on considère ces animaux, c'est l'infériorité à peu près constante de leurs moyens de circulation comparés à ceux des animaux des premières classes. Dans beaucoup d'entre eux la simplification est telle, que le sang circule en partie ou même en totalité, entre les différents organes, sans être renfermé dans un système clos de vaisseaux. La circulation est alors plus ou moins complétement interstitielle. C'est ainsi qu'elle a lieu chez beaucoup de zoophytes. Dans les autres cas, il existe à peu près constamment des lacunes entre l'extrémité des artères et le commencement des veines. On ne connaît qu'un petit nombre d'exemples, chez les invertébrés, de vaisseaux comparables aux vaisseaux capillaires. Les vaisseaux lymphatiques et les chylifères paraissent aussi manquer constamment à ces animaux. Chez eux le chyle passe de l'estomac et des intestins dans une grande lacune dépendant de la cavité abdominale. Dans tous les cas, l'état habituellement incolore du sang ne permettrait pas de distinguer nettement ces vaisseaux d'avec les vaisseaux sanguins proprement dits.

Les anciens considéraient comme étant seuls pourvus de sang les animaux vertébrés chez lesquels ce liquide est de couleur rouge, et ils appelaient exsangues ou dépourvus de sang nos animaux sans vertèbres. Nous avons déjà vu qu'il y a un certain nombre de ces derniers dont le sang est également rouge. Beaucoup de vers, quelques mollusques, etc., nous en offrent l'exemple. Il est vrai que dans ces différents groupes le sang doit le plus souvent sa couleur rouge au sérum et non aux globules. Toujours est-il que les animaux sans vertèbres ont du sang aussi bien que les vertébrés et que l'on retrouve dans ce sang les mêmes principes constituants que chez ces derniers.

C'est dans les moyens mis en usage pour opérer la circulation du fluide sanguin des animaux invertébrés que se remarquent surtout des différences dignes d'être signalées.

Circulation chez les céphalopodes. — Une des dispositions les plus curieuses nous est offerte par les mollusques céphalopodes, parmi lesquels se rangent les poulpes, les calmars et les seiches. Chez ces animaux, plus particulièrement chez les seiches (fig. 38), l'aorte placée sur la ligne médiane du corps se renfle à la hauteur des branchies en une sorte de ventricule dans lequel arrive par une double oreillette, droite et gauche, le sang hématosé revenant des deux branchies. Il y a aussi une grande veine médiane qui répond aux veines caves

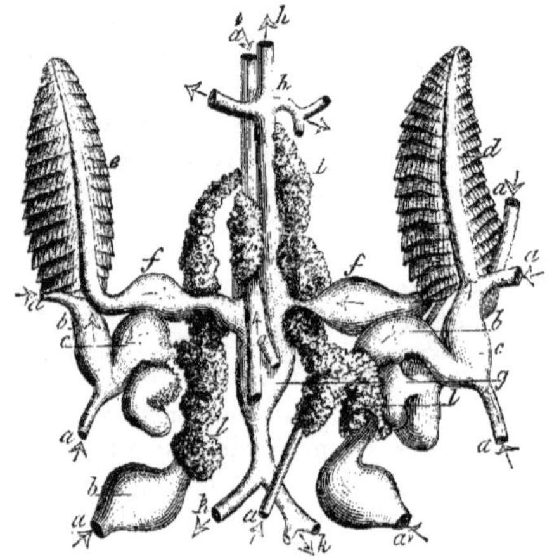

Fig. 38. — Branchies et système circulatoire de la seiche.

supérieure et inférieure de l'homme ; mais elle ne se rend pas à un cœur unique. De chaque côté, entre elle et les branchies, existe, en outre, un double renflement du système des veines caves, dont l'un paraît jouer le rôle d'oreillette, et l'autre celui de ventricule ; de sorte

Fig. 38. Branchies et système circulatoire de la seiche.

a, a, a, a) système des veines caves ; — *b b* et *c c*) sinus des veines caves faisant fonction d'oreillettes et de ventricules pour le sang qui va aux branchies ; — *d*) vaisseau répondant à l'artère branchiale, vu sur la branchie gauche ; — *e*) vaisseau ramenant au système aortique le sang hématosé dans les branchies, vu sur la branchie droite ; — *f f*) oreillettes du cœur aortique ; — *g*) cœur aortique répondant au cœur droit des mammifères ; — *h*) aorte ascendante ; — *k k*) aorte descendante ; — *l l*) corps spongieux considérés comme des reins.

que, chez ces céphalopodes, non-seulement le cœur du système artériel et celui du système veineux sont séparés l'un de l'autre, mais en outre le premier a deux oreillettes et un ventricule, et le second deux oreillettes et deux ventricules, les renflements qui viennent d'être signalés étant en effet comparables à ces deux sortes de cavités.

Les mollusques gastéropodes et les lamellibranches ont un cœur unique formé d'un ventricule pourvu le plus souvent d'une oreillette, quelquefois d'un ventricule et de deux oreillettes. Ce cœur est placé sur le trajet du sang qui revient des poumons pour aller aux différentes parties du corps : il répond donc au cœur gauche des mammifères.

Chez les tuniciers (ascidies, etc.), les choses se passent plus simplement encore. Le sang est mis en mouvement par un vaisseau principal, placé à la partie postérieure du corps ; et, comme les contractions de ce vaisseau ont lieu tantôt dans une direction, tantôt dans l'autre, la circulation du sang est réellement oscillatoire.

On retrouve des différences analogues chez les animaux articulés. Une sorte de dégradation se manifeste rapidement si l'on passe d'une classe de cet embranchement à une autre, ou même seulement des familles les plus élevées de l'une de ces classes à celles qui en occupent les rangs inférieurs. Ainsi les crustacés de l'ordre des crabes, des écrevisses et des langoustes ou les crustacés décapodes ont un cœur raccourci, comparable à celui des mollusques et des vertébrés, si ce n'est qu'il est moins compliqué que le leur et qu'il manque d'oreillette. Il est facile d'en apercevoir les contractions en soulevant à sa partie postérieure la carapace de ces animaux. Ce cœur est comme celui des mollusques gastéropodes et lamellibranches, un cœur aortique. Mais déjà chez les squilles, qui font suite aux décapodes dans la classification, le cœur s'allonge sous la forme d'un simple vaisseau dorsal, et il se confond avec le reste du système artériel. On retrouve la même disposition chez les crustacés inférieurs.

Le système veineux des crustacés est de son côté assez simplifié. Chez les plus parfaits de ces animaux il ne consiste guère qu'en quelques sinus ou dilatations vasculaires placées dans le voisinage des branchies et en rapport immédiat avec elles ; et tous n'ont pas même les vaisseaux qui viennent d'être décrits.

Les insectes, quoique placés au-dessus des crustacés dans la classification, ont toujours le cœur allongé en forme de vaisseau, ce qui l'a fait appeler *vaisseau dorsal*. Les véritables fonctions de cet organe étaient déjà connues des observateurs au dix-huitième siècle ; mais elles ont été niées par Cuvier. Ce grand naturaliste a pensé que, chez les insectes, l'air étant porté par les trachées dans les différentes parties du corps, l'hématose du sang avait lieu sur place, ce qui le dispensait de circuler. Suivant lui, les insectes manqueraient donc de circulation sanguine ; mais l'examen direct montre qu'il n'en est pas ainsi.

Lorsqu'on prend un petit insecte, plus particulièrement la larve aquatique de quelque espèce de névroptères, et qu'on le pose sur le champ du miscrocope, on voit le sang exécuter son trajet à travers les différents organes, et l'on constate que ces animaux ont une véritable circulation. La marche des globules sanguins ne laisse alors subsister aucun doute. On les voit filer d'avant en arrière, en suivant les parties latérales du corps, et passer jusque dans les pattes ou les autres appendices, puis ils rentrent dans le vaisseau dorsal par l'extrémité postérieure de ce vaisseau. Après l'avoir remonté dans toute sa longueur, ils en sortent de nouveau par les rameaux qui le terminent en avant, et recommencent le même circuit. Les contractions du vaisseau dorsal ont une influence incontestable sur la marche du plasme sanguin et des globules qu'il charrie. Ces contractions peuvent être aisément constatées sur le dos des vers à soie, même à travers la peau. Chez les insectes arrivés à l'état parfait la circulation est moins active que chez les larves de ces animaux.

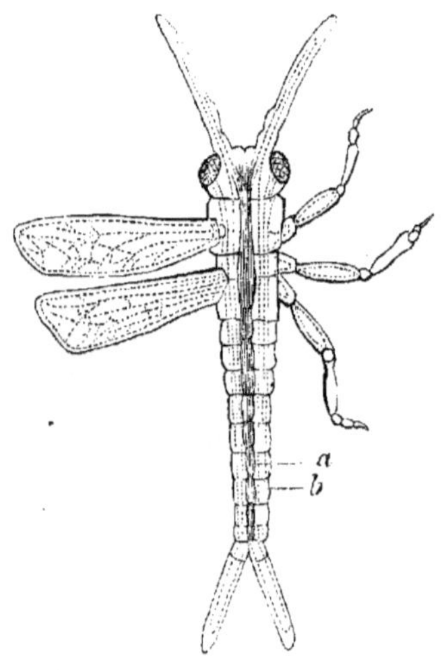

Fig. 39. Circulation des insectes.

Les vers, étudiés sous le même rapport, présentent aussi des différences assez considérables. Chez ceux auxquels on réserve le nom d'annélides, les vaisseaux sont nombreux et il y a même par endroits des capillaires entre les artères et les veines. On trouve aussi chez quelques-uns soit un, soit plusieurs cœurs. Ces organes sont situés sur le trajet du sang veineux et servent à le pousser dans les branchies.

En ce qui concerne les derniers des vers, tels que les douves et les

Fig. 39. Circulation des insectes, observée dans un névroptère.
a) le vaisseau dorsal ; — b) le courant sanguin latéral.

ténias, on est encore incertain si les vaisseaux observés sont des vaisseaux sanguins ou au contraire des vaisseaux urinaires. Ces animaux nous offrent le terme extrême de la dégradation du système vasculaire pour cette grande division du règne animal.

La circulation du sang s'observe aussi chez les animaux radiaires. Les échinodermes ont deux systèmes bien évidents de vaisseaux, les uns viscéraux et les autres cutanés. Dans certains de ces animaux, tels que les holothuries, il y a même un ou deux renflements contractiles faisant l'office de cœurs.

Une disposition singulière a été signalée chez les beroés, sortes d'acalèphes pélagiens dont le corps est transparent comme du cristal. Les vaisseaux de ces zoophytes sont pourvus intérieurement de cils vibratiles qui fouettent les globules du sang et sont la cause principale des mouvements de ce liquide. Enfin, chez les méduses il existe une sorte de fusion entre les vaisseaux sanguins et les ramifications du système digestif : disposition qu'on a quelquefois indiquée par le nom de *phlébentérisme*.

Quant aux hydres et à beaucoup d'autres polypes, leur circulation est purement interstitielle et sans vaisseaux ni agents spéciaux de contraction ; les mouvements généraux des corps, ainsi que ceux de ses différentes parties, déterminent seuls les déplacements exécutés par le sang.

CHAPITRE IX.

DE LA RESPIRATION.

BUT SPÉCIAL DE LA RESPIRATION. — Cette fonction, l'une des plus importantes parmi celles qu'exécutent les êtres organisés, joue un rôle actif dans la nutrition. Elle a surtout pour but de donner au fluide nourricier, vicié par l'exercice des actes vitaux, le moyen de réparer en partie les altérations qu'il a subies ; aussi existe-t-elle dans le règne végétal aussi bien que dans le règne animal. Chez les animaux en particulier, le sang se charge pendant la circulation et par le fait de la nutrition d'une quantité notable d'acide carbonique qui le rendrait incapable d'exercer de nouveau les fonctions qui lui sont dévolues si le moyen ne lui était fourni de se débarrasser de ce gaz. L'acide carbonique de sang provient de la combustion du carbone dans les tissus traversés par ce liquide. Chez l'homme et chez les vertébrés, le sang ainsi chargé d'acide carbonique, ou le sang noir, circule dans les vaisseaux veineux qui aboutissent par les veines caves inférieure et supérieure à l'oreillette droite du cœur, et il est envoyé aux poumons par le ventricule de ce côté, à travers l'artère pulmonaire. C'est dans le poumon qu'il échange l'acide carbonique dont il s'était chargé dans tout le corps contre une nouvelle quantité d'oxygène, qui servira à son tour à la formation de nouvel acide carbonique, lorsque la circulation aortique aura conduit aux différentes parties du corps le sang hématosé, c'est-à-dire le sang qui vient de respirer.

La respiration, telle qu'elle s'opère dans les poumons au moyen de l'air incessamment introduit dans ces organes, est donc un phénomène de nature essentiellement physique. Elle consiste uniquement dans l'échange de l'acide carbonique dont une partie du sang se trouve alors chargée contre de l'oxygène emprunté à l'air atmosphérique, et c'est entre les ramuscules aérifères du poumon et les capillaires sanguins que s'opère cet échange. Les fines parois de ces vaisseaux chargés les uns d'air, et les autres de sang renfermant du gaz acide carbonique en dissolution, se comportent comme le font toutes les membranes organisées lorsqu'elles sont placées entre des fluides de nature différente : il y a échange de ces fluides à travers ces membranes, et nous retrouvons ici un cas d'endosmose et d'exosmose analogue à ceux que nous avons énumérés précédemment ; la seule différence consiste en ce que cette fois l'échange a lieu entre des gaz et non plus entre des liquides.

Quant à la formation de l'acide carbonique, objet de cet échange, elle est moins un acte spécial à la respiration qu'un phénomène de nutrition générale. C'est un travail d'oxydation s'opérant dans tous les tissus, et duquel résulte une combustion tout à fait comparable à celles dont la chimie nous donne la théorie. Elle a lieu partout où le sang oxygéné se trouve mis en contact avec des principes carbonés. L'oxygène brûle le carbone et le transforme en acide carbonique, qui dès lors remplace dans le sang cet oxygène qui a servi à le produire ; c'est ainsi que le sang devient noir de rouge vermeil qu'il était. La respiration agit essentiellement sur les principes de composition ternaire, et ceci nous explique pourquoi les aliments de cette nature ont été appelés des aliments respiratoires. Nous verrons plus loin que l'excédant des principes azotés est en grande partie rejeté par les voies urinaires. Par la perspiration pulmonaire sont aussi éliminés certains principes étrangers au sang, et dont il se trouve accidentellement chargé. Ainsi l'hydrogène sulfuré injecté dans les veines s'évapore presque aussitôt de cette manière. Si ce gaz avait été absorbé par le canal digestif, il serait expulsé de l'économie par le même moyen, mais il faudrait plus de temps, cinq minutes environ avant que le phénomène ne se manifestât. Beaucoup de substances odorantes sont également rendues par les poumons, après que l'absorption les a introduites dans le sang.

Les anciens ne se faisaient pas une idée exacte de la nature des phénomènes respiratoires, et ils n'en comprenaient pas davantage l'utilité. Ils se bornaient à dire que la respiration rafraîchit le sang, ce qui d'ailleurs n'est pas exact, puisqu'elle est une des principales sources de la chaleur produite par certains animaux. Ce fut un chimiste anglais du dix-septième siècle, Maiou, qui l'un des premiers mit les physiologistes sur la voie de la théorie véritable des phénomènes respiratoires. Il montra que l'air diminue par le fait de la respiration et qu'il devient bientôt incapable de l'exercer, parce qu'il perd son principe de *combustibilité*. Maiou vit qu'il se passait là quelque chose d'analogue à l'oxydation des métaux. Il fit également observer que l'air est impropre à la respiration lorsqu'il a servi à opérer une combustion véritable, comme celle qui a lieu dans nos foyers.

A l'époque où ce savant écrivait, l'oxygène n'avait encore été ni isolé ni défini, et il était difficile, dans l'état où se trouvait la science, de parler plus exactement des phénomènes de la respiration.

En 1777, Lavoisier fut plus précis lorsqu'il établit que la combustion respiratoire est une combustion de carbone et qu'elle opère la transformation de ce dernier en acide carbonique; mais il se trompa en plaçant le siège de cette combustion dans les poumons. Lagrange fit bientôt remarquer que l'acide carbonique arrive tout formé dans ces organes, et les expériences que plusieurs physiologistes ont entreprises depuis lors, ont montré qu'il avait parfaitement raison. Le sang rouge renferme de l'oxygène, et c'est de l'acide carbonique que l'on trouve à la place de cet oxygène dans le sang noir qui revient au cœur droit par les vaisseaux aboutissant aux veines caves. L'acide carbonique ne se forme donc pas dans le poumon, puisqu'il existe dans le sang avant que ce fluide n'arrive à l'organe respiratoire, dont la seule fonction est d'opérer l'échange de l'acide carbonique renfermé dans le sang contre de l'oxygène emprunté à l'air atmosphérique.

L'*asphyxie*, qui occasionne si souvent la mort, est l'obstacle apporté par une cause quelconque (submersion, quantité insuffisante d'oxygène dans l'air, etc.) à l'hématose, c'est-à-dire à la substitution dans les poumons de nouvel oxygène à l'acide carbonique dont le sang s'est chargé pendant son passage à travers les organes. L'asphyxie est la conséquence forcée de l'accumulation d'un certain nombre d'individus dans un air confiné, privé des moyens de se renouveler, et l'aération de semblables locaux doit être ménagée avec soin si l'on veut éviter les accidents de cette nature. Dans d'autres cas, l'asphyxie se complique de phénomènes d'intoxication, c'est-à-dire d'empoisonnement. C'est en particulier ce qui arrive lorsqu'un gaz délétère, comme de l'oxyde de carbone ou de l'hydrogène sulfuré, se trouve mêlé à l'air. L'oxyde de carbone opère la rubéfaction du sang comme pourrait le faire l'oxygène, mais le sang qui s'en est chargé est incapable de nourrir les organes et il reste rouge même lorsqu'il passe des vaisseaux capillaires dans les veines.

Le sang hématosé est du sang devenu rouge dans le poumon, en échangeant son acide carbonique contre de l'oxygène; il a seul la propriété de nourrir les organes et d'entretenir l'innervation; c'est dans les globules que s'effectue le changement de couleur.

On sait que l'air atmosphérique est un mélange d'oxygène et d'azote, à peu près dans la proportion de $\frac{21}{100}$ d'oxygène et de $\frac{79}{100}$ d'azote. Quelques dix-millièmes d'acide carbonique (de $\frac{1 \text{ à } 4}{10000}$) et une quantité variable de vapeur d'eau s'ajoutent à ces deux gaz. L'air expiré, c'est-à-dire qui est expulsé du poumon après avoir servi à la respiration, a perdu une quantité notable de son oxygène, et l'acide carbonique y est en proportion beaucoup plus considérable qu'auparavant. Si on le fait passer à travers de l'eau de chaux, il se forme promptement un précipité résultant de la formation de carbonate de chaux neutre et insoluble. En continuant l'expérience, on obtiendrait la dissolution du précipité, parce que le carbonate neutre de chaux passerait à l'état de carbonate acide par suite de l'excès d'acide carbonique fourni par la respiration.

A chaque expiration, l'air inspiré a perdu de $\frac{2 \text{ à } 4}{100}$ de son oxygène, et il s'est chargé d'une quantité à peu près égale d'acide carbonique. Un homme brûle en vingt-quatre heures de 220 à 230 gr. de carbone. La vapeur d'eau est aussi en quantité plus considérable dans l'air expiré, c'est ce qui rend l'haleine humide. En hiver, ce phénomène est surtout facile à observer.

Les animaux vivant dans l'air ne sont pas les seuls qui respirent. Ceux qui sont aquatiques, comme les poissons et tant d'autres encore, doivent aussi faire subir à leur sang la même épuration, et ils le font, non pas en décomposant l'eau qui leur sert de milieu ambiant, mais au moyen de l'oxygène de l'air dissous dans cette eau. La proportion des deux gaz oxygène et azote dans l'air de l'eau est sensiblement peu différente de ce qu'elle est dans l'atmosphère; il y a plus d'oxygène et moins d'azote. On y trouve jusqu'à $\frac{32}{100}$ du premier gaz.

Les animaux aquatiques sont susceptibles d'être asphyxiés tout aussi bien que ceux dont la vie est aérienne, lorsqu'ils n'ont plus suffisamment d'oxygène à leur disposition; et si l'on place un poisson dans un flacon rempli d'eau, en ayant soin de boucher ce flacon pour que l'air ne s'y renouvelle pas, le poisson ne tardera pas de donner les mêmes marques de souffrance que le mammifère ou l'oiseau qu'on mettrait dans un vase rempli d'air, mais également privé de communication avec l'extérieur. La même expérience peut être faite en recouvrant d'huile la surface d'un globe à poissons rempli d'eau.

La vie se ralentit chez les animaux placés dans ces conditions, et après quelque temps elle s'éteint par suite de l'impossibilité où est l'air dissous d'entretenir la combustion du carbone, en fournissant de nouvel oxygène à la respiration; de même, nous voyons s'éteindre la bougie qu'on a placée tout allumée sous une cloche remplie d'air, lorsque par sa propre combustion elle a vicié cet air en substituant de l'acide carbonique à l'oxygène qu'il renfermait.

On réveillerait la vie prête à s'éteindre, et l'on raviverait la combustion si l'on renouvelait l'air dans les différents cas que nous venons de supposer : animal aquatique confiné dans un récipient rempli d'eau, animal aérien confiné dans un récipient rempli d'air, ou lumière en ignition mise dans cette dernière condition. Les vertébrés aériens (mammifères, oiseaux et reptiles) nous fournissent des exemples remarquables à l'appui de la première de ces deux propositions. L'oiseau ne saurait suspendre, même momentanément, sa respiration sans périr presque aussitôt asphyxié. Il est vrai que les mammifères aquatiques peuvent rester sous l'eau pendant un temps assez long sans qu'il en résulte pour eux d'inconvénients; cela tient à la disposition particulière de leur système veineux. Les reptiles, plus spécialement les serpents et même certains sauriens, n'ont besoin que de très-peu d'air, parce que leur sang ne s'hématose qu'en partie et que leur système veineux peut fonctionner tout en ne recevant qu'un mélange du sang rouge avec le sang noir, ce qui serait pour les vertébrés supérieurs une cause de mort presque immédiate. D'ailleurs la région postérieure du poumon des serpents manque presque entièrement de vaisseaux sanguins et elle se trouve réduite à un simple réservoir fournissant peu à peu à la région antérieure l'oxygène dont elle a besoin; il en résulte que ces reptiles peuvent suspendre leurs inspirations d'air plus longtemps encore que les autres.

Diversité des modes et des organes de respiration. — Tous les animaux sont bien éloignés d'avoir une égale activité respiratrice et il s'en faut également de beaucoup qu'ils respirent tous par des organes de même forme ou de même complication. Indépendamment des particularités déterminées par le rang même que les animaux occupent dans la série zoologique et qui font que les uns ont une organisation plus parfaite et les autres une organisation inférieure, ces organes présentent aussi d'autres variations qui tiennent aux conditions dans lesquelles chaque espèce est appelée à vivre. Celles qui sont *aquatiques* et restent plongées dans l'eau pendant toute leur vie n'avaient pas besoin, comme celles qui habitent l'air, d'avoir leurs organes de respiration protégés contre la dessiccation, puisqu'ils peuvent fonctionner sans craindre cet inconvénient, qui serait mortel pour les animaux aériens. Nous savons aussi qu'il s'en faut de beaucoup qu'une même fonction soit toujours remplie par des organes identiques, et la respiration fournirait au besoin des preuves variées de la facilité avec laquelle certains organes étudiés dans un groupe d'animaux peuvent être appropriés à des usages tout à fait différents de ceux qu'ils remplissent si on les examine dans un autre groupe. Une nouvelle source de particularités différentielles est la possibilité qu'ont certains animaux non pas seulement de vivre alternativement et à des âges divers dans l'air et dans l'eau, mais de respirer à volonté dans l'un de ces deux fluides ou dans l'autre, ce qui en fait des *amphibies* dans toute l'extension du mot.

Respiration cutanée. — Chez tous les animaux, qu'ils soient aériens ou aquatiques, la peau concourt à l'exercice des phénomènes respiratoires ; mais il n'est qu'un petit nombre d'espèces chez lesquelles cette respiration purement cutanée suffise à accomplir l'hématose. Dans la plupart des cas, des organes spéciaux sont affectés à cette partie du service nutritif, et ces organes sont tantôt des poumons, tantôt des trachées ou des branchies. Voyons quelles sont les particularités qui les distinguent et les espèces chez lesquelles on les observe.

Poumons. — Nous parlerons d'abord des organes propres à la respiration aérienne qui ont reçu le nom de poumons. Les véritables poumons ne s'observent que dans l'embranchement des animaux vertébrés. On y distingue deux parties, la trachée artère ou conduit aérien et le parenchyme pulmonaire formé de l'enchevêtrement des bronches dans lesquelles se divise la trachée avec les rameaux également très-multipliés de l'artère pulmonaire et les origines des veines pulmonaires.

La *trachée artère* des mammifères se compose de plusieurs couches membraneuses superposées les unes aux autres. La couche interne, celle par laquelle ce tube aérifère est en contact avec l'air, est de nature muqueuse. Elle est garnie à sa surface d'un épithélium vibratile et renferme dans son épaisseur de petites glandes en grappe destinées à la secrétion de sa mucosité. Elle se continue depuis le larynx ouvert dans le pharynx au sommet de la trachée jusqu'aux extrémités des rameaux aériens les plus rapprochés des vésicules pulmonaires ou respiratrices. Ces rameaux prennent successivement les noms de bronches, petites bronches et bronchioles. En dehors de la muqueuse, toujours sur le trajet de l'arbre aérien qui introduit l'air dans les poumons, est une couche de nature musculaire dont les fibres sont les unes transversales et circulaires, les autres longitudinales. La trachée artère est, en outre, soutenue par des anneaux cartilagineux élastiques habituellement incomplets dans leur partie postérieure. Les bronches ont aussi de semblables anneaux, mais ils sont moins réguliers et leur circuit n'est pas interrompu. Les anneaux de la trachée sont complétement fermés chez les lamantins et chez les cétacés ordinaires. Ceux du dugong sont disposés spiralement. Le paresseux aï est le mammifère qui en possède le plus grand nombre : il en a quatre-vingts.

Poumons.— Les poumons sont des organes spéciaux de respiration propres aux animaux aériens de l'embranchement des vertébrés. Chez l'homme et les mammifères, ce sont des sacs placés dans la cavité du thorax, où ils sont enveloppés par la *plèvre*, membrane de nature séreuse appliquée par un de ses doubles sur le corps même des poumons (plèvre viscérale), et par l'autre, sur la paroi interne de la cage thoracique à laquelle elle adhère (plèvre pariétale). Ces deux feuillets de la séreuse pulmonaire n'étant pas adhérents entre eux, celui qui enveloppe particulièrement le poumon peut glisser avec le poumon lui-même dans l'intérieur de l'autre feuillet pendant les mouvements d'inspiration et d'expiration; ce qui facilite l'entrée et la sortie de l'air nécessaire à l'hématose.

Il y a deux poumons, l'un à droite, l'autre à gauche : le premier a trois lobes chez l'homme, et le second deux seulement. Ce dernier est plus petit que celui du côté opposé, parce qu'il doit laisser la place du cœur, aussi rejeté du même côté de la poitrine (fig. 14 et 40).

Le nombre des lobes pulmonaires n'est pas toujours le même que chez l'homme. Chez le paca, genre de gros rongeurs sud-américains appartenant à la même famille que le cochon d'Inde, il y a sept lobes au poumon droit et quatre au gauche. Chez les cétacés, les deux poumons n'ont qu'un seul lobe chacun.

L'intérieur du poumon ou son parenchyme est formé de la réunion d'innombrables vaisseaux sanguins résultant de l'anastomose des artères pulmonaires et des veines de même nom mises en rapport par des vaisseaux capillaires. Des canalicules aériens qui sont les divisions ultimes de la trachée artère et de ses bronches, leur sont associés et portent aux poumons l'air nécessaire à la respiration. Les vaisseaux artériels y conduisent le sang noir qui vient, au milieu des nombreux capillaires de l'organe, se débarrasser de son acide carbonique et prendre de nouvel oxygène avant de retourner au système aortique en traversant les veines pulmonaires et le cœur gauche.

On nomme *vésicules respiratrices* les derniers culs-de sac de l'arbre aérien; leurs parois sont minces et couvertes d'un épithélium pavimenteux.

Il y a aussi, dans le poumon, des vaisseaux nourriciers, des vaisseaux lymphatiques, des nerfs de deux ordres, les uns provenant du système encéphalo-rachidien, et les autres du grand sympathique, du

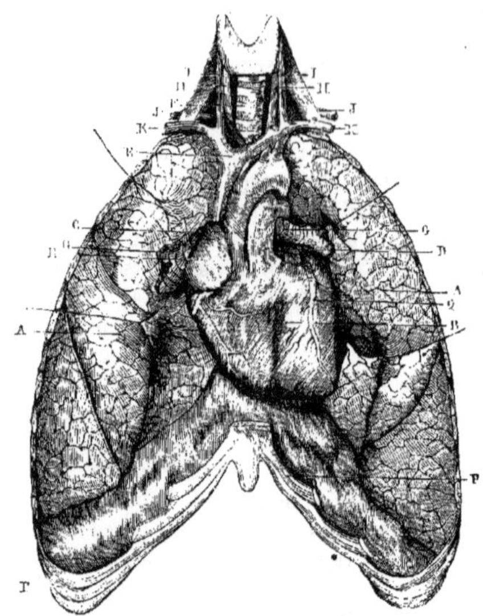

Fig. 40. — Cœur et appareil respiratoire de l'homme.

tissu connectif, etc. Il en résulte une grande complication dans la structure du parenchyme de cet organe.

La cavité thoracique chez l'homme et chez les mammifères est séparée de la cavité abdominale par un grand voile fibro-musculaire, à convexité supérieure, qui est le *diaphragme*. Ce sont les contractions de ce diaphragme et celles des muscles de la cage thoracique (intercostaux, scalènes, etc.) qui déterminent l'entrée de l'air

FIG. 40. Cœur et appareil respiratoire de l'homme.
AA) poumons; — B) cœur; — C) crosse de l'aorte; — D) artère pulmonaire; — E) veine cave supérieure; — F) trachée artère; — GG) bronches; — H et I) veines jugulaires internes et externes; — J) artère sous-clavière; — L) partie inférieure du sternum et cartilages costaux, coupés pour faire voir le diaphragme; — M) artère du cœur ou artère coronaire.

dans les poumons (inspiration) et sa sortie (expiration). Le sac pulmonaire se gonfle ou se vide suivant que la capacité du thorax est élargie ou rétrécie par les mouvements qu'elle exécute, mais son rôle dans cette circonstance est à peu près inerte. On ne saurait mieux le comparer qu'à celui d'une vessie placée dans l'intérieur d'un soufflet et qui serait mise en rapport par son canal avec le tube ou canon de ce soufflet. Les dilatations et les resserrements de la carcasse de ce dernier rempliraient la vessie d'air ou la dégonfleraient : la trachée artère est le tube du soufflet aérien au moyen duquel s'opère l'entrée de l'air dans le poumon ainsi que sa sortie.

Chez certains vertébrés également aériens, les poumons, au lieu d'être compliqués dans leur structure comme le sont ceux de l'homme et des mammifères, que nous prenons ici pour type, sont presque réduits à leurs parois, et ils ressemblent encore davantage aux vessies auxquelles nous venons de comparer ces organes, pour mieux faire comprendre leur mécanisme. A la face interne de ces sacs pulmonaires existe alors un réticule plus ou moins profondément gaufré qui sert à exécuter l'hématose. Ce réticule est formé par les vaisseaux sanguins; c'est là une disposition caractéristique des sauriens, des ophidiens et des batraciens. Nous y reviendrons.

Le *poumon des oiseaux* a une structure assez différente de celui des mammifères et en rapport avec la plus grande activité respiratrice de ces animaux. Cuvier disait que si l'on prend pour unité la respiration des mammifères (animaux à respiration simple), on peut regarder les oiseaux comme ayant une respiration double. Dans l'aménagement de cette fonction chez les oiseaux, la nature avait un double but à remplir : augmenter l'activité respiratrice et alléger en même temps le poids du corps. Chez ces animaux, l'air ne s'introduit pas seulement dans le poumon; des sacs ou poches aériennes en rapport avec cet organe en reçoivent une certaine quantité, l'emmagasinent pour ainsi dire et lui donnent accès jusqu'à l'intérieur des os. Voici comment les choses se passent : un certain nombre de pièces du squelette s'évident après la naissance par la résorption de la moelle et du tissu diploïque existant d'abord dans leur intérieur et des poches provenant du poumon mettent ces nouvelles cavités en rapport avec cet organe. L'air passe ainsi de ce dernier dans l'intérieur des os, et c'est là ce qui explique pourquoi lorsqu'on a brisé un membre chez un animal de cette classe, on peut insuffler de l'air dans ses poumons par l'os fracturé, ou, inversement, faire sortir de l'air par la fracture de l'os, en soufflant dans la trachée artère. Dans certaines espèces, cette disposition est plus prononcée que dans d'autres; mais il y en a, comme l'aptéryx, oiseau de la Nouvelle-Zélande, à ailes tout à fait rudimentaires, chez lesquels il n'existe aucune trace de cavités aériennes dans les os. Habituellement, les os des oiseaux reçoivent de l'air, et, à mesure que

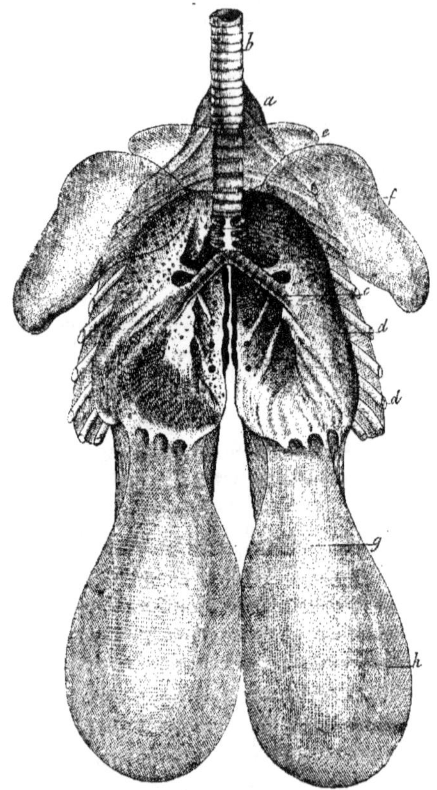

Fig. 41. — Appareil respiratoire des oiseaux (poule).

ces animaux avancent en âge, un plus grand nombre de pièces du squelette participent à cet état de pneumaticité. L'air arrive d'abord dans la tête et dans la colonne vertébrale; puis dans le sternum

Fig. 41. Appareil respiratoire de la poule.

a) Les premières côtes; — *b*) trachée artère; — *c*) bronches; — *d*) parenchyme pulmonaire; — *d'*) côtes coupées; — *e*) sac aérien de la région furculaire; — *f*) paire de sacs aériens de l'épaule; — *g* et *h*) grands sacs aériens de l'abdomen.

et dans les côtes; plus tard, dans l'humérus, le bassin et les os de l'épaule; plus tard encore, dans le fémur, le tibia et les os de l'avant-bras. Des communications s'établissent entre ces divers os et les poches dépendant des poumons.

On peut aisément, en disséquant un oiseau sous l'eau, voir deux paires de ces poches aériennes (fig. 41, *g* et *h*), qui s'étendent au-dessous des reins, dans la cavité abdominale; elles prennent, par l'insufflation des poumons, l'apparence de quatre énormes vessies, mais il faut les insuffler avec précaution si l'on veut éviter de les rompre, car leurs parois sont fort minces. Ces sacs ne sont pas du nombre de ceux qui pénètrent dans les os pour y conduire l'air.

La surface interne des sacs aériens n'étant pas vasculaire, on ne saurait les considérer autrement que comme des réservoirs à air qui rendent l'oiseau plus léger et lui permettent aussi de prendre à chaque inspiration plus de gaz respirable que ne le font les mammifères. Ces fortes inspirations activent l'échange de l'acide carbonique du sang contre l'oxygène de l'air et elles donnent à l'animal une plus grande énergie musculaire. Un sac semblable, mais de moindre dimension, existe auprès de la clavicule ou fourchette (fig. 41, *e*) et il y en a une paire auprès des épaules (*ibid.*, *f*). Il peut exister des diverticulums de ces sacs aériens antérieurs jusque sur les côtes du cou et au sommet de la poitrine. Les marabous, qui sont des espèces de cigognes, fournissant les plumes connues sous leur nom, en présentent d'assez volumineux.

Les oiseaux n'ont que des rudiments du diaphragme. Cependant l'aptéryx en a un complet, à peu près semblable à celui des mammifères et au moyen duquel sa cavité thoracique se trouve aussi entièrement séparée de la cavité abdominale.

Envisagés en eux-mêmes, les poumons des oiseaux nous montrent cela de particulier que les bronches les traversent dans toute leur longueur sous forme de tuyaux droits, au lieu de s'y perdre complétement et de s'y ramifier à la manière des rameaux d'un arbre pour en former les bronchioles ainsi que les vésicules pulmonaires. En outre, ces dernières ne sont pas isolées les unes des autres comme les grains d'une grappe, ce qui est le caractère propre des mammifères; elles communiquent directement ensemble et prennent une sorte de disposition labyrinthique.

Les *poumons des reptiles* sont établis sur deux modes assez différents l'un de l'autre. Chez les tortues et les crocodiles, ces organes, au lieu de constituer de simples sacs comme ceux des autres reptiles, conservent encore en partie la disposition qui les caractérise dans les oiseaux, et ceux des tortues sont même accolés à la face supérieure du thorax, ce qui rappelle la disposition propre à ces derniers;

mais ils ne fournissent pas de sacs aériens se prolongeant dans le système osseux. Dans les sauriens, ce sont de simples poches à parois élastiques, et dont la face interne est comme gaufrée, par suite de la présence des rameaux vasculaires qui rampent à leur intérieur pour y conduire le sang ou pour le ramener au cœur. Le caméléon a ses poumons plus amples et pourvus d'appendices en forme de petits cœcums.

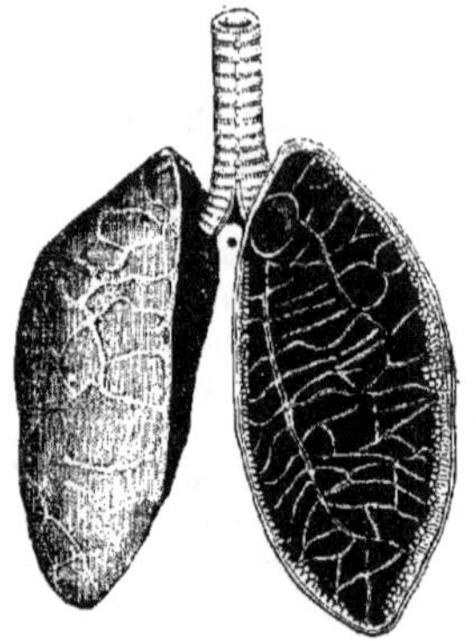

Fig. 42. — Poumons des sauriens.

Les ophidiens et plusieurs genres de sauriens serpentiformes (orvets, sheltopusiks, etc.) ont leurs deux poumons très-inégaux, l'un fort long et se prolongeant jusque dans la cavité abdominale, c'est le poumon droit; l'autre si court, que l'on a quelquefois nié son existence. La partie postérieure du grand poumon n'a pas de réticules vasculaires et elle forme un simple réservoir aérien comparable aux poches abdominales des oiseaux. L'air qui s'y trouve renfermé ne s'altère donc que très-lentement et par le fait seulement de l'action respiratrice des parties antérieures du même organe; c'est un réservoir aérien plutôt qu'une surface respiratrice. Il en résulte que ces animaux peuvent rester longtemps enfermés ou même submergés sans avoir besoin de renouveler l'air contenu dans leurs poumons, car ils ne sont pas privés pour cela de respiration, leurs poumons étant pourvus d'air pour un temps assez considérable. L'échange entre l'oxygène et l'acide carbonique continue à s'y opérer sans qu'ils aient besoin de faire des inspirations aussi fréquentes que les autres animaux.

Les grenouilles et autres batraciens, ceux qui gardent des branchies pendant toute leur vie aussi bien que ceux qui les perdent en se métamorphosant, ont deux poumons en forme de sacs très-semblables aux poumons des sauriens. Cependant les cécilies, qui sont des batraciens serpentiformes, ressemblent, sous ce rapport, aux ophidiens.

Les batraciens, à cause de la nature muqueuse de leur peau, jouissent d'une respiration cutanée bien plus active que celle des autres vertébrés aériens et capable de suppléer à la suspension de leur respi-

Fig. 42. Poumons de l'*ameira*, genre américain de lézards.
La trachée artère se divise en deux courtes bronches. Le poumon droit est resté entier; le gauche a été ouvert pour en faire voir la structure intérieure.

ration pulmonaire, ou même de la remplacer pendant un certain temps. Aussi ne meurent-ils pas si on leur arrache les poumons; c'est là une expérience facile à répéter sur des grenouilles. Une disposition anatomique propre à ces animaux explique cette propriété : la branche cutanée de l'artère pulmonaire reste considérable et c'est par elle qu'une partie du sang est conduite à la peau pour s'y hématoser au lieu d'entrer dans les poumons.

La plupart des reptiles exécutent au moyen de leurs muscles costaux des mouvements d'inspiration et d'expiration analogues à ceux des vertébrés des deux premières classes, mais ces mouvements sont impossibles aux tortues à cause de leur carapace qui rend la cage thoracique immobile. Ces animaux avalent l'air en exécutant une sorte de déglutition pendant laquelle ils se bouchent les orifices des narines avec la langue, afin d'empêcher cet air de s'échapper Les batraciens manquent de côtes; ils respirent aussi par déglutition; mais il ne pouvait en être de même chez les pipas et les dactylèthres, autres animaux de cette classe, dont les premiers vivent dans l'Amérique tropicale et les seconds dans plusieurs parties de l'Afrique. Ils manquent en effet de langue et ne sauraient boucher leurs narines, comme le font les autres batraciens ou les tortues. Les apophyses transverses de plusieurs de leurs côtes thoraciques prennent un allongement considérable, et les muscles qui s'y attachent permettent à ces animaux d'exécuter des mouvements d'inspiration et d'expiration analogues à ceux de la plupart des autres espèces douées de respiration aérienne. Sous le rapport mécanique, leur respiration a de l'analogie avec celle des mammifères.

Les *poissons* sont-ils absolument privés de poumons, comme on le croit généralement? Il n'en est rien, car on peut considérer la vessie natatoire, espèce de poche remplie d'air dont beaucoup d'entre eux sont pourvus, comme un poumon rudimentaire. Chez quelques uns cet organe est même garni intérieurement d'un réticule vasculaire qui lui permet de servir jusqu'à un certain point à l'hématose.

On peut citer comme étant plus particulièrement dans cette condition, le lépidosirène (fig. 43), genre fort anomal dont les espèces vivent dans l'Amérique et dans l'Afrique intertropicales et possèdent d'ailleurs des branchies comme les autres poissons. Le lépidosirène nous fournit l'exemple d'un animal de cette classe réellement amphibie à la manière des batraciens pérennibranches, et la disposition de son système vasculaire est appropriée à cette curieuse particularité.

Chez ce poisson, le sang qui revient des veines générales est envoyé en partie aux poumons et en partie aux branchies. C'est une exception à ce qui a lieu chez les animaux de la même classe, même chez ceux dont la vessie natatoire est la plus semblable à un véritable poumon. Le polyptère, l'amie, les bagres, les diodons et quelques siluridés sont surtout curieux à étudier à cet égard; leur vessie natatoire communique avec l'extérieur par un canal spécial.

Habituellement, la vessie natatoire est de structure moins compliquée. C'est cette poche, formée de deux compartiments successifs,

Fig. 43. — Lépidosirène du Brésil.

que l'on retire du corps des carpes quand on vide ces poissons. Celle des esturgeons sert à faire la meilleure ichthyocolle connue.

La vessie natatoire fait fonction d'appareil hydrostatique et, à cet effet, elle est remplie d'un gaz qui est un mélange d'oxygène et d'azote dans des proportions très-variables même pour une même espèce. L'acide carbonique s'y trouve aussi, mais en petite quantité (2 ou 3 p. 100). Beaucoup de poissons manquent de vessie natatoire, et il se peut même que dans une même famille, telles espèces soient pourvues de cet organe, et que telles autres, au contraire, en soient dépourvues.

Branchies. — Les branchies sont les organes spéciaux de la respiration aquatique. Au lieu d'être constituées, comme le sont les poumons, par des rameaux vasculaires rampant à la paroi interne d'un sac situé plus ou moins profondément dans l'intérieur du corps et y formant un parenchyme souvent très-complexe au sein duquel l'air pénètre pour aller trouver les vaisseaux sanguins, les branchies sont des expansions en forme de peignes ou flabellées, c'est-à-dire en panaches ou bien encore en forme de houpes, d'arbuscules, etc. Elles reçoivent les vaisseaux respiratoires et sont disposées de manière à pouvoir flotter dans l'eau afin d'en retirer l'air nécessaire au sang qui les traverse. Cette disposition des branchies était indiquée par la nature même du milieu dans lequel vivent les animaux pourvus de ces organes.

Chez tous les poissons (fig. 44) et chez les batraciens avant leur métamorphose (fig. 37), il existe constamment des branchies. Ces organes semblent correspondre à la partie antérieure de l'appareil respiratoire des vertébrés aériens; ils coïncident avec un développement plus considérable de l'os hyoïde qui fournit des arcs osseux supportant les peignes branchiaux. Ces parties se trouvent placées vers l'endroit où commence la trachée artère chez les animaux des premières classes. Les branchies sont par conséquent inserées dans la cavité pharyngienne, et c'est par la bouche qu'entre l'eau destinée à l'exercice de leur fonction respiratrice. Dans chacune des dents du peigne branchial ou dans chacune de ses houppes passent deux canalicules sanguins, qui s'y répandent en capillaires. L'un vient de l'artère branchiale et amène du sang noir; l'autre répond aux origines des veines pulmonaires de l'homme : mais comme les poissons manquent du cœur gauche, les différentes veines à sang rouge ou veines branchiales de ces animaux vont gagner directement l'artère aorte.

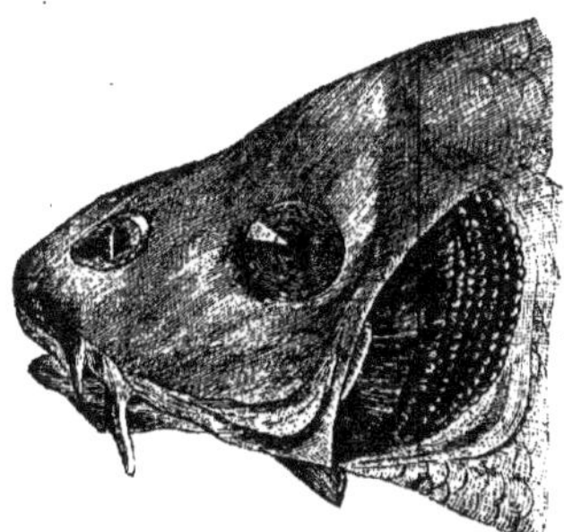

Fig. 44. — Branchies de la carpe.

L'eau introduite par la bouche pour effectuer l'hématose au moyen de l'air dont elle est chargée ne sort pas, comme l'air chez les vertébrés aériens, par l'orifice qui lui a donné accès. La cavité buccopharyngienne des poissons est considérable et elle présente en arrière deux grandes ouvertures latérales appelées *ouïes*, qui semblent répondre aux trompes d'Eustache des vertèbres supérieures : comme si ces canaux avaient acquis chez les animaux pourvus de branchies un développement exagéré, et que l'eau introduite dans leur intérieur s'échappât par les conduits auditifs externes, ainsi que cela a lieu pour la fumée introduite dans la bouche et rejetée par les oreilles chez les gens qui ont le tympan crevé. C'est par ces ouïes, dont l'ouverture se ferme et s'ouvre incessamment, grâce à la pré-

Fig. 44. Tête de *carpe* dont on a enlevé l'opercule gauche pour montrer les branchies en place.

sence des opercules qui les protégent, que l'eau s'écoule au dehors.

Les branchies de certains poissons résistent plus que celles de certains autres à la dessiccation lorsqu'on sort ces animaux de l'eau ; cela tient en grande partie à la dimension des ouïes qui laissent écouler ou évaporer, dans un temps plus ou moins long, le liquide nécessaire à l'accomplissement de leurs fonctions. Les anguilles, qui ont les ouïes fort petites comparativement aux carpes, et possèdent une sorte de poche branchiale, meurent moins vite que ces animaux quand on les laisse exposées à l'air. Les carpes à leur tour résistent plus longtemps que les aloses ou les harengs, parce que chez ces derniers les orifices des ouïes ont une étendue plus grande encore. Il existe des poissons qui sortent volontairement de l'eau comme le font parfois les anguilles, et montent, assure-t-on, jusque sur les arbres pour y saisir des insectes ou d'autres aliments : ce sont les anabas, qui vivent aux Indes (fig. 45). Ils doivent cette faculté à la présence, au-dessus de leurs branchies, de lacunes celluleuses labyrinthiformes, creusées dans les os du crâne. Cette disposition bizarre leur permet de conserver une certaine quantité d'eau chargée d'air qui, tombant goutte à goutte sur les branchies, les soustrait à la dessiccation. Les poissons qui présentent cette particularité forment la famille des pharyngiens labyrinthiformes de Cuvier. Le gourami, espèce de l'Inde et de la Chine qu'on a réussi à acclimater à l'île Maurice, appartient à cette famille.

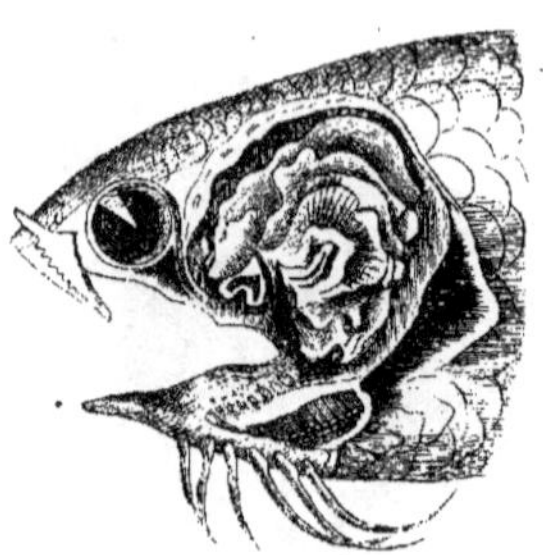

Fig. 45. — Anabas.

Le nombre des ouïes des poissons n'est pas toujours limité à deux. Chez les plagiostomes et les cyclostomes il est de cinq ou même de sept, dans quelques espèces. Dans les lamproies (fig. 46) ces orifices rappellent les trous d'une flûte.

Les branchies de ces poissons ont aussi une disposition différente de celle qui caractérise les poissons ordinaires. Celles des plagiostomes sont adhérentes à la membrane des cavités branchiales, ce qui les a fait appeler des branchies fixes, et chez les cyclostomes (lamproies, etc.) les cavités qui les renferment forment de grandes poches dans lesquelles l'eau peut s'amasser.

Fig. 45. Anabas. — La tête en partie disséquée montre les feuillets contournés de l'appareil labyrinthique.

Beaucoup d'*animaux invertébrés* vivent dans l'eau et respirent aussi par des branchies. La plupart des mollusques sont dans ce cas, mais leurs organes de respiration, au lieu de dépendre de la cavité buccale comme ceux des vertébrés, sont de simples modifications soit en peignes, soit en houppes ou en panaches, de la peau extérieure. Cependant ils ne sont pas toujours flottants au dehors, et dans beaucoup d'espèces des cavités spéciales sont destinées à les abriter. Les

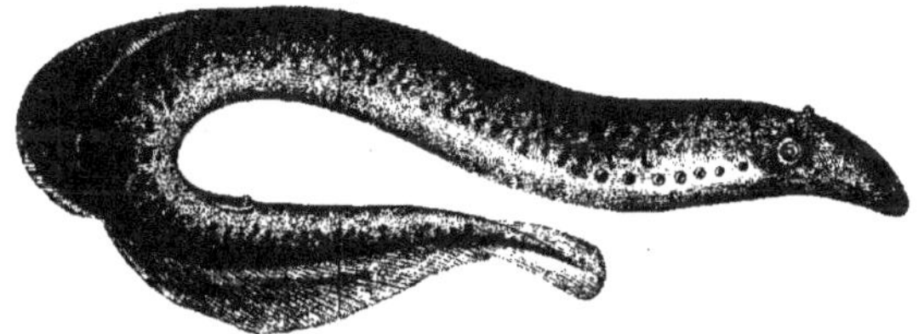

Fig. 46. — La grande lamproie.

mollusques présentent d'ailleurs de grandes différences dans la disposition de leurs branchies. On a tiré de ces dispositions si variées des caractères fort utiles pour la classification des nombreuses familles de cet embranchement. Les seiches, les poulpes et les calmars n'ont qu'une seule paire de branchies (fig. 38), tandis que le nautile en a deux paires.

Certains mollusques gastéropodes ont été appelés pectinibranches à cause de la disposition en peignes de leurs branchies, et plusieurs autres divisions tirent aussi leur dénomination de la disposition propre à ces organes.

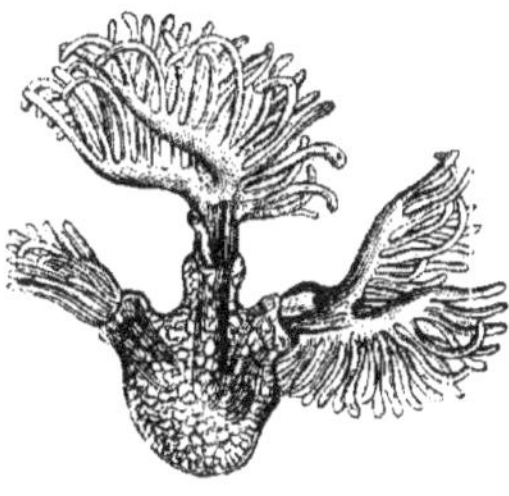

Fig. 47. — Branchies de la cristatelle.

Les lamellibranches (huîtres, moules, vénus), de la catégorie des acéphales, sont aussi dans ce cas, et c'est la forme lamellaire et en peignes de leurs organes respiratoires qui leur fait donner le nom sous lequel nous venons de les indiquer.

Chez les ascidies et autres tuniciers, les branchies forment un grand sac à parois réticulées situé au devant de la bouche. Chez les bryozoaires, comme les cristatelles (fig. 47), alcyonelles, plumatelles et

Fig. 47. Colonie de trois jeunes *cristatelles*, dont deux ont leurs branchies épanouies.

eschares, ce sont des filaments tentaculiformes également placés à l'entrée du tube digestif, mais qui restent séparés les uns des autres et forment un panache rétractile d'une forme très-élégante.

Il y a des mollusques complétement terrestres, comme les hélices et les limaces, qui respirent l'air atmosphérique, et d'autres qui, tout en se tenant dans l'eau, comme les lymnées et les planorbes, ont, de même que les limaces, la respiration aérienne. Ceux-ci viennent à la surface du liquide chaque fois qu'ils ont besoin d'air. Leur appareil respiratoire est également disposé en manière de poumons, et l'on dit qu'ils sont *pulmonés*. Voici quelle en est la disposition : sur les parois de leur cavité aérienne s'étend le réseau vasculaire, siége de l'hématose, ce qui constitue pour ainsi dire un état intermédiaire entre les branchies et les poumons véritables.

On trouve au contraire de véritables branchies chez les animaux articulés de la classe des *crustacés;* il y en a même chez ceux qui vivent plus ou moins complétement à l'air, comme les crabes tourlourous, les cloportes et quelques autres encore. D'ailleurs les branchies des crustacés ne sont plus comme celles des mollusques de simples expansions de la peau. Ce sont des houppes de forme variable, dépendant constamment des pattes de ces animaux. Celles des crabes, des écrevisses, des langoustes, des homards et des autres crustacés décapodes sont placées à la base des pattes; mais une disposition particulière de la carapace leur fournit une sorte de cavité protectrice, et elles sont ainsi abritées contre la dessiccation lorsque les animaux dont nous parlons viennent hors de l'eau. Dans les espèces dont il s'agit, un mécanisme particulier fait circuler ce liquide dans l'intérieur de la cavité branchiale. Ailleurs, comme chez les squilles, les branchiopodes, etc., la respiration s'opère au moyen des pattes elles-mêmes, qui sont alors garnies de prolongements en forme de soies ou de barbes analogues à celles qui forment les branchies véritables chez les décapodes, et elles servent au même usage. Il y a des crustacés plus inférieurs encore, qui sont entièrement dépourvus d'organes spéciaux de respiration; les lernées, espèces pour la plupart parasites des poissons, appartiennent à cette catégorie; leur respiration est purement cutanée.

On trouve aussi des branchies chez beaucoup d'animaux du sous-embranchement des *vers*. Parmi ceux qui en possèdent, nous citerons les annélides de l'ordre des céphalobranches, ayant les branchies placées à la tête (amphitrites, serpules, etc.), et celles désignées par le nom de dorsibranches, signifiant qu'elles ont les branchies disposées en sens longitudinal de chaque côté du dos (néréides, arénicoles, etc.). Ici encore les branchies sont sous la dépendance des appendices locomoteurs, et l'on reconnaît à ces appendices, lorsqu'ils sont complets, une partie locomotrice constituée par des soies, une partie sensoriale formant une sorte de cirrhe tentaculaire et une portion respiratrice ou branchiale.

Enfin on peut considérer comme étant également comparables à des branchies certaines expansions cutanées qui servent à la respiration de différents zoophytes; mais chez beaucoup d'animaux de cet embranchement et chez ceux plus simples encore qu'on en a séparés sous le nom de protozoaires, la respiration est essentiellement cutanée; il n'y a plus aucun organe chargé de l'exécuter.

TRACHÉES. — Les poumons, organes spéciaux de respiration aérienne, et les branchies, particulièrement appropriées à la respiration

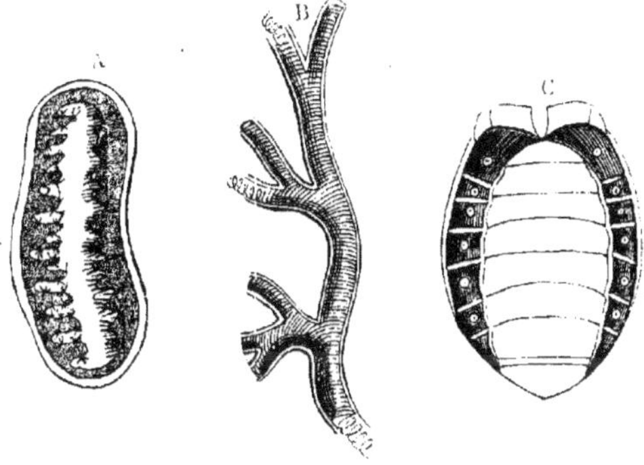

Fig. 48. — Stigmates et trachées des insectes.

aquatique, ne sont pas les seuls instruments par lesquels cette fonction puisse s'exécuter chez les animaux. Dans les insectes, les myriapodes ou mille-pieds et une partie des arachnides, la respiration s'opère au moyen de trachées. Ces organes sont de longs tubes assez semblables en apparence à ceux qui portent ce nom dans les végétaux, et on leur reconnaît de même une membrane interne et une membrane externe, la première épidermoïde et la seconde fibreuse. Dans les trachées des animaux, ces deux membranes sont aussi séparées l'une de l'autre par une troisième, formée d'un *fil spiral* fort semblable au fil déroulable des trachées végétales et qui présente les mêmes caractères. Une pareille disposition est très-favorable à la circulation de l'air dans

FIG. 48. Stigmates et trachées des insectes.
A = Stigmate d'un dytisque.
B = Les stigmates vus en place après l'enlèvement des ailes.
C = Une trachée avec son fil déroulable.

l'intérieur des trachées, parce qu'elle empêche ces organes de s'affaisser sur eux-mêmes.

Les trachées servent uniquement à la respiration aérienne, et l'on pourrait les comparer aux éléments aériens des poumons (arbre pulmonaire) qui resteraient séparés en rameaux distincts les uns des autres, au lieu de partir d'un tube unique comme ils le font chez les vertébrés pourvus d'une trachée artère.

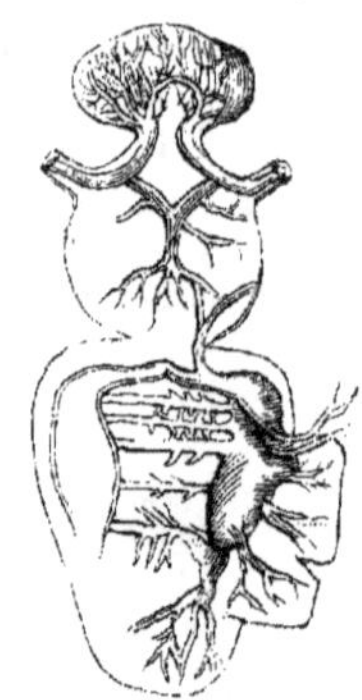

Fig. 49. — Trachées et sacs aériens de l'abeille.

Les trachées s'ouvrent au dehors par plusieurs orifices habituellement percés sur les parties latérales du corps et qui sont soutenus par un petit cadre résistant, auquel on a donné le nom de *stigmate*.

Le tube, qui part de chaque stigmate, se dirige dans l'intérieur du corps en s'y ramifiant, et il envoie ses rameaux aux différents organes pour porter au sang qui les baigne l'air nécessaire à son hématose. Dans les espèces qui volent avec facilité, il existe habituellement sur le cours des trachées des dilatations constituant des chambres aériennes ou sacs pneumatiques. Ils ont sans doute les mêmes usages que les sacs aériens des oiseaux, et il est à remarquer qu'ils ne s'observent pas encore chez les larves. Dans les parties où elles se renflent ainsi en forme de poches, les trachées n'ont pas de fil spiral.

Au moment où certains insectes vont s'envoler, on les voit exécuter de larges inspirations destinées à gonfler leurs trachées et leurs sacs aériens, ce qui doit, évidemment, faciliter leur ascension et rendre leur respiration plus active pendant tout le temps qu'ils passeront dans l'air. C'est une analogie de plus avec ce qui se passe dans la respiration des oiseaux.

La respiration acquiert, chez les insectes parfaits, une activité bien plus grande que chez la plupart des autres animaux sans vertèbres.

L'étude attentive de l'appareil respiratoire des arachnides et des insectes a donné lieu à plusieurs remarques qui méritent d'être signalées.

Certains insectes vivent dans l'eau, et cependant ils respirent par des trachées. Voici l'explication de cette contradiction apparente. Ou bien ces insectes viennent de temps en temps à l'air pour charger d'une petite quantité de ce fluide les poils de leur corps et s'en

FIG. 49. Une partie des trachées et le grand sac aérien abdominal chez l'*abeille*.

servir ensuite pour accomplir leur respiration, en le faisant passer dans leurs trachées ; ou bien ils ont sur les parties latérales du corps, ou à son extrémité, des appendices fort semblables à des branchies, et qui absorbent l'oxygène de l'air dissous dans l'eau pour le faire parvenir aux trachées. Dans ce cas encore, la respiration reste semblable à ce qu'elle est chez les autres animaux de la même classe. On peut voir une semblable disposition chez les larves de certains névroptères, et celles de plusieurs genres de diptères la présentent également.

Les myriapodes et plusieurs familles d'arachnides ont aussi des trachées ; mais il existe dans quelques groupes appartenant à cette dernière classe des organes de nature feuilletée, renfermés dans des espèces de sacs, et qui servent de même à la respiration aérienne. On les a regardés comme des poumons, quoiqu'ils n'en aient pas la structure. Il y en a chez les scorpions.

Certaines araignées appartenant aux genres dysdère et ségestric ont à la fois des poumons feuilletés et des trachées.

CHAPITRE X.

SÉCRÉTION URINAIRE.

Utilité de cette fonction. — La combustion de carbone qui entre dans la composition des principes ternaires des organes est l'un des principaux moyens employés par la nature pour entretenir la vie des animaux ; c'est cette fonction que nous avons étudiée sous le nom de respiration. On l'a comparée, non sans quelque raison, à la combustion de charbon employé pour assurer l'ébullition de l'eau dans les machines à vapeur. En effet, chez les animaux le travail produit, et ce travail peut être aussi du mouvement, n'est pas moins sous la dépendance de l'action comburante que dans l'exemple que nous venons d'emprunter à l'industrie. Supprimez la combustion, et, dans un cas comme dans l'autre, le travail cesse de se produire. Mais, dans l'économie animale, cette combustion de carbone n'est pas la seule opération dont la vie ait besoin pour continuer à se manifester et assurer la production des forces qu'elle met en jeu. Il y a, indépendamment des substances ternaires principalement consommées par les phénomènes de respiration qui les réduisent en acide carbonique et en eau, des substances d'un autre ordre, les substances azotées, dont la décomposition ne saurait donner lieu aux mêmes produits. C'est sous la forme de principes renfermant de l'azote que ces substances, dites plastiques ou quaternaires, doivent être rejetées au dehors.

Après avoir fait partie de nos tissus, et avoir concouru à l'exercice de nos fonctions, elles sont bientôt rejetées; l'urine est le liquide par lequel elles sont entraînées au dehors.

Les reins sont les organes chargés de cette partie du travail physiologique, comme les poumons, les branchies ou les trachées sont ceux auxquels est confiée l'élimination du carbone transformé en acide carbonique, et la production de l'urine, ou l'urination, devient ainsi une partie importante des phénomènes généraux de la nutrition. Elle est à la consommation des substances azotées ou plastiques ce que la respiration est à celle des substances ternaires, et l'on doit la considérer comme une des manifestations importantes de la vie.

L'URINE contient, dans la plupart des animaux, de l'eau en grande quantité, et elle constitue un produit habituellement liquide. Celle de l'homme et des mammifères est particulièrement dans ce cas, et il en est de même pour celle de quelques oiseaux ainsi que pour celle des tortues, des batraciens et des poissons; mais cette sécrétion est presque toujours épaisse et comme pultacée chez les oiseaux. Les crocodiles, les sauriens et les serpents l'ont plus consistante encore.

Elle peut renfermer un grand nombre de substances différentes les unes des autres, suivant les conditions variables de la digestion ou les absorptions diverses qui se sont opérées par les poumons et à travers la peau. Personne n'ignore qu'elle acquiert une odeur tout à fait spéciale lorsqu'on a mangé des asperges; cette odeur est due à l'asparagine, principe organique particulier renfermé dans le tissu de ces végétaux. L'essence de térébenthine donne à l'urine une odeur de violette. On y retrouve aussi, au bout de très-peu de temps, des traces évidentes d'un grand nombre des médicaments donnés aux personnes malades, et certaines affections peuvent, à leur tour, modifier sa composition. Dans le diabète, elle se charge d'une quantité considérable de sucre, et, dans l'albuminurie, l'albumine du sang filtre avec elle, ce qui affaiblit la constitution. Si le malade est atteint de la jaunisse, son urine est, au contraire, chargée d'une quantité considérable de cholestérine, principe colorant de la bile.

Mais ce ne sont là que des conditions en réalité exceptionnelles; et l'urine normale ne renferme du sucre, de l'albumine ou de la cholestérine qu'en très-faible quantité. L'eau, qui en forme la plus grande partie, tient en dissolution divers sels extraits du sang, et, de plus, un principe azoté spécial, qui est l'*urée*. Comme nous l'avons déjà fait entrevoir, cette substance provient essentiellement des principes quaternaires du sang; elle a pour principal objet de débarrasser ce liquide des composés azotés qui en forment la partie plastique. L'urine opère encore l'élimination de l'eau en excès dans le sang, et cela explique comment sa masse augmente rapidement lorsqu'on prend des boissons en plus grande quantité : elle devient surtout abondante si la température peu élevée de l'air ou la vapeur d'eau dont il est chargé font obstacle à la transpiration. Le rejet par l'urine, de la quantité superflue des boissons, s'opère, comme chacun a pu faire la remarque, après un temps assez court.

L'*urée* est une sorte d'alcaloïde qui peut entrer en combinaison avec plusieurs acides et former des sels dont elle constitue alors la base. Dans l'urine elle est associée à un principe acide, d'une composition peu différente de la sienne, qu'on appelle l'*acide urique.*

Cet acide urique et cette urée sont ordinairement en proportion inverse l'un de l'autre; c'est le premier de ces corps qui forme en se déposant les petits cristaux de couleur ambrée des urines acides. Un régime essentiellement animal augmente la quantité d'acide urique.

Il existe de l'acide urique en grande abondance dans l'urine des serpents et des autres animaux chez lesquels cette sécrétion est de consistance plus ou moins solide. L'acide urique de l'urine est ordinairement uni à de la soude (urate de soude).

L'urine de certains animaux fournit encore d'autres principes d'une composition assez analogue, mais différente cependant par la proportion des éléments qui les constituent : tel est l'*acide hippurique*, particulier à l'urine des herbivores. On l'a d'abord signalé dans celle des chevaux, ce qui lui a valu son nom. Cet acide se développe en plus grande abondance chez les chevaux qui fatiguent que chez les autres; c'est sa présence qui rend leur urine trouble, tandis que celle des chevaux mieux soignés et qui sont depuis quelque temps au repos redevient limpide.

Les produits spéciaux de l'urine se rapprochent, par leur composition chimique, du carbonate d'ammoniaque, ou mieux encore, du cyanate d'ammoniaque, à l'aide duquel on a pu les reproduire artificiellement. L'urine s'altère rapidement au contact de l'air, et elle entre en putréfaction. L'urée en particulier s'y décompose en bicarbonate d'ammoniaque.

Les principes organiques de l'urine (urée, acide urique, etc.) existent tout formés dans le sang des animaux, et ils y sont en quantité variable, suivant les conditions de l'alimentation et de la santé. Le rein ne fait que les en extraire, comme le poumon en extrait l'acide carbonique, mais sans en opérer la formation. Cela est facile à démontrer en arrachant les reins à un animal ou en lui liant les artères rénales. On constate alors que l'urée s'accumule dans son sang absolument comme le ferait l'acide carbonique, si c'était du poumon qu'on l'eût privé. L'urine sert aussi de véhicule pour l'élimination des substances salines de l'organisme et certains sels minéraux qu'on y observe, tels que des phosphates, etc., proviennent également du sang. On s'est autrefois servi de l'urine pour la fabrication du phosphore.

Les principes salins de l'urine combinés à ses principes organiques sont l'origine des pierres ou calculs qui se développent parfois dans la vessie, soit chez l'homme, soit chez les animaux. La gravelle a aussi la même cause.

L'enveloppe cutanée ou la peau externe concourt dans certaines limites à l'excrétion de l'urée, comme elle aide les fonctions respiratoires; c'est particulièrement à l'aide de ses glandes sudoripares qu'elle remplit ce rôle : aussi a-t-on constaté la présence d'une petite quantité d'urée dans la sueur.

Appareil urinaire. — Chez l'homme et chez les animaux mammifères, l'appareil destiné à la sécrétion de l'urine et à son transport au dehors de l'économie acquiert un degré de perfectionnement bien supérieur à celui qu'il a dans les autres classes. Indépendamment de la double glande conglomérée constituant les *reins* ou rognons, glande dans laquelle s'opère la filtration urinaire, on constate, chez ces animaux, la présence de deux canaux émergents, un pour chaque rein: ce sont les *uretères*. Ces canaux aboutissent l'un et l'autre à un réservoir commun dans lequel s'amasse l'urine. Ce réservoir est formé par une membrane muqueuse; il constitue la *vessie* et verse, à son tour, mais par intervalles et au gré de l'animal, l'urine qui s'y est accumulée, dans le canal de l'*urètre*, par lequel ce liquide doit être définitivement expulsé au dehors.

Structure des reins. — Les reins méritent d'être étudiés dans quelques-unes des particularités de structure qui assurent l'exercice de l'importante fonction dont ils sont chargés. Ces organes, bien que situés dans la cavité abdominale, restent en dehors de la séreuse péritonéale, et ils sont placés entre elle et les muscles de la face antérieure des lombes. Leur forme la plus ordinaire, dans la classe des mammifères, est bien connue d'après celle qu'ils ont dans le mouton; mais chez divers animaux de la même classe, ils sont multilobés, particulièrement chez ceux dont la vie est aquatique. Ceux des cétacés semblent être multiples, et dans les baleines ou les dauphins, on pourrait compter plus de cent de ces rénules pour chaque côté. C'est encore là un de ces faits si fréquents en anatomie comparée qui s'expliquent par le principe des arrêts de développement, et nous pouvons y avoir recours pour essayer de mieux comprendre les reins réniformes ou de forme ordinaire, tels qu'on les voit dans le reste des mammifères.

Dans ces derniers, parmi lesquels se place notre propre espèce, les lobules constitutifs de chaque rein ou les rénules primitivement séparés dont ces organes résultent, se confondent vers l'époque de la naissance en un rein unique pour chaque côté. Mais on retrouve encore dans cet organe la trace des parties dont il était primitivement formé. En effet, si l'on ouvre longitudinalement et par son milieu un

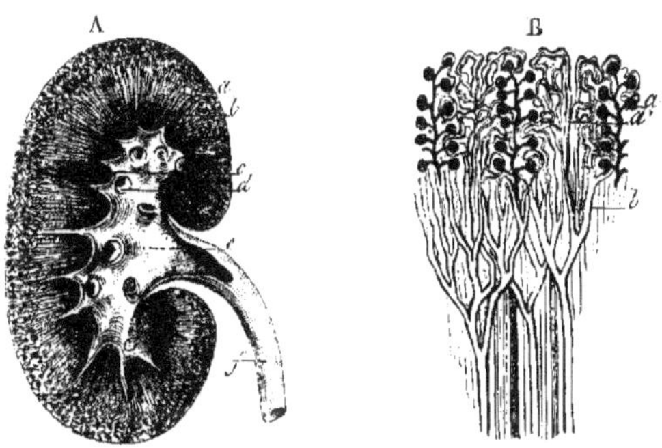

Fig. 50. — Structure du rein.

rein, il se montre formé d'une association de cônes appelés *pyramides*, à cause des saillies ayant l'apparence de sommets pyramidaux qui les terminent à l'intérieur de l'organe. Ces sommets en pyramides aboutissent aux *calices* ou premiers réceptacles membraneux de l'urine qui suinte par leur surface, et les calices conduisent immédiatement le produit de la sécrétion rénale dans le *bassinet*. Celui-ci ressemble à une espèce d'entonnoir également membraneux résultant de la réunion des calices et formant le commencement de l'uretère.

On distingue dans le rein ouvert, comme nous l'avons supposé

Fig. 50. Structure du rein chez le *mouton*.

A = Un rein coupé verticalement par sa partie médiane.

a) Substance corticale; — *b*) substance tubuleuse (tubes de Bellini et tubes de Ferrein); — *c*) pyramides; — *d*) calices; — *e*) bassinet; — *f*) uretère.

B = Portion très-grossie de la substance corticale montrant :

a) Les corpuscules de Malpighi; — *a'*) les tubes de Ferrein continués par les tubes de Bellini (*b*).

tout à l'heure (fig. 50, A), deux substances, l'une extérieure ou corticale, et l'autre intérieure ou profonde constituant plus spécialement les sommets pyramidiformes déjà indiqués, c'est-à-dire autant de rénules habituellement confondus en un seul rein au lieu de rester séparés comme ils le sont chez les cétacés.

Fig. 51. — Rein du dauphin.

La substance des pyramides est essentiellement tubuleuse, et c'est par l'extrémité de certains tubes, dits *tubes de Bellini*, qui la forment, que l'urine sécrétée s'épanche dans les calices pour être transmise goutte à goutte au bassinet. Il y a aussi des tubes dans la partie corticale ou superficielle et ils sont en communication par une de leurs extrémités avec ceux de Bellini; on les nomme *tubes de Ferrein*. Leurs canalicules sont en partie fluxueux, et ils aboutissent par leur extrémité périphérique à ce qu'on nomme les granulations de la substance rénale, ou les *corpuscules de Malpighi*. Ces corpuscules ou granulations constituent de leur côté autant de petits pelotonnements de vaisseaux capillaires destinés à séparer l'urine du sang et à la transmettre par exosmose aux tubes urinifères de Ferrein, qui la conduisent eux-mêmes aux tubes droits de Bellini, d'où elle sort en suintant par le sommet des pyramides et tombe dans les calices pour arriver au bassinet et passer dans l'uretère correspondant. C'est alors qu'elle entre dans les voies urinaires proprement dites, qui commencent en effet aux calices et au bassinet, et se continuent par les uretères, la vessie et l'urètre.

En dernière analyse, chacun des reins de l'homme est composé de plusieurs rénules intimement soudés entre eux, et dont les sommets ou pyramides nous rappellent la séparation primitive. Ces glandes, en apparence si difficiles à bien comprendre, ne sont donc qu'un amas de cryptes ou glandules tubiformes très-nombreuses et d'une extrême finesse, mises en rapport par leur extrémité fermée avec des capillaires sanguins dont ils tirent directement l'urine.

On retrouve les mêmes tubes séparés les uns des autres et réduits à un petit nombre seulement chez les insectes. Ce sont les derniers des canaux attenant à l'intestin que Malpighi a découverts et qui portent son nom (tubes malpighiens des insectes).

FIG. 51. Rein du *dauphin* pour montrer sa décomposition en lobules.

a) L'aorte descendante; — *b*) l'artère rénale qu'elle fournit; — *d*) lobules en forme de grain; — *c*) l'uretère.

Chez les vertébrés ces éléments fondamentaux de l'appareil urinaire sont, au contraire, agrégés, et leur ensemble constituant les reins est enveloppé par une tunique fibreuse, revêtue d'une masse de graisse plus ou moins abondante, suivant les sujets. La structure de ces amas glanduleux y est en même temps plus compliquée, ce qui est en rapport avec la plus grande perfection des actes vitaux, et chaque rein est mis en rapport avec le système vasculaire général par des artères et des veines.

Les artères rénales proviennent directement de l'aorte descendante, dont elles constituent deux branches raccourcies, mais proportionnellement considérables. C'est du sang apporté par elles que l'urine est extraite. Les veines du rein ou veines rénales se rendent directement à la veine cave inférieure après leur sortie de ces organes.

Le point d'insertion des vaisseaux sanguins qui mettent les reins en communication avec le reste du système vasculaire est la partie échancrée de ces organes ou leur hile.

PRINCIPALES PARTICULARITÉS DE L'APPAREIL URINAIRE DANS LES VERTÉBRÉS OVIPARES. — Les reins des oiseaux, animaux dont la vie de nutrition est très-active, sont proportionnellement plus volumineux que ceux des mammifères, et ils ont aussi une forme tout à fait différente. On y remarque cette autre particularité que leurs uretères n'aboutissent pas à une vessie, mais au *cloaque*, poche commune, dans lequel se rendent aussi l'anus et les organes de la reproduction (fig. 18, *l*). Il en résulte que chez ces animaux les œufs, les excréments et l'urine sont expulsés par le même orifice.

Les monotrèmes (ornithorhynques et échidnés), qui sont les derniers des mammifères, possèdent également un cloaque, et la même disposition caractérise les reptiles ainsi que les batraciens.

Les tortues ont néanmoins une vessie urinaire, et chez elles cette poche est considérable, quelquefois même elle est accompagnée de vessies accessoires. Il y a également une poche vésicale chez les crocodiles, et un certain nombre de sauriens en sont de même pourvus. Les serpents sont plus singuliers encore, en ce sens qu'ils ont une vessie pour chacun de leurs uretères, et par suite deux vessies au lieu d'une : ce qui tient à ce que les deux moitiés, une pour chaque uretère, qui forment par leur réunion la vessie unique des autres animaux, restent ici séparées l'une de l'autre. Enfin la vessie des batraciens est tantôt simple et tantôt au contraire bilobée.

Les poissons, à l'exception des cyclostomes, ont également une vessie, à laquelle aboutissent aussi les uretères; mais l'urètre s'ouvre en arrière de l'anus, par un orifice à la fois distinct de la terminaison des intestins et de la fin des organes reproducteurs. Il en résulte que ces animaux n'ont pas de cloaque comme les autres vertébrés ovipares, ou comme les mammifères monotrèmes.

Une particularité commune aux vertébrés ovipares consiste dans la disposition de leur système veineux rénal. Le sang qui revient des extrémités postérieures du corps passe en partie par les reins avant de faire retour dans la veine cave, et la veine qui l'y reçoit se comporte dans ces organes absolument comme la veine porte hépatique le fait dans le foie; telle est la disposition qui a fait dire que ces animaux possédaient une *veine porte rénale*.

De la sécrétion urinaire chez les animaux sans vertèbres. — L'importance du rôle que joue la sécrétion urinaire chez les vertébrés et sa participation aux phénomènes les plus généraux de la nutrition, devait faire supposer qu'elle a également lieu chez les animaux sans vertèbres, et en effet elle y a été constatée. Chez quelques-uns le siége de cette sécrétion a pu être parfaitement déterminé, et si on ne le connaît pas encore chez les autres, on ne saurait douter de l'existence de la fonction.

Certains canaux très-grêles qui débouchent dans les intestins des insectes et sont appelés canaux malpighiens sont en partie affectés à la sécrétion urinaire de ces animaux. Ceux qui sont placés le plus près de l'estomac sécrètent la bile, et l'on y a même trouvé des calculs formés par cette substance; ceux qui sont plus rapprochés de l'anus sont au contraire les organes de la sécrétion urinaire, et on y a quelquefois observé des concrétions d'acide urique.

Chez les mollusques, il y a aussi une sécrétion urinaire, et chez les céphalopodes, tels que les seiches, les calmars et les poulpes, on a souvent décrit comme étant comparable à l'urine la liqueur noire que ces animaux émettent, et dont ils s'enveloppent comme d'un nuage lorsqu'ils veulent se soustraire à leurs ennemis. C'est la poche à encre, qui s'ouvre auprès de l'anus de ces mollusques, et cette encre fournit une espèce de *sepia;* mais les céphalopodes ont sur le trajet de leurs veines caves des organes spongieux (fig. 38, *l*) qui sont maintenant regardés comme étant leurs reins. Ces corps n'ont aucune communication avec la poche du noir.

La glande urinaire des gastéropodes est voisine de leur anus. Celle des lamellibranches avait été quelquefois prise pour un poumon; on la désigne sous le nom de corps de Bojanus, du nom de l'auteur qui l'a étudiée. Enfin il est aussi très-probable que les deux longs canaux qui s'étendent jusqu'à l'extrémité du corps des vers trématodes et des vers rubanés (douves et ténias) sont également des organes urinaires et non des vaisseaux sanguins, comme beaucoup d'auteurs l'avaient d'abord pensé.

CHAPITRE XI.

CHALEUR ANIMALE.

Animaux a température fixe. — L'activité vitale dépend en grande partie de la régularité avec laquelle s'opèrent les fonctions de la nutrition. Une alimentation appropriée aux besoins de l'accroissement des organes et à leur entretien; des phénomènes de combustion s'exerçant dans toutes les parties du corps, quoique moins activement aux extrémités que dans les différents organes du tronc; l'élaboration des principes de nature plastique et leur transformation en urée; enfin les divers actes que nous avons successivement énumérés en traitant des fonctions nutritives et qu'il serait superflu de rappeler ici : telles sont les principales causes de la production de chaleur dont le corps des mammifères ou celui des oiseaux est le foyer.

La chaleur animale est donc un fait physiologique en ce sens que sa production est due à l'organisme en action; mais les procédés par lesquels elle se développe dans le corps de l'homme et des autres animaux dits à sang chaud ne sont pas différents de ceux qui lui donnent naissance en dehors de la vie. Cette chaleur est à la fois cause et effet. La vie la développe, et à son tour elle est indispensable à l'exercice des fonctions.

Son caractère spécial dans les deux premières classes est d'être à peu près fixe, c'est-à-dire toujours la même pour chaque espèce, ou du moins de ne varier que dans certaines limites fort rapprochées, quelle que soit d'ailleurs la température de l'atmosphère. En été ou dans les pays chauds, lorsque le thermomètre approche de + 40° ou dépasse ce point; dans les hivers rigoureux ou dans les régions glacées des pôles, lorsque le même instrument marque — 20° ou une température plus basse encore, la chaleur du corps reste à peu près la même. Elle est en moyenne de + 37°,5. Des expériences suivies sur plusieurs matelots, pendant le voyage de circumnavigation de la corvette française *la Bonite*, ont montré qu'une différence de 40° dans la température de l'atmosphère n'avait produit qu'une variation correspondante de deux degrés dans la température du corps. L'abaissement avait lieu lentement quand on passait d'un pays chaud dans un pays froid; il disparaissait rapidement quand on passait d'un pays froid dans un autre plus chaud.

Les enfants ont constamment une température plus élevée que les adultes (39° environ); ils absorbent d'ailleurs par la respiration une plus grande proportion d'oxygène, et ils ont besoin aussi de plus d'aliments ternaires ou respiratoires. On remarque en outre qu'en hiver ces aliments doivent être pris en plus grande quantité qu'en été, et dans les pays froids il s'en fait une plus grande consommation que dans les pays chauds. La combustion de ces aliments est la principale source de la chaleur animale, et cela explique comment les habitants des régions polaires sont si avides de substances grasses, d'aliments sucrés ou féculents et de boissons alcooliques.

Les mêmes lois président à la chaleur du corps chez les animaux et chez l'homme. Nous voyons les espèces qui, par les conditions de leur existence, sont le plus exposées à la perdre, être pourvues de téguments plus chauds que les autres. La fourrure des renards ou celle des loups pris en Égypte ou dans l'Inde est moins fournie et moins belle que celle des mêmes animaux tués à la baie d'Hudson, en Sibérie ou dans la Laponie. Dans le premier cas, la bourre y est presque nulle et le poil soyeux peu serré; dans le second, elle forme à la base des poils soyeux qui constituent le jarre une masse abondante qui nous la fait rechercher comme moyen de conserver notre propre calorique. Les animaux des pays chauds n'ont, pour la plupart, que des poils durs ou de nature soyeuse. Nous en avons la preuve par le cochon d'Inde, petit rongeur originaire du Pérou, que nous élevons au milieu de nos habitations. L'absence de bourre, qui le rend si sensible à nos hivers, s'oppose à ce qu'il soit réellement acclimaté. Des cochons d'Inde lâchés dans les bois, comme on le fait pour des lapins, des kangurous ou d'autres animaux à pelage plus épais, ne tarderaient pas à périr de froid.

Des différences analogues se remarquent entre les oiseaux. Ceux qui sont le plus exposés aux variations de la température, comme les espèces nocturnes et les espèces aquatiques, sont aussi ceux qui ont au-dessous des plumes proprement dites un duvet plus abondant. Le canard eider, qui nous fournit l'édredon, est surtout remarquable sous ce rapport. Parmi les mammifères, on peut citer, comme étant dans le même cas, le castor et la loutre, dont la fourrure est si moelleuse et si chaude. D'autres animaux aquatiques trouvent dans l'accumulation d'une couche épaisse de graisse au-dessous de la peau le moyen deconserver la chaleur produite par leurs phénomènes de nutrition, et ils peuvent n'avoir que peu ou point de poils laineux, ou même manquer complétement de poils, sans en éprouver d'inconvénients réels. Les sirénides (lamantins et dugongs) et les cétacés (cachalots, dauphins, baleines) n'ont pour ainsi dire pas de poils du tout; leur température reste néanmoins constante comme celle des mammifères les mieux vêtus. Cela tient à la couche épaisse de lard sous-cutané qui s'oppose à la déperdition du calorique produit par la combustion de leurs principes respiratoires ainsi que par les autres phénomènes vitaux dont leur corps est le siége. Leurs tissus graisseux fournissent les principaux éléments de cette combustion, et en isolant leur corps du milieu ambiant ils contribuent aussi à entretenir leur température à un degré suffisamment élevé.

Les oiseaux sont de tous les animaux ceux dont la respiration s'exécute avec le plus d'activité; ce sont aussi ceux qui produisent le plus de chaleur propre. Leur température varie entre 40 et 41°, tandis que celle des mammifères diffère peu de celle de l'homme et ne s'élève guère qu'à 37 ou 38°.

Animaux a température variable. — Les autres animaux sont considérés comme ayant le sang froid, parce qu'ils ne produisent pas, comme les mammifères et les oiseaux, une température élevée et constante; mais ils ne sont pas entièrement privés de la propriété de dégager de la chaleur, et dans les circonstances ordinaires ils sont toujours de quelques degrés au-dessus de la température environnante. En outre leur température peut varier avec celle du milieu au sein duquel ils sont placés, et l'on constate que plus l'air dans lequel ils vivent est chaud, plus aussi leur vie est active. Ainsi s'explique l'agilité que manifestent en été les lézards et les serpents, animaux qui deviennent au contraire somnolents et s'engourdissent bientôt lorsque la température s'abaisse. Les grenouilles passent la mauvaise saison enfouies dans la vase, et le peu d'activité de leur respiration leur permet d'y séjourner assez longtemps, même dans ces circonstances, sans y être asphyxiées. Leur peau supplée d'ailleurs à la lenteur de leur absorption pulmonaire, et chez elles la respiration est alors en grande partie cutanée. L'abondance des reptiles dans les pays tropicaux et l'agilité qu'ils y manifestent sont en rapport avec la chaleur plus élevée de ces régions. Vers les pôles il n'y a plus de reptiles. On les voit devenir de plus en plus rares à mesure que l'on se rapproche des latitudes élevées. Certains reptiles et mieux encore des batraciens peuvent être en partie congelés sans périr pour cela. Ils reviennent à eux si on les expose avec précaution à une température plus élevée. Il en est de même pour les œufs de diverses espèces d'animaux et en particulier pour ceux des saumons. C'est ce qui a permis d'en porter d'Angleterre en Australie en les conservant dans de la glace afin de ralentir leur éclosion. Cette expérience avait pour but l'acclimatation de cette précieuse espèce de poissons à la Nouvelle-Hollande.

La chaleur propre des poissons dépasse en général de $\frac{1}{2}^{\circ}$ à 1 $\frac{1}{2}^{\circ}$ celle de l'eau dans laquelle ces animaux sont plongés. Quelquefois la différence est sensiblement plus considérable. Les pêcheurs disent que le thon a le sang chaud, et l'on a trouvé + 24°,6 pour celui du requin, la température de l'eau étant entre 22 et 23°. On donne le sang de la bonite comme pouvant s'élever jusqu'à 37°, l'eau de mer restant à 27°.

Les insectes produisent également une certaine quantité de chaleur. Elle est particulièrement appréciable dans les essaims des abeilles et en hiver dans leurs ruches. On a constaté qu'il en est ainsi de beaucoup d'autres animaux, et une chaleur propre, d'origine animale, a été observée jusque chez les oursins et les actinies.

ESTIVATION ET HIBERNATION. — Il paraît que plusieurs animaux des régions intertropicales, soit mammifères, soit reptiles, éprouvent sous l'influence des fortes chaleurs de l'été une sorte d'engourdissement léthargique, pendant lequel leurs fonctions restent comme suspendues ou tout au moins sont considérablement ralenties. On a donné à cet état le nom d'*estivation*, rappelant que c'est pendant l'été qu'il a lieu.

L'*hibernation*, dont le nom rappelle un phénomène propre à l'hiver, est un engourdissement comparable au précédent, mais qui

Fig. 52. — Marmotte.

provient de l'action du froid dans des climats tempérés ou septentrionaux. On a, chaque année, l'occasion de l'observer. En effet, pendant l'hiver, on rencontre souvent soit dans des trous de murs, sous des pierres ou dans la terre, des insectes, des reptiles, ou d'autres animaux qui sont devenus immobiles et qui restent dans cet état d'engourdissement tant que la température ne se relève pas. S'il fait plus chaud, ils reprennent bientôt l'usage de leurs sens, se remettent à marcher, et leur premier soin est de chercher à se procurer quelques aliments pour réparer la déperdition qu'ont éprouvée leurs tissus pendant qu'ils étaient endormis. Quoique durant ce temps leur dépense ait été moindre qu'elle ne l'est pendant le sommeil ordinaire, elle est loin d'avoir été nulle. La vie s'est entretenue en consommant des principes ternaires et quaternaires. La respiration était faible, plus cutanée que trachéenne ou pulmonaire ; elle n'avait pas cessé un seul instant de se maintenir.

Les animaux à sang froid ne sont pas les seuls qui puissent tomber dans cet état de léthargie. Les chauves-souris, les loirs et autres espèces du même groupe, les marmottes et quelques autres également propres à l'Europe orientale, au nord de l'Asie ou à l'Amérique du Nord, présentent aussi des phénomènes d'hibernation. Ils se retirent dans leurs réduits aussitôt que la température commence à baisser d'une manière sensible, et plus particulièrement lorsque la nourriture va leur manquer ; ils restent alors engourdis jusqu'à ce que l'air redevienne plus chaud. Leurs fonctions s'exercent à peine, mais elles ne sont pas complétement suspendues. Cependant la circulation s'est beaucoup ralentie, et la combustion respiratrice a perdu une grande partie de son intensité. Une marmotte qui, dans son état d'activité, brûle 1^{gr},198 de carbone par heure et pour chaque kilogramme de son poids, n'en brûle plus que 0^{gr},040 à 0,048, c'est-à-dire la 30e partie, lorsqu'elle est tombée dans le sommeil hibernal : aussi la température du corps de ces animaux s'est-elle abaissée d'un nombre considérable de degrés. Spallanzani soutient même qu'une marmotte n'a plus du tout besoin de respirer si le froid continue à augmenter, et que l'on pourrait la plonger dans un gaz délétère sans la faire périr.

L'ours, le blaireau, et quelques autres espèces de mammifères, éprouvent, dans les mêmes circonstances, un engourdissement analogue à celui des animaux hibernants, mais qui n'est pas aussi profond. Dans tous les animaux à sang chaud, la chaleur propre que produit l'activité vitale est d'ailleurs indispensable à l'entretien de la vie elle-même. L'espèce humaine est particulièrement dans ce cas. Un simple abaissement de quelques degrés dans la température du sang et des organes intérieurs devient bientôt mortel, et la congélation, même limitée aux extrémités, peut avoir les conséquences les plus graves. Une somnolence à laquelle on a peine à résister, est le premier effet de cet abaissement de la température du corps. Les forces se trouvent bientôt paralysées, et nous devenons incapables de résister aux dangers qui nous menacent. C'est ainsi que nos soldats périssaient lors de la retraite de Moscou ; ceux que le sommeil gagnait, dans ces fâcheuses conditions, ne se réveillaient point.

ADDITION RELATIVE AUX FONCTIONS DE NUTRITION.

Pour bien faire comprendre au lecteur la nature des *fonctions de nutrition* et l'importance des actes principaux qui s'y rattachent, nous avons décrit les organes qui servent à les exécuter, en comparant autant que possible la disposition de ces organes, telle que nous l'observons dans l'homme, à celle plus simple qu'ils affectent dans les animaux : ce qui permet de s'en faire une idée plus exacte. Des figures de détail ont été jointes à cet exposé, et la figure 14 (p. 57) donne l'ensemble des principaux viscères digestifs et respiratoires contenus dans les cavités du thorax et de l'abdomen; les dents sont aussi représentées dans leurs principales particularités (p. 77 à 79). Ces dernières figures sont relatives à l'homme, dont elles font connaître les principaux viscères digestifs et le système dentaire.

La *circulation* envisagée dans son ensemble ne devait pas être oubliée dans la partie iconographique du présent ouvrage, et nous lui avons consacré une planche spéciale dans laquelle on voit le cœur et les principaux vaisseaux artériels et veineux (p. 162). Cette planche est aussi relative à l'homme.

Les deux *couleurs rouge et bleue* y indiquent la première la circulation du sang rouge ou hématosé et la seconde celle du sang chargé d'acide carbonique dont la couleur passe au bleu noirâtre.

On a représenté, indépendamment des systèmes artériel et veineux de la circulation générale poussés jusque dans leurs ramifications secondaires, les vaisseaux affectés à la petite circulation ou circulation pulmonaire (artères et veines pulmonaires), ainsi que les rapports de ces deux systèmes avec les parties droite et gauche du cœur. Les vaisseaux qui vont aux organes digestifs (artères cœliaque et mésentériques) et ceux qui en reviennent (ou les veines de l'estomac, des intestins et de la rate) n'ont pu être figurés, parce que les organes qu'ils nourrissent auraient caché l'aorte descendante ainsi que la veine cave inférieure; il en est de même des vaisseaux propres du foie (artère hépatique et veine porte). Au contraire, les reins ont pu être indiqués et l'on a montré dans celui de gauche les deux sysèmes artériel et veineux qui s'y ramifient.

La légende inscrite sur la planche consacrée à la circulation du sang est expliquée à la page suivante. Les chiffres arabes indiquent le système du cœur gauche ou aortique (*cœur à sang rouge*), et les chiffres romains le système du cœur droit (*cœur à sang noir*).

EXPLICATION DE LA PLANCHE I.

1° SYSTÈME DU CŒUR GAUCHE.

Couleur rouge.

Or. g. — Oreillette gauche, recevant des veines pulmonaires le sang rouge qui revient des poumons.

V. g. — Ventricule gauche, complétant avec l'oreillette gauche le *cœur gauche* ou cœur du sang hématosé.

1. Crosse de l'aorte.
2. Tronc brachio-céphalique et artères sous-clavières.
3. Artères carotides.
4. Artère brachiale.
5. Aorte descendante.
6. Artères rénales.
7. Artères iliaques primitives.
8. Artère fémorale.
9. Artère tibiale.
10. Artère pédieuse.

2° SYSTÈME DU CŒUR DROIT.

Couleur bleue.

Or. dr. — Oreillette droite du cœur recevant des veines caves le sang qui revient noir des différentes parties du corps où il s'est chargé d'acide carbonique.

V. dr. — Ventricule droit, complétant avec l'oreillette droite le *cœur droit* ou cœur à sang noir.

I. Veine cave supérieure.
II. Veines sous-clavières.
III. Veines jugulaires.
IV. Veines du bras.
V. Veine cave inférieure.
VI. Veines rénales.
VII. Veines iliaques primitives.
VIII. Veines crurales.
IX. Veines de la jambe.
X. Veines du pied.

P. dr. et *P. g.* — Poumons droit et gauche, dont on voit les principaux vaisseaux formés par les rameaux des artères pulmonaires (couleur bleue) et des veines pulmonaires (couleur rouge).

r) Les reins; celui de gauche ouvert pour en montrer les vaisseaux artériels (couleur rouge), et veineux (couleur bleue).

Vs. La vessie urinaire.

Histoire naturelle.

Zoologie. PL. I.
(p. 162.)

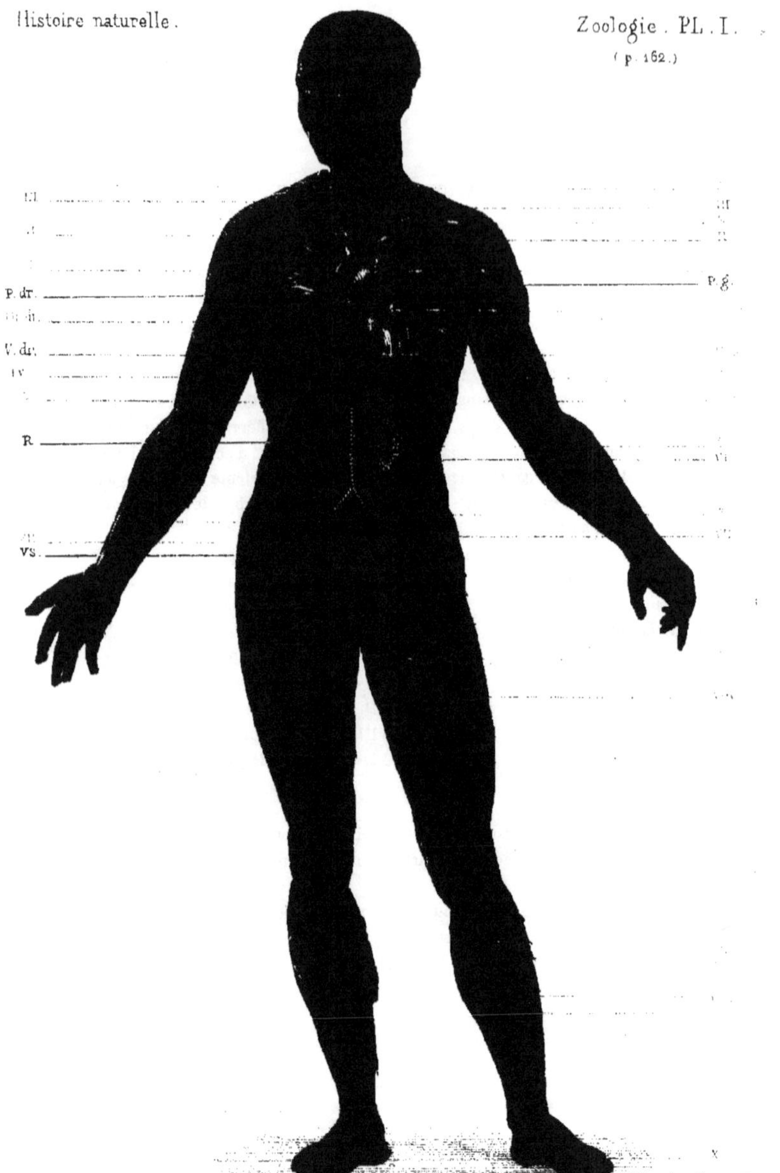

Imp. Becquet Paris.

CIRCULATION DU SANG.

(Cœur, Artères et Veines.)

CHAPITRE XII.

DES FONCTIONS DE RELATION EN GÉNÉRAL ET DES DIFFÉRENTS ORGANES PAR LESQUELS ELLES S'EXÉCUTENT.

Les animaux ne sont pas réduits, comme les végétaux, à l'exercice des seules fonctions de la nutrition associées à celles de la reproduction. Ils ont en outre le moyen de connaître, à des degrés divers, suivant la complication de leur organisme, ce qui se passe en eux-mêmes et d'apprécier les phénomènes du monde extérieur. Ce nouvel ordre de fonctions, appelé *fonctions de relation*, comporte des organes également nouveaux et différents de ceux dont nous avons déjà parlé. Ce sont les organes de la sensibilité et ceux de lal ocomotion.

Cependant, chez les animaux des classes les plus inférieures, la sensibilité reste obscure et, pour ainsi dire, douteuse. On ne saurait encore donner le nom de volonté au sentiment qui met leurs déterminations en rapport avec leurs impressions. La vie de relation des zoophytes, des vers et de la plupart des mollusques, reste trop au-dessous, dans ses diverses manifestations, de celle des céphalopodes, des crustacés et des insectes, pour que l'on puisse attribuer toujours à ces espèces autre chose que de vagues instincts. Lamarck en faisait des animaux apathiques; ce qui implique cependant contradiction avec le caractère bien constaté chez tous ces invertébrés d'être pourvus de système nerveux. Il est vrai que certaines espèces encore plus rapprochées des végétaux, et qui font partie de celles qu'on a appelées protozoaires, n'ont même présenté jusqu'à ce jour aucune trace de ce système.

L'*instinct*, si varié dans les insectes et si admirable dans beaucoup d'entre eux par la précision de ses résultats, est une sorte d'aptitude innée qui permet, aux animaux qui en sont doués, d'exécuter, sans en comprendre le secret, des actes en apparence très-compliqués, mais qu'ils ne sauraient ni perfectionner ni même modifier, s'ils sont appelés à les accomplir au milieu de circonstances nouvelles. L'abeille fait toujours ses ruches de la même manière, et c'est également sans rien changer aux procédés qu'ils mettent en œuvre que les vers à soie tissent leur cocon ou que les fourmis emmagasinent leurs récoltes.

L'*intelligence*, au contraire, est plutôt une aptitude à apprendre et à exécuter qu'une notion innée de ce qui doit être su et fait. Aussi a-t-elle besoin d'être cultivée par l'éducation pour donner tous les résultats dont elle est susceptible, et chez beaucoup d'animaux intelligents, nous voyons les rapports des parents avec les petits se prolonger non-seulement en vue de l'éducation physique de ces derniers, mais encore dans le but de leur transmettre les ruses propres à leur espèce et tous ces artifices auxquels ils auront recours pour se procurer leur nourriture ou éviter leurs ennemis. C'est, pour ainsi dire, une sorte d'éducation destinée à apprendre aux jeunes de ces espèces tout ce qui peut contribuer à former leur expérience individuelle, assurer leur propre conservation ou accroître leur bien-être. Les individus de ces espèces sont alors perfectibles avec l'âge, et certaines races peuvent même acquérir un degré de supériorité sur les autres races de leur propre espèce, comme nous le voyons pour les chiens, dont les aptitudes sont si diverses, et dont les variétés appartenant aux nations civilisées possèdent bien certainement des qualités supérieures à celles qui sont élevées par les peuples restés sauvages.

Descartes ne voulait voir, dans l'exercice des fonctions de relation des animaux, qu'un pur automatisme ; au contraire, Condillac, acceptant une opinion diamétralement opposée, attribuait toutes leurs actions à l'intelligence, même celles des espèces les plus inférieures. La vérité n'est ni avec l'une de ces hypothèses, ni avec l'autre ; car, suivant le rang que les animaux occupent dans la série, ou même, plus simplement encore, suivant l'âge des individus que l'on étudie dans certaines de leurs espèces, on constate que les fonctions de relation sont de nature bien différente.

C'est par une sorte d'automatisme que le poulet, encore dans son œuf, ou tout autre animal pris au même âge, réagit contre les lésions qu'on lui fait subir, et sa sensibilité est alors tout aussi obtuse et tout aussi inconsciente d'elle-même que celle de ces zoophytes dont nous parlions plus haut; il végète plutôt qu'il ne sent.

A leur naissance, le poulet et le petit mammifère sont mus par un sentiment purement instinctif, c'est-à-dire intérieur; ils cherchent la graine qui doit les nourrir ou le mamelon qui leur fournira le lait destiné à leur alimentation, sans avoir eu besoin d'apprendre à le faire ; mais bientôt des lueurs d'intelligence éclairent peu à peu leurs différents actes, et les effets en sont d'autant plus nombreux et d'autant plus évidents que l'espèce possède un cerveau plus développé dans la partie de cet organe spécialement affectée à l'exercice de l'intelligence.

On sait que cette partie du cerveau et sa contexture ont, en réalité, une grande influence sur les manifestations de l'intelligence, mais celle-ci tout en restant chez les animaux, même les plus parfaits, fort au-dessous de ce qu'elle est chez l'homme, n'en est pas moins évi dente. Si elle varie dans ses manifestations, on constate dans le cerveau des différences correspondantes.

L'intelligence est un lien qui rattache à nous certaines espèces domestiques, comme le chien, le chat, le cheval, le bœuf, l'éléphant, etc., et beaucoup des espèces sauvages en donnent des preuves non moins évidentes que celles que nous pouvons constater à tous les instants par l'observation des animaux que nous avons soumis ou apprivoisés. Certains singes, plus particulièrement l'orang-outang, le chimpanzé et le gorille, dont les formes extérieures et l'organisation ont tant de rapports avec celles de l'homme, sont également des animaux intelligents, et l'on doit s'étonner de voir certains auteurs persister à nier d'une manière absolue que les animaux puissent être doués de cette faculté. Ils sont loin sans doute de la posséder au même degré que l'homme ; mais ce serait se tromper complétement que de les en supposer tout à fait dépourvus.

Toute intelligence, soit celle de l'homme, soit celle des animaux, exige, pour donner les résultats dont elle est capable, l'observation des phénomènes du monde extérieur ; aussi des organes existant chez les espèces purement instinctives, et même chez un grand nombre de celles qui sont encore plus inférieures, sont-ils destinés à avertir les animaux de ce qui se passe en dehors d'eux.

Ces organes sont mis en rapport avec les centres nerveux, siége des fonctions intellectuelles et instinctives, et ils donnent aux animaux la notion des corps environnants. Ce sont les *organes des sens* qui acquièrent chez l'homme et chez les espèces des classes supérieures une complication si remarquable et sont comme des sentinelles avancées de la sensation cérébrale, toujours au courant de ce qui se passe dans le monde ambiant.

Là ne se bornent pas les divers actes dont l'ensemble constitue les fonctions de relation. Des organes encore différents donnent aux animaux la faculté de se rapprocher ou de s'éloigner des autres corps, suivant qu'ils ont avantage à le faire, et elles leur permettent, indépendamment de ces mouvements de translation, des mouvements partiels qui ne sont pas moins utiles à leur conservation. Ces mouvements sont sous l'influence de la sensibilité et chez les espèces les plus parfaites la volonté les a sous sa dépendance. Ce sont les *muscles* qui accomplissent ces actions mécaniques, et chez les espèces de l'embranchement des vertébrés, les muscles ont toujours pour point d'appui et pour leviers les os, constituant par leur ensemble le *squelette*, c'est-à-dire la charpente intérieure destinée à soutenir tout le corps.

Avant d'aborder l'étude du système nerveux et celle des organes des sens, nous parlerons du squelette et des muscles, c'est-à-dire des organes de la locomotion.

CHAPITRE XIII.

ORGANES DE LA LOCOMOTION.

C'est un des caractères les plus constants des animaux que de pouvoir se transporter d'un point à un autre, ou tout au moins de mouvoir certaines parties de leur corps. Cette faculté de locomotion a pour instruments les muscles, et, chez les animaux vertébrés, ces muscles, ainsi que tout le reste du corps, sont soutenus, comme nous l'avons déjà fait remarquer, par une charpente intérieure osseuse, dont l'ensemble constitue le squelette, instrument passif des mouvements. La description de ce squelette, envisagé chez l'homme et chez quelques autres animaux, nous occupera en premier lieu.

Du squelette en général. — Le squelette est une association de pièces dures nommées *os*, rattachées les unes aux autres par des articulations mobiles ou fixes, et qui forment par leur ensemble la charpente du corps. Ces os doivent, en grande partie, leur solidité à du phosphate de chaux; leur gangue organique est de la même nature que la gélatine. On peut, en les soumettant à la chaleur rouge, les débarrasser de leurs principes organiques; en les faisant tremper dans une solution étendue d'acide chlorhydrique, on les réduit, au contraire, à leur seule substance organique, ce qui les rend souples et flexibles, comme ils l'étaient avant leur encroûtement, c'est-à-dire pendant les premiers temps de leur vie. Avant d'être durs et véritablement osseux, ils étaient en effet simplement fibreux; ils ont aussi été cartilagineux pendant un certain temps.

Le tissu squelettique, encore à l'état cartilagineux[1], se compose de cellules arrondies comprises dans une gangue moins résistante que les os et où domine la substance gélatiniforme. C'est par le fait d'une véritable substitution que les cellules osseuses remplacent les éléments cartilagineux, et c'est alors que les os acquièrent leur consistance définitive. Ces cellules de nouvelle formation, ou les cellules osseuses, sont de forme irrégulièrement étoilée[2].

1. Page 38, fig. 10, A.
2. Page 38, fig. 10, B et C.

Quelques parties du squelette restent cependant à l'état de cartilages pendant toute la vie, et aux points de jonction des os qui possèdent des articulations mobiles, c'est-à-dire aux endroits où ces os doivent jouer les uns sur les autres, les surfaces sont toujours cartilagineuses; des brides ou moyens d'attache de nature fibreuse constituant les *ligaments* les retiennent attachées ensemble. En d'autres points du squelette les os s'unissent en se soudant par leurs points de contact, ce qui constitue un autre mode d'articulation.

Les *articulations* fixes et immobiles sont dites *synarthroses;* on compte parmi elles la symphyse des pubis et celle des maxillaires inférieurs, ainsi que les sutures dentées des os du crâne. Les articulations mobiles sont de deux sortes : les unes encore peu mobiles, comme cela se voit pour les vertèbres les unes par rapport aux autres ; ce sont les *amphiarthroses*, dont les surfaces de contact sont mises en rapport au moyen de tissus fibreux; les autres complétement mobiles, ou *diarthroses*. Leurs surfaces de contact ont des cartilages d'encroûtement. On les sous-divise elles-mêmes en plusieurs groupes sous le nom d'*énarthoses* (ex. l'articulation de la cuisse avec la hanche), d'articulation *condylienne* (ex. l'articulation du crâne sur la colonne vertébrale, etc.), de *ginglyme* (ex. l'articulation du coude), etc.

Les os sont recouverts par une membrane de nature également fibreuse, qu'on appelle le *périoste*. Elle a une action évidente sur leur accroissement, et c'est toujours à sa face interne qu'apparaissent les nouvelles couches de cellules osseuses destinées à l'accroissement de ces parties, soit en diamètre, soit en longueur. On a vérifié ce fait au moyen d'expériences entreprises sur les animaux.

La garance mêlée aux aliments jouit de la propriété de colorer en rouge les couches osseuses qui se forment pendant que l'animal est soumis à ce régime; dès qu'on en suspend l'emploi, la matière osseuse qui se dépose cesse au contraire d'être colorée. En alternant sur un même animal le régime à la garance et le régime ordinaire, on détermine aisément ces successions, et l'on peut, au moyen d'amputations correspondantes de quelque partie de son squelette, obtenir une série de pièces démontrant parfaitement ce fait curieux. Mais le nombre des couches, alternativement colorées et incolores, n'augmente pas autant qu'on pourrait le supposer. Au dépôt de nouvelles couches périphériques correspond la résorption des couches profondes les plus anciennement formées. C'est par ce moyen que certains os deviennent spongieux dans leur intérieur ou s'évident même complétement, de manière à se creuser d'une cavité fistuleuse. Chez les oiseaux, cette cavité des os longs admet l'air dans son intérieur; chez les mammifères elle se remplit de la substance grasse qu'on appelle la *moelle des os*.

Les anatomistes ont partagé les os du squelette en os longs, os courts et os plats, mais cette distinction n'a pas en anatomie comparée la valeur qu'on peut leur attribuer, lorsqu'on n'étudie que le squelette de l'homme ou celui de quelques autres espèces prises séparément. En effet, une même pièce osseuse peut être de forme allongée dans un animal, et courte au contraire ou aplatie dans un autre, et si l'on passe d'un mammifère à un oiseau, ou d'un oiseau à un reptile, à un batracien, et surtout à un poisson, on rencontre à cet égard des différences très-considérables tout en prenant le même os conformément aux indications de la théorie des analogues dont nous avons parlé à la page 52.

Certains os présentent dans leur conformation une particularité qui en facilite l'allongement. Ils sont d'abord partagés en trois pièces distinctes, dont deux terminales appelées *épiphyses* et une intermédiaire nommée *diaphyse*. Chacune de ces trois pièces se développe séparément, et pendant la jeunesse il est toujours assez facile de les séparer les unes des autres. Mais l'accroissement en longueur une fois terminé, les épiphyses se soudent à la diaphyse, et l'os ne forme plus qu'un seul tout. Les os encore épiphysés proviennent donc d'individus qui n'étaient pas arrivés à l'état adulte, c'est ce qui est très-apparent pour les os des membres. Chez les oiseaux la soudure des épiphyses se fait beaucoup plus tôt que chez les mammifères.

L'ossification de certains autres os commence aussi par des points multiples dits *points d'ossification*, et ce n'est qu'après le développement complet du squelette que s'opère leur réunion en une seule pièce. C'est là un fait important et dont nous tirerons parti, lorsque nous chercherons à établir la théorie du squelette ; il nous permettra de bien comprendre la formation de la vertèbre.

Rappelons aussi qu'à très-peu d'exceptions près, les os placés sur la ligne médiane du corps sont d'abord doubles et composés de deux moitiés, l'une droite et l'autre gauche, formant chacune un os à part, ce qui permet de partager le squelette en deux séries de pièces, se répétant de chaque côté d'un plan que l'on supposerait passer par le milieu des vertèbres pour aller rejoindre le sternum.

ÉNUMÉRATION DES OS DU SQUELETTE HUMAIN. — En tenant plus compte de la position respective des os que de leur nature réelle, on peut diviser le squelette comme on divise aussi le corps, 1° en tête ou *crâne*, dont la face et la mâchoire inférieure font partie, 2° en *tronc*, comprenant les vertèbres du cou, les os du thorax, ainsi que ceux des épaules, et le bassin, et 3° en *membres* distingués eux-mêmes en supérieurs et en inférieurs.

Les OS DE LA TÊTE sont, pour la partie formant la boîte protectrice du cerveau : le *frontal*, les *pariétaux*, l'*occipital*, les *temporaux*, situés superficiellement, et les *sphénoïde* et *ethmoïde* situés plus profondément ; ces derniers sont comme les clefs de la voûte crânienne.

La face comprend : le *os propres du nez*, les *os unguis* ou lacrymaux, les *maxillaires supérieurs*, les *jugaux* ou os malaires, les *palatins*, le *vomer* et le *maxillaire inférieur*. On peut aussi attribuer à la tête l'*os hyoïde* qui suspend le larynx.

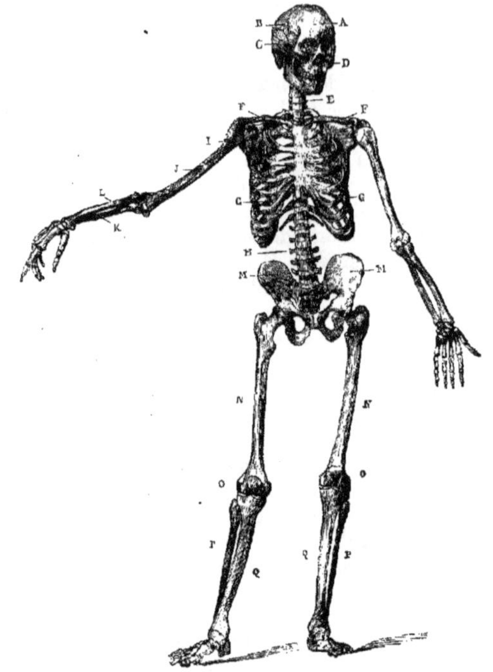

Fig. 53. — Squelette humain.

La tête est séparée du TRONC par le cou qui forme sept vertèbres, dont la première est appelée *atlas*, la seconde *axis* et la septième

FIG. 53. Le squelette humain.

A) L'os frontal ; — B) le pariétal ; — C) le temporal ; — D) le maxillaire supérieur ; — E) vertèbres cervicales ; — F) clavicule ; — G) côtes ; — H) vertèbres lombaires ; — I) omoplate ; — J) humérus ; — K) cubitus ; — L) radius ; — M) os innominé ; — N) fémur ; — O) rotule ; — P) péroné ; — Q) tibia.

proéminente. Au tronc appartiennent les *vertèbres* au nombre de 31, les côtes au nombre de 12 paires, le sternum, l'épaule et les os dits innominés qui font partie du bassin.

Les *vertèbres* sont divisées en *cervicales* au nombre de 7 et dont nous avons déjà parlé; *dorsales*, au nombre de 12; *lombaires*, au nombre de 5; *sacrées*, au nombre de 4, réunies entre elles pour former le *sacrum*, et enfin *coccygiennes*, au nombre de 3. Celles-ci répondent à la queue des animaux; leur réunion s'appelle le *coccyx*.

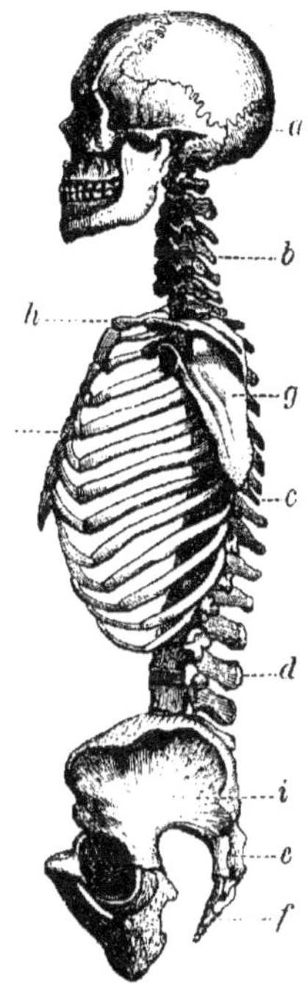

Fig. 54.

L'empilement des vertèbres du tronc, réunies à celles du cou, forme la colonne vertébrale.

Aux douze vertèbres dorsales s'articulent latéralement douze paires de *côtes*, composées d'une partie osseuse et d'une partie cartilagineuse. Ces côtes vont des vertèbres au sternum, os médian, placé à la partie antérieure de la poitrine et qui résulte lui-même de la jonction de plusieurs pièces successives. On les divise en *vraies côtes* et en *fausses côtes*. A son extrémité inférieure le *sternum* porte l'appendice xyphoïde constituant une lame flexible et cartilagineuse par laquelle il est terminé au-dessus du ventre.

L'épaule de l'homme est formée de deux os : l'*omoplate* et la *clavicule*. Cette dernière s'articule avec l'extrémité supérieure du sternum.

L'os dit *innominé*, ou os du bassin, résulte de la soudure de trois pièces placées de chaque côté du sacrum et se rejoignant sur la ligne vénétrale. Ces pièces sont l'*os des îles* ou os des hanches, le *pubis* et l'*iskion* ou os du siége. Le pubis droit et le gauche sont unis ensemble par une symphyse à la partie inférieure de l'abdomen.

Les MEMBRES sont des appendices du tronc. On les distingue, d'après leur position, en supérieurs ou thoraciques, et inférieurs ou abdominaux. Dans les animaux ils sont antérieurs et postérieurs.

Le membre supérieur (fig. 55, A) a pour parties diverses : l'os du bras

FIG. 54. Les os du corps, crâne et tronc (homme).

a) Le crâne; — *b*) vertèbres cervicales; — *c*) vertèbres dorsales; — *d*) vertèbres lombaires; — *e*) sacrum; — *f*) coccyx; — *g*) omoplate; — *h*) clavicule; — *i*) os innominé.

ou l'*humerus* ; les deux os de l'avant-bras (*radius* et *cubitus*), et les os

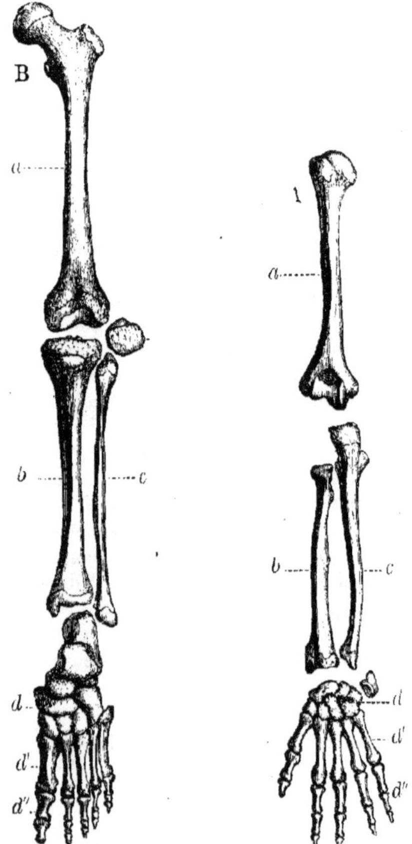

Fig. 55. — Membres de l'homme.

de la main partagés en *os du carpe*, dont il y a deux rangées ; os de *métacarpe*, au nombre de cinq et os des doigts ou *phalanges*.

Fig. 55. Membres de l'homme.
A = Le membre supérieur : *a*) humérus ; — *b*) radius ; — *c*) cubitus ; — *d*) carpe ; — *d'*) métacarpe ; — *d''*) phalanges.
B = Le membre inférieur : *a*) fémur ; — *b*) tibia ; — *c*) péroné ; *d*) tarse ; — *d'*) métatarse ; — *d''*) phalanges.

Des deux rangées d'os carpiens, la première comprend, en allant de dedans au dehors, c'est-à-dire du pouce au petit doigt, le *scaphoïde*, le *semi-lunaire*, le *pyramidal* et le *pisiforme*. A la seconde rangée appartiennent le *trapèze*, le *trapézoïde*, le *grand os* et l'*os crochu*.

Le membre postérieur (fig. 55, B) est composé à peu près de même, mais les os y portent d'autres noms. Ce sont le *fémur* ou os de la cuisse; le *tibia* et le *péroné*, ou os de la jambe, et les os du pied, divisés, comme ceux de la main, en plusieurs rangées, formant le *tarse*, le *métatarse* et les phalanges des doigts ou *orteils*.

La première rangée des os du tarse comprend l'*astragale* et le *calcanéum* ou os du talon. Au devant d'elle est un autre os appelé *scaphoïde*. La seconde rangée est formée par les trois *os cunéiformes* et par le *cuboïde*.

Le membre inférieur présente, en avant du tibia et près de l'extrémité supérieure de cet os, une pièce osseuse qui n'a pas son correspondant au membre antérieur, du moins dans notre espèce ; c'est la *rotule*, assez gros os de la nature de ceux dits sésamoïdes, et qui sont placés dans certains tendons dont ils facilitent le glissement.

SQUELETTE DES MAMMIFÈRES. — Les animaux de cette classe n'ont pas toujours le même nombre d'os que l'homme, et des diffférences, quelquefois remarquables, s'observent dans la conformation de leur squelette. Tous cependant ont, comme l'homme lui-même, la mâchoire inférieure d'une seule pièce et leur crâne est également articulé avec l'atlas par deux condyles. Sauf les paresseux aï qui ont, suivant l'espèce, tantôt huit, tantôt neuf vertèbres cervicales, ils ont constamment sept de ces vertèbres, quelle que soit d'ailleurs la longueur de leur cou, et leur épaule, à part celle des monotrêmes, n'a jamais que deux os au plus, l'omoplate et la clavicule; encore la clavicule manque-t-elle dans beaucoup d'espèces. A d'autres égards on trouve de nombreux caractères distinctifs en comparant l'ostéologie des mammifères à celle de l'homme, et ces animaux comparés entre eux en présentent aussi, suivant les familles naturelles auxquelles ils appartiennent. Ces particularités, qui sont en rapport avec le mode de locomotion et plusieurs autres conditions de la physiologie des mammifères, peuvent servir à la classification; c'est par leur étude approfondie, jointe à celle du système dentaire, qu'on est arrivé à la détermination exacte des animaux fossiles de la même classe.

Les monotrêmes sont les seuls mammifères qui aient trois os à l'épaule, ce qui tient à la présence chez eux d'un os appelé *coracoïdien* et que l'on retrouve aussi chez la plupart des ovipares aériens. Il paraît répondre à l'apophyse coracoïde de l'omoplate qui serait devenue ici une pièce distincte, au lieu de rester soudée à cet os comme cela a lieu ordinairement.

Les marsupiaux et les monotrêmes se distinguent du reste des mammifères par la présence au-devant des pubis d'une paire d'os particuliers, auxquels on a donné le nom d'*os marsupiaux*.

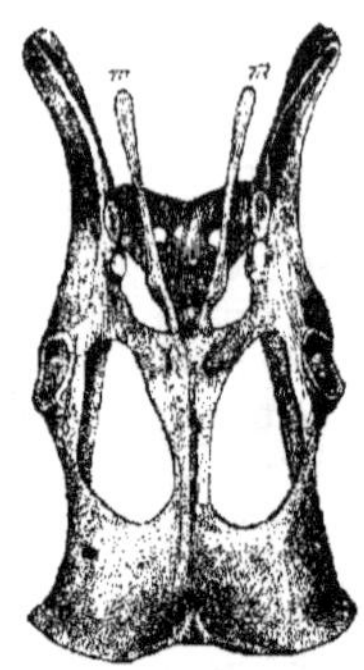

Fig. 56. — Bassin du kangurou.

Quoique l'observation démontre le contraire, plusieurs auteurs ont cherché à prouver que tous les mammifères avaient comme l'homme les extrémités terminées par cinq doigts. Le nombre de ces rayons osseux formés par les phalanges est tantôt de quatre, tantôt de trois, tantôt de deux, et dans quelques cas il est réduit à un seulement, comme nous le voyons dans les espèces du genre cheval. Cette réduction du nombre des doigts, de cinq à un, ne s'accomplit pas au hasard, mais au contraire dans un ordre régulier. Le premier doigt qui disparaisse est le pouce; les animaux à quatre doigts manquent donc de cet organe. Ensuite c'est le cinquième doigt qui fait défaut, le même qu'à la main de l'homme on appelle l'auriculaire ou petit doigt; puis le quatrième ou annulaire; puis enfin le second ou index. Dans les chevaux, où il n'y a plus qu'un seul doigt, ce doigt répond donc pour le pied de devant à notre médius, et, pour le pied de derrière, à notre troisième orteil (fig. 57), le pérodictique, sorte de lémure propre à la côte occidentale d'Afrique, a par exception l'index, ou second doigt des membres antérieurs, tout à fait rudimentaire.

A l'exception du chevrotain de Guinée (genre hyémosque), les ruminants ont tous les deux métacarpiens ou métatarsiens principaux soudés ensemble et formant un canon. Ce canon porte à sa partie inférieure deux poulies articulaires destinées aux deux doigts qui ont valu à ces animaux le nom de bisulces (fig. 58, A et B, *d'*). Le cochon a aussi les doigts fourchus, mais il n'a pas de canon; ses métacarpiens et métatarsiens restant séparés (fig. 58, C, *d'*). Chez le cheval le canon n'est formé que par un seul métacarpien ou métatarsien et il ne porte qu'un seul doigt. Les doigts latéraux n'existent pas dans cette espèce : on n'en retrouve d'autre vestige que les métacarpiens ou métatarsiens externes qui longent le canon et restent cachés sous la peau (fig. 57, *d'*).

Le nombre des phalanges pour chaque doigt est habituellement de

Fig. 56. Bassin du kangurou, vu en avant, pour montrer les os marsupiaux *m m*.

trois. On les appelle, la première, *phalange;* la seconde, *phalangine,*

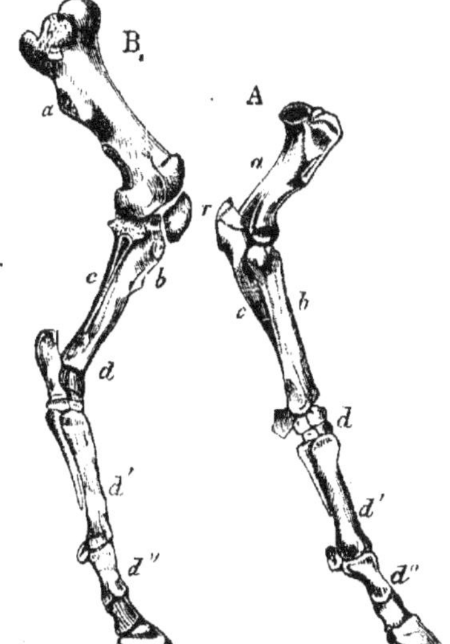

Fig. 57. — Membres du cheval.

et la troisième, *phalangette.* Le pouce n'a cependant que deux pha-

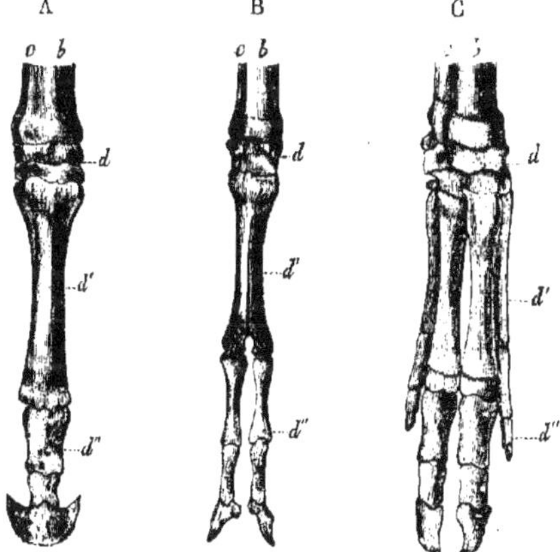

Fig. 58. — Pied des animaux à sabots.

langes; mais chez les cétacés il y en a souvent plus de trois aux doigts intermédiaires; c'est ce que l'on peut constater par la figure

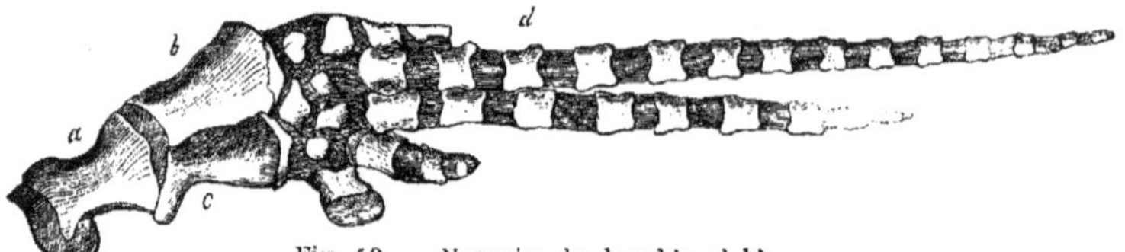

Fig. 59. — Nageoire du dauphin globiceps.

ci-contre représentant le squelette de la nageoire du dauphin globiceps, une des espèces de l'ordre des cétacés qui ont les nageoires les plus longues et nagent le mieux.

SQUELETTE DES VERTÉBRÉS OVIPARES. — Celui des *oiseaux* est

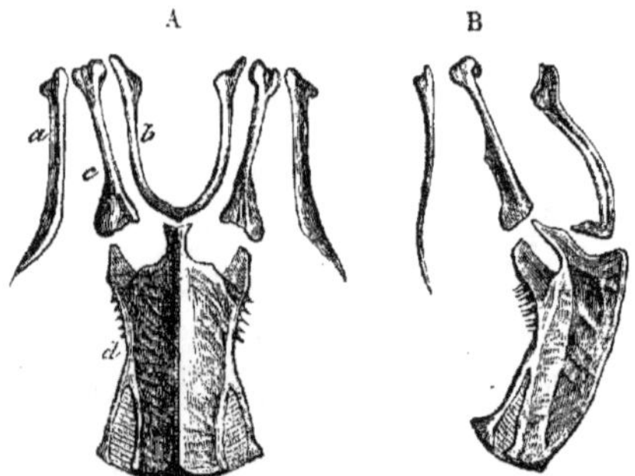

Fig. 60. — Épaule et sternum d'oiseau.

remarquable par sa précoce ossification, et beaucoup des pièces qui le

FIG. 57. Les membres du cheval.

A = *a*) Humérus; — *b*) radius; — *c*) cubitus; — *d*) carpe; — *d'*) métacarpe; — *d''*) phalanges.

B = *a*) Fémur; — *b*) tibia; — *c*) péroné; — *d*) tarse; — *d'*) métatarse; — *d''*) phalanges; — *r*) rotule.

FIG. 58. Pied de devant des animaux à sabots.

A. = *Cheval*. — B. = *Chèvre*. — C. = *Cochon*.

c) Cubitus; — *b*) radius; — *d*) carpe; — *d'* métacarpiens; — *d''*) phalanges.

FIG. 59. Nageoire du dauphin globiceps.

a) Humérus; — *b*) radius; — *c*) cubitus; — *d*) la main comprenant les deux rangées d'os du carpe, le métacarpe et les phalanges : 1 pour le pouce; 13 pour l'index; 8 pour le médius; 2 pour l'annulaire et 1 pour le cinquième doigt.

FIG. 60. Épaule et sternum d'un oiseau (le moineau).

A = Vus de face. — B = Vus de profil.

a) Omoplate; — *b*) clavicule appelée *fourchette*; — *c*) coracoïdien; — *d*) sternum et son bréchet.

constituent sont creusées intérieurement, ce qui permet à l'air d'arriver dans leur intérieur. Dans les espèces de cette classe, le nombre des vertèbres cervicales est plus considérable que chez les mammifères et celui des caudales plus constant. Les côtes présentent à leur bord postérieur une petite saillie dite apophyse récurrente. Le sternum est habituellement muni, sur sa face antérieure, d'une saillie médiane osseuse ayant la forme d'une carène ; c'est le *bréchet*. Enfin, les métatarsiens des trois doigts antérieurs des oiseaux sont réunis ensemble en une sorte de canon comparable à celui des ruminants, et que l'on prendrait de même pour un seul os ; mais cet os, en apparence unique, est formé de trois rayons osseux distincts, et il est pourvu, à sa partie inférieure, de trois poulies portant chacune un doigt. Le nombre des phalanges est différent pour chaque doigt : le pouce en a deux, le doigt interne trois, le médian quatre et l'externe cinq. Ajoutons encore que les oiseaux ont le crâne articulé avec l'atlas par un seul condyle, et que leur maxillaire inférieur ne s'attache pas directement avec le temporal. Entre lui et cet os existe une pièce supplémentaire appelée *os carré*.

Les *reptiles* présentent également plusieurs particularités remarquables. Nous trouvons d'abord dans les tortues et autres chéloniens un exemple curieux de la fusion d'un squelette cutané, c'est-à-dire développé dans la peau avec le squelette proprement dit. La carapace de ces animaux a en effet cette double origine, et, en prenant une tortue de terre encore jeune, ou une tortue de mer (fig. 61) quel que soit son âge, il est aisé d'obtenir la démonstration de ce fait. La fusion des deux ordres de pièces osseuses, les unes fournies par la peau, les autres appartenant au squelette proprement dit, est d'autant plus complète dans la tortue ordinaire que celle-ci est plus âgée, et sa carapace offre alors plus de résistance.

Les crocodiles et d'autres reptiles sont curieux à étudier à cause du nombre, plus considérable chez eux que chez les mammifères, des pièces dont le crâne est formé. Mais on se rend compte de cette disposition en les comparant, non pas à l'homme et aux mammifères adultes, mais à ces espèces prises dans leur premier âge. On sait que certaines pièces, d'abord distinctes chez les jeunes des mammifères, se soudent bientôt les unes aux autres. Ainsi l'occipital résulte de la réunion de quatre pièces appelées basilaire, occipital supérieur et occipitaux latéraux, qui ne sont séparées les unes des autres que dans les premiers temps de la vie. Chez les crocodiles, ces pièces et quelques autres restent distinctes à tous les âges par suite d'une sorte d'arrêt de développement dans l'ossification des régions auxquelles elles appartiennent ; voilà comment ces animaux ont le nombre des os crâniens supérieur à celui des mammifères tout en étant établis sur le même plan anatomique. Les crocodiles méritent également d'être cités à cause des cartilages costiformes qu'ils ont à l'abdomen et qui complètent, sous leur ventre, la série des arcs squelettiques interrom-

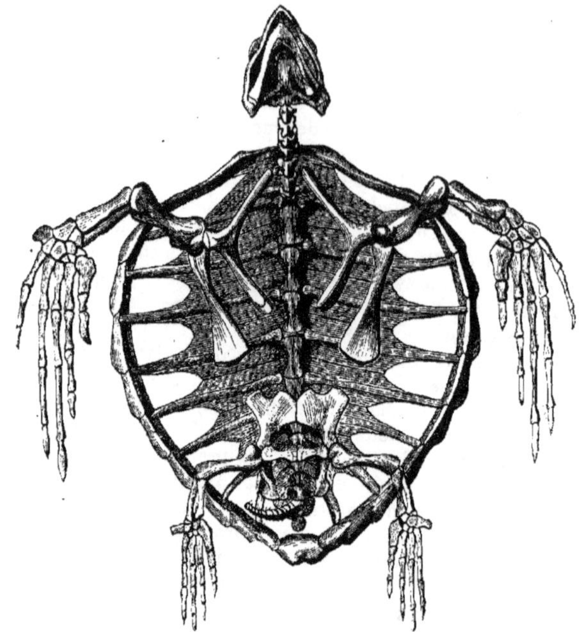

Fig. 61 .— Squelette de tortue de mer (caouanne).

pue dans la plupart des autres animaux où ces arcs sont remplacés par de simples lignes fibreuses.

Les poissons présentent aussi de nombreuses particularités ostéologiques. Ils ont, comme les reptiles, le crâne pourvu d'un seul condyle occipital, tandis que les batraciens en ont deux, à la manière des mammifères. Leurs vertèbres ont, sauf chez le lépisostée, les corps biconcaves, et leurs membres sont formés de rayons digitaux en plus grand nombre que ceux des autres vertébrés. Ils les ont en outre disposés en forme de nageoires et fort différents par conséquent dans leur conformation des membres propres aux animaux des classes précédentes. Les poissons ont en outre des nageoires impaires qui sont soutenues, comme celles dont il vient d'être question, par des rayons osseux; ces parties n'ont pas d'analogues dans le squelette des autres vertébrés. Chez certaines espèces de la même classe, le squelette, au lieu de s'ossifier, reste cartilagineux pendant toute la vie.

Théorie du squelette. — La description des modifications de toutes sortes que présentent le squelette et ses diverses parties n'a pas empêché les naturalistes de rechercher aussi les rapports que ces pièces ont entre elles, soit qu'on les compare dans les diverses espèces, soit que l'on cherche à se faire une idée de leurs répétitions lorsqu'on les envisage dans le squelette d'un même animal. Du premier de ces deux points de vue est née la théorie des analogues dont nous avons déjà parlé (p. 52); le second a conduit à celle des homologues; il est le seul dont nous ayons à traiter en ce moment.

Il y a dans le squelette deux ordres bien distincts de parties osseuses : les unes, destinées à former la charpente de la tête, du tronc et de la queue; les autres constituant celle des membres.

Parmi les pièces du tronc, celles qui ont le plus de fixité et auxquelles l'existence ou l'arrangement des autres semble être en grande partie subordonné, forment la série des corps vertébraux et c'est au-dessus ou au-dessous de ces corps vertébraux que les autres parties osseuses du tronc sont fixées. En effet on démontre facilement que les vertèbres ne sont pas des os simples, car elles ne se développent pas par un seul point d'ossification chacune.

Au corps vertébral, appelé aussi centre osseux (*centrum* ou *cycléal*), que présente chaque vertèbre, se superposent, pour loger la moelle épinière et compléter cette vertèbre, des apophyses dites épineuses ou arcs postérieurs de la vertèbre; on les appelle encore *arcs neuraux*, pour rappeler la protection qu'elles fournissent au système nerveux. Chacun de ces arcs neuraux résulte d'une double pièce, l'une droite et l'autre gauche, tandis que le centrum ou corps vertébral est unique et non susceptible de division bilatérale (fig. 62, *a*, *c*).

La succession des vertèbres (corps et arcs neuraux) forme dans le squelette un ensemble de parties que l'on peut considérer comme autant de segments successifs comparables aux divisions du corps des animaux articulés, mais logées dans l'intérieur du tronc au lieu de le contenir. Ces segments osseux successifs, qu'on a aussi appelés des *ostéodesmes*, sont pour la plupart complétés en dessous par un arc osseux comparable à leur arc neural, mais antagoniste de celui-ci. C'est l'*arc hémal*, composé à la poitrine par les côtes et le sternum, au bassin par les os innominés, et à la queue par les os dits os en V, qui ne s'observent que chez les animaux dont la queue est bien développée. Dans les arcs infra-vertébraux les viscères nutritifs trouvent un abri comparable à celui que les arcs neuraux fournissent à la moelle épinière, et dans la poitrine, où ils ont un développement plus grand qu'ailleurs, on voit en effet les poumons, le cœur et une partie du canal digestif. Autre part, comme à la queue, ils ne logent plus que

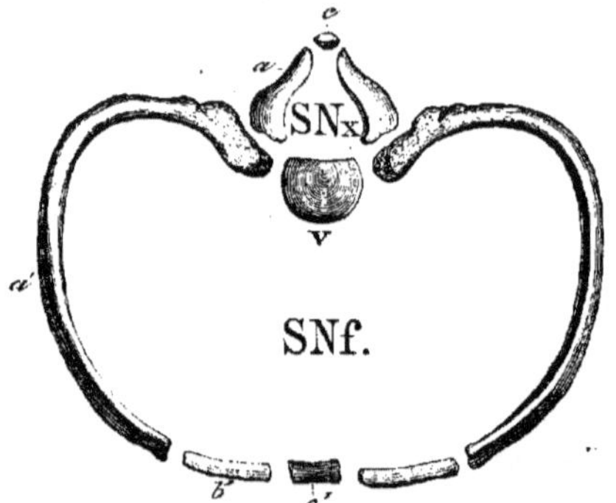

Fig. 62. — Ostéodesme.

la continuation du système aortique ; mais ils restent par cela même au service du système nutritif. Par allusion à la protection constante que les arcs infra-vertébraux fournissent au système vasculaire et par conséquent aux centres de la circulation sanguine, on les a désignés par le mot *hémal*, signifiant sanguin. Le crocodile a des arcs hémaux non-seulement à la poitrine, où ils constituent les côtes comme chez les autres animaux, mais aussi sous l'abdomen. Nous avons déjà eu occasion de signaler cette particularité, tout à fait importante au point de vue de la théorie générale du squelette.

Quelle que soit leur forme, les différents segments osseux qui composent le squelette du tronc chez les vertébrés sont donc autant d'ostéodesmes et l'on reconnaît à chacun d'eux un centrum ou corps vertébral, un arc neural ou rachidien et un arc hémal ou viscéral.

Le volume du contenu de ces arcs détermine pour ainsi dire leurs dimensions respectives et suivant la destination des ostéodesmes ou les particularités propres aux espèces chez lesquelles on les examine, ces segments osseux du squelette ont une forme plus ou moins différente.

FIG. 62. Ostéodesme ou anneau vertébral (figure théorique).

SNx est le trou rachidien ou canal protecteur du système nerveux ; — SNf est le trou viscéral ou canal protecteur du système nutritif ; — v) corps de la vertèbre ; — a) arc neural, formé par les apophyses épineuses de la vertèbre, qui se souderont plus tard ; — c), partie épiphysaire de l'arc neural ; — a') l'arc hémal formé par la partie osseuse des côtes et continué par la partie cartilagineuse de ces côtes b'. En c' est la partie correspondante du sternum fermant l'arc inférieur comme c ferme l'arc supérieur.

Les vertèbres caudales manquent souvent d'arc supérieur ou neural et d'arc inférieur ou hémal ; leur corps seul existe. Certains poissons ont les ostéodesmes dépourvus de centrum ou corps vertébraux ; cette disposition paraît avoir été fréquente chez les espèces de cette classe qui ont vécu pendant les périodes jurassique et paléozoïque.

La corde dorsale, point de départ de l'axe osseux du squelette, était persistante chez ces poissons, comme c'est aussi le cas pour les esturgeons et d'autres genres aujourd'hui vivants. Sa consistance fibro-celluleuse l'a empêchée de laisser de traces comme les os après la macération, et les squelettes de ces poissons que l'on trouve dans les terrains auxquels il vient d'être fait allusion manquent de corps vertébraux, tandis qu'on retrouve toutes leurs autres pièces parfaitement conservées. Ils n'avaient d'ossifié dans la colonne vertébrale que les arcs neuraux et les arcs hémaux.

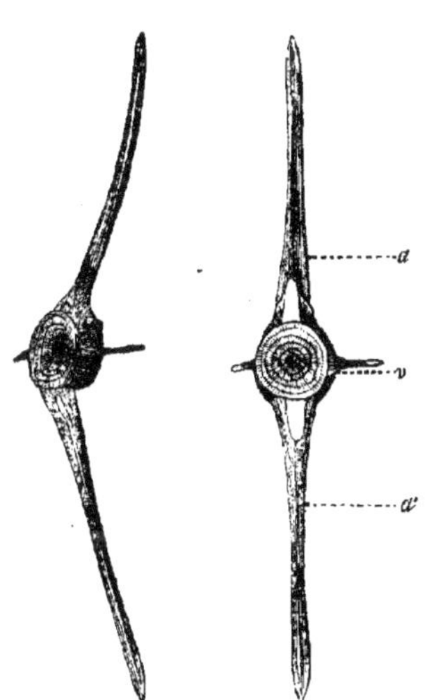

Fig. 63. — Vertèbre caudale de poisson.

La grandeur des arcs neuraux et hémaux ou arcs supérieurs et inférieurs aux corps des vertébrés est en rapport avec le volume des organes auxquels ces arcs doivent servir de moyens de protection. Les arcs neuraux de la tête qui recouvrent le cerveau ont une dimension supérieure à ceux de la colonne vertébrale et l'on constate au contraire que les arcs hémaux de cette région ou les mâchoires sont en général moins amples que ceux du thorax, c'est-à-dire les côtes. A la queue des poissons les arcs neuraux et hémaux sont tellement semblables entre eux, qu'on a de la peine à les distinguer l'un de l'autre (fig. 63).

Ces remarques sur les segments osseux du squelette comparés entre eux ne sont donc pas applicables au tronc seulement. La tête osseuse peut aussi être envisagée de cette manière et il est assez aisé

Fig. 63. Vertèbre caudale de poisson (*turbot*) pour montrer la similitude des deux arcs neural ou supérieur et hémal ou inférieur.

a) L'arc supérieur ; — *a'*) l'arc inférieur ; — *v*) le corps vertébral ou centrum.

d'y retrouver des pièces répondant aux arcs neuraux des vertèbres, aux centres osseux ou corps de ces mêmes vertèbres et aux côtes ou arcs hémaux qui s'y rattachent. C'est ainsi que l'on a été conduit à établir que le crâne, de même que le tronc, se compose d'ostéodesmes ou, en d'autres termes, qu'il a une composition vertébrale comparable à celle du tronc.

Les segments vertébraux du crâne sont au nombre de quatre dont la démonstration peut être faite aussi bien au moyen du crâne hu-

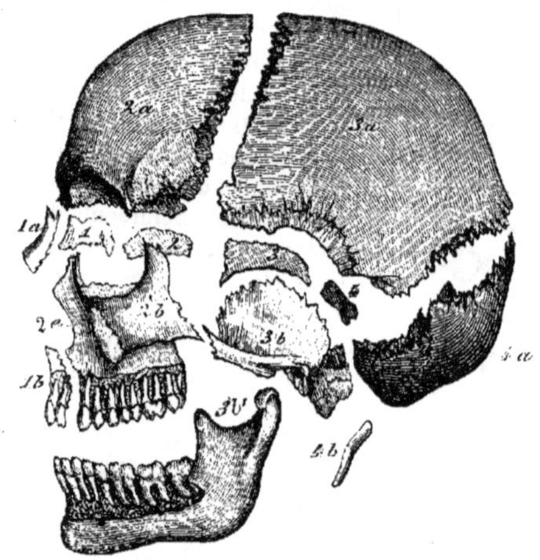

Fig. 64. — Composition vertébrale du crâne humain.

main (fig. 64) que sur le crâne des animaux, quoique chez ces derniers, et plus particulièrement chez les reptiles et les poissons, cette démonstration soit plus facile.

Le premier des ostéodesmes crâniens, dit aussi *vertèbre nasale*,

Fig. 64. Composition vertébrale du crâne humain.

Les quatre vertèbres portent les n°s 1 à 4; les pièces de l'arc supérieur sont indiquées par la lettre *a* et celles de l'arc inférieur par la lettre *b*.

1) Ethmoïde; — 1 *a*) os du nez; — 1 *b*) os incisif détaché du maxillaire supérieur.

2) Sphénoïde, partie antérieure; — 2 *a*) frontal; — 2 *b*) zygomatique ou malaire : — 2 *c*) maxillaire supérieur.

3) Sphénoïde, partie postérieure; — 3 *a*) pariétal; — 3 *b*) temporal et ses dépendances; — 3 *b'*) maxillaire inférieur.

4) Os basilaire (partie de l'occipital); — 4 *a*) occipital (parties latérale et supérieure); — 4 *b*) os hyoïde.

a pour centrum l'ethmoïde, sous lequel est appliqué le vomer; son arc neural ou supérieur, est représenté par les os propres du nez, et son arc hémal par les os incisifs, en partie soudés au maxillaire supérieur chez l'homme. Cet ostéodesme sert principalement à protéger l'appareil de l'odorat.

Le second ostéodesme ou la *vertèbre frontale* a pour centrum le sphénoïde antérieur, entièrement soudé au sphénoïde postérieur dans notre espèce, mais séparé de ce dernier dans les animaux. Son arc neural ou supérieur est formé par les os frontaux, et son arc hémal par les os maxillaires supérieurs, zygomatiques et palatins. Ce segment vertébral est en partie affecté à la protection de l'appareil de la vue.

Le troisième ostéodesme crânien est la *vertèbre pariétale*, ayant son centrum dans le sphénoïde postérieur, son arc supérieur dans les grandes ailes du sphénoïde, ainsi que dans les os pariétaux, et son arc inférieur dans les os temporaux et dans le maxillaire inférieur Le sens qui s'y trouve abrité est celui de l'audition.

Enfin le quatrième ostéodesme ou la *vertèbre occipitale* comprend la partie basilaire de l'os occipital qui lui sert de centrum, les parties latérales et supérieures du même os qui en constituent l'arc neural, et l'os hyoïde qui en est l'arc hémal.

L'étude des membres peut à son tour donner lieu à d'intéressantes remarques, qui apportent une confirmation nouvelle à la loi des homologies du squelette. Plusieurs naturalistes se sont appliqués à établir une comparaison rigoureuse entre les parties correspondantes de ces appendices.

On sait que les membres sont formés de trois ordres de pièces successives : 1° le bras, ou, aux membres inférieurs, la cuisse, articulés avec l'épaule ou le bassin; 2° l'avant-bras ou la jambe, et 3° la partie terminale constituant dans l'homme la main ou le pied, suivant qu'on l'examine aux membres supérieurs ou aux inférieurs.

La comparaison du fémur avec l'humérus ne saurait être discutée : l'homologie de ces deux os est évidente. Il n'en est pas de même pour celle des os de la jambe comparés avec ceux de l'avant-bras. Cependant on est aujourd'hui d'accord pour admettre que le tibia répond au radius et le péroné au cubitus.

Le cubitus et le péroné sont deux os qui subissent à peu près les mêmes variations dans la série des animaux chez lesquels on constate leur présence. Ils sont tantôt assez forts et bien séparés du radius ou du tibia; tantôt beaucoup plus grêles et d'autres fois soudés à ces os dans une étendue plus ou moins considérable.

La correspondance du radius et du tibia n'est pas moins évidente.

Quant à la rotule tibiale, on ne retrouve pas, en général, au membre antérieur, de pièce qui lui corresponde. Cependant les chauves-souris et certains oiseaux ont une rotule au coude; elle est alors développée dans le tendon du muscle du bras qui s'attache à la saillie du coude, c'est-à-dire à l'olécrane ou partie supérieure du cubitus. Ce fait démontre l'erreur complète dans laquelle Winslow, anatomiste du dernier siècle, était tombé en regardant l'olécrane elle-même comme la rotule du coude. L'olécrane est l'épiphyse du cubitus et l'on ne saurait l'assimiler à la rotule tibiale, qui est un os sésamoïde.

Il est aisé d'étendre ces comparaisons aux parties terminales des membres, c'est-à-dire à la main ou au pied, et, sauf pour quelques-unes de leurs pièces osseuses, on arrive à des résultats qui ne sont ni moins concluants ni moins généralement admis. Il est même des espèces chez lesquelles l'homologie des parties constituant les membres antérieurs avec celles des membres postérieurs est d'une évidence plus complète; c'est ce qui a lieu pour les tortues, dans les membres desquelles les pièces osseuses sont non-seulement en même nombre, mais encore de même forme en avant et en arrière.

CHAPITRE XIV.

MUSCLES ET AUTRES ORGANES ACTIFS DE LA LOCOMOTION.

Les mouvements, soit généraux, soit partiels, des animaux s'exécutent au moyen de fibres contractiles dont on distingue plusieurs sortes.

Certaines de ces fibres sont insérées à la surface des membranes par un de leurs bouts seulement ; elles sont très-fines et ne peuvent être aperçues qu'au microscope. Ce sont les *cils vibratiles* (fig. 7, C et C', page 36), fréquents sur le corps des infusoires, et dont on trouve aussi des exemples à la surface de certaines membranes des animaux vertébrés, sur le pituitaire par exemple, et sur leur muqueuse respiratoire. Les cils vibratiles sont remarquables par les mouvements continuels qu'ils exécutent.

D'autres fibres également contractiles sont de nature élastique. Elles sont mêlées au tissu connectif ou fibreux, soit dans les ligaments intervertébraux et dans d'autres parties du système ligamentaire, soit dans la peau elle-même, à laquelle elles donnent cette contractilité involontaire dont nous avons la preuve dans ce qu'on appelle vulgairement *la chair de poule*. Elles forment alors le tissu du dartos.

Mais les fibres contractiles par excellence sont les fibres musculaires, qui sont toujours attachées par leurs deux extrémités et qui constituent tantôt des anneaux (fibres circulaires), tantôt des faisceaux plus ou moins allongés (fibres longitudinales). Elles résultent elles-mêmes de la réunion de fibrilles très-déliées, ayant chacune une enveloppe dite propre ou sarcolemme; c'est dans ces fibrilles primitives des muscles que réside la contractilité. Elles sont associées par petits faisceaux également pourvus d'enveloppes, et leur association par groupes plus ou moins considérables constitue les muscles proprement dits.

Il y a deux sortes de fibrilles musculaires élémentaires, et le mode d'action de ces fibres n'est pas non plus le même. Les unes paraissent résulter de la superposition de petits disques charnus, espèces de cellules disciformes dont la réunion fournit ces fibres (fig. 9, p. 37) et qui peuvent probablement se serrer les uns contre les autres ou s'écarter, suivant que la contraction des muscles a lieu ou qu'ils sont relâchés. On suppose que ces petits disques, vus par la tranche, donnent aux fibres musculaires qui en sont pourvues l'apparence striée qui les a fait appeler *fibres striées* ou *variqueuses*. Elles constituent par leur groupement en faisceaux les muscles de la vie de relation ou muscles du mouvement volontaire. Les fibres musculaires du pharynx et celles du cœur ont aussi cette apparence; on la retrouve encore, mais par exception, dans celles de la tunique intestinale de la tanche et d'un petit nombre d'autres poissons.

Les fibres musculaires des organes soustraits à l'action de la volonté sont au contraire des *fibres lisses* ou dont on ne distingue pas les disques élémentaires. Le tube digestif, depuis l'ésophage inclusivement jusqu'à l'anus exclusivement, a sa tunique musculaire formée de semblables fibres. La vessie urinaire et l'iris sont aussi dans ce cas, et certains auteurs regardent comme étant également de cet ordre les fibres contractiles du dartos dont il a été question plus haut, à propos des parties contractiles de nature fibreuse.

Les muscles constituent, à proprement dire, la chair des animaux. On sait de quelle importance est cette substance dans l'alimentation de l'homme et des carnassiers; elle est riche en principes analogues à la fibrine, parmi lesquels on distingue la créatine. Elle renferme aussi de l'albumine, des sels de soude et de potasse ainsi que des corps gras composés d'oléine, de margarine, de stéarine et d'acide oléophosphorique, qui y sont dans des proportions différentes suivant les différentes espèces. Par exemple, les viandes des animaux sauvages, bêtes fauves et gibier, ont d'autres qualités que celles des animaux domestiques ou des oiseaux de basse-cour, et il s'en faut de beaucoup que nous les digérions avec la même facilité. Les poissons nous présentent des différences analogues. Ceux à chair blanche et légère possèdent moins d'acide oléophosphorique que ceux dont la chair est compacte et savoureuse ; ils sont aussi d'une digestion plus facile, comme on le sait, pour le merlan, la limande et le carrelet, comparés au maquereau, au thon ou au saumon.

Ces observations nous expliquent comment la digestion des aliments tirés des différentes classes d'animaux est tantôt facile, tantôt au contraire difficile, et comment tels d'entre eux conviennent mieux que d'autres à certaines personnes.

MUSCLES DU MOUVEMENT VOLONTAIRE. — Dans les diverses parties du corps, les fibres contractiles élémentaires pourvues de leurs enveloppes ou sarcolemmes se fasciculent par petits groupes, et ces faisceaux de fibres associés par masses plus ou moins considérables forment ce qu'on appelle les *muscles*.

Les *aponévroses* sont les lames de tissu connectif dont les muscles et leurs divers faisceaux composants sont enveloppés.

Les muscles ne s'insèrent pas directement aux os par leurs parties charnues. Des filaments de nature fibreuse réunis en bandelettes allongées, épaisses et résistantes, sont chargés de cette fonction. Ces nouveaux organes sont les *tendons*. Ceux-ci ne possèdent pas la propriété de se contracter. Ce sont de puissants moyens d'attache qui mettent la force musculaire en rapport avec les os qu'elle fait mouvoir; c'est par leur intermédiaire que les muscles agissent sur le squelette. Les os et leurs muscles deviennent ainsi autant de leviers ayant leur point d'appui, leur résistance et leur puissance dans des relations qui rappellent celles des trois genres de leviers dont la mécanique nous donne la description. Ces *trois genres de leviers* sont tous les trois représentés dans l'appareil locomoteur de l'homme.

Les *leviers du premier genre* ou *intermobiles* ont le point d'appui placé entre la puissance et la résistance; telle est la tête, qui se meut sur l'atlas et le cou et se dirige soit dans un sens soit dans l'autre.

Les *leviers du second genre* ou *interrésistants* ont la résistance placée entre le point d'appui et la puissance. Nous en avons un exemple dans la marche ; le sol sert de point d'appui au talon ; l'action du pied et le poids du corps sont la puissance ainsi que la résistance.

Les *leviers du troisième genre* ou *interpuissants* ont la puissance placée entre le point d'appui et la résistance. Nous les retrouvons dans la flexion de l'avant-bras sur le bras, dans la flexion de la jambe sur la cuisse, etc.

EXPLICATION DE LA PLANCHE II.

Écorché des artistes (Muscles superficiels du corps humain).

Les muscles représentés dans cette préparation sont ceux de la couche superficielle. En voici l'énumération dans l'ordre des numéros inscrits sur la planche :

1. Muscle frontal.
2. Temporal.
3. Orbiculaire des paupières.
4. Masséter.
5. Orbiculaire des lèvres.
6. Peaucier du cou.
7. Sterno-cleido-mastoïdien.
8. Splenius.
9. Trapèze.
10. Rhomboïde.
11. Grand rond.
12. Grand dorsal.
13. Petit pectoral recouvert par
14. Grand pectoral.
15. Grand dentelé.
16. Grand oblique.
17. Aponévrose abdominale.
18. Moyen fessier.
19. Grand fessier.
20-20'. Tenseur de l'aponévrose de la cuisse (coupé).
21. Deltoïde.
22. Biceps brachial.
23. Brachial antérieur.
24. Triceps brachial.
25. Cubital postérieur.
26. Extenseur commun des doigts.
27 et 27'. Radial externe et premier. — Second radial externe.
28. Long supinateur.
29. Long adducteur du pouce.
30-30'. Couturier droit et gauche
31. Droit antérieur de la cuisse.
32. Vaste externe.
33. Vaste interne.
34. Biceps crural.
35. Jumeaux externe et interne.
36-36'. Soléaire.
37. Tendon d'Achille servant à insérer au talon les deux muscles précédents.
38. Long péronier latéral.
39. Péronier antérieur.
40. Jambier antérieur.
41. Long extenseur commun des orteils;
41'. Des tendons.
42-42'. Fléchisseur commun des orteils.
43. Abducteur commun du gros orteil.

L. *a*. Ligament annulaire du tarse. — R. Rotule. — T Tibia.

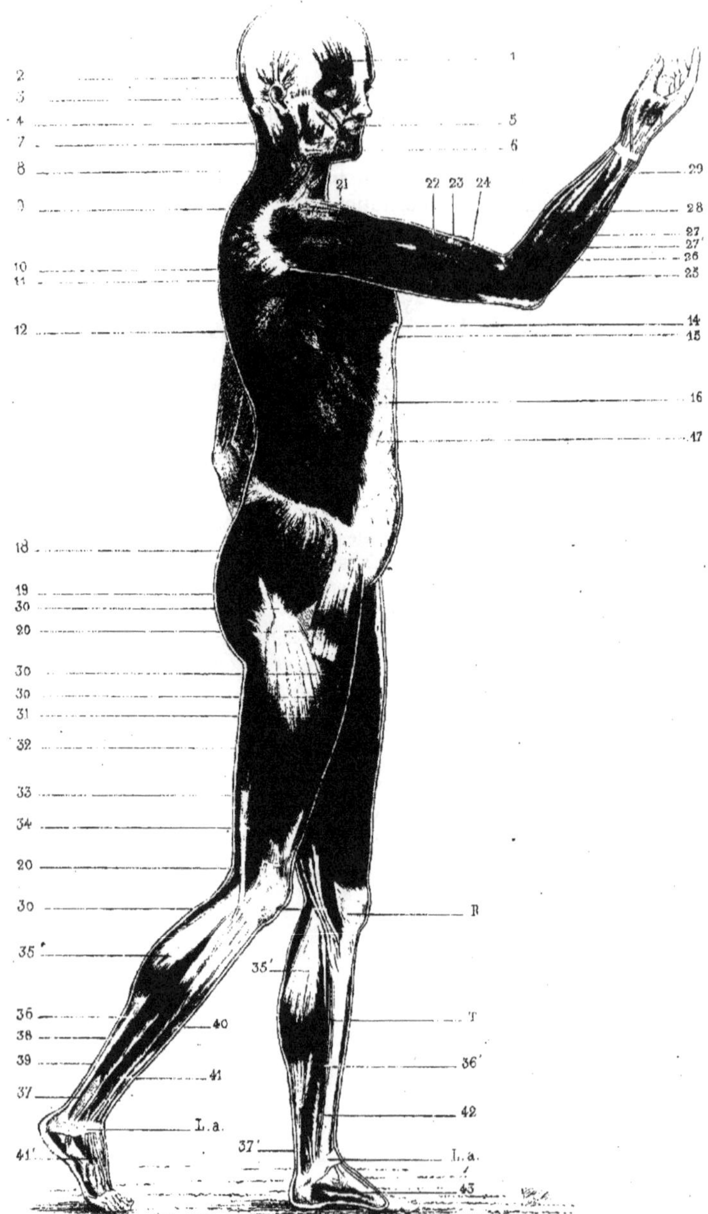
1
2
3
4
5
6
7
8
9
10
11
12
14
15
16
17
18
19
30
20
21
22
23
24
25
26
27
27'
28
29
30
30
31
32
33
34
20
30
R
35
35'
36
40
38
39
41
36'
37
42
L.a.
37'
41'
L.a.
T
43

MYOLOGIE.

Myologie. — On donne ce nom à la description des muscles des animaux envisagés dans leur disposition et dans leurs rapports avec les os dont ils déterminent les mouvements. Les os sont en effet des leviers dont les muscles constituent les puissances, et suivant les animaux dans lesquels on les examine, ils présentent les uns et les autres des particularités fort nombreuses dont les lois de la mécanique peuvent toujours rendre compte. Il est d'ailleurs facile de comprendre comment les principaux genres de locomotion, tels que la marche, le saut, le vol, la nage ou l'action de grimper et celle de fouir, comportent des dispositions propres dans les différentes pièces osseuses à l'aide desquelles ils sont exécutés, et concurremment dans la longueur, le point d'insertion ou la masse des muscles agissant sur les os. Aussi l'étude de la myologie comparée embrasse-t-elle, comme celle de l'ostéologie envisagée sous le même rapport, des détails extrêmement multipliés, et que de bonnes figures ou de nombreuses préparations anatomiques peuvent seules faire comprendre d'une manière satisfaisante.

Dans l'homme, cette étude comporte de nouveaux problèmes relatifs au mode de station. L'homme se tient debout au lieu de marcher incliné ou placé horizontalement comme le font les autres mammifères, et tout en lui, os, muscles, etc., est en harmonie avec l'attitude qui le distingue. C'est ce dont rend compte l'examen comparatif du squelette humain (fig. 54, page 168) et celui de ses principaux muscles représentés dans notre planche II.

On n'a fait figurer sur cette planche que les muscles de la couche superficielle, ceux que les artistes étudient de préférence, parce que leurs reliefs se laissent deviner sous la peau et qu'ils ont des formes différentes suivant la position du corps ou les mouvements auxquels ils concourent.

Il existe une couche plus profonde de muscles dont plusieurs ont aussi un rôle considérable dans la locomotion. Ceux qui appartiennent à l'épine dorsale sont les plus importants ; ils sont nombreux surtout à la région du cou et à celle du dos ; d'autres appartiennent aux régions latérales du tronc, à sa région antérieure, etc.

CHAPITRE XV.

SYSTÈME NERVEUX.

L'agent indispensable des fonctions de la sensibilité est le *système nerveux*, qui est en même temps l'agent incitateur des contractions musculaires et par suite le régulateur des mouvements. Il est formé, dans son ensemble, par un tissu pulpeux, non contractile, fort différent de tous les autres, très-facilement altérable, et dont l'action s'étend sur l'ensemble de ces derniers.

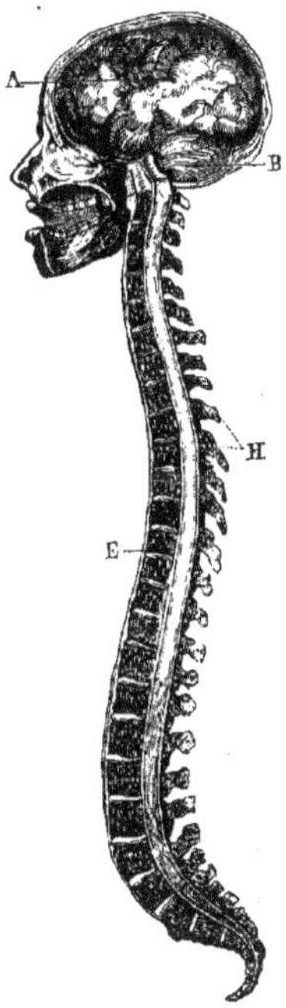

Fig. 65. — Cavité encéphalo-rachidienne.

Le système nerveux présente deux sortes de parties : d'abord les *masses nerveuses*, d'apparence médullaire, tantôt réunies plusieurs ensemble, tantôt séparées les unes des autres, et qui constituent des lobes ou des ganglions ; ensuite les *nerfs*, sortes de cordons conducteurs, mettant les lobes et les ganglions en communication avec les divers organes dont ils doivent recevoir les impressions, diriger les fonctions ou exciter les mouvements. On a comparé les nerfs à des conducteurs électriques, et l'agent nerveux a lui-même été assimilé à l'électricité par beaucoup d'auteurs. Il lui ressemble en effet à différents égards et il est de même produit par la mise en jeu d'appareils particuliers, qui sont ici les masses nerveuses constituant les lobes ou ganglions dont il vient d'être question ; mais sa nature est évidemment distincte de celle de l'électricité ; et d'ailleurs qu'est-ce que l'électricité ?

Les animaux vertébrés présentent deux systèmes d'organes nerveux. L'un de ces systèmes est affecté à la *vie de relation ;* il a pour masses principales ou centres d'action le cerveau et la moelle épi-

FIG. 65. Cavité encéphalo-rachidienne de l'homme.

A et B) Le cerveau dans la boîte crânienne ; — E) les corps vertébraux ; — H) les apophyses épineuses laissant entre elles et les corps le canal rachidien.

nière (système encéphalo-rachidien) ; ses nerfs sont les différents nerfs des sens spéciaux, ceux de la sensibilité générale et ceux qui servent aux mouvements volontaires. L'autre système nerveux est celui de la *vie de nutrition;* il comprend les ganglions du grand sympathique ainsi que leurs nerfs; les fonctions auxquelles il préside ne sont pas du nombre de celles sur lesquelles la volonté a de l'action.

On se fera une idée générale de la disposition du système nerveux par la planche III, p. 202 de cet ouvrage, où le système nerveux de la vie de relation a été indiqué en blanc et le système nerveux de la vie organique en rouge [1].

I

SYSTÈME NERVEUX DE LA VIE DE RELATION.

Cette partie du système nerveux est celle par laquelle l'animal est tenu au courant des phénomènes qui se passent les uns en lui-même, les autres extérieurement à son propre corps et par conséquent dans le monde ambiant. Elle est le siége des perceptions et l'intermédiaire de la volonté. On y distingue : 1° les centres nerveux, c'est-à-dire le cerveau, siége du sens intime, et la moelle épinière ; ces deux parties formant par leur réunion le *système encéphalo-rachidien ;* 2° les *nerfs*, qui établissent une communication directe entre le système encéphalo-rachidien et les organes des sens ainsi que les différentes parties du corps pourvues de sensibilité ou celles qui sont douées de locomotilité volontaire.

Encéphale ou cerveau. — Le cerveau est logé dans le crâne, qui le protége et l'enveloppe ; il est de plus entouré de membranes intérieures au crâne lui-même, et qui sont au nombre de trois, savoir : la *dure-mère*, de nature fibreuse, qui est appliquée à la face interne de la boîte osseuse avec le périoste de laquelle elle se confond ; l'*arachnoïde*, membrane de nature séreuse, et la *pie-mère*, de nature essentiellement vasculaire, que traversent les vaisseaux allant à la pulpe cérébrale ainsi que ceux qui en reviennent. Celle-ci se moule sur les contours de la surface cérébrale et elle en suit jusqu'aux moindres replis. La réunion de ces trois membranes constitue les *méninges* ou enveloppes molles du cerveau, qui s'étendent aussi sur la moelle épinière.

Quant à la pulpe cérébrale, c'est une matière riche en principes albuminoïdes dans laquelle on distingue deux substances de couleur différente : la première, dite *substance blanche*, qui est située intérieurement à l'autre ; celle-ci grise, et qui prend le nom de *substance grise.*

Le cerveau de l'homme est surtout remarquable par le grand

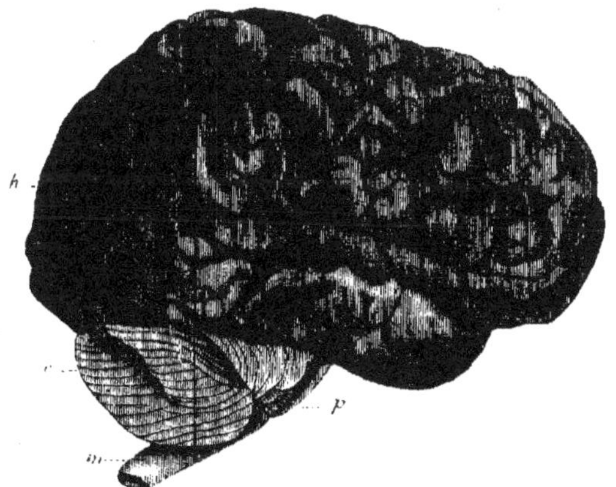

Fig. 66. — Cerveau humain (vu de profil).

développement des parties dites hémisphères qui recouvrent toutes les autres et présentent à leur surface un nombre considérable de replis souvent comparés, par les anatomistes, aux circonvolutions des intestins, d'où leur nom de *circonvolutions cérébrales.* Les animaux, tout en présentant des hémisphères cérébraux qui peuvent également offrir des circonvolutions multiples, sont toujours loin d'avoir un pareil développement de ces parties et leur cerveau est à la fois moins parfait et moins compliqué que celui de l'homme. Aussi est-il convenable de recourir à l'examen des particularités qui distinguent cet organe dans la série des vertébrés, si l'on veut réellement comprendre la disposition des différentes masses composant le cerveau humain, dont la complication est d'ailleurs très-grande.

Parmi les espèces qui ont les hémisphères du cerveau pourvus de circonvolutions prononcées, on peut citer la plupart des singes, les carnivores, les éléphants, les jumentés, presque tous les ruminants et les cétacés.

FIG. 66. Cerveau humain, vu de profil.
h) Hémisphères ; — *c*) cervelet ; — *p*) pont de varole ; — *m*) moelle allongée.

Les singes ont le cerveau établi sur le même mode que celui de l'homme, mais les hémisphères y sont toujours beaucoup moins volumineux. Cette différence est déjà sensible dans le cerveau de l'orang-outang, qui est cependant le plus intelligent de ces animaux.

Elle devient considérable si l'on passe à l'examen des plus petites espèces de cette famille. Ainsi les ouistitis manquent complétement de circonvolutions et sous ce rapport leur cerveau ressemble à celui des rongeurs.

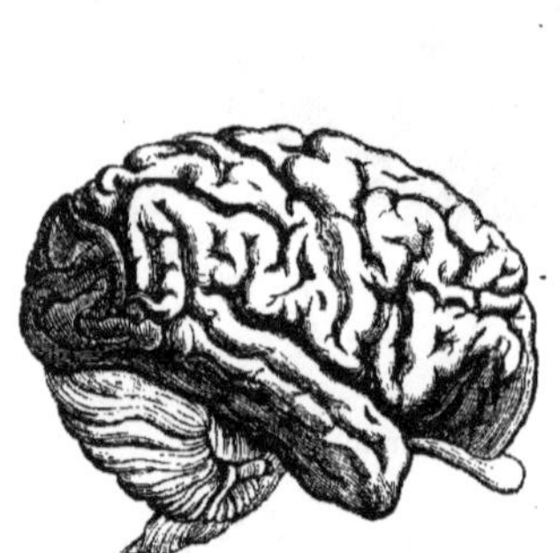

Fig. 67. — Cerveau de l'orang-outang.

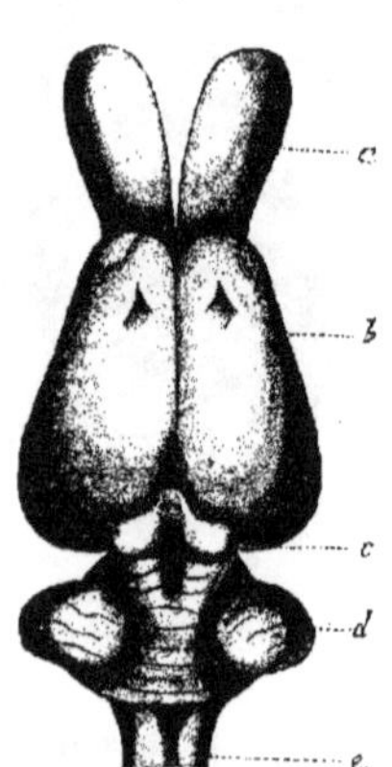

Fig. 68. — Cerveau du sarcophile ourson.

Les mammifères, qui n'ont pas de circonvolutions cérébrales, sont également fort nombreux. On peut citer comme présentant cette particularité les chauves-souris, les insectivores, tous les rongeurs, sauf le cabiai, les édentés et la plupart des marsupiaux. Le sarcophile ourson, animal stupide appartenant à cette dernière division, peut être pris pour exemple à cause de la petitesse de ses hémisphères cérébraux ; il vit en Australie.

Ce qui frappe tout d'abord dans le cerveau des animaux, c'est le moindre développement des parties dont il vient d'être question sous la dénomination d'hémisphères, et ce faible développement est en

Fig. 67. Cerveau de l'orang-outang; à moitié de la grandeur naturelle.

Fig. 68. Cerveau du sarcophile ourson (vu au-dessus; 2/3 de la grandeur naturelle).

a) Lobes olfactifs; — *b*) hémisphères; — *c*) lobes optiques ou tubercules quadrijumeaux; — *d*) cervelet ; — *e*) moelle allongée.

rapport avec le degré toujours moindre de leur intelligence; il laisse à découvert des régions du même organe qui restent trop rudimentaires dans le cerveau humain pour que l'on puisse bien juger de leur importance ou qui y sont cachées par les hémisphères et, pour ainsi dire, dissimulées par le grand développement de ces derniers.

En avant des hémisphères eux-mêmes se montrent les *lobes olfactifs*, réduits, dans notre espèce, à des prolongements grêles, appliqués sous la saillie antérieure du cerveau. Aussi les a-t-on décrits, comme de simples nerfs, sous le nom de nerfs olfactifs; mais chez beaucoup de reptiles et de poissons ils sont au contraire aussi gros que les hémisphères qui les suivent, et il est certains mammifères qui les ont aussi fort développés. Les lobes olfactifs ne sont pas de véritables nerfs; ils constituent la première des divisions principales du cerveau.

La seconde de ces divisions est formée par les *hémisphères*, si volumineux dans l'espèce humaine, mais qui manquent souvent de circonvolutions dans les autres espèces ou n'ont même qu'un très-faible développement. Ils sont séparés l'un de l'autre sur la ligne médiane par une lame descendante de la dure-mère qu'on nomme la *faux*, et ce n'est que par leur base qu'ils se joignent l'un à l'autre. Leur commissure, c'est-à-dire leur moyen d'union, est une lame de fibres nerveuses blanches appelée *corps calleux* ou mésolobe. Chacun des hémisphères est creusé intérieurement d'une cavité appelée *ventricule;* les deux cavités, droite et gauche, forment les *ventricules latéraux*. Elles contiennent un liquide séreux dont l'accumulation en trop grande abondance occasionne l'hydrocéphalie ou hydropisie du cerveau; la partie cérébrale du crâne acquiert alors un volume démesuré. Les hémisphères sont rattachés au reste de l'encéphale par deux gros cordons nerveux dits *pédoncules cérébraux*.

C'est encore à la seconde division du cerveau, c'est-à-dire aux lobes généralement appelés hémisphères, qu'appartiennent la *voûte à trois piliers*, le *septum lucidum*, les *corps striés*, et d'autres parties dont la description ne saurait nous arrêter. Leur ensemble forme une masse assez considérable pour qu'on lui ait quelquefois, mais à tort, réservé le nom de cerveau, qui appartient en réalité à l'encéphale tout entier.

La *glande pituitaire*, sorte de tubercule nerveux, placé à la région inférieure de cette même partie du cerveau, a été considérée comme étant le point de jonction de l'encéphale avec le système du grand sympathique.

La troisième division du cerveau a aussi pour partie principale une paire de lobes, et ces lobes, sont les *lobes optiques* ou tubercules quadrijumeaux, dédoublés chacun en deux dans les mammifères, mais simples pour chaque côté chez les vertébrés ovipares. Ceux de l'homme sont très-petits, comparativement au volume des hémisphères, et il en est ainsi dans beaucoup d'autres animaux appartenant de même à la classe des mammifères. Cependant il arrive, dans d'autres espèces, comme les reptiles (fig. 69 *c*) et les poissons, que les lobes optiques sont presque égaux en dimension aux hémisphères cérébraux.

Certaines espèces présentent, en avant des tubercules quadrijumeaux, une saillie de cerveau à laquelle on donne le nom de *glande pinéale ;* c'est ce petit organe que certains physiologistes regardaient autrefois comme étant spécialement le siége de l'âme.

La quatrième division de l'encéphale est le *cervelet,* dont le développement approche souvent de celui des hémisphères, mais sans l'égaler, du moins chez la grande majorité des animaux supérieurs. Le cervelet est formé de lamelles de substance blanche enveloppée de substance grise, ce qui donne à sa coupe une apparence d'arborisation qui a fait employer, pour en exprimer la structure, la dénomination d'*arbre à vie.* On distingue du reste au cervelet des masses latérales et une masse médiane ; celle-ci est appelée le *vermis;* elle est plus développée chez les vertébrés inférieurs que chez ceux des premières familles dont les masses cérébelleuses latérales sont, au contraire, volumineuses. Cet organe est séparé des hémisphères par une lamelle transversale de la dure-mère qui s'ossifie dans les espèces du genre chat; c'est la *tente du cervelet*, à laquelle aboutit la faux dont nous avons parlé précédemment. Le cervelet est lui-même comme à cheval, au moyen de ses pédoncules, sur la moelle épinière cérébrale ou *bulbe rachidien*, et il existe derrière lui, mais à la face supérieure du bulbe, un écartement des fibres de ce dernier qui constitue une sorte de ventricule; cette rainure est le *calamus scriptorius* ou quatrième ventricule[1]. Enfin la *protubérance annulaire*, ou pont de Varole, fournit aux moitiés droite et gauche du cervelet une sorte de commissure qui diffère de celle des hémisphères, constituée par le corps calleux, en ce qu'elle est placée au-dessous du bulbe rachidien qu'elle enveloppe comme d'un anneau.

Envisagé dans la série des animaux, l'encéphale présente de grandes différences soit dans son volume, soit dans la disposition de ses parties ; ces différences sont, les unes et les autres, en rapport avec les instincts de ces animaux, leurs aptitudes intellectuelles, etc. On en a tiré, en ce qui concerne les mammifères, des caractères très-importants qui ont été utilisés dans la classification. Les oiseaux et les

1. Le troisième ventricule se continue au-dessous des lobes optiques et sert de moyen de communication entre le *calamus scriptorius* et les ventricules latéraux.

reptiles sont inférieurs aux mammifères par la disposition de leur encéphale; ils ont aussi les facultés intellectuelles moins développées. On constate qu'il en est de même des poissons, si l'on vient à les comparer à leur tour aux oiseaux (fig. 71) ou même aux reptiles, dont ils se rapprochent cependant à certains égards. L'intensité de l'action cérébrale est proportionnée au développement des masses nerveuses qui constituent le cerveau, et il en est ainsi pour chacune des parties de cet organe prises séparément.

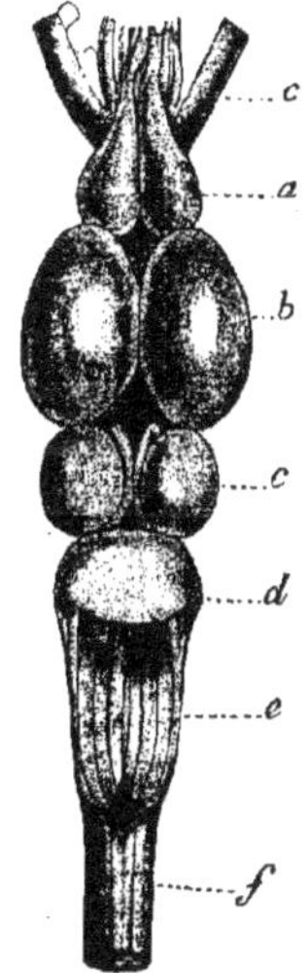

Fig. 69. — Cerveau de tortue.

Les lobes antérieurs paraissent être spécialement en rapport avec la faculté olfactive; les hémisphères, lobes formant la seconde paire de masses cérébrales, sont plus spécialement le siége des facultés intellectuelles; les lobes optiques, placés au troisième rang, sont affectés à la vision et servent sans doute aussi aux facultés instinctives; enfin le cervelet, ou quatrième masse cérébrale, paraît avoir pour fonction principale de coordonner les mouvements volontaires.

Moelle épinière. — La continuation du bulbe rachidien, dans l'intérieur du canal de ce nom, est la moelle épinière. C'est une sorte de gros cordon nerveux, enveloppé de membranes analogues aux méninges cérébrales et donnant, comme le cerveau, naissance à différents nerfs. Il y a pourtant cette différence entre l'encéphale et la moelle épinière que cette dernière ne présente sur son trajet rien de comparable aux quatre paires de lobes qui constituent les parties essentielles du cerveau, c'est-à-dire les centres nerveux destinés à la perception, à la volonté et à la coordination des mouvements.

La moelle épinière n'existe que chez les animaux vertébrés. Elle descend le long du dos entre les apophyses épineuses des vertèbres et le corps ou centrum des mêmes os, et trouve dans cette partie du squelette une protection analogue à celle que le crâne fournit au cerveau. L'étui osseux qui l'enveloppe est le canal rachidien (fig. 64).

Dans la moelle épinière, les substances médullaires grise et blanche ne sont pas dans le même rapport qu'aux hémisphères. Ici la substance blanche est extérieure, et la grise intérieure. Cette dernière forme

Fig. 69. Cerveau d'une tortue du genre chélonée.

a) Lobes olfactifs; — *b*) hémisphères cérébraux; — *c*) lobes optiques ou tubercules quadrijumeaux; — *d*) cervelet; — *e*) *calamus scriptorius*; — *f*) moelle épinière.

aussi en grande partie le moyen de jonction destiné à relier les deux moitiés droite et gauche de cet important organe. La commissure blanche de la moelle épinière est bien plus mince que la grise; elle est placée au-dessous d'elle.

La moelle de tous les animaux ne va pas toujours jusqu'aux dernières vertèbres. Celle de l'homme s'arrête au commencement de la région lombaire pour se continuer par des nerfs destinés au bassin et aux jambes; nerfs dont l'ensemble, envisagé dans sa partie comprise dans le canal rachidien, constitue ce que l'on appelle la *queue de cheval* (pl. III). Elle est plus courte encore dans certains poissons, et celle du poisson-lune, qui vit dans nos mers, possède à peine une longueur égale à celle du cerveau.

La moelle épinière, quoique médullaire, n'est point formée d'une masse unique et homogène. On y distingue plusieurs faisceaux qu'une dissection minutieuse permet de séparer les uns des autres. Ces faisceaux sont déjà distincts dans la moelle allongée ou moelle épinière cérébrale et on en voit même passer séparément à travers la protubérance annulaire; au delà ils sont au nombre de six. Il s'établit entre eux un entrecroisement partiel, d'où il résulte qu'une grande portion de la substance médullaire des faisceaux droits du bulbe rachidien passe au côté gauche de la moelle, et réciproquement. La conséquence de cette disposition est que l'action d'un des côtés du cerveau porte principalement sur le côté du corps opposé à celui auquel il appartient. De là vient qu'un épanchement de sang, qui a rompu des fibres ou sensibles ou motrices dans la partie droite du cerveau, détermine la paralysie, c'est-à-dire la suppression de la sensibilité ou celle du mouvement dans le côté gauche du corps, et inversement.

Les différents faisceaux dont la moelle est composée ne sont pas tellement unis entre eux, qu'on ne remarque à la surface de cet organe des traces capables de faire soupçonner leur existence. Ainsi la moelle est séparée profondément en dessus et en dessous, dans toute sa longueur, par un double sillon médian dont le postérieur (supérieur chez les animaux) est le sillon médio-postérieur, et l'antérieur le sillon médio-antérieur ; le *calamus scriptorius*, ouvert sous le cervelet, n'est que la continuation élargie du sillon postérieur de la moelle à sa jonction avec le cerveau. Il y a en outre deux sillons de chaque côté de cet organe ; on les distingue en sillon latéro-supérieur et latéro-inférieur. Entre eux est le faisceau latéral ou moyen.

Des trois paires de faisceaux médullaires, que l'on reconnaît à la moelle rachidienne, la postérieure est particulièrement affectée aux fonctions de la sensibilité, et l'antérieure à celles du mouvement. Des expériences mettent hors de doute ce fait, qui est d'ailleurs démontré par les conséquences de certaines blessures, détruisant la sensibilité si elles portent sur les faisceaux postérieurs et la locomotilité si ce sont les faisceaux antérieurs qui ont été lésés.

La moelle donne insertion, sur son trajet, aux nerfs qui se rendent aux différentes parties du corps; elle est plus renflée aux points correspondant à l'origine des nerfs allant aux membres, ce qui constitue ses renflements brachial et lombaire. Ces nerfs ont leurs *racines* entre les faisceaux postérieur et moyen (racines postérieures) ou entre les faisceaux moyen et antérieur (racines antérieures).

Certains animaux, les oiseaux en particulier, ont le sillon postérieur de la moelle dilaté, en manière de ventricule (fig. 73, *k*), au niveau du renflement lombaire (ventricule lombaire).

NERFS DE LA VIE DE RELATION. — Ces nerfs sont composés d'une substance intérieure conductrice de l'agent nerveux et d'une enveloppe extérieure appelée *névrilemme*. Leur substance intérieure est une pulpe renfermant un axe filamenteux.

Ils sont de trois sortes : 1° ceux qui servent à la sensibilité spéciale (nerfs de l'olfaction, nerfs optiques, nerfs auditifs);

2° Ceux de la sensibilité générale;

3° Ceux dont la fonction est d'exciter les mouvements musculaires.

Envisagés sous le rapport de leur insertion au système encéphalo-rachidien, les nerfs, quelle que soit leur action physiologique, se partagent en paires successives qui répondent, sauf ceux de la tête, aux divers segments osseux ou ostéodesmes dont le squelette est formé.

Quoique le cerveau ne comprenne que quatre lobes nerveux distincts les uns des autres, qu'il n'y ait à la tête que quatre organes des sens et que les vertèbres crâniennes ne soient également qu'au nombre de quatre, les anatomistes y reconnaissent tantôt neuf paires de nerfs, tantôt douze; mais il est facile de voir que cette nomenclature aurait besoin d'être réformée.

NERFS CRANIENS. — Les neuf paires nerveuses crâniennes ou cérébrales (fig. 70) admises par la plupart des auteurs sont les suivantes :

1re *paire : nerfs olfactifs*. Ainsi que nous l'avons déjà fait remarquer à la page 192, ce sont des lobes du cerveau et non des nerfs. Les filets qu'ils fournissent à la membrane pituitaire sont nombreux, de consistance molle et de fonction spécialement olfactive.

2e *paire : nerfs optiques*. Ils appartiennent également à la sensibilité spéciale et ne se rendent qu'à la rétine qu'ils mettent en communication avec le cerveau. Cette communication s'accomplit tantôt par les lobes optiques seuls et par l'intermédiaire de racines dites *corps genouillers externes*, tantôt simultanément par les lobes optiques et par les hémisphères cérébraux; le second moyen de communication a alors pour racines les *corps* appelés *genouillers internes* et les corps genouillers externes. L'homme et les singes ont des racines optiques de ces deux ordres; les autres mammifères n'en ont que du premier ordre seulement, ce qui établit entre leurs perceptions optiques et celles des animaux précédents une différence considérable en rapport avec la supériorité et la nature de leurs aptitudes intellectuelles.

3ᵉ *paire : nerfs moteurs oculaires communs.* Ils sont destinés au mouvement et se rendent aux enveloppes de l'œil ainsi qu'à ses muscles.

4ᵉ *paire : nerfs pathétiques.* Ils vont aux yeux et se distribuent aux muscles grands obliques. Ce sont aussi des nerfs moteurs.

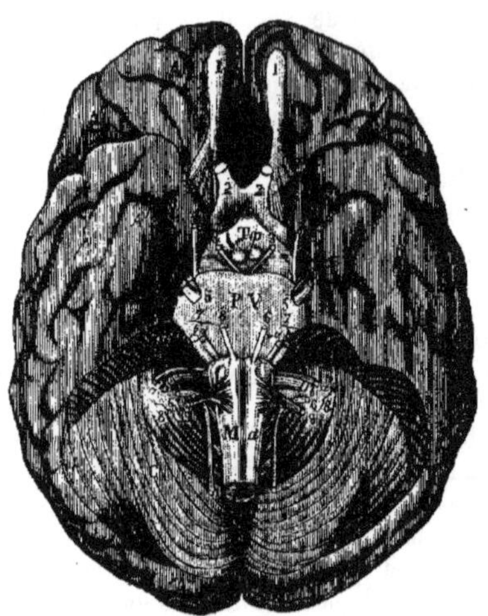

Fig. 70. — Cerveau humain (vu en dessous).

5ᵉ *paire : nerfs trijumeaux.* Affectés à la sensibilité générale de la tête : ils fournissent un grand nombre de divisions ou rameaux, surtout à la face et aux organes des sens qui y sont logés.

6ᵉ *paire : nerfs oculo-moteurs externes.* Nerfs moteurs pénétrant dans l'orbite et s'épanouissant dans les muscles droits externes des yeux.

FIG. 70. Cerveau humain, vu en dessous.

Les paires nerveuses y sont indiquées par les chiffres 1 à 9.

A, A', A") sont les hémisphères vus en dessus et partagés en masses antérieure, moyenne et postérieure; — C) est le cervelet; — T) est la tige pituitaire portant le petit corps nerveux appelé glande pituitaire; — PV) est le pont de Varole ou protubérance annulaire; — M*a*) la moelle allongée, origine de la moelle épinière.

7ᵉ *paire*. On lui distingue deux parties essentielles, savoir :

A). La portion dure, constituant les *nerfs faciaux*, qui sont d'ordre moteur et fournissent des ramifications aussi nombreuses que celles de la cinquième paire. Quelques-uns de ces rameaux sont sensibles, parce qu'il s'y joint des filets de cette dernière.

B). Les *nerfs auditifs*, ou nerfs spéciaux de l'oreille, appelés aussi portion molle de la septième paire, à cause de leur structure pulpeuse.

8ᵉ *paire : nerfs grands hypoglosses*. Servant aux mouvements de la langue.

9ᵉ *paire*. Elle est plus complexe que les autres et comprend deux nerfs sensibles et un nerf moteur qui naissent, les premiers des parties latérales, et le dernier des parties inférieures du bulbe rachidien. Ce sont :

A). Les *nerfs glossopharyngiens*, se rendant à la base de la langue ainsi qu'au pharynx et servant à la sensibilité de ces parties. Beaucoup d'auteurs les regardent comme les nerfs spéciaux de la gustation.

B). Les *nerfs pneumogastriques*, principalement sensibles et fournissant des rameaux aux organes suivants : pharynx, larynx, trachée-artère, poumons, cœur et estomac. Leurs branches droite et gauche forment des plexus en se réunissant sur plusieurs points, soit entre elles, soit avec le grand sympathique. Les nerfs pneumogastriques, dont le nom rappelle qu'ils vont principalement aux poumons et à l'estomac, ont une importance fonctionnelle considérable. C'est par eux que la sensibilité agit sur les organes qui viennent d'être énumérés, et ils nous en font connaître le mode d'action par des sensations analogues à celles des autres nerfs, quoique plus confuses. Ils rattachent donc à certains égards la vie purement nutritive à la vie de relation et ils en mettent ainsi les organes en communication avec cette dernière, tandis que sous les autres rapports les organes nutritifs sont complétement sous la dépendance des nerfs du système sympathique et échappent à l'action de la volonté.

C). Les *nerfs accessoires de Willis*, aussi appelés *nerfs spinaux*. Ils s'accollent en grande partie aux rameaux du pneumogastrique et sont les agents de la contraction volontaire dans les parties auxquelles ce nerf se rend.

Nous ne devons pas oublier de rappeler que beaucoup d'anatomistes admettent douze paires de nerfs crâniens au lieu de neuf. Les nerfs acoustiques deviennent alors la huitième paire ; les glossopharyngiens, la neuvième ; les pneumogastriques, la dixième ; les spinaux, la onzième, et les hypoglosses, la douzième. Nous avons indiqué d'après le premier mode d'énumération les nerfs crâniens de l'homme (fig. 70) et d'après le second ceux de l'oiseau (fig. 71); ce qui permettra d'en établir la comparaison.

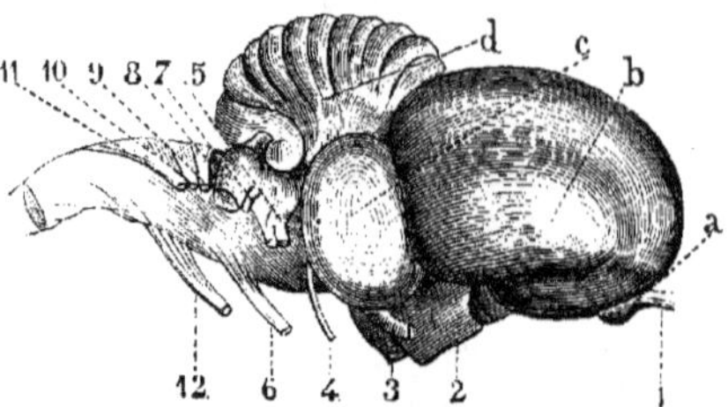

Fig. 71. — Cerveau et nerfs crâniens d'un oiseau (vus de profil).

Nerfs spinaux ou rachidiens. — Les nerfs dont il vient d'être question sous le nom de nerfs crâniens sont ceux qui sortent du cerveau ou du bulbe rachidien en passant, avant de se rendre à leur destination, par quelque perforation du crâne. Les nerfs rachidiens naissent de la moelle épinière postérieuremen à sa partie cérébrale, dite moelle allongée, et ils présentent en outre le caractère de sortir du canal rachidien par des orifices ménagés au point de jonction des vertèbres les unes avec les autres. Ces orifices sont les *trous de conjugaison*. Quelques espèces, comme le tapir, le bœuf, etc., ont ces trous non plus intermédiaires aux vertèbres, mais percés dans la substance même de ces dernières, sur leurs côtés.

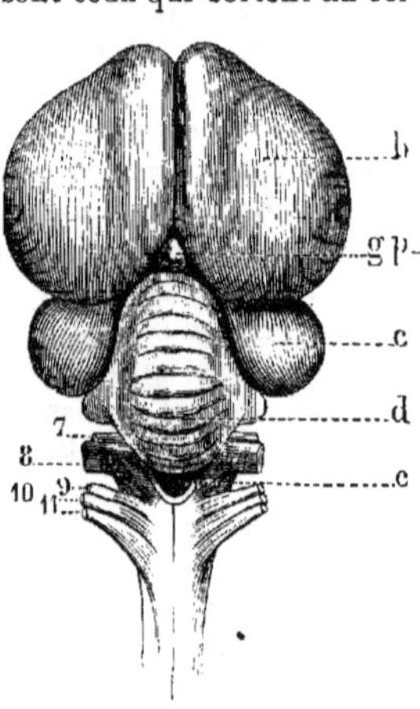

Fig. 72. Cerveau et nerfs crâniens d'un oiseau (vus en dessus).

Le nombre des nerfs rachidiens varie avec celui des vertèbres. Dans l'homme on en compte 31 paires, savoir : 8 cervicales, dont la première passe entre l'occipital et l'atlas, 12 dorsales, 5 lombaires et 6 sacrées.

Chacune d'elles s'insère à la moelle par deux ordres de *racines*, les

Fig. 71 et 72. Cerveau et nerfs crâniens d'un oiseau (le dindon); vu de profil et en dessus, de grandeur naturelle.

a) Lobes olfactifs; — *b*) hémisphères; — *c*) lobes optiques; — *d*) cervelet; — *e*) *Calamus scriptorius*; — *g p*) glande pénéale; — 1 à 12) les paires crâniennes énumérées dans le système des neuf paires, p. 196 à 198.

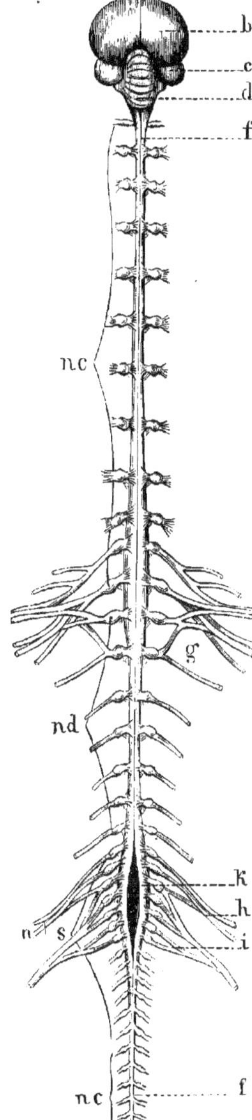

unes dites supérieures (postérieures chez l'homme) et les autres inférieures ou antérieures. A leur point de jonction, qui est voisin des trous de conjugaison, ces racines se réunissent pour former les nerfs droit ou gauche de chacune des paires auxquelles elles appartiennent et elles sont toujours accompagnées à cet endroit d'un *ganglion*, que traversent particulièrement les filets sensitifs de cette paire, formés eux-mêmes par les racines supérieures. Au delà de ces ganglions intervertébraux s'opère la séparation des nerfs en leurs rameaux secondaires, destinés les uns à porter la sensibilité aux organes, les autres à leur donner le mouvement.

Il est bon de rappeler que les nerfs de certaines paires s'associent entre eux pour un même côté ou échangent entre eux des fibres, ce qui constitue des *plexus*. Il y a un plexus cervical, un plexus brachial, un plexus lombaire et un plexus sacré. Le plexus brachial résulte, chez l'homme, de l'anastomose de nerfs appartenant aux cinquième à neuvième paires rachidiennes. Les nerfs qui en émanent ont reçu les noms de musculo-cutané, médian, cutané interne, cubital et radial. Ces nerfs vont au bras.

Les nerfs de la vie de relation, ceux de la tête, comme ceux du reste du corps, ne sont pas uniquement chargés de donner la sensibilité aux organes auxquels ils se rendent ; ils sont aussi les ordonnateurs de la contraction musculaire, et quoiqu'il soit difficile,

FIG. 73. Système encéphalo-rachidien d'un oiseau (le pigeon).

b) Hémisphères cérébraux ; — *c*) lobes optiques ; — *d*) cervelet ; — *f*) moelle épinière ;

dans certains cas, de reconnaître leur qualité sensible ou motrice, surtout lorsqu'ils réunissent des faisceaux nerveux de ces deux ordres, on est fixé dès à présent sur la véritable nature de beaucoup d'entre eux. C'est un physiologiste anglais, Charles Bell, qui a mis les savants sur la voie de cette importante découverte.

Des observations avaient conduit à penser que deux des principales paires nerveuses de la face, les cinquième et septième paires, sont l'une essentiellement sensible et l'autre essentiellement motrice. Des expériences furent tentées sur les animaux pour mettre ces deux faits hors de doute, et on entreprit de semblables recherches

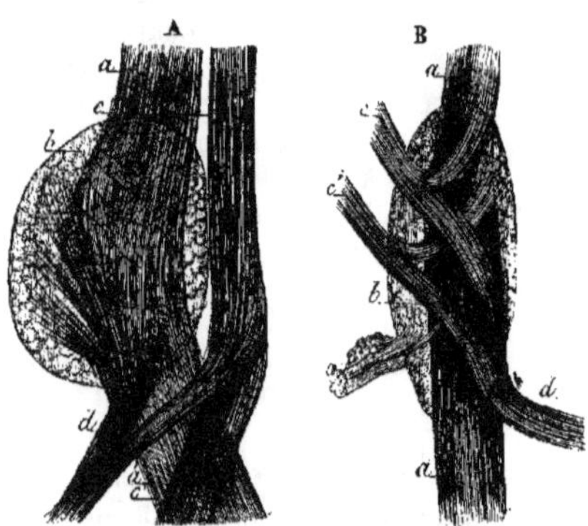

Fig. 74. — Ganglions nerveux.

au sujet des nerfs rachidiens. Il fut constaté que la section des racines supérieures d'une ou de plusieurs paires nerveuses d'un même côté faisait perdre toute sensibilité aux parties auxquelles ces paires envoient des nerfs, et que c'était, au contraire, la contractilité musculaire qui était abolie, si l'on coupait leurs racines inférieures. De

— *n c*) nerfs cervicaux; — *n d*) nerfs dorsaux; — *n l s*) nerfs lombaires et sacrés; — *n c'*) nerfs coccygiens; — *g*) plexus brachial; — *h*) plexus lombaire; — *i*) plexus sacré; — *k*) ventricule lombaire.

Fig. 74. Ganglions nerveux : A) de la série intervertébrale (vie de relation); — B) du grand sympathique.

A = *Un des ganglions intervertébraux de la région lombaire* (chien).

a a) Racine supérieure ou sensible; — *b*) corpuscules nerveux de son ganglion; — *c*) racine inférieure ou motrice; — *d*) branche mixte (à la fois sensible et motrice) qui en sort.

B = *Un des ganglions thoraciques du grand sympathique* (lapin).

a a') Tronc du grand sympathique; — *b*) corpuscules nerveux du ganglion; — *c c'*) filets de communication avec les nerfs spinaux; — *d*) nerf allant aux viscères.

la sorte on put abolir la sensibilité pour l'un des côtés du corps d'un animal, en coupant les racines supérieures de ses nerfs rachidiens, et de l'autre côté anéantir la locomotilité par la section des racines inférieures des nerfs correspondants. Divers auteurs ont répété ces expériences en les variant de plusieurs manières et l'observation attentive des faits pathologiques a conduit à des résultats identiques.

Les racines motrices d'un nerf étant coupées, on peut suppléer momentanément à l'incitation nerveuse qu'il produisait dans les muscles, au moyen de l'électricité, à la condition d'en faire passer le courant dans la partie périphérique du nerf coupé. Ce moyen a été souvent mis en usage pour distinguer les nerfs moteurs de ceux qui sont, au contraire, sensibles. On comprend en effet que si le nerf sur lequel on expérimente est d'ordre moteur, l'électricité aura pour effet de faire contracter spasmodiquement les muscles auxquels ce nerf se rend.

L'ensemble du *système nerveux encéphalo-rachidien* étudié chez l'homme et les principaux nerfs qui s'y rattachent a été représenté sur une planche à part (planche III), sur laquelle on a aussi figuré les principales parties du *système nerveux de la vie organique* ou grand sympathique dont il sera question dans le paragraphe suivant.

EXPLICATION DE LA PLANCHE III.

SYSTÈME NERVEUX DE L'HOMME.

Système encéphalo-rachidien

(couleur blanche).

1. Cerveau.
2. Moelle épinière.
3. Nerf pneumo-gastrique.
4. Queue de cheval.
5. Plexus brachial et nerfs du bras.
6. Plexus crural et nerf crural.
7. Plexus sacré.
8 et 9. Nerf sciatique.
10. Nerf poplité.
11. Nerf tibial postérieur.
12. Nerf tibial antérieur

Grand sympathique

(couleur jaune).

A. Nerf grand sympathique.
B. Plexus pulmonaire.
C. Plexus solaire et ganglion semi-lunaire de la région stomacale.
D'. Plexus hypogastriques.

Histoire naturelle.

Zoologie. PL. III.
(p. 202)

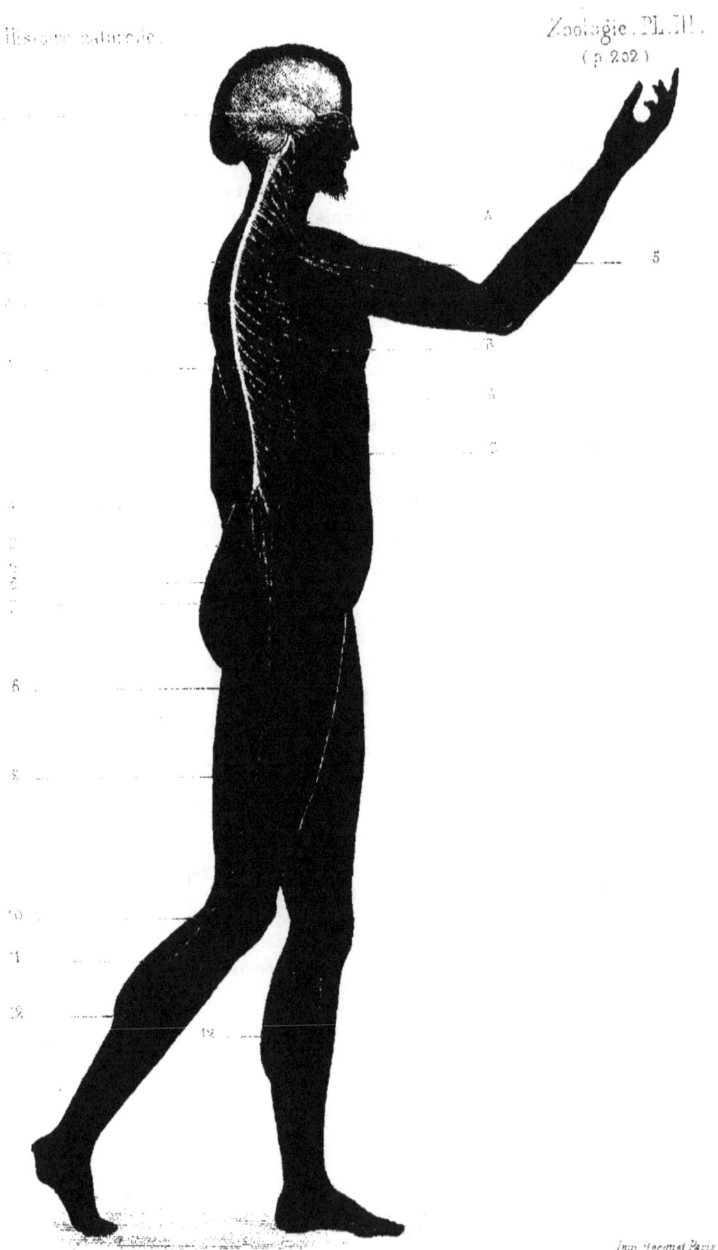

Imp. Becquet, Paris

SYSTÈME NERVEUX.

II

SYSTÈME NERVEUX DE LA VIE ORGANIQUE.

Nous n'avons qu'un sentiment vague des phénomènes purement nutritifs qui se passent en nous; encore ce sentiment est-il transmis à nos centres de sensibilité volontaire par des nerfs appartenant au système de relation, les nerfs pneumogastriques qui naissent du bulbe rachidien, ou le phrénique, appelé aussi diaphragmatique parce qu'il se rend au diafragme et qui naît de la région cervicale. Si les actes physiologiques dont résultent les principaux phénomènes digestifs, respiratoires et circulatoires, ne sont pas du nombre de ceux sur lesquels la volonté agit, ils ne sont pas pour cela entièrement soustraits à l'action du système nerveux. Un autre ensemble de ganglions et de nerfs les régit; c'est le *système nerveux du grand sympathique* ou système nerveux de la vie organique dont nous n'avons pas conscience. Il opère de telle sorte que les fonctions qu'il dirige s'accomplissent à notre insu, mais sans perdre pour cela la régularité qui leur est nécessaire.

Ce système nerveux sympathique résulte, comme celui de la vie de relation, de deux ordres de parties, savoir : des centres nerveux, dont l'importance est loin d'égaler celle des centres nerveux encéphalo-rachidiens et des cordons servant de moyens de communication entre ces différents centres et les organes qu'ils animent; ces cordons sont des nerfs dont l'apparence rappelle celle des nerfs ordinaires de la vie de relation.

Les ganglions du sympathique sont autant de sources d'action nerveuse et les nerfs de ce système sont destinés à les mettre en communication avec les organes pour en diriger les actes purement nutritifs; c'est pourquoi les centres nerveux du système sympathique sont logés dans les arcs infra-vertébraux qui renferment aussi les viscères de la nutrition. Sous ce rapport ils sont dans une sorte d'antagonisme avec les centres nerveux de la vie de relation (système encéphalo-rachidien) qui occupent au contraire l'intérieur des arcs supra-vertébraux dont nous avons parlé sous le nom d'arcs neuraux.

Les centres nerveux de la vie purement organique sont multiples et ils forment latéralement à la face inférieure des corps vertébraux une double série de ganglions dont quelques-uns seulement, ceux du cou par exemple, se réunissent plusieurs ensemble par suite d'une véritable fusion. Ils sont de petite dimension et reliés les uns aux autres pour chaque côté par une série correspondante de filets. Il en part du reste d'autres filets secondaires allant aux parties voisines et ils envoient en même temps des nerfs aux différents viscères.

Dans ces derniers organes les nerfs sympathiques s'épanouissent dans des renflements de forme très-irrégulière auxquels on donne le nom de *plexus du sympathique* et qui se mêlent en partie à divers plexus de la vie de relation dépendant en général des pneumogastriques.

Les principaux plexus du grand sympathique sont :

1° Le *plexus coronaire*, destiné au cœur et auquel se rendent les nerfs cardiaques provenant des ganglions cervicaux ;

2° Les *plexus solaire* et *semilunaire*, situés au-dessous du diaphragme et destinés, eux ou leurs dépendances, à l'estomac ainsi qu'à d'autres parties du système digestif abdominal ainsi qu'à quelques autres organes également situés dans l'abdomen, tels que le foie, la rate et les reins.

Comme on le voit, le système nerveux sympathique n'est pas entièrement isolé de celui de la vie de relation, et il s'y rattache encore par la glande pituitaire qui semble le relier au cerveau; en outre il s'adjoint sur tout son trajet un certain nombre de filets nerveux provenant des paires rachidiennes (fig. 74, B), et il a aussi des connexions multiples avec le pneumogastrique.

Chez les ruminants et chez les oiseaux la portion cervicale de ces deux organes d'innervation (grand sympathique et nerf pneumogastrique) est même réunie sur une assez grande longueur. En faisant la section du sympathique à cet endroit et dans ces conditions on obtient des phénomènes remarquables, et entre autres une élévation sensible de la température pour le côté correspondant à la section. Mais ces expériences, tout intéressantes qu'elles sont, ne peuvent pas nous donner une idée complète du mode d'action du sympathique, et cela pour deux raisons bien faciles à saisir. La première c'est que sa destruction ayant eu lieu, les actes nerveux qui se produisent dès lors sont le résultat de la cessation de son intervention et non le fait même de cette intervention ; la seconde est que le pneumogastrique ayant été coupé avec lui, il faut aussi tenir compte, dans l'explication des phénomènes observés, des perturbations occasionnées par la mutilation dont ce dernier a été l'objet dans les expériences entreprises de cette manière.

La présence du système nerveux sympathique a été constatée chez tous les vertébrés, mais il ne paraît pas exister chez les animaux sans vertèbres, et les filets nerveux allant du cerveau aux organes de la digestion que l'on a regardés chez ces derniers comme lui étant assimilables, semblent correspondre plutôt aux nerfs pneumogastriques des animaux supérieurs.

III

STRUCTURE DU SYSTÈME NERVEUX.

Les anciens n'ont eu qu'une notion vague des fonctions du système nerveux et la nature des éléments anatomiques qui le constituent leur a été à peu près inconnue. Galien et quelques autres avaient cependant entrevu l'importance du rôle que le cerveau, la moelle épinière et les nerfs jouent dans l'organisme animal, mais ce fut Haller, célèbre physiologiste suisse, qui attira surtout l'attention sur ces organes en montrant par des expériences qu'aucune partie du corps n'est sensible par elle-même et que les nerfs seuls donnent aux différents organes la propriété d'exécuter les mouvements ou d'être le siége de sensations quelconques. On comprit dès lors combien serait importante pour la théorie des fonctions de relation une étude approfondie du système nerveux envisagé dans ses différentes parties et dans leurs éléments constitutifs chez l'homme et chez les principaux animaux. En ce qui concerne notre espèce, de semblables recherches devaient nécessairement mettre les savants sur la voie d'une appréciation plus exacte des rapports du physique avec le moral et donner en même temps une notion précise des différents agents de la sensibilité ainsi que du mouvement; son utilité pour la médecine et même pour la psychologie était d'ailleurs évidente.

A la fin du dernier siècle, un anatomiste français que nous avons déjà cité à propos de la théorie des organes, Vicq d'Azyr, et, dans les premières années du siècle actuel, Gall, le célèbre inventeur de la phrénologie, ont bientôt montré quels curieux résultats on pouvait tirer d'une semblable étude, et Cuvier ainsi que Blainville ont insisté sur la nécessité de bien comprendre la disposition anatomique de l'encéphale et des nerfs pour en mieux apprécier les propriétés. Concurremment les fonctions de relation furent analysées avec plus de soin et plus de discernement qu'elles ne l'avaient été par les anciens. Frédéric Cuvier profita de sa position comme directeur de la ménagerie de Paris, pour appliquer à l'observation des actes tantôt intelligents, tantôt purement instinctifs qu'exécutent les animaux, les principes de l'analyse psychologique employés par les philosophes dans l'étude analytique de l'intelligence et des instincts de l'homme. Il trouva dans ces recherches des éléments tout aussi précieux de démonstration que ceux fournis par la comparaison anatomique des organes de l'homme avec ceux des espèces qui s'en rapprochent, ou qui lui sont notablement inférieures. En effet, les facultés des animaux étant plus restreintes que les nôtres nous aident à comprendre ces dernières en vertu de ce principe que le simple est ordinairement la clef du complexe. En constatant ce qui manque à leur cerveau et se trouve au contraire dans celui de l'homme, on peut de même se faire une idée plus exacte de la supériorité de structure des centres nerveux dans notre propre espèce.

C'est ainsi que les fonctions spéciales des différentes parties du système nerveux sont devenues de la part des physiologistes l'objet d'une analyse suivie et des expériences ont été instituées pour établir les actes propres aux différentes parties du cerveau aussi bien que de la moelle et démontrer qu'il y a des nerfs spécialement moteurs et d'autres qui ne sont que sensibles. Les résultats auxquels ont conduit ces savantes investigations ne sont pas tous également définitifs ; mais un grand nombre d'entre eux sont dores et déjà acquis à la science, et dans ces dernières années on a encore ajouté à leur certitude en joignant aux preuves sur lesquelles ils reposent des démonstrations nouvelles, tirées de l'examen microscopique des tissus nerveux, en rapport avec la diversité des fonctions délicates dont les nerfs et l'encéphale sont les agents.

On distingue trois sortes de cellules dans les centres nerveux qui constituent le système encéphalo-rachidien :

1° Les *cellules étoilées* ou *multipolaires ;* elles sont plus grosses que les autres et servent spécialement d'incitateurs à la contraction musculaire; ce sont donc les cellules nerveuses du mouvement (p. 36, fig. 8, *f* et *g*);

2° Les *cellules fusiformes*, qui sont particulièrement affectées aux fonctions de la sensibilité (*ibid.*, *e*) ;

3° Les *cellules rondes* (*ibid.*, *a* et *b*), intermédiaires, pour le volume, à celles des deux premières catégories. Les ganglions qui sont placés au point de jonction des racines postérieures des nerfs avec leurs racines antérieures, nous offrent l'exemple d'une semblable structure et nous la retrouvons aussi bien dans les ganglions du système nerveux appartenant à la vie de relation, que dans ceux qui dépendent du grand sympathique.

De ces trois sortes d'éléments nerveux partent des prolongements qui constituent la partie essentielle ou conductrice des nerfs, c'est-à-dire les moyens de communication reliant les masses encéphalo-rachidiennes ou les ganglions cérébraux et la moelle avec les différents organes; les micrographes les appellent *cylindres d'axe* (fig. 8, lett. *i*). Ce sont des filaments très-déliés; ils forment la partie essentielle des nerfs.

Il existe aussi des filaments nerveux extrêmement ténus, destinés à mettre en rapport entre elles les différentes cellules de même ordre, de manière à renforcer leur puissance, et aussi les cellules des différents ordres pour assurer l'harmonie de leur action. C'est ainsi que prennent naissance les commissures nerveuses sans lesquelles les diverses parties du cerveau et de la moelle, celles des deux côtés du corps et celles qui sont placées d'un seul côté mais les unes après les autres, fonctionneraient sans unité d'action, et seraient dans l'impossibilité de combiner les forces qu'elles mettent en jeu ou de les surajouter. L'harmonie s'établit, de cette manière, non-seulement entre les cellules, siége de la sensibilité intérieure, mais aussi entre ces cellules et celles qui président aux mouvements en transmettant aux muscles l'ordre de se contracter.

C'est dans l'homme que ces éléments anatomiques, et en particulier ceux de la sensibilité, sont les plus petits et les plus multipliés. Dans les grenouilles et les poissons, ils semblent au contraire être en quantité assez minime, comparativement à ce que l'on voit dans l'ensemble des mammifères. Chez les animaux inférieurs, il y en a encore moins et ils ont aussi moins de finesse. On a remarqué en outre que les cellules du mouvement étaient proportionnellement plus nombreuses dans les oiseaux qu'elles ne le sont dans les autres vertébrés, ce qui est en rapport avec l'activité de leur locomotion.

Les nerfs rachidiens ne sont jamais ni uniquement sensitifs ni uniquement moteurs ; mais comme ils résultent de l'association, en proportions très-diverses, de cylindres d'axe ou éléments conducteurs de la force nerveuse, provenant les uns des cellules sensibles et les autres des cellules locomotrices, ils sont sensibles et moteurs dans des proportions différentes et suivant l'ordre de fibres qui domine en eux. Cela est vrai, même pour les racines par lesquelles les nerfs s'implantent sur la moelle épinière, et si certains nerfs ou certaines racines sont plus spécialement affectés à la sensibilité ou à l'incitation locomotrice, il faut l'attribuer à ce que leurs fibres émanent en plus grande partie des cellules d'ordre sensible ou, au contraire, des cellules d'ordre moteur.

On démontre également que les nerfs qui naissent de la moelle ne remontent pas, à travers cette partie, jusque dans le cerveau, en conservant, pour converger tous en un même point de cet organe, comme on l'avait d'abord cru, la séparation primitive de leurs fibres ou cylindres d'axe ; ils se terminent, bientôt après leur entrée dans la moelle, par la jonction de leurs fibres avec les cellules étoilées ; ils mettent ainsi en relation l'ensemble des organes qui sentent ou qui sont capables de mouvements volontaires avec les centres de l'innervation constitués par le système encéphalo-rachidien.

Les extrémités périphériques des nerfs sont beaucoup plus déliées que leurs extrémités rachidiennes, attendu que ces conducteurs de l'agent nerveux y ont acquis leur plus grand degré de division. Celles des nerfs moteurs pénètrent jusque dans les sarcolemmes ou enveloppes protectrices des fibres élémentaires des muscles, pour s'étendre sur ces fibres en disques renfermant des granules nerveux et les soumettre à l'influence de l'innervation.

IV

SYSTÈME NERVEUX ENVISAGÉ DANS LA SÉRIE ANIMALE.

Lorsque l'on descend la série des animaux vertébrés, on voit le système nerveux diminuer d'importance tout en conservant cependant, jusque dans les derniers genres de cet embranchement, une disposition générale qui rappelle celle de ses premières espèces. Dans tous il existe un système encéphalo-rachidien fournissant des nerfs et renfermé dans un étui squelettique ; tous ont aussi un grand sympathique.

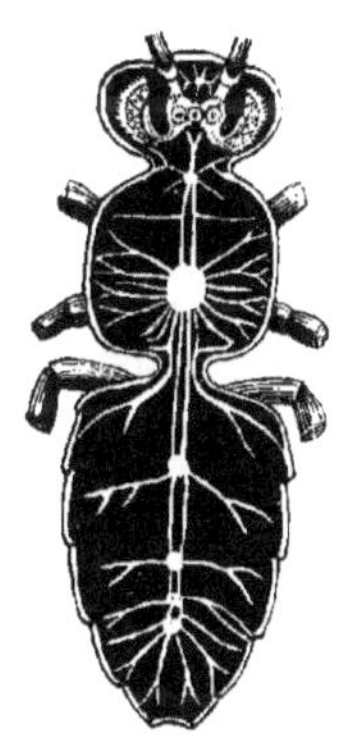

Fig. 74. — Système nerveux de l'abeille.

Chez les animaux sans vertèbres, qu'ils soient articulés, mollusques ou radiaires, le système nerveux du grand sympathique manque ou est contestable, et il n'y a pas de prolongement rachidien faisant suite au cerveau.

La plupart des animaux articulés ont une chaîne ganglionnaire sous-intestinale, reliée au cerveau, qui reste placé dans la tête au-dessus de la bouche, par une double bride nerveuse, allant du cerveau à la première paire de ganglions. Cette première paire constitue le ganglion sous-ésophagien, et l'ésophage se trouve ainsi entouré d'un véritable collier nerveux. Les ganglions suivants sont plus ou moins multipliés, selon le nombre des anneaux du corps. Parfois ils se réunissent plusieurs ensemble, comme dans le thorax de l'abeille ou du crabe, ce qui répond à la soudure des anneaux de cette partie.

Chez la plupart des mollusques il y a aussi un cerveau relié par une paire de brides nerveuses à un ganglion sous-œsophagien, destiné à le compléter; mais la chaîne sous-intestinale n'existe plus. Quelques ganglions placés auprès des principaux viscères s'ajoutent seuls au cerveau de ces animaux. Ils ont plus de développement chez les céphalopodes que dans aucune autre classe de ces animaux, mais dans les tuniciers le collier œsophagien est toujours interrompu ; le cerveau consiste alors en une masse unique de laquelle partent les différents nerfs du corps.

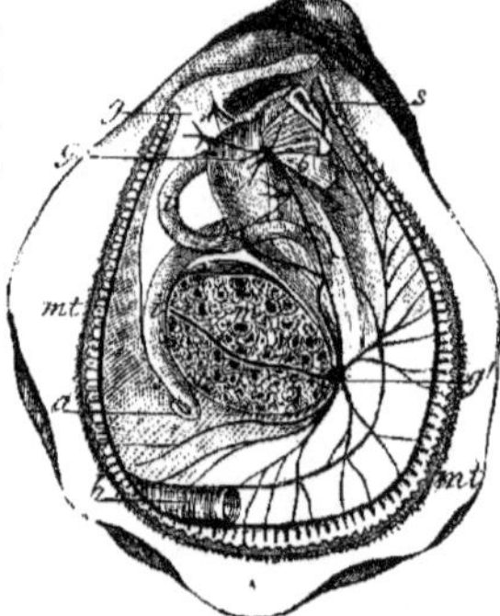

Fig. 75. — Système nerveux de l'huître.

Certains animaux que l'on a confondus avec les acalèphes, particulièrement les callianyres, présentent une disposition analogue. Les béroés, dont le corps, est comme celui des callianyres, comparable à du cristal, à cause de la transparence de ses tissus, ont le système nerveux à peu près semblable à celui de ces animaux.

Les radiaires, ceux du moins dont le système nerveux a pu être observé, ont autour de la bouche un anneau renflé en autant de ganglions qu'il y a de rayons au corps, et chacun de ces ganglions envoie des nerfs à la division qui lui correspond ; c'est, en particulier, ce que l'on a constaté pour les étoiles de mer.

Les méduses ont des organes des sens, yeux et capsules auditives, pourvus de système nerveux; mais la disposition de leurs ganglions répondant au cerveau n'a pas encore été observée.

Dans un grand nombre d'autres radiaires, il n'a d'ailleurs été trouvé, jusqu'à ce jour, aucune trace de système nerveux. C'est ce qui a lieu pour les polypes proprements dits. Il en est de même, à plus forte raison, pour les animaux inférieurs à ces radiaires auxquels on a donné le nom de protozoaires.

Fig. 75. Anatomie de l'huître.

s) Bouche; — *e*) estomac; — *i*, *i'*) canal intestinal; — *a*) anus; — *g*, *g*) cerveau ou ganglion sous-œsophagien; les filets nerveux qui en partent sont représentés comme des lignes noires; — *g'*) ganglion sous-intestinal, aussi appelé pédieux, répondant au ganglion sous-œsophagien des autres mollusques et des animaux articulés. Il est relié par une paire de nerfs au cerveau et fournit d'autres nerfs qui vont à différentes parties du corps, principalement au manteau dont le bord frangé est marqué *mt*. Entre le ganglion pédieux et la partie terminale de l'intestin (*i*, *a*), se voit le muscle servant à la fermeture des deux valves de la coquille marqué *m*.

CHAPITRE XVI.

DE LA PEAU

La peau, ou enveloppe extérieure des animaux, est une membrane dont tout leur corps est enveloppé et qui se moule si exactement sur ses différentes parties, qu'elle semble en déterminer la forme. Les fonctions de la peau sont aussi variées qu'utiles à l'économie. Indépendamment de l'abri qu'elle donne à l'organisme entier, en le limitant par rapport au monde extérieur, la peau concourt à le mettre en communication avec ce dernier. C'est par elle que sont versées au dehors la sueur et les sécrétions odorantes; elle est le siége d'une respiration qui, pour être rudimentaire, comparativement à celle accomplie dans les poumons, n'est pas moins indispensable au bon équilibre des fonctions[1]. C'est aussi par la membrane cutanée que l'homme et les animaux perçoivent, en grande partie, leurs relations avec le monde ambiant, et elle est plus particulièrement l'organe du toucher.

La peau est mise en communication avec les membranes muqueuses par divers orifices naturels, dont le principal est la bouche ; elle présente, indépendamment de parties glandulaires servant à la sécrétion, des organes protecteurs de l'ordre de ceux que nous avons appelés bulbes ou phanères, et parmi lesquels rentrent les poils des mammifères, les plumes des oiseaux et les écailles des poissons.

Nous devons donc l'envisager sous le triple rapport : 1° de sa composition intime ; 2° de ses moyens de sécrétion; et 3° de ses téguments ou organes accessoires. Il nous sera aisé de comprendre ensuite comment elle sert aux fonctions de relation.

Structure de la peau. — La membrane cutanée se compose de plusieurs couches superposées que l'on peut ramener à trois principales, savoir : l'*épiderme* ou surpeau, comprenant aussi le corps pigmentaire, qui est la partie protectrice de la peau; le *derme* ou cuir, constituant sa partie principale, et la couche musculaire ou le

1. C'est là une des raisons pour lesquelles l'activité de la peau est si importante pour le maintien de la santé.

peaucier. Des nerfs se rendent à cette membrane ainsi que des vaisseaux, les premiers destinés à lui donner la sensibilité et à en exciter les mouvements; les seconds, chargés de sa nutrition et versant à travers ses propres parois ou dans les glandes qu'elle renferme les matériaux de la sueur et les sécrétions odorantes.

Épiderme. — C'est une couche insensible, constamment dépourvue de vaisseaux et par conséquent sans nerfs, qui est formée de cellules aplaties, la plupart desséchées et de nature cornée, constituant à la surface de la peau une sorte de vernis destiné à l'isoler des corps extérieurs. La couche profonde de l'épiderme est seule en voie de formation, mais ses lamelles superficielles se détachent de temps en temps par une sorte de mue. Chez les serpents, on voit tout l'épiderme ancien se séparer d'une seule venue, et le corps de l'animal en sort comme d'un fourreau par lequel il aurait été protégé. Un nouvel épiderme s'est déjà formé pour remplacer celui que l'animal vient de perdre.

Au-dessous de l'épiderme, et comme dépendance de cette couche, est le *pigment* ou matière colorante de la peau, qui est surtout développé chez les nègres et donne à leur peau la couleur noire qui les distingue des autres hommes. Les animaux ont aussi des pigments, dont la teinte varie suivant les différentes espèces. Ces variations sont surtout remarquables chez les reptiles et les poissons, plus particulièrement chez les espèces des pays chauds dont les couleurs sont aussi vives que variées. Le caméléon doit ses changements de couleur à la possibilité que présente son pigment de pouvoir s'épanouir à la surface du derme, ou de rentrer au contraire, en totalité ou en partie, dans l'intérieur de cette seconde partie de la peau. Des poches pigmentaires analogues mais plus grosses existent à la peau des céphalopodes : elles sont dites *chromatophores;* ces poches jouissent aussi de la possibilité d'apparaître instantanément ou au contraire de se cacher; elles ont souvent de très-belles teintes.

Derme. — C'est la couche principale de la peau. Il est constitué par un amas de cellules fibreuses, appartenant au tissu connectif et qui constituent une sorte de feutrage perméable aux nerfs ainsi qu'aux vaisseaux. Sa couche extérieure présente de petites éminences diversement disposées qui constituent les *papilles du derme*. Ces papilles reçoivent les extrémités des nerfs et sont essentiellement les parties sensibles de la peau; leur sensibilité est d'autant plus active qu'elles sont recouvertes par une moindre couche épidermique. On sait combien cette sensibilité des papilles s'exagère et devient douloureuse lorsque l'épiderme a été enlevé par une cause quelconque.

Les parties profondes du derme sont plus lâches, et celles de sa surface plus serrées. Les premières laissent dans leur intérieur des vides plus ou moins grands, remplis de graisse, qui établissent la transition du derme avec la couche graisseuse sous-cutanée, dite *pannicule graisseux*. Dans certaines espèces, principalement sous l'influence d'une alimentation spéciale, cette couche graisseuse peut prendre un développement considérable ; c'est ce qui a particulièrement lieu dans le cochon, parmi nos animaux domestiques, et dans les cétacés, animaux marins dont le corps dépourvu de poils se refroidirait rapidement au contact de l'eau s'ils ne possédaient au-dessous du derme cette tunique isolante pour empêcher la déperdition du calorique.

Fig. 76. — Peau humaine.

A la peau des animaux et dans certains points seulement ou dans certaines espèces plutôt que dans les autres, se voit une couche musculaire permettant à l'enveloppe cutanée les mouvements partiels qu'elle exécute; c'est le *peaucier*. Il nous permet de remuer la peau de notre front et tout le cuir chevelu. Le cheval lui doit la possibilité de produire ces tremblements dont la peau de son ventre est le siége, lorsque quelque insecte vient le piquer. Le muscle peaucier n'acquiert, dans aucune espèce, un développement aussi grand que dans le hérisson, où il a l'apparence d'une sorte de coiffe, recouvrant tout le corps et destinée à redresser, dans toutes les directions, les innombrables piquants dont la peau de cet animal est garnie. C'est ce qui fournit au hérisson son principal moyen de défense.

Organes sécréteurs dépendant de la peau. — La peau est perméable à certains liquides; c'est ainsi que la sueur peut la traverser et s'écouler au dehors. Elle renferme en outre dans son intérieur des organes glandulaires en général de très-petite dimension versant à sa surface des produits spéciaux, qui sont pour la plupart odorants. La structure de ces organes est tout à fait comparable à celle des glandes et glandules cutanées que nous avons étudiées à propos du canal digestif.

Fig. 76. Peau humaine.

a) Épiderme superficiel ou corné; — *b*) partie profonde de l'épiderme; — *c*) derme; — *c'*) vacuoles de sa partie profonde; — *d*) couche musculaire ou peaucier; — *e*, *e'*) deux glandes sudoripares; — *f*) follicule pileux et glandes sébacées.

Les *mamelles* destinées à fournir le lait, liquide à l'aide duquel les femelles des mammifères nourissent leurs petits, sont les principaux de ces organes de sécrétion cutanée. Chez beaucoup d'animaux de la même classe, il existe aussi des glandes extérieures dont le produit est de nature différente. Le musc des chevrotains est sécrété par une glande spéciale ; il en est de même de la civette, autre parfum dû à un animal de ce nom vivant en Afrique ; les musaraignes ont des glandes à musc sur les flancs et les desmans sur la queue.

Parmi les glandes cutanées on doit également signaler les *glandes sudoripares* qui existent chez l'homme et chez beaucoup d'autres animaux. Elles sont fort petites et formées chacune par un tube très-fin, pelotonné dans sa partie profonde et ouvert à la surface papillaire du derme par un très-petit orifice (fig. 76, *e*, *e'*). C'est par les glandes sudoripares que suinte le principe qui donne à la sueur son odeur caractéristique.

Les oiseaux possèdent au-dessus du coccyx un amas glanduleux exsudant une matière grasse qui sert à enduire leurs plumes. C'est à cette matière que les plumes des oiseaux d'eau doivent la propriété de ne pas se mouiller lorsque ces animaux plongent. Une autre glande est placée au-dessus des sourcils de beaucoup d'oiseaux aquatiques ; elle verse son produit dans le nez. Son usage n'est pas bien connu.

POILS, PLUMES, etc. — Ces organes se produisent au moyen de

Fig. 77. — Poil vu au microscope.

bulbes placés dans la peau et ils constituent des téguments propres aux animaux à sang chaud. Comme l'épiderme, ils sont de nature cornée. Il faut en rapprocher, à cause de leur composition chimique et de la manière dont ils se développent, les *ongles*, les *sabots*, les *étuis cornés* des ruminants ainsi que la *corne* du rhinocéros. Les *écailles* des poissons, sur lesquelles nous reviendrons à l'occasion de ces animaux, sont aussi des produits comparables, mais leur structure est différente à certains égards et, dans beaucoup d'espèces, ils ont aussi une composition tout autre. Enfin on pourrait encore rattacher à la série des produits tégumentaires les *coquilles* des animaux mollusques.

FIG. 77. Poil de mouton, race à laine fine ; vu au microscope.

CHAPITRE XVII.

DES ORGANES DES SENS ET PARTICULIÈREMENT DU TOUCHER.

L'homme et les animaux possèdent, mais à des degrés très-divers, la notion des passions qui s'agitent en eux et celle de certains autres phénomènes dits subjectifs, dont leur propre corps est aussi le siége. Toutefois ces phénomènes, qui dépendent de l'individu qui les perçoit et qui s'accomplissent dans la partie intime de son être, ne sont pas les seuls qu'il puisse percevoir. Une pareille sensibilité serait insuffisante aux besoins de la vie et le plus souvent elle ne serait qu'une source de mécomptes, si les phénomènes extérieurs ne parvenaient aussi à la connaissance des êtres dont nous parlons. C'est par la surface externe de leur corps que ces perceptions leur sont communiquées, et des instruments appropriés en recueillent la sensation. De là des organes particuliers concourant aux fonctions de relation, comme la locomotilité et l'activité cérébrale le font de leur côté, mais destinés à ne recevoir que des sensations extérieures et par conséquent purement objectives. Ces organes sont les *organes des sens*.

On admet cinq sortes de sensations extérieures, donnant lieu à autant de sens différents, savoir : le *toucher*, le *goût*, l'*odorat* ou *olfaction*, la *vue* et l'*ouïe*. Quelques mots nous permettront d'apprécier le caractère de ces différents sens.

Le tact ou toucher est considéré comme un sens général, parce qu'il s'opère sur tous les points du corps et que la peau envisagée dans son ensemble en est le siége. Il a pour agents des nerfs tirant leur origine de diverses parties du cerveau ou de la moelle épinière, mais s'y insérant tous par les racines dites postérieures chez l'homme ou supérieures chez les animaux. Ceux de ces nerfs qui se terminent à la peau nous renseignent sur la dureté plus ou moins grande des corps, sur leur forme ainsi que sur leur température et sur quelques autres de leurs qualités distinctives. C'est aussi par eux que nous avons la sensation du contact, celle du chatouillement, qui peut devenir douloureux s'il est exagéré, et le sentiment des actions électriques. Les sensations tactiles sont reçues par les extrémités des nerfs dits de sensibilité générale.

Les autres sens sont dits spéciaux, parce qu'ils ont pour siége des organes à part, différemment disposés suivant la nature des impressions qu'ils sont destinés à recueillir. Ils sont au nombre de quatre et tous ont leurs organes également placés à la tête, du moins chez les animaux supérieurs.

Leurs nerfs viennent directement du cerveau et, sauf pour le sens du goût, ces nerfs ont une structure fort différente de celle des autres. Ils sont pulpeux et semblent être des prolongements du cerveau dans l'organe auquel ils aboutissent plutôt que des nerfs ordinaires. Aussi leur fonction est-elle également spéciale et ils sont toujours incapables de tout autre acte de sensibilité que la sensation à laquelle ils sont particulièrement affectés. Ils ne jouissent pas même de la sensibilité ordinaire ou générale propre aux nerfs du toucher, et des filets nerveux appartenant à des rameaux de ce dernier ordre viennent donner la sensibilité aux organes qui les constituent. Ce sont principalement des rameaux de la cinquième paire des nerfs crâniens qui sont chargés de cette fonction; le reste des nerfs de cette paire se distribue aux autres parties de la tête dont ils sont aussi les principaux agents de sensibilité.

Si l'on tient compte du mode d'action des sens spéciaux, on peut les partager en deux groupes. Les uns, comme le goût et l'odorat, agissent pour ainsi dire chimiquement et leur perception exige pour avoir lieu que des parcelles des corps dont ils doivent nous faire connaître les propriétés sapides ou odorantes soient d'abord dissoutes et mises en contact avec leur membrane sentante.

Les autres, ou le sens de l'ouïe et celui de la vue, n'exigent point un contact matériel et immédiat. Les vibrations du milieu ambiant ou même, pour la vue, celles de l'éther qui remplit l'espace suffisent à la transmission des phénomènes dont ils nous donnent la sensation. Aussi la structure des organes destinés à percevoir ces sensations est-elle des plus délicates et les impressions que nous procure la vue sont en particulier d'une telle finesse, qu'elles nous indiquent l'existence de corps placés à des distances incommensurables, non-seulement celle des planètes appartenant au système solaire, mais encore celle des étoiles dont la position est infiniment plus éloignée.

Nous commencerons l'étude des sens par celle du toucher.

SENS DU TOUCHER.

Le toucher ou tact est regardé comme un sens général, parce qu'il s'exerce par tous les points de la surface extérieure du corps et même par quelques parties situées plus ou moins profondément. Il n'est pas desservi, comme les sens spéciaux dont nous parlerons ensuite, par des nerfs particuliers et d'une structure différente de celle de tous les autres; ses nerfs sont ceux de tous les points du corps, et ils ne sont assujettis à d'autre condition que de prendre naissance à la moelle soit cérébrale, soit rachidienne, par des racines s'insérant auprès des sillons postérieurs. La sensibilité tactile n'est donc qu'une forme de la sensibilité générale, et à beaucoup d'égards elle se confond avec elle. C'est par les extrémités périphériques des nerfs qu'elle s'exerce, et ces nerfs sont terminés, dans beaucoup de points du corps, par de petits organes spéciaux appelés, d'après les auteurs qui les ont décrits avec le plus de soin, *corpuscules de Paccini*, *corpuscules de Meisneer* et *corpuscules de Krausse*. Les corpuscules de Meisneer semblent être plus spécialement les organes du tact.

La sensibilité tactile est plus ou moins prononcée dans les différentes parties du corps, suivant l'abondance ou la rareté des corpuscules nerveux qui en sont les principaux agents, et les parties où elle est la plus vive sont aussi celles dont l'épiderme est le moins développé.

L'homme touche plus particulièrement à l'aide de ses mains, mais d'autres parties de son corps peuvent également exercer le tact, sans toutefois y être appropriées d'une manière aussi évidente. Les singes se servent aussi utilement de leurs mains de derrière que de leurs mains de devant. Le cheval touche avec sa lèvre inférieure et l'éléphant avec sa trompe. Chez d'autres mammifères ce sont des organes encore différents qui servent à l'exercice de cette fonction. Les perroquets y emploient leur langue; les lézards ainsi que les serpents font de même. Dans certains poissons le même office tactile est rempli par des barbillons placés aux angles de la bouche (carpes, barbeaux, etc.); dans les trigles il l'est par des rayons détachés des nageoires pectorales. Les chats, les phoques et d'autres mammifères carnassiers ont pour organes du tact des poils plus raides que les autres et plus longs qui partent en divergeant de leur lèvre supérieure; il s'y rend des filets nerveux assez volumineux provenant des nerfs de la cinquième paire. Ces poils ont reçu le nom particulier de *vibrisses*.

La sensibilité tactile existe aussi chez les espèces inférieures, car c'est une des propriétés les plus caractéristiques des animaux que de percevoir des sensations de cette nature.

Des mains. — Les extrémités antérieures, organes principaux du tact chez beaucoup d'animaux et en particulier chez les singes, acquièrent chez l'homme un degré remarquable de supériorité. Elles ne sont plus employées à la marche; leurs mouvements sont libres, et elles deviennent des instruments spéciaux de l'intelligence : aussi sont-elles mieux disposées que dans aucune autre espèce pour saisir les objets ou les toucher, et elles se prêtent par leur conformation anatomique à la variété pour ainsi dire infinie des actes que nous leur demandons ; d'autre part la peau y est riche en corpuscules tactiles.

Helvétius a dit dans son livre *De l'esprit*, que si la nature, au lieu de mains et de doigts flexibles, avait terminé nos poignets par un pied semblable à celui du cheval, « les hommes seraient encore errants comme des troupeaux fugitifs, » et Buffon aurait désiré pour notre espèce une main plus parfaite : « qu'elle fût par exemple divisée en vingt doigts, que ces doigts eussent un plus grand nombre d'articulations et de mouvements. »

« Il n'est pas douteux, ajoute Buffon, que le sentiment du toucher ne fût infiniment plus parfait dans cette conformation qu'il n'est, parce que cette main pourrait alors s'appliquer beaucoup plus immédiatement et plus précisément sur les différentes surfaces des corps ; et si nous supposions qu'elle fût divisée en une infinité de parties, toutes mobiles et flexibles, qui pussent s'appliquer en même temps sur tous les points de la surface du corps, un pareil organe serait une espèce de géométrie universelle (si je puis m'exprimer ainsi) par le secours de laquelle nous aurions, dans le moment même de l'attouchement, des idées exactes et précises de la figure de tous les corps et de la différence même infiniment petite de ces figures. »

Buffon est ici l'inspirateur d'Helvétius, et comme ce dernier l'a admis depuis, il fait de l'intelligence une conséquence de la perfection de notre instrument de préhension, tandis que c'est le contraire qui a lieu. Nous avons une main supérieure à celle des animaux parce que notre intelligence est fort au-dessus de la leur. La main imaginée par Buffon aurait-elle écrit de plus belles pages que celles que nous lui devons, et que nous apprendrait-elle que la vue ne nous fasse connaître ? Tout cela n'est pas seulement du sensualisme, c'est une erreur, et une erreur au point de vue de la physiologie comme au point de vue de l'anatomie. Galien était bien mieux inspiré lorsqu'il écrivait, il y a plus de seize cents ans : « L'homme a eu des mains parce qu'il est animal très-sage et que les mains sont pour lui des instruments convenables ; car il n'est point animal très-sage, comme disait Anaxagore, parce qu'il a eu des mains, mais il a eu des mains parce qu'il est très-sage, comme a très-bien jugé Aristote ; car ce ne sont point les mains, mais la raison, qui lui ont enseigné les arts. Ainsi les mains sont instruments des arts comme la lyre des musiciens et les tenailles du forgeron ; mais l'un et l'autre est savant en son art par *la raison*, de laquelle il a été doué et pourvu, et ne peut néanmoins exercer les arts qu'il sait sans instruments. »

CHAPITRE XVIII.

DES SENS DU GOÛT ET DE L'ODORAT.

SENS DU GOÛT.

Le GOÛT, appelé aussi *gustation*, nous donne la notion de cette propriété des corps qui constitue leur saveur; c'est un sens spécial, mais qui tient encore beaucoup du toucher. Cependant il exige, de plus que ce dernier, une dissolution préalable de quelques molécules des corps sur lesquels il est appelé à nous renseigner. Il faut aussi que ces molécules sapides soient mises en contact immédiat avec la langue, organe particulièrement affecté aux perceptions gustatives. Il n'y a donc de corps doués de saveur que ceux qui sont solubles, et la salive est l'agent principal de cette dissolution.

La LANGUE (fig. 79, B; p. 221) est un organe de consistance charnue dans lequel on distingue des muscles de deux sortes. Les uns, qui lui sont exclusivement propres, sont ses muscles *intrinsèques*; les autres, dits *extrinsèques*, sont destinés à rattacher la langue aux parties voisines, principalement à l'os hyoïde, à la face postérieure du menton et au sternum.

Les mouvements propres de la langue sont dus au jeu de ses muscles intrinsèques et ses mouvements généraux à celui de ses muscles extrinsèques. Les uns et les autres sont sous la dépendance d'un nerf d'ordre moteur, le *grand hypoglosse;* un filet de la septième paire, appelé *corde du tympan*, paraît destiné à mettre ces mouvements d'accord avec les données fournies au cerveau par l'oreille.

La surface de la langue est recouverte par la muqueuse buccale, mais cette membrane prend à sa face supérieure des caractères particuliers. On y distingue des PAPILLES, auxquelles aboutissent les extrémités des nerfs destinés à sa sensibilité, soit gustative soit tactile; car la langue n'est pas seulement l'organe du goût, elle est aussi un instrument de toucher et dans certaines espèces c'est surtout par elle que s'exerce ce dernier sens. Les papilles de la langue sont bien plus développées que celles de la peau. On en reconnaît de trois sortes.

Les plus grosses, dites *papilles caliciformes*, sont rangées à la base de cet organe sur deux lignes disposées angulairement. D'autres, disséminées sur toute la langue, ont été nommées *papilles fongiformes*, parce qu'on les a comparées à de petits champignons. Les troisièmes, ou *papilles filiformes*, sont coniques; ce sont les plus nombreuses. Chez certains animaux, parmi lesquels nous citerons les mammifères appartenant au même genre que le chat, elles sont recouvertes d'une sorte d'étui corné qui rend la langue dure comme une râpe; chez les glossophages, genre de chauves-souris propre à l'Amérique méridionale, elles sont comparables à des poils.

Les papilles fongiformes paraissent être les véritables organes du goût; c'est à elles qu'aboutissent les extrémités des filets nerveux sensitifs, particulièrement celles du *nerf lingual*, qui, tout en étant une division de la cinquième paire, semble à beaucoup d'auteurs être affecté de préférence au nerf *glosso-pharyngien*, à la perception des saveurs, tout en restant cependant chargé de la sensibilité tactile de la langue. Il ne manque pourtant pas de physiologistes qui attribuent la gustation au glosso-pharyngien seul.

Peut-être y a-t-il intervention de ces deux nerfs, car si la langue goûte par l'intermédiaire du lingual, on ne saurait attribuer qu'au glosso-pharyngien la sensation que nous donnent le bouquet des vins et d'autres substances lorsque nous les mettons en rapport avec le voile du palais.

Dans l'homme la langue n'est pas seulement un organe de gustation et de toucher; elle sert aussi à la déglutition et elle a de plus un rôle important dans la parole articulée.

Chez les animaux elle présente de curieuses variations de forme, principalement en rapport avec l'alimentation. C'est à l'aide des papilles cornées dont elle est armée que les chats et autres felis arrachent les chairs en les léchant. Dans plusieurs édentés elle est filiforme et susceptible d'une grande extension, et les muscles sterno-glosses présentent chez les fourmiliers une disposition tout à fait singulière. Au lieu de s'arrêter à la partie antérieure du sternum, ils filent intérieurement à la poitrine en suivant la face postérieure de cet os jusqu'à l'appendice xyphoïde qui le termine en arrière.

Mais c'est surtout la langue du caméléon qui paraîtra bizarre; au lieu d'être mince et bifurquée à sa pointe comme celle des autres sauriens et des serpents, elle forme une masse charnue et discoïde, rattachée à l'os hyoïde et à l'arrière-bouche, par un long tube à la fois grêle et membraneux. L'animal la lance comme un lacet englué pour attraper les insectes qui passent à sa portée, et il la fait aussitôt rentrer avec une égale rapidité dans sa bouche, où le tube membraneux qui la retenait se ramasse sur un prolongement en forme de tige formée par l'os hyoïde. La langue des grenouilles présente une autre singularité. Elle est adhérente par la pointe et libre au contraire par sa partie basilaire. Ces animaux la crachent, pour ainsi dire, lorsqu'ils veulent saisir les mollusques ou les vers dont ils font leur nourriture, et ils la font aussitôt rentrer dans leur bouche, chargée de la petite proie qu'ils convoitaient.

Les oiseaux et les poissons ont la langue en général peu développée et incapable de fournir des sensations délicates. Ce que l'on regarde vulgairement comme étant la langue des carpes et que les gourmets recherchent, répond à la partie pharyngienne de leur bouche; la langue de ces poissons est rudimentaire comme celle des autres animaux de la même classe.

On n'a que peu de notions précises au sujet du sens du goût chez les animaux sans vertèbres.

SENS DE L'ODORAT.

Beaucoup d'êtres vivants, soit animaux, soit végétaux, répandent des odeurs qui leur sont propres; ce qui nous permet de les reconnaître à distance. Les substances que nous en tirons pour notre alimentation ou pour notre industrie ont aussi des propriétés odorantes; il en est de même pour certains principes appartenant au règne minéral. L'odeur de ces corps peut aussi varier suivant leur état de conservation et nous avons, en les flairant, le moyen de juger du degré d'altération ou de pureté qui les caractérise. L'air est le véhicule des émanations odorantes appelées aussi effluves, et la volatilité est la condition indispensable de leur manifestation. L'homme et les animaux les perçoivent à l'aide d'un organe particulier, qui est le nez, et le sens auquel cette perception donne lieu, est l'*odorat* ou olfaction. Une quantité extrêmement faible de matière odorante peut dans certains cas suffire à la production de sensations très-vives, et cet état de choses peut persister pendant un temps fort long. Le musc nous en fournit un exemple remarquable. Exposé à l'air pendant un grand nombre d'années, il imprègne de son odeur, et cela d'une manière durable, tous les objets avoisinants, sans perdre cependant une quantité appréciable de son poids.

L'odorat ou olfaction qui nous donne la connaissance des odeurs est un sens spécial, nécessitant une dissolution chimique des effluves apportées par l'air; cette dissolution s'opère au moyen d'une humeur dont la membrane intérieure du nez est enduite. Il y a aussi des nerfs spéciaux pour recueillir les sensations olfactives et les transmettre au cerveau. Ces nerfs, divisés en un grand nombre de filets, proviennent des parties antérieures de l'encéphale dont nous avons parlé sous le nom de lobes olfactifs et qu'on appelle à tort, en anatomie humaine, nerfs olfactifs ou de la première paire. Ce ne sont pas des nerfs dans le sens ordinaire de ce mot, et chez beaucoup d'animaux ils sont proportionnellement plus volumineux que chez l'homme, ce qui correspond sans doute à un plus grand développement du sens de l'olfaction.

Les animaux ainsi organisés tirent probablement de leur odorat des indications bien plus précises que nous ne pouvons le faire; aussi les voyons-nous sentir attentivement tous les objets qu'ils veulent manger ou de la nature desquels ils cherchent à se rendre compte.

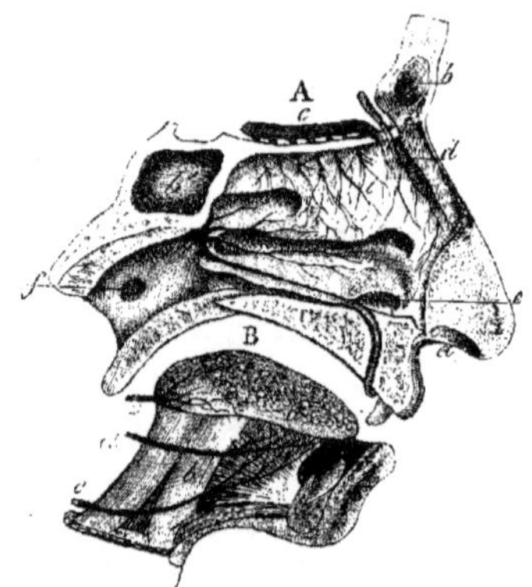

Fig 78. — Organes de l'odorat et du goût.

Le flair fournit à un grand nombre de ces espèces des renseignements tout aussi précieux que ceux qu'elles doivent au sens de la vue et il y a quelquefois parité dans le développement de lobes olfactifs et des lobes optiques. L'homme et les singes ont les lobes olfactifs rudimentaires; les cétacés et les oiseaux les ont encore plus petits.

L'organe de l'olfaction, dont la partie extérieure et saillante est appelée le *nez*, constitue une cavité creusée au milieu de la face, dans un écartement limité par plusieurs os. Ces os sont les nasaux ou os propres du nez, les maxillaires supérieurs, les palatins, le sphénoïde et l'ethmoïde. Une cloison osseuse, formée par le vomer, partage la cavité nasale en deux moitiés ou plutôt en deux chambres ou fosses nasales, ayant chacune un orifice extérieur appelé narine externe. Des cartilages revêtus par la peau et munis de différents muscles constituent en grande partie la saillie du nez de l'homme. La cloison médiane se prolonge aussi au moyen d'un cartilage qui sépare les narines externes l'une de l'autre. Dans l'intérieur des

Fig. 78. Organes de l'odorat et du goût.

A = Organe de l'odorat :

a) Narines; — *b*) sinus frontaux et sphénoïdaux; — *c*) lobe olfactif, fournissant les nerfs de même nom; — *d*) rameau nasal de la cinquième paire; — *e*) autre filet de la cinquième paire; — *f*) orifice de la trompe d'Eustache; — *i*) membrane pituitaire dans laquelle se répandent les rameaux provenant du lobe olfactif qui servent spécialement à l'olfaction.

B = Organe du goût (voir p. 218).

c) Partie linguale du nerf glossopharyngien; — *d*) nerf lingual, branche de la cinquième paire; — *e*) nerf hypoglosse.

deux cavités nasales et pour en augmenter la surface, sont en outre des os fort minces disposés en manière de *cornets*, et dont on distingue trois étages : les cornets supérieurs, les moyens et les inférieurs.

C'est sur ces différentes surfaces, que s'étend la muqueuse nasale, appelée *membrane pituitaire*, à cause de l'humeur autrefois nommée *pituite* qui s'épanche des nombreux cryptes qu'elle renferme et lubréfie sa surface ; cette membrane est en même temps très-vasculaire, comme le prouvent les nombreux saignements dont le nez est le siége. Son épithélium présente en outre la curieuse particularité d'être vibratile, au moins dans ses parties spécialement olfactives ; ces parties sont les plus rapprochées de l'origine des rameaux nerveux, ou celles qui possèdent le plus grand nombre de ces rameaux.

La manière dont ces nerfs, fournis par les lobes olfactifs, entrent dans l'appareil nasal, mérite aussi d'être signalée. Ils traversent une multitude de petits trous percés dans une partie de l'os ethmoïde, à laquelle cette disposition a valu le nom de *lame criblée*. C'est ce qui faisait croire aux anciens que le nez communique directement avec le cerveau, et que la pituite s'écoule de ce dernier organe. On dit encore, « un rhume de cerveau » pour désigner l'affection passagère qu'occasionne l'inflammation de la membrane pituitaire, dont la sécrétion se trouve alors exagérée d'une manière si incommode.

Les fosses nasales peuvent être regardées comme la première partie des voies respiratoires. C'est en effet par elles que l'air entre, pour passer ensuite dans la trachée-artère en traversant l'arrière-bouche ou pharynx. Les orifices postérieurs des narines, qui font communiquer ces cavités avec le pharynx, s'appellent les *arrière-narines;* il y en a deux, un pour chaque fosse nasale.

En outre, les cavités olfactives telles que nous venons de les décrire, sont en rapport, chez l'homme et chez beaucoup d'animaux, avec des excavations qui se creusent après la naissance dans l'intérieur de plusieurs des os avoisinants. Ces excavations sont les *sinus olfactifs*. Il y en a dans les os maxillaires supérieurs, dans le sphénoïde et dans les frontaux. Quelquefois il en existe encore dans plusieurs autres os du crâne, et toute la tête osseuse peut être creusée dans son épaisseur par des cellulosités analogues. Une semblable disposition diminue la pesanteur de cette partie du squelette ; elle nous explique comment le volume de la tête peut devenir énorme, comme il l'est chez l'éléphant et chez quelques autres grands mammifères, sans surcharger les muscles destinés à la soutenir. Les cornes des bœufs, des chèvres, des moutons et des antilopes sont aussi plus ou moins complétement excavées dans leur axe osseux. Ces cavités, tout en allégeant, comme celles du crâne des éléphants et de tant d'autres mammifères, le poids de la tête, semblent aussi devoir être comparées à des sortes de réservoirs, permettant à ces animaux d'emmagasiner les émanations odorantes capables de leur fournir à l'occasion des renseignements sur les lieux qu'ils ont déjà traversés, ou de les instruire dans d'autres circonstances sur la nature des objets qu'ils recherchent.

Le nez de certains animaux présente encore des particularités différentes de celles-là. Cet organe, démesurément allongé, transformé intérieurement en un double tube, et servant à la voix, à la préhension, au tact, constitue la *trompe* des éléphants. Les tapirs ont aussi une sorte de trompe, mais bien plus petite. Le *boutoir* ou groin du cochon résulte d'un état intermédiaire entre cette disposition et celle qui caractérise les animaux ordinaires. On appelle *mufle* la partie environnant les narines lorsqu'elle est nue et garnie de cryptes glanduleux, comme cela se voit chez le bœuf, le cerf, etc. Certaines chauves-souris, telles que les phyllostomes ou vampires et les rhinolophes, ont les narines externes entourées d'un appareil membraneux appelé *feuille nasale*. Enfin les animaux aquatiques présentent encore une autre disposition : chez les phoques, les hippopotames et plusieurs autres, chaque narine extérieure est pourvue d'un muscle circulaire qui l'ouvre ou la ferme, au gré de l'animal; et chez les cétacés, les narines, appelées *évents*, ne servent plus guère à l'olfaction : elles sont transformées en poches contractiles, dans lesquelles s'arrête l'eau que ces animaux prennent avec l'air de leur respiration, et qui sont chargées de la renvoyer au dehors, sous forme de jets.

L'odorat existe chez les oiseaux, mais il y est peu développé; les reptiles seraient mieux partagés sous ce rapport, si l'on en jugeait par le développement de leurs lobes olfactifs.

L'odorat n'est pas plus contestable chez les animaux aquatiques que chez ceux qui vivent à l'air libre, et, pour ne parler ici que des poissons, le développement de leurs lobes olfactifs prouverait seul, s'il en était besoin, que cet ordre de sensations ne leur est pas étranger.

Ils ont d'ailleurs des narines extérieures; mais ces organes sont assez différents de ceux des vertébrés aériens, et ils sont en outre plus complètement séparés l'un de l'autre. Ce sont de petites excavations de la partie antérieure de la tête, sans aucune communication avec la bouche et, par conséquent, manquant d'arrière-narines. Leur intérieur est marqué de stries ou de lamelles assez nombreuses, et la partie du système nerveux cérébral qui s'y rend forme auprès d'eux une sorte de renflement qu'on pourrait appeler une rétine olfactive. Souvent aussi l'organe de l'odorat des poissons est contenu dans une capsule fibreuse comparable à la sclérotique, c'est-à-dire à l'enveloppe protectrice de l'œil; la membrane répondant à la pituitaire qui en garnit la surface sentante est pourvue de cils vibratiles.

Les insectes odorent certainement, mais on s'est d'abord mépris sur l'organe qui leur sert à l'exercice de ce sens. Duméril, partant de ce principe que l'odorat a surtout pour but d'éclairer les animaux sur les qualités de l'air qu'ils sont appelés à respirer, avait pensé que chez les insectes les organes de l'olfaction doivent être placés à l'entrée des voies respiratoires, comme ils le sont chez les vertébrés. Il avait dès lors admis que l'odorat de ces animaux s'opère au moyen de leurs stigmates, qui forment, en effet, l'orifice de trachées. Mais ces stigmates sont placés sur le thorax et sur l'abdomen, c'est-à-dire fort loin de la tête, et, de plus, on ne voit y aboutir aucun nerf émanant de la partie du cerveau qui répond aux lobes olfactifs des vertébrés. Au contraire, si l'on dissèque ces portions de cerveau, on observe qu'elles fournissent les nerfs qui pénètrent dans les antennes. C'est ainsi que l'on a été conduit à reconnaître dans ces appendices les organes véritables de l'olfaction, et la physiologie, de même que l'anatomie, semble confirmer cette manière de voir.

ORGANE DE JACOBSON.

On appelle ainsi, du nom de l'anatomiste danois qui l'a fait connaître, un organe dépendant de l'appareil olfactif des mammifères. Il paraît destiné à mettre cet appareil en rapport avec la cavité buccale et à servir ainsi d'intermédiaire entre l'odorat et le goût. Cet organe est tout à fait rudimentaire chez l'homme; il présente, au contraire, plus de développement chez les espèces dont les lobes olfactifs sont volumineux. Son orifice se voit en arrière des incisives supérieures et aboutit dans la partie antérieure des fosses nasales par le trou naso-palatin. Jacobson pensait que les animaux éprouvent au moyen de cet appareil des sensations délicates qui leur font découvrir dans les plus subtiles émanations des corps les qualités utiles ou nuisibles que ces corps peuvent avoir pour eux. Il se rend à ces organes, indépendamment de la cinquième paire, quelques filets spécialement olfactifs.

CHAPITRE XIX.

DU SENS DE LA VUE.

La vue ou vision est le sens par lequel nous avons connaissance des corps au moyen des rayons lumineux qu'ils envoient à notre œil. Les phénomènes qu'elle nous permet d'apercevoir sont de l'ordre de ceux que l'on étudie dans l'optique, partie importante de la physique générale, à laquelle on doit avoir recours si l'on veut se faire une idée exacte de la théorie de la vision. *L'œil*, ou l'organe chargé de recueillir les sensations lumineuses, est de la nature des bulbes ou phanères ; mais il est plus délicat qu'aucun d'eux, sauf peut-être celui de l'audition, qui est d'ailleurs plus profondément situé et par suite exposé à moins d'accidents. On a comparé le bulbe oculaire à une chambre noire remplie d'humeurs transparentes destinées à diriger dans son intérieur la marche des rayons lumineux et pourvue d'une membrane sensible, par conséquent nerveuse, la *rétine*, sur laquelle les images viennent former le tableau qu'un nerf spécial, appelé nerf optique, transmet immédiatement au cerveau. Plusieurs parties avoisinant le bulbe oculaire sont modifiées à son usage ou appelées à le protéger contre les agents extérieurs. Nous parlerons de ces *parties accessoires de l'œil* après avoir parlé du *bulbe oculaire* et fait connaître la théorie de la vision.

DU BULBE DE L'ŒIL.

C'est un organe de forme à peu près sphéroïdale résultant de la réunion de deux segments de sphères d'inégal rayon. L'un de ces segments est opaque ; l'autre est transparent. Celui-ci, qui est fourni par la sphère de plus petit rayon, n'occupe qu'un sixième de la surface totale du bulbe et il est transparent ; c'est la cornée transparente.

Les parties qui composent le bulbe oculaire sont de deux sortes : les unes sont membraneuses et forment principalement les enveloppes de l'œil, comme la cornée transparente, la sclérotique ou partie opaque et blanche de l'œil, la choroïde et ses dépendances et la rétine ou membrane sentante ; les autres sont des humeurs transparentes, de densité différente, destinées à conduire les rayons lumineux sur la rétine en les réfractant et à produire l'image que celle-ci doit percevoir.

1° *Membranes de l'œil.*

La CORNÉE TRANSPARENTE est placée au-devant de l'œil, dans l'intérieur duquel elle laisse pénétrer les rayons lumineux. Cette membrane paraît être de nature mixte entre les membranes épidermoïdes et les fibreuses ; ce n'est qu'avec peine que l'on y démontre la présence de vaisseaux sanguins. Elle est convexe en avant et concave en arrière. On l'a souvent comparée à un verre de montre qui serait enchâssé dans la sclérotique.

La SCLÉROTIQUE complète extérieurement la sphère oculaire et elle forme la plus grande partie de sa surface. Elle est évidemment de structure fibreuse et comparable au derme. Chez certains animaux, comme les oiseaux, quelques reptiles et beaucoup de poissons, elle est soutenue par une lame osseuse ou par plusieurs pièces de même consistance. La sclérotique forme le blanc de l'œil.

La CHOROÏDE, qui la double intérieurement, est essentiellement vasculaire; elle est tapissée par un pigment. Et c'est ainsi que la cavité de l'œil se trouve transformée en une sorte de chambre noire. Les albinos, hommes et animaux, ont l'œil rouge parce que l'absence de pigment à la surface interne de leur choroïde laisse voir les vaisseaux sanguins dont cette membrane est essentiellement formée.

En avant la choroïde se termine par les *procès ciliaires;* elle fournit en outre un voile membraneux tendu dans la partie antérieure de l'œil et dont la couleur varie suivant les sujets, ce qui fait que les yeux paraissent bleus, bruns ou gris. Ce voile est l'*iris* ou la prunelle. Il est percé à son centre par un trou appelé *pupille*, et forme ainsi dans l'intérieur du bulbe oculaire un véritable écran à travers l'ouverture duquel doivent passer tous les rayons lumineux destinés à fournir des images. L'iris renferme des fibres musculaires dans son épaisseur.

La pupille est arrondie chez l'homme et chez la plupart des animaux; son diamètre augmente ou diminue suivant l'intensité de la lumière à laquelle l'œil est exposé. Cette ouverture est elliptique chez quelques espèces, au nombre desquelles on peut signaler le chat et le tigre; les ruminants l'ont rectangulaire; elle est frangée chez les sauriens de la famille des geckos et semi-lunaire dans les raies.

La RÉTINE, ou membrane nerveuse et sensible de l'œil, est appliquée sur la choroïde, intérieurement à cette dernière. Elle est transparente pendant la vie, mais dans nos préparations anatomiques elle devient opaque et blanchâtre, parce qu'elle s'altère très-rapidement; aussi lorsque l'on veut se faire une idée exacte de sa structure, doit-on l'examiner sous le microscope, et en la prenant sur des animaux encore vivants. On distingue alors plusieurs couches à la rétine, et parmi ces couches les plus importantes paraissent être celle qui résulte de l'épanouissement des fibres du nerf optique ainsi qu'une autre composée de substance nerveuse grise. Entre cette dernière et la surface pigmentaire noire de la choroïde contre laquelle la rétine est appliquée, on remarque en outre une couche de très-petits corps transparents comme du cristal, ayant l'aspect de courts cylindres serrés les uns contre les autres de manière à simuler une sorte de pavage. Ce sont les *bâtonnets* ou la couche pavimenteuse de la rétine. Ces bâtonnets sont d'autant plus petits que les papilles sensibles de la rétine ont elles-mêmes une dimension moindre, ce qui correspond à une plus grande délicatesse de la sensation visuelle; par suite à une finesse plus grande dans la perception des images.

2° *Humeurs de l'œil.*

On en distingue trois, l'humeur aqueuse, le cristallin et l'humeur vitrée.

L'HUMEUR AQUEUSE, la plus liquide des trois, présente à peu près le même indice de réfraction que l'eau. Elle occupe dans la partie antérieure du globe de l'œil deux petites cavités dont l'une, dite *chambre antérieure*, est comprise entre la face postérieure de la cornée transparente et l'iris, tandis que l'autre, dite *chambre postérieure*, est comprise entre la face postérieure de l'iris et le cristallin.

Le CRISTALLIN ou la seconde humeur se produit dans une membrane appelée *capsule du cristallin*. Il a la forme d'une lentille plus ou moins convexe ou celle d'une sphère. C'est avec la cornée l'appareil spécialement convergent de l'organe visuel, et son rôle est tout à fait comparable à celui des lentilles biconvexes telles qu'on les décrit en physique; il rapproche les rayons lumineux, et son foyer coïncide avec la surface de la rétine. Le cristallin est situé en arrière du trou pupillaire; c'est lui qui forme le corps opaque et blanc qu'on aperçoit dans l'œil des individus affectés de cataracte. Son foyer varie avec son rayon de courbure, et chez les espèces qui doivent voir de loin ou dans un milieu de faible densité, comme les mammifères terrestres et surtout les oiseaux, il est moins convexe que chez celles dont la vue a peu de portée ou qui vivent dans un milieu plus dense, comme les animaux aquatiques et surtout les poissons.

Dans notre propre espèce il existe des différences analogues, mais d'une moindre intensité. La vision en éprouve pourtant des altérations notables. Aux cristallins trop aplatis correspondent les vues dites presbytes, et, aux cristallins dont la courbure est exagérée, les vues myopes. On sait que l'on remédie à ces petites altérations au moyen de lunettes que l'on choisit biconvexes ou convergentes dans le premier cas et biconcaves ou divergentes dans le second.

Le cristallin résulte de l'assemblage d'un nombre considérable de couches emboîtées et comme engrénées les unes aux autres : les plus intérieures sont les plus denses. L'indice moyen de réfraction de ces diverses couches est de 1,384, celui de l'eau étant pris pour unité.

La troisième humeur est l'HUMEUR VITRÉE, dont le volume dépasse celui des deux autres. Elle occupe un peu plus de la moitié postérieure du globe oculaire, et est contenue dans une membrane transparente qui a reçu le nom de *membrane hyaloïde*. Cette dénomination et celle d'humeur vitrée font allusion à la transparence parfaite de cette partie. Une excavation antérieure de l'humeur vitrée reçoit la face postérieure du cristallin qu'elle loge pour ainsi dire, et dans la périphérie de leur surface de contact ces deux humeurs sont à leur tour reliées à la choroïde par le prolongement des procès ciliaires formant la couronne ciliaire ou zone de Zinn. La couronne ciliaire reste en partie adhérente à l'humeur vitrée lorsqu'on veut isoler cette humeur dans les préparations anatomiques.

Tel est le globe de l'œil envisagé dans ses principales parties. Il ne nous reste plus qu'à parler du nerf spécial ou nerf optique, qui établit la communauté des sensations entre la rétine et le cerveau.

3° *Nerf optique.*

Les nerfs de la vision forment la seconde des paires nerveuses crâniennes admises dans les ouvrages d'anatomie humaine. Ce sont des nerfs de sensibilité spéciale n'ayant d'autre fonction que celle de transmettre de l'œil au cerveau les impressions lumineuses recueillies par la rétine. Il y en a deux, un pour chaque œil, et ils sont formés l'un et l'autre d'un nombre considérable de filets secondaires, tout remplis de substance médullaire pulpeuse et réunis sous une enveloppe commune. Les fibres nerveuses de chaque nerf optique ne vont pas toutes à l'œil appartenant au côté du cerveau où elles prennent naissance. La plus grande partie gagne l'œil du côté opposé, le point de leur entre-croisement s'appelle le *chiasma des nerfs optiques*. Il résulte de cette disposition croisée que la paralysie des racines du nerf droit détermine la perte de la vue dans l'œil gauche, et réciproquement.

Quelques poissons, comme le merlan et la morue, n'ont cependant pas de chiasma; leurs nerfs optiques se croisent sans mêler leurs fibres et en se superposant simplement l'un à l'autre.

Une disposition encore différente s'observe par exception chez les lépisostées. Ces poissons n'ont pas d'entre-croisement des nerfs optiques comme les autres vertébrés, et chacun de leurs yeux reçoit directement son nerf du côté du cerveau qui lui correspond. La même disposition se retrouve dans les yeux des animaux sans vertèbres. On n'y observe ni chiasma ni décussation des nerfs de la vision.

Indépendamment du nerf optique dont la spécialité de fonction est définie, le globe de l'œil reçoit plusieurs filets nerveux dits *nerfs ciliaires*, qui proviennent du ganglion ophthalmique formé lui-même par la réunion de branches fournies par la troisième et la cinquième paire. Les nerfs ciliaires se distribuent à l'iris et aux parties intérieures de l'œil qui sont plus spécialement destinées à opérer l'adaptation de cet organe aux distances d'où les images nous arrivent.

Il y a bien encore quelques autres nerfs affectés au service de l'appareil visuel, mais ils se rendent uniquement à ses parties accessoires : muscles, voies lacrymales et paupières. Il suffira de les signaler ici. Ce sont les nerfs de la troisième paire, ou *moteurs oculaires communs*; ceux de la quatrième, ou *pathétiques*; ceux de la sixième, ou *moteurs oculaires externes*; tous les trois essentiellement moteurs. Enfin les parties accessoires de l'œil reçoivent de la cinquième paire, qui est uniquement sensible, les nerfs *lacrymaux* et *palpébraux*.

THÉORIE DE LA VISION.

Il y a dans cette importante fonction deux ordres bien distincts de phénomènes. Les uns sont de nature purement physique et dépendent de l'agencement des membranes et des humeurs de l'œil ainsi que de leur transparence ou de leur opacité, et, dans le cas où ces parties sont transparentes, de leur réfrangibilité, c'est-à-dire de l'écartement ou du rapprochement qu'elles déterminent entre les rayons composant un même faisceau lumineux, de manière à raccourcir son foyer ou à l'allonger. C'est par ces phénomènes ainsi que par les organes qui les exécutent que l'œil a pu être comparé à un instrument de physique, soit une lunette, soit une chambre noire.

Les autres phénomènes de la vue sont essentiellement physiologiques et dépendent de la rétine ainsi que du nerf optique et de la partie du cerveau à laquelle ce nerf aboutit ; ce sont des phénomènes de perception nerveuse. L'adaptation de l'œil aux distances visuelles est elle-même un phénomène d'ordre purement physique, mais qui se trouve plus immédiatement que les autres phénomènes de cette nature sous la dépendance du système nerveux, parce qu'elle a pour but de faire concorder les images réellement nettes avec la surface sensible, c'est-à-dire avec la rétine de l'œil qui doit transmettre ces images au cerveau par l'intermédiaire du nerf optique.

Avant d'arriver à la rétine la lumière subit plusieurs déviations,

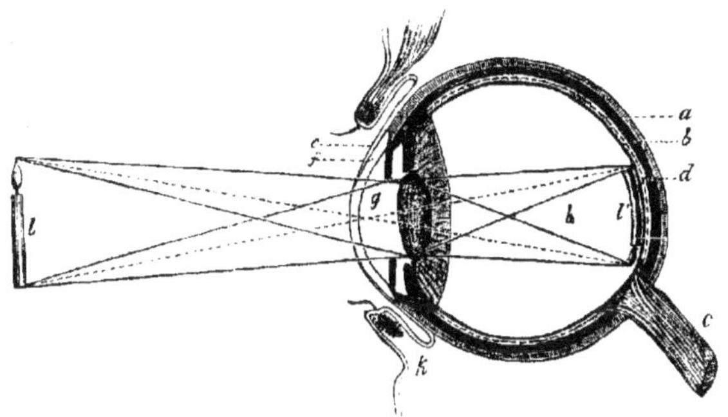

Fig. 80. — Œil. Théorie de la vision.

qui toutes concourrent, mais à des degrés différents, à la convergence des rayons lumineux et font que le cône lumineux qu'ils forment dans l'œil n'excède pas la longueur de cet organe, tandis que celui de leur trajet dans l'air est souvent excessivement étendu. Les milieux réfringents de l'œil sont au nombre de quatre, savoir : la cornée transparente, l'humeur aqueuse, le cristallin et l'humeur vitrée.

L'humeur aqueuse, qui est le moins réfringent de ces milieux, est un peu supérieure à l'eau sous ce rapport. Il en résulte que les rayons en passant de l'air dans l'œil ne tardent pas à converger et cette convergence est calculée de manière à ce que leur foyer réponde à la rétine. Le cristallin, à cause de sa densité plus grande et de sa forme particulière, remplit dans l'œil l'office d'une véritable lentille convergente, et nous avons déjà vu que sa surface était plus aplatie ou plus renflée suivant que la vue est plus longue ou au contraire plus courte. De grandes différences se remarquent sous ce rapport si l'on compare le cristallin des oiseaux à celui des poissons et l'on sait que dans notre espèce les petites modifications de forme que le cristallin de l'œil éprouve avec l'âge déterminent des altérations souvent fort gênantes de la vue. Ainsi que nous l'avons déjà dit les vues presbytes et les vues myopes n'ont pas d'autre cause.

Fig. 80. — Œil. Théorie de la vision.
a) Sclérotique; — *b*) choroïde ; *c*) nerf optique ; — *e*) conjonctive ; — *f*) cornée transparente; — *g*) chambre antérieure et ouverture pupillaire ; — *h*) humeur vitrée; — *i*) cristallin ; — *k*) paupière inférieure, montrant une glande de Meibomius et un cil ; — *l*) corps lumineux dont l'image renversée se peint en *l'*.

Les deux yeux concourent à la vue et les perceptions qu'ils fournissent se complètent en se confondant. Il suffit pour s'en assurer de regarder alternativement de l'œil gauche et de l'œil droit et l'on en a une preuve plus convaincante encore par le stéréoscope, qui nous montre que nous devons connaître le relief des objets pour mieux juger de leur position et de leurs rapports dans l'espace.

La marche des rayons qui partent des objets extérieurs pour aller se peindre sur la rétine est telle que ces objets viennent y produire une image renversée. La pointe d'une flèche dressée s'y peint en bas; une bougie placée sur un flambeau a aussi sa flamme renversée. Cela peut aisément être vérifié sur un œil préparé exprès.

Il n'en résulte pas que nous voyions les objets à l'envers et l'habitude seule ou l'apprentissage de notre œil ne sont pas les seules causes qui permettent de les apercevoir comme ils sont réellement. S'il en était ainsi, le sens de la vue et le sens du toucher se contrediraient et, après avoir fermé les yeux, si nous voulions saisir un objet, nous le chercherions à une place opposée à celle qu'il occupe. On explique cette apparente contradiction en disant que les papilles sensibles constituant notre rétine voient les objets dans la direction des rayons que ces objets leur envoient et par suite à leur véritable place. Peu importe donc que les images soient renversées à la surface de la rétine; elles n'en sont pas moins perçues dans leurs rapports réels et avec la position qu'ils occupent.

C'est la finesse des papilles nerveuses qui fait la délicatesse des sensations et l'on peut en juger par la petitesse des bâtonnets. Chaque fibrille nerveuse de la rétine reçoit des sensations distinctes et il n'y a de sensations particulières que celles qui sont perçues par des fibrilles différentes. La rétine peut d'ailleurs être plus ou moins impressionnable suivant l'état sain ou maladif de sa structure. Quant à la netteté des images, elle dépend de la précision dans l'ajustement des humeurs et autres parties de l'œil, ainsi que du degré de leur translucidité. L'ajustement des milieux de l'œil doit être réglé conformément aux distances et c'est pour cela que les hommes et les animaux agissent sur leurs yeux soit volontairement, soit involontairement de manière à en changer un peu le diamètre antéro-postérieur, à en élargir ou à en retrécir la pupille et à déplacer plus ou moins le cristallin, ce qui s'obtient principalement par l'injection sanguine des procès ciliaires et par l'action des fibres musculaires intérieures au bulbe de l'œil. Il y a chez les oiseaux un petit organe spécialement affecté à cet usage, c'est le *peigne*. Les poissons possèdent derrière l'œil un ganglion sanguin, nommé *glande choroïdienne*, en rapport avec l'œil et qui paraît avoir aussi cette destination.

PARTIES ACCESSOIRES DE L'ŒIL.

Le bulbe oculaire constitue la partie réellement essentielle de l'appareil visuel. Il suffit pour assurer la vision et chez beaucoup d'espèces inférieures il existe seul, il n'y a pas même de muscles pour le mouvoir : alors la dureté de la cornée constitue dans beaucoup de cas son unique moyen de protection; c'est en particulier ce que nous observons chez les insectes. Mais dans les animaux vertébrés diverses parties voisines de l'œil se modifient de manière à rendre plus facile l'exercice des fonctions dont cet organe si délicat se trouve chargé; elles lui servent de moyens de protection et rentrent ainsi dans la catégorie de ce qu'on a a appelé les *tutamina* de l'œil. On comprend en effet combien il était utile que cet organe fût protégé contre les altérations que le choc des corps extérieurs, l'air, la poussière, l'eau, la lumière elle-même peuvent lui faire subir. C'est là le but que la nature a atteint par ce moyen.

Ainsi le crâne présente pour recevoir l'œil et l'y loger une *orbite*, excavation osseuse de sa région faciale, à la formation de laquelle concourent plus particulièrement les os frontaux, le sphénoïde et ses grandes ailes, l'os malaire, le maxillaire supérieur et un os à part, le lacrymal ou unguis. Le globe oculaire est mis à l'abri dans l'intérieur de cette cavité et il y est mû par les *six muscles* dont il a déjà été question, savoir les deux *muscles obliques* et les quatre *muscles droits*. Des *coussinets graisseux* le soutiennent et contribuent à amortir les chocs qu'il pourrait recevoir; ils le protégent en même temps contre la résistance des parois osseuses de l'orbite. Malgré ces précautions, nous ressentons souvent les effets des pressions extérieures auxquelles l'œil est encore exposé et la rétine elle-même peut en être affectée. C'est de là que résultent ces sensations lumineuses dont l'œil est le siége au milieu de l'obscurité lorsqu'il vient à être frappé violemment. Ces sensations sont purement subjectives; Savigny leur a donné le nom de *phosphènes*.

Une membrane de nature muqueuse est également mise au service de l'œil; c'est la *conjonctive*, qui le relie aux cavités nasales, comme l'est de son côté la membrane de l'oreille moyenne par l'intermédiaire de la trompe d'Eustache. Sa jonction avec le nez et l'arrière-bouche se fait par le moyen de *pores lacrymaux* et du *canal nasal*.

Voici quelques détails sur cette curieuse disposition :

La conjonctive est cette membrane si délicate et si douloureuse, lorsqu'elle est malade, qui passe au-devant du globe de l'œil. Elle tapisse aussi la face postérieure des paupières, et elle est, comme ces dernières, ouverte au-devant du globe oculaire. Entre ses deux feuillets, oculaire et palpébral, sont versées les larmes destinées à humecter l'appareil visuel, à en faciliter les mouvements et à prévenir la dessiccation dont il serait atteint s'il n'avait pas les moyens de subvenir à l'évaporation constante dont il est le siége.

La *glande lacrymale*, ou sécrétrice des larmes, est située dans l'orbite, contre la paroi externe de cette cavité. Elle a de l'analogie dans sa structure avec les salivaires et son liquide renferme, comme la salive, quelques principes salins et organiques tenus en dissolution dans une grande proportion d'eau. Le principe spécial de nature organique qu'on doit principalement y signaler, est la *dacryoline*, dont la composition paraît d'ailleurs très-peu différente de celle de la ptyaline, ou principe de la salive.

Dans les circonstances ordinaires, le liquide sécrété par les glandes lacrymales, est peu abondant. Il s'évapore en partie et l'excédant en est recueilli par les deux petits orifices que nous avons mentionnés, sous le nom de *pores lacrymaux*. Ils sont placés à l'angle interne de l'œil et ont chacun un canal, aboutissant à un tube plus considérable, qui est le *sac lacrymal*.

La même disposition s'observe à droite et à gauche, et si l'abondance des larmes augmente, les sacs lacrymaux en portent une plus grande quantité dans l'appareil nasal, ce qui nous oblige à nous moucher, comme on ne manque jamais de le faire, lorsqu'on éprouve une vive impression morale que l'on cherche à dissimuler. Si l'abondance des larmes est plus grande encore, elles tombent des yeux sur les joues L'obstruction des pores lacrymaux amène le même résultat, et si cet état se continue, les yeux restent larmoyants. Le sac lacrymal passe dans une gouttière de l'os unguis et aboutit auprès du cornet nasal inférieur. On voit dans l'œil à côté des pores lacrymaux, qui conduisent aux canaux lacrymaux, un petit amas glandulaire, de couleur rose, appelé la *caroncule lacrymale*.

Quant aux *paupières*, ce sont essentiellement des organes protecteurs et ils occupent le premier rang parmi les *tutamina*. Chez l'homme et chez la plupart des vertébrés aériens, il y en a deux pour chaque œil, une supérieure et une inférieure; la supérieure est celle dont le rôle est le plus important. Les paupières sont des parties de la peau disposées en manière de voiles, qui sont rendues mobiles par un muscle dont les fibres sont disposées circulairement : le *muscle orbiculaire*. La supérieure possède en propre un *muscle releveur* et chaque paupière est en outre soutenue intérieurement par une petite lame cartilagineuse, dite *cartilage tarse*.

Il résulte de la présence des paupières que l'œil peut se fermer et se trouve ainsi soustrait à la lumière. Ces voiles ont aussi la possibilité de ne se fermer qu'en partie, ce qui constitue l'action de cligner; ils diminuent alors leur ouverture de manière à ne donner accès qu'à une faible quantité de lumière. Quand le sommeil nous gagne, nous sentons notre paupière supérieure s'appesantir, et l'ouverture palpébrale reste fermée jusqu'au réveil, de manière à empêcher non-seulement l'entrée des rayons lumineux dans l'œil, mais aussi à mettre cet organe à l'abri de l'air et des poussières que l'atmosphère tient en suspension.

Ces perfectionnements de l'appareil oculaire de l'homme ne sont pas les seuls que nous ayons à signaler. Les paupières sont en outre garnies, sur leur bord libre, de poils déliés et en forme de soies, qu'on nomme les *cils*. Il en résulte une sorte de herse destinée à défendre l'entrée de l'œil aux corps qui flottent dans l'air. De petites glandes, dites *glandes de Meibomius*, existent à la base des cils dans le bord libre des paupières et sécrètent une humeur grasse qui les enduit aussi bien que la gouttière palpébrale et s'oppose à ce que le liquide dont la conjonctive est humectée ne suive pas le chemin qui lui est tracé vers l'angle interne de l'œil par lequel il doit s'écouler dans le nez.

Les *sourcils* concourent également à protéger les yeux; ils détournent la sueur qui pourrait descendre du front dans ces organes, et comme ils sont mus par un muscle particulier, le *muscle sourcilier*, ils peuvent se rapprocher l'un de l'autre ou se projeter en avant. Ils arrêtent ainsi dans leur marche les rayons qui arrivent trop verticalement et prennent dans leurs mouvements une part considérable dans le jeu de la physionomie.

PRINCIPALES MODIFICATIONS DE L'ŒIL DANS LA SÉRIE DES ANIMAUX.

Nous parlerons d'abord de *l'œil des animaux vertébrés*. Certaines particularités de la vision, étudiées dans l'ensemble de ces animaux, tiennent, ou bien aux conditions dans lesquelles leurs diverses espèces sont appelées à vivre, ou bien au rang occupé par ces espèces dans ce premier embranchement.

Parmi les différences rentrant dans la première de ces deux catégories, on peut signaler le développement plus considérable des globes oculaires chez les espèces essentiellement nocturnes; elles ont en effet besoin d'un appareil plus sensible à la lumière, et, à égale sensibilité de cet appareil, elles doivent avoir l'orifice pupillaire ainsi que la rétine plus étendus, puisqu'elles cherchent leur nourriture pendant l'obscurité. C'est ce que l'on observe dans certains mammifères du groupe des lémures et dans les accipitres de la famille des chouettes.

D'autres espèces habitent des endroits où la lumière ne pénètre pas, et sont par conséquent destinées à ne voir que très-peu ou point du tout; elles ont alors les yeux fort petits ou tout à fait rudimentaires, parfois même incapables d'aucune perception sensoriale. Ce ne sont plus que des bulbes rudimentaires presque semblables à ceux qui donnent naissance aux poils, et la peau passe au-devant d'eux sans s'ouvrir, souvent même sans s'amincir. Il en est particulièrement ainsi chez les rats aveugles d'Orient (aspalax zemmi et zokor), et chez les amphisbènes, les protées, etc. Chez les anguilles, et surtout chez les taupes, les yeux sont déjà très-petits, mais la vision n'est pas contestable.

Les oiseaux, animaux qui voient de fort loin et embrassent d'un seul coup d'œil une étendue considérable de pays, sont souvent dans l'obligation de changer la portée de leur vue suivant qu'ils se trouvent sur le sol ou planent à une hauteur considérable dans les airs. Leur œil est naturellement presbyte, sauf celui des espèces aquatiques; le cristallin en est plus aplati que chez les mammifères, mais ils possèdent, pour l'accommoder aux distances, un petit organe particulier allant de ce cristallin à la choroïde et que nous avons dit être le *peigne*. Les oiseaux ont de plus au-devant de l'œil une membrane en forme de troisième paupière, dite la *clignotante*, qui existe chez certains mammifères mais à l'état de rudiment seulement.

Les poissons ont le cristallin sphérique, et leur vue est comparable à celle des myopes; ces animaux vivent d'ailleurs dans un milieu d'une densité plus considérable que celle de l'air, et ils avaient besoin d'avoir dans l'œil une lentille plus réfringente que celle des espèces aériennes. Comme les poissons doivent plonger et que la pression à laquelle ils sont soumis peut être considérable, leur sclérotique renferme une couche osseuse de forme également sphérique, et de même interrompue en avant dans la partie occupée par la cornée transparente. La sclérotique des baleines et des dauphins n'a pas de pièces osseuses, mais elle est d'une épaisseur remarquable.

Quant aux particularités de l'appareil visuel qui sont en rapport avec le rang plus ou moins élevé que les différentes espèces occupent dans la série zoologique, elles ne sont pas moins intéressantes. C'est dans cet ordre de faits que nous voyons l'œil humain être si parfait dans sa structure et s'entourer de parties si nombreuses modifiées de manière à faciliter ses fonctions. En passant aux autres familles de mammifères, on constate déjà une dégradation évidente : les sourcils disparaissent, les paupières manquent souvent de cils proprement dits, etc. Cette dégradation va dans certains reptiles, tels que les serpents, et dans tous les poissons, jusqu'à la disparition complète des paupières.

De l'oeil chez les animaux sans vertèbres. — Beaucoup d'invertébrés possèdent aussi des organes de vision, mais ces organes sont d'une structure plus simple encore que chez les vertébrés inférieurs; ils ne consistent le plus souvent qu'en un bulbe réduit à son enveloppe (sclérotique et cornée), et renfermant un cristallin, en arrière duquel se rend un filet nerveux émanant du cerveau et qui constitue le nerf optique. Les céphalopodes ont cependant les yeux comparables par leur structure à ceux des poissons; ils sont volumineux, placés sur les côtés de la tête, pourvus de gros cristallins sphériques, et en partie protégés par le cartilage crânien de ces animaux; mais il est facile de reconnaître qu'ils présentent déjà quelques particularités en rapport avec l'infériorité relative de l'embranchement auquel les céphalopodes appartiennent. Ainsi l'humeur vitrée y est de consistance tout à fait liquide, et les filets secondaires du nerf optique, au lieu d'être fasciculés par un névrilemme commun en un nerf unique, ainsi que cela a lieu chez tous les vertébrés, restent séparés les uns des autres avant leur entrée dans la sclérotique, quoiqu'il n'y ait qu'un seul bulbe oculaire de chaque côté de la tête; les divisions de ce nerf optique vont former la rétine, et les papilles par lesquelles elles se terminent sont moins délicates que celles de l'œil des vertébrés.

Cette disposition remarquable des yeux des céphalopodes peut nous aider à mieux comprendre les yeux composés des insectes. On sait que chez ces animaux il existe souvent, indépendamment des yeux simples, dits *ocelles* ou *stemmates*, des *yeux composés* qui résultent de l'agrégation en un amas unique pour chaque côté de la tête d'une foule de petits yeux qui, séparément, ont une conformation assez analogue à celle des ocelles, quoique étant plus allongés et en forme de tubes accolés les uns aux autres. On les compte au moyen de leurs cornées multiples, qui donnent à leur surface l'apparence d'un miroir à facettes.

Les nerfs propres à chacun de ces petits yeux, si nombreux que soient ces yeux agglomérés, ne tardent pas à se réunir en un nerf optique unique, et c'est par cette masse commune qu'ils aboutissent au cerveau. On peut les comparer aux divisions du nerf optique des céphalopodes, et par suite aux éléments secondaires du nerf optique des vertébrés. La différence entre eux et ces derniers consiste surtout en ce que, au lieu d'aboutir à un appareil optique unique, c'est-à-dire à un seul œil, ils ont chacun un appareil propre, absolument comme si chacune des papilles de la rétine des céphalopodes ou des vertébrés se rendait à un bulbe distinct. Cela nous explique comment J. Muller, le célèbre physiologiste de Berlin, avait été conduit à penser que chacun des yeux élémentaires que l'on distingue aux yeux à facettes des insectes ou des crustacés ne percevait qu'un point lumineux, en d'autres termes, une très-petite portion de l'image placée devant eux; ce qui, d'après lui, laissait au nerf optique fasciculé le soin de réunir tous ces points visuels en une image unique, travail déjà opéré chez nous par la rétine.

Les crustacés ont des yeux composés, et chez un grand nombre de ces animaux ils sont portés sur une paire de pédoncules mobiles.

Certains animaux sans vertèbres étrangers à la classe des insectes et à celle des crustacés ont plus de deux yeux. Cette disposition est fréquente chez les arachnides, chez les myriapodes, ainsi que chez les annélides; ce sont des ocelles ou, si l'on veut, des yeux composés dont les différents éléments sont comme dissociés.

On trouve aussi plus de deux yeux chez certains mollusques, et, ce qui étonne, c'est que ces mollusques sont des acéphales de la classe des lamellibranches. Leurs organes de vision, très-faciles à reconnaître comme tels aux détails de leur structure, sont placés sur les bords libres du manteau, entre les franges en forme de cirrhes qu'on y remarque. Ils sont surtout aisés à observer dans les espèces du genre peigne.

Il n'est pas jusqu'aux rayonnés chez lesquels on ne découvre aussi des organes de même nature et servant à la même fonction. Les étoiles de mer en possèdent à l'extrémité de leurs rayons, et il y en a aussi au pourtour de l'ombrelle des méduses, ainsi que chez d'autres espèces du même embranchement.

Les indications que des organes aussi simples de vision doivent fournir aux animaux qui les portent ne peuvent être que très-confuses; ils leur permettent sans doute de distinguer la lumière d'avec l'obscurité, font apercevoir le déplacement des corps et quelques phénomènes analogues, mais ne sauraient donner des images détaillées. L'infériorité des instincts chez les animaux qui nous les présentent ne leur permettrait d'ailleurs pas de tirer parti de sensations plus délicates.

On a soupçonné la présence d'organes visuels chez des espèces plus inférieures encore. Des taches qui semblent avoir le caractère de simples amas de pigment, et que l'on remarque sur la partie antérieure du corps de certains infusoires, ont été regardées comme étant des yeux. Tout ce que l'on peut dire à l'appui de cette opinion, c'est que les animalcules porteurs de ces taches oculiformes peuvent distinguer la lumière d'avec l'obscurité, et qu'ils savent se diriger de l'une dans l'autre, suivant qu'ils éprouvent le besoin de le faire.

CHAPITRE XX.

DU SENS DE L'OUIE.

De même que l'œil, l'oreille est comparable, dans sa structure, aux instruments dont nous nous servons en physique pour démontrer les propriétés de la matière, et une branche de cette science a également pour objet spécial les phénomènes qu'elle nous permet d'apercevoir; cette branche est l'*acoustique*.

L'audition ou le sens de l'ouïe, dont l'oreille est l'organe, acquiert chez les animaux supérieurs, particulièrement chez l'homme, une extrême délicatesse, en rapport avec le développement intellectuel de ces espèces. Non-seulement l'oreille leur permet d'entendre des bruits, c'est-à-dire de sentir les corps à distance par les vibrations qu'ils produisent et de juger de l'intensité de ces bruits; elle leur donne aussi la connaissance du ton dans lequel ces bruits sont produits, ce qui tient à leur élévation plus ou moins grande, en rapport avec la rapidité variable des vibrations qui les produisent. Elle fait plus encore, puisqu'elle nous rend juges du timbre des sons perçus, et nous donne le moyen de reconnaître, même à égalité d'intensité ou à égalité de ton, les corps qui ont produit tel ou tel son et de les distinguer ainsi de tous les autres.

Si nous remarquons en outre que l'audition est possible quelle que soit la direction suivant laquelle les ondes sonores arrivent à notre oreille et qu'elle conserve toute sa finesse alors même que l'obscurité a rendu impossible l'usage de la vue, on comprendra de quel secours doit être, aux animaux les plus intelligents, un sens aussi parfait, et l'on ne s'étonnera pas que l'appareil qui lui est affecté soit l'un des plus compliqués de tout l'organisme.

Mais cette complication et la difficulté de bien comprendre le rôle particulier des différentes pièces entrant dans la composition de l'oreille ont, jusqu'à ce jour, empêché les physiologistes et les physiciens d'établir la théorie définitive des phénomènes auditifs avec une précision comparable à celle à laquelle ils sont arrivés en ce qui concerne les phénomènes visuels. Le rôle de plusieurs des petits organes dont l'ensemble de l'oreille est formé, reste encore à découvrir.

L'appareil de l'ouïe est placé à la tête, sur les parties latérales de cette région du corps, entre le troisième et le quatrième des segments osseux qui la constituent. On le divise en trois ordres de parties,

Fig. 81. — L'oreille et ses différentes parties.

constituant, suivant que leur position est extérieure, intermédiaire ou profonde, l'oreille externe, l'oreille moyenne et l'oreille interne.

Oreille externe. — Cette première partie comprend la conque auditive, aussi appelée pavillon, et le méat auditif ou conduit extérieur de l'oreille.

La *conque* varie beaucoup dans sa forme, suivant les espèces chez lesquelles on l'observe ; elle est toujours plus étendue chez celles qui vivent dans des endroits déserts, éloignées par conséquent des autres animaux et obligées d'entendre à de grandes distances. Elle est affectée au recueillement des sons. Les mammifères en sont seuls pourvus et il est même certaines espèces, parmi eux, qui en manquent absolument, telles que les taupes, les rats-taupes, etc., qui

Fig. 81. — L'oreille et ses différentes parties.

A = L'ensemble des parties constituant l'oreille.

a) Conque auditive ; — *b*) méat auditif ; — *c*) membrane du tympan ; — *e*) le labyrinthe enveloppé du rocher. Au-dessus du vestibule, marqué *e*, sont les canaux semi-circulaires, et au-dessous de lui le limaçon supposé déroulé. Entre le tympan *c* et le vestibule *e* se voit l'oreille moyenne, renfermant les osselets de l'ouïe. Son prolongement inférieur représente la trompe d'Eustache.

B = Les osselets de l'ouïe, vus séparément :

B — le marteau ; — B', l'enclume ; — B'', le lenticulaire ; — B''', l'étrier.

C = Le labyrinthe osseux renfermant le labyrinthe membraneux et les humeurs de l'oreille interne :

a) Vestibule ; la lettre *a* est placée entre ses deux fenêtres ; — *b*) limaçon ouvert pour montrer sa rampe ; — *c*) canaux semi-circulaires.

vivent sous terre, et les cétacés, les sirénides ainsi que la plupart des phoques, c'est-à-dire les animaux essentiellement aquatiques.

Chez l'homme, la conque est remarquable par son contour ovalaire, par le repli qui la borde dans toute sa partie supérieure et par le lobule graisseux qui la termine inférieurement. Celle des chauves-souris est souvent munie d'un prolongement qui semble la doubler intérieurement et qui sert d'obturateur lorsque ces animaux veulent se soustraire au bruit. On donne à cette partie le nom d'*oreillon ;* c'est un prolongement du *tragus* de l'homme, c'est-à-dire de la petite saillie cartilagineuse qui, dans l'oreille humaine, se remarque à la partie antérieure et moyenne de la conque, au-dessus du méat auditif. Il est très-développé dans l'oreillard (fig. 87, p. 275).

La conque est de nature fibro-cartilagineuse. Des muscles, en général, plus développés chez les animaux que chez l'homme, sont spécialement affectés à cette partie et permettent, lorsque leur action est suffisamment grande, d'en diriger l'ouverture dans des sens différents, comme nous le voyons faire à l'âne, au lapin, et à d'autres espèces qui tendent leur oreille externe dans la direction des bruits qu'ils veulent mieux entendre.

Le *méat auditif*, ou conduit de l'oreille externe, va du fond de la conque à l'oreille moyenne. Dans les espèces dépourvues de conque, plus particulièrement chez celles qui sont aquatiques, il est muni à son orifice d'un muscle circulaire qui en permet la complète fermeture au gré de l'animal. La membrane qui constitue ce tube présente de nombreuses glandules sébacées destinées à la sécrétion d'une matière grasse, de couleur jaune, appelée *cérumen*.

Oreille moyenne. — L'oreille moyenne, interposée à l'oreille externe et à l'interne, constitue une sorte de caisse aérienne servant à la répétition des sons recueillis par la conque et à leur transmission à l'oreille interne. Elle est logée dans une cavité osseuse qui se renfle d'une manière sensible chez les espèces plus capables de percevoir l'impression des moindres bruits, et elle est en rapport avec l'oreille externe par une membrane tendue, et, par conséquent, susceptible de vibrer sous l'influence des ondes sonores arrivant par le méat auditif externe. Cette membrane est le *tympan*, que supporte un petit cadre osseux fourni par la partie écailleuse de l'os temporal. La partie solide de la caisse est elle-même une dépendance de cet os, ou du moins elle se joint à lui peu de temps après la naissance.

Deux autres parties membraneuses, et comparables au tympan, sont tendues à la manière du tympan lui-même à la partie opposée de l'oreille moyenne, sur deux ouvertures de l'oreille interne, dites fenêtre ovale et fenêtre ronde. Leur présence justifie la comparaison que l'on a établie entre l'oreille moyenne et un tambour. Seulement la seconde membrane de l'oreille moyenne, au lieu d'être simple comme la première, c'est-à-dire comme le tympan, est divisée en deux parties appliquées chacune sur l'une des deux fenêtres dont il vient d'être question.

Comme l'est aussi une caisse de tambour, l'oreille moyenne est remplie d'air. Cet air doit y conserver son élasticité et se maintenir à une pression égale à celle de l'air extérieur, car il est destiné à répéter les vibrations sonores que celui-ci apporte au tympan. Ce but se trouve atteint par la communication de l'intérieur de la caisse avec l'air atmosphérique au moyen de la *trompe d'Eustache*, espèce de tube qui va de l'arrière-bouche jusque dans la caisse et dont l'obturation, par des mucosités endurcies ou par l'épaississement de ses propres parois, est une cause fréquente de surdité.

L'analogie de l'oreille moyenne avec un tambour est complétée par la présence des osselets de l'ouïe, qui sont une chaîne de quatre petites pièces osseuses, allant de la membrane du tympan à la membrane de la fenêtre ovale. Cette chaîne, en se raccourcissant ou s'allongeant sous l'action des petits muscles qui s'y insèrent, tend ces membranes ou les détend et renforce ainsi les sons ou les atténue. Quoique placée à l'intérieur de la caisse auditive, elle répond évidemment aux cordes placées en dehors d'un tambour, puisqu'elle sert, comme elle, à modifier la tension des deux membranes appliquées aux deux extrémités de la caisse.

Les osselets de l'ouïe sont le *marteau*, en rapport avec le tympan; l'*enclume*, sur laquelle porte le marteau ; le *lenticulaire*, de très-petite dimension, et l'*étrier*, ainsi appelé de sa forme. La platine de l'étrier porte sur la fenêtre ovale.

Oreille interne. — C'est le véritable bulbe de l'oreille, et son ensemble, qui prend le nom de *labyrinthe*, est contenu dans une pièce osseuse d'une grande densité, appelée, à cause de cela, le *rocher* ou l'os pétreux. On y distingue trois parties, savoir : le vestibule, les canaux semi-circulaires et le limaçon. Un canal osseux, dit *méat auditif interne*, y conduit le nerf spécial de la sensation auditive ou nerf acoustique. Le labyrinthe osseux est rempli par un appareil de même forme que lui, mais membraneux et renfermant un liquide comparable à une sorte de gelée, qui accomplit dans l'audition des fonctions comparables à celles des humeurs dans l'œil. Le *labyrinthe membraneux* est divisé, comme le labyrinthe osseux, en vestibule, canaux semi-circulaires et limaçon. C'est dans son intérieur que s'épanouissent les divisions du nerf acoustique chargées de percevoir les sensations auditives, et à cet égard ces nerfs peuvent être comparés à la rétine, puisqu'ils sont aussi des agents de sensibilité spéciale.

Le *vestibule* renferme en suspension dans l'humeur dont il est rempli de petites concrétions calcaires, qui chez les poissons osseux constituent une pièce solide assez volumineuse appelée *otolithe* ou *pierre de l'oreille*.

C'est au point de contact du vestibule et de l'oreille moyenne qu'existe la fenêtre ovale sur laquelle s'applique la platine de l'étrier. Le vestibule est la partie fondamentale de l'oreille interne.

Les *canaux* dits *semi-circulaires* à cause de leur forme sont au nombre de trois. Ils aboutissent également au vestibule, mais par cinq ouvertures seulement, deux d'entre eux se réunissant par une de leurs extrémités avant d'opérer leur jonction à la cavité commune; leur autre extrémité se renfle en ampoule auprès de son embouchure; une des extrémités du canal, qui reste entièrement indépendant des deux autres, présente aussi une dilatation ou ampoule.

Quant au *limaçon*, il doit son nom à sa ressemblance avec la coquille ainsi nommée. Il est formé par une sorte de tube continu contourné en spirale serrée, exécutant deux tours et demi et divisé intérieurement suivant sa longueur par une sorte de rampe ou cloison incomplète en deux parties, dont l'inférieure aboutit à la fenêtre ronde et dont l'autre va directement au vestibule.

On établit en principe que l'oreille de l'homme, lorsqu'elle a été suffisamment exercée, peut classer des sons depuis ceux comportant trente-deux vibrations par seconde jusqu'à ceux qui en comportent soixante-treize mille. D'autres espèces entendent des sons tellement graves que notre oreille ne peut les percevoir, et il en est d'autres qui, ayant le limaçon plus complet que le nôtre, peuvent au contraire percevoir des sons si aigus qu'ils nous échappent. Les chauves-souris sont en particulier dans ce dernier cas.

Le limaçon de l'oreille paraît nous donner la sensation des tons et les canaux semi-circulaires celle du timbre. Lorsque le vestibule existe seul, comme chez les mollusques, il ne doit y avoir d'autre sensation que celle du bruit et l'audition est alors fort confuse.

Les vertébrés allantoïdiens ou les mammifères, les oiseaux et les reptiles, qui ont aussi pour caractère d'être aériens à toutes les époques de leur vie, sont seuls pourvus de limaçon. Cet organe manque chez les batraciens, qui ont cependant une oreille moyenne lorsque leurs métamorphoses sont terminées, et les poissons ont l'oreille réduite au vestibule et aux canaux semi-circulaires. Encore chez quelques-uns n'y a-t-il que deux ou même un seul de ces canaux au lieu de trois; mais les lamproies et les myxines présentent seules cette dernière particularité. Les branchiostomes ont l'organe auditif plus simple encore et réduit au seul vestibule, ce qui fait ressembler leur oreille à celle des animaux sans vertèbres.

L'oreille des insectes n'est pas connue anatomiquement, mais on ne saurait douter de son existence, puisque beaucoup d'animaux de cette classe produisent des bruits au moyen desquels ils s'appellent et se répondent. Les crustacés ont l'oreille réduite au vestibule et placée à la base des grandes antennes; elle est reconnaissable à une petite membrane en forme de tympan, mais que l'on doit, à cause de ses rapports avec le vestibule, comparer à la fenêtre ovale et non au tympan. Ce dernier est d'ailleurs également superficiel dans les lézards.

Chez les annélides et chez les mollusques, l'oreille est sous-cutanée; elle est représentée par un simple sac renfermant de très-petites concrétions en suspension dans une humeur gélatiniforme et auquel se rend directement le nerf acoustique. On retrouve des organes analogues chez les méduses; mais, au lieu de deux comme chez tous les animaux précédents, il en existe un plus grand nombre, placés au pourtour de l'ombrelle qui forme la masse du corps de ces zoophytes.

CHAPITRE XXI.

DE LA PHONATION.

Beaucoup d'animaux doués de la faculté d'entendre sont en même temps capables de produire des sons; c'est là une conséquence de leur sensibilité auditive et un moyen de plus mis à leur disposition par la nature, pour établir de nouveaux rapports avec les autres individus de leur propre espèce ou d'espèce différente. Les oiseaux et beaucoup de mammifères sont remarquables par leur chant ou la variété de leurs cris; chez l'homme la voix exécutée par des organes plus perfectionnés est mise à la disposition d'une intelligence supérieure à celle de tous les animaux; elle devient la parole.

Du larynx. — La voix humaine, comme celle des autres vertébrés aériens, se produit dans le larynx, organe placé à la partie supérieure de la trachée-artère et qui n'est qu'une partie de ce tube, modifiée de manière à agir sur l'air employé pour la respiration. Le larynx est rattaché au squelette par l'os hyoïde, et les pièces cartilagineuses qui en constituent la charpente, diffèrent notablement par leur forme des canaux ordinaires de la trachée.

On y distingue une grande pièce en forme de bouclier dite *car-*

tilage thyroïde, au-dessous de laquelle est un anneau également cartilagineux appelé *cartilage cricoïde*. Au bord postéro-supérieur du thyroïde sont encore deux autres cartilages beaucoup plus petits que lui, appelés *cartilages arythénoïdes*. Les cartilages du larynx sont mis en mouvement par des muscles spéciaux, et la membrane muqueuse qui le tapisse intérieurement présente plusieurs particularités importantes à étudier si l'on veut bien comprendre le rôle de cet organe dans la production de la voix.

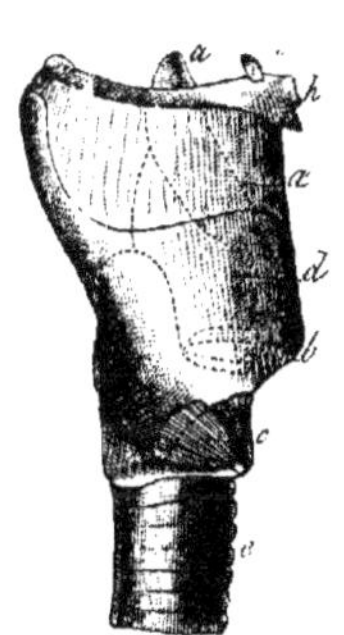

Fig. 82. — Larynx humain.

On y remarque deux fossettes, une pour chaque côté. Ces deux fossettes apparaissent comme une double boutonnière dans l'intérieur du larynx, et elles sont bordées chacune par une double lèvre dont l'inférieure renferme un ligament élastique susceptible d'entrer en vibration sous l'action des colonnes d'air que le poumon chasse avec plus ou moins de force. Ces fossettes s'appellent les *ventricules du larynx;* leurs lèvres supérieures sont les *ligaments supérieurs* de la glotte et les inférieures les *cordes vocales*. La *glotte* elle-même comprend l'ensemble de ces diverses parties ainsi que l'espace qu'elles séparent; c'est dans la glotte que se forme principalement la voix.

Le degré de tension des cordes vocales, leur longueur variable suivant l'âge et le sexe, et par suite la rapidité plus ou moins grande de leurs vibrations sont, avec le volume du larynx et le degré de solidité de ses cartilages, les principales causes des différences que présente la voix chez les divers sujets. Pour se rendre compte des modulations de la voix humaine, c'est-à-dire de sa transformation en *parole*, ainsi que des variétés d'expression qu'elle présente et dont le chant, les sanglots, la voix de fausset, la ventriloquie, etc., sont les plus remarquables, il faut également savoir comment interviennent les muscles respiratoires et aussi quelle est la participation du nez, celle des diverses parties de la bouche, en y comprenant spécialement le voile du palais ainsi que l'action des joues, des dents et des lèvres. Ces divers organes ont en effet une part active dans la production du langage et ils concourent à en faire l'expression des sentiments dont notre âme est animée.

La disposition du larynx chez certains mammifères donne à leur

FIG. 82. Larynx humain.
a a) L'épiglotte ; sa partie cachée est indiquée par des points ; — *b*) emplacement des lèvres de la glotte ; — *c*) muscles placés entre les cartilages cricoïde et thyroïde ; — *d*) cartilage thyroïde ; — *e*) trachée artère ; — *h*) hyoïde.

voix une étendue plus grande qu'à celle des autres; il en est chez lesquels elle est au contraire remarquable par son extrême acuité ou bien encore par sa gravité. Cela peut tenir dans le premier cas au développement des ventricules du larynx, et dans le second à la brièveté ainsi qu'à la tension des cordes vocales, ou au contraire à leur longueur ainsi qu'à leur relâchement.

L'âne et les singes hurleurs sont au nombre des mammifères dont la voix s'entend de plus loin; les chauves-souris l'ont très-aiguë et les bœufs très-grave.

La voix humaine, qui est comprise dans des limites intermédiaires, possède cependant un registre assez étendu; mais suivant qu'il s'agit d'un homme, d'une femme ou d'un enfant, elle s'arrête à des points différents de l'échelle musicale. Il y a près d'une octave de différence entre les individus des deux sexes. Dans les sons graves le larynx descend, ce qui allonge la région de l'organe vocal servant de porte-voix; dans les sons aigus, il remonte au contraire, afin d'allonger le tuyau formé par la trachée, c'est-à-dire le porte-vent.

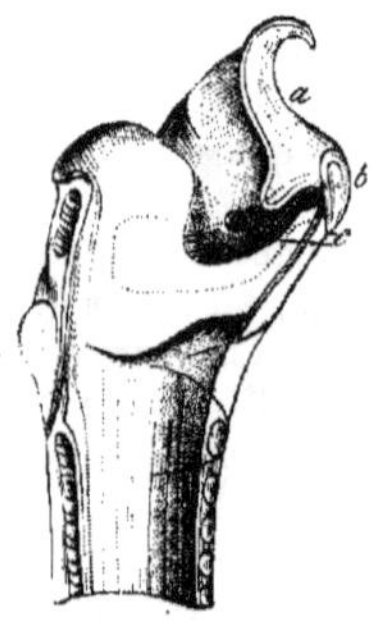

Fig. 83. — Larynx d'âne. (coupe verticale)

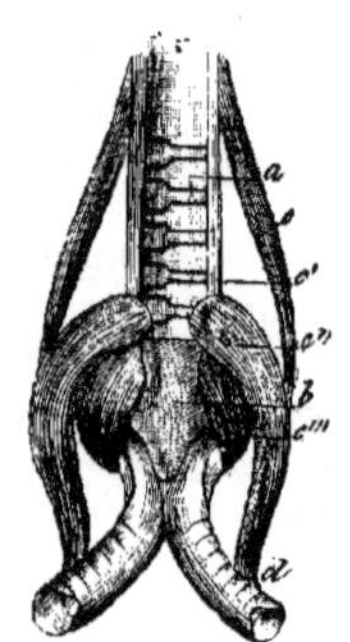

Fig. 84. — Larynx inférieur du perroquet.

La voix souvent si mélodieuse des oiseaux ne se produit pas dans la partie supérieure de leur trachée, qui est à peine différente du reste

Fig. 83. Larynx d'Âne (coupe verticale).
a) Épiglotte; — b) corps thyroïde; — c) orifice du sac communiquant avec les ventricules de la glotte.

Fig. 84. Larynx inférieur du perroquet.
a) Trachée artère; — b) cartilage formant la pièce principale du larynx; — c) muscles sterno-laryngiens; — c') muscles hyo-laryngiens; — c'') muscle trachéo-bronchique; — c''') muscle laryngo-bronchique; d) bronches.

et n'a point de glotte. Cet organe est chez eux un véritable porte-voix. Les modulations de l'air dont le chant résulte se forment dans un larynx différent du larynx ordinaire qui est placé à la partie inférieure de la trachée auprès de sa division en bronches. Aussi la section de la trachée n'empêche-t-elle pas les oiseaux de continuer à crier, tandis qu'elle rend impossible la voix des mammifères. Le *larynx inférieur* des oiseaux présente habituellement des muscles spéciaux destinés à agir sur les cartilages qui le composent, et il y a le plus souvent chez ces animaux une véritable glotte dans ce larynx. Les espèces chez lesquelles l'organe est le plus compliqué ont aussi la voix la plus variée. Tels sont ceux de nos passereaux européens que l'on désigne plus particulièrement sous le nom d'oiseaux chanteurs et qui appartiennent aux genres des merles, des fauvettes, etc.

Les crocodiles, ainsi que les rainettes et les pipas, animaux de la classe des batraciens, ont un larynx assez compliqué. Celui des pipas est la représentation presque complète d'un instrument que Cagniard de Latour avait imaginé sans le connaître, pour la démonstration de certains faits relatifs à l'acoustique.

Les poissons, certains insectes et quelques autres animaux encore produisent également des sons, mais avec des parties différentes de leur corps dont ils déterminent la vibration, soit par frottement, soit par percussion.

CHAPITRE XXII.

PRINCIPES GÉNÉRAUX DE LA CLASSIFICATION.

NÉCESSITÉ D'UNE CLASSIFICATION. — Le nombre des espèces de corps organisés, animaux ou végétaux, que l'on connaît, est depuis longtemps déjà fort considérable et chaque jour il s'accroît encore par suite des découvertes des naturalistes. Il serait absolument impossible de se retrouver dans l'inventaire qu'on en a fait, si on ne les disposait dans un ordre régulier. Il faut que la manière dont on les classe permette de remonter à leurs caractères distinctifs et à leur histoire complète, lorsqu'on ne connaît encore que leur nom, ou inversement, leurs particularités distinctives étant données, de retrouver leur nom; la mémoire y trouve un soulagement et l'esprit une satisfaction.

L'ordre alphabétique permettait bien, le nom étant connu, de remonter aux caractères des espèces, puisqu'il peut être suivi de leur définition. C'est ce procédé que nous employons dans nos dictionnaires d'histoire naturelle comme dans nos dictionnaires ordinaires ; mais il est insuffisant. Non-seulement il ne peut nous fournir, par la place assignée à chaque être, une idée exacte des particularités qui le distinguent ; il nous laisse également ignorer ses affinités, c'est-à-dire les rapports qui le rattachent aux êtres de même nature que lui ; il a aussi l'inconvénient de changer de peuple à peuple, de telle sorte que la classification changerait elle-même avec les langues dans lesquelles on apprendrait le nom des êtres à classer. En effet, le nom d'un animal ou d'une plante variant d'un pays à un autre, l'ordre adopté pour la classification de ces êtres serait différent pour chaque nation si l'on s'en tenait à l'ordre alphabétique.

Caractères distinctifs. — On a compris de bonne heure que pour bien classer les êtres organisés il fallait avoir recours aux qualités qui les distinguent entre eux, et l'on n'a pas tardé à remarquer que toutes ces qualités ne sont pas également importantes. Ainsi ce n'est pas un caractère susceptible d'être employé avec utilité dans la classification des corps naturels que la particularité propre à une espèce donnée de servir à tel usage, de vivre dans tel pays et non ailleurs ou d'être nocturne au lieu de chercher sa nourriture pendant le jour. Il faut qu'un caractère, pour mériter ce nom, constitue une disposition organique spéciale, qu'il fasse partie du corps même de l'être qu'il sert à définir et à classer. Si cette particularité est extérieure, elle offre plus d'avantage ou du moins plus de commodité que si elle est purement intérieure : on doit donc autant que possible rechercher celles qui sont apparentes et qui se voient encore sur les exemplaires conservés dans nos musées. Une fois bien constatées, elles peuvent au besoin servir à faire reconnaître l'espèce qui les présente. Les caractères tirés des organes intérieurs ayant parfois une grande importance, on doit également y avoir recours.

C'est ainsi que le nombre des doigts et leur disposition, la formule dentaire, la conformation du cerveau, celle du squelette, la disposition particulière des autres organes, tant extérieurs qu'intérieurs, fournissent d'excellentes indications lorsqu'on veut établir la distinction spécifique ou générique et par suite la caractéristique différentielle des mammifères ou des autres vertébrés et procéder à leur classification. Il n'est pas jusqu'à la couleur des poils, des plumes ou des écailles qu'on ne puisse consulter avec fruit, et la taille elle-même peut aussi donner d'utiles indications. Les animaux sans vertèbres ne sont pas moins faciles à caractériser que les animaux vertébrés lorsqu'on a recours à l'examen attentif des particularités distinctives qu'ils présentent; il en est de même pour les plantes si l'on compare leurs feuilles, leurs fleurs, leurs graines, etc. C'est sur ces divers caractères que l'on se fonde pour établir la répartition des espèces animales ou végétales et celle de leurs genres en groupes de différentes valeurs auxquels on donne le nom de familles, ordres, classes et types ou embranchements.

Valeur relative des caractères. — Cependant toutes les particularités caractéristiques, même celles tirées des organes les plus importants à la vie ou les plus apparents, n'ont pas une égale valeur. On ne saurait obtenir du mode de coloration ou de la taille des animaux et des plantes, des indications aussi importantes que des dents, de la conformation des membres, de la disposition générale du système nerveux, ou des fleurs et des graines s'il s'agit de classer les plantes. Ce n'est pas sur la couleur du corps ou sur la taille qu'on se fonderait pour établir que tel animal ou telle plante appartient à une classe plutôt qu'à une autre. Les caractères ont donc une importance relative et une valeur différente, et celui qui pourrait servir à distinguer une espèce, devient insuffisant pour l'établissement d'un genre. Encore moins devrait-on y avoir recours pour établir une famille ou un groupe hiérarchiquement supérieur comme un ordre ou une classe.

Un même organe pourra d'ailleurs fournir des caractères de valeur différente, suivant l'intensité de celle de ses particularités que l'on envisagera, et suivant l'influence exercée par cette particularité sur le reste de l'organisation ou son rôle dans la vie. Certaines dispositions tirées du cerveau, des dents, des pieds, etc., ou de la fleur, des feuilles, etc., sont plus importantes que d'autres qui pourront néanmoins être empruntées aux mêmes parties, et dans certains cas exister concurremment avec les précédentes.

Comme on le voit, les caractères ont besoin d'être appréciés à leur valeur réelle, et au lieu de les compter il faut les peser, si l'on veut arriver à des résultats précis et conformes à la nature des êtres à classer, ce qui est le but de toute bonne classification. On doit, avant tout, comme le disait A. L. de Jussieu, subordonner les caractères les uns aux autres. La *subordination des caractères* est le secret de toute classification conforme à la réalité, et par conséquent de toute *classification naturelle;* c'est par elle que nous arrivons ensuite à subordonner les espèces et à assigner à chacune d'elles dans nos cadres méthodiques un rang conforme à celui qu'elle occupe dans la hiérarchie des êtres créés.

Classifications artificielles. — On n'a pas toujours procédé d'une manière aussi scientifique. Les véritables principes de la méthode naturelle étaient ignorés des anciens, et, en botanique encore plus qu'en zoologie, on a longtemps marché au hasard dans le classement des espèces. Ainsi les caractères ont été pris en masse et pêle-mêle, sans qu'on songeât à se préoccuper de leur valeur respective, ou bien encore on s'est servi pour établir la classification de caractères empruntés à un ordre d'organes pris indépendamment de tous les autres, et cela sans avoir le soin de choisir les organes préponderants ni même de mettre en première ligne les caractères de ces organes qui ont le plus de valeur. C'est en particulier ce que Linnée a fait, lorsqu'il a distribué les plantes en vingt-quatre classes d'après la seule considération des étamines sans se préoccuper du rapport des caractères qu'il employait avec le reste de l'organisation des végétaux, non plus que de la manière dont les différents genres de plantes se trouvaient ainsi associés dans chaque classe, ou rangés les uns par rapport aux autres dans la série des classes adoptées.

On procéderait de même en zoologie si l'on tenait compte avant tout du nombre ou de l'absence des membres sans rechercher d'abord quels sont les caractères fondamentaux de l'organisme ou les phases qu'il subit dans son développement pour parvenir à sa forme définitive. Mais les rapprochements singuliers auxquels une semblable méthode de classification conduirait, ne tarderaient pas à en démontrer les inconvénients, et déjà à l'époque d'Aristote la science zoologique était à l'abri de pareilles erreurs, et Linnée qui a fondé une classification complétement empirique pour le règne végétal, s'est beaucoup plus rapproché dans sa classification des animaux de la série naturelle de ces êtres. On en comprend la raison.

Il était difficile avant que l'on sût apprécier la valeur réelle des caractères et en établir la subordination de se faire une idée un peu précise de l'ordre hiérarchique des plantes, c'est-à-dire de leur supériorité et de leur infériorité relatives. On sait qu'il y a des végétaux moins parfaits que les autres, et Linné regardait déjà comme tels les cryptogames ; mais quel botaniste pourrait établir sans craindre d'être aussitôt contredit, quel est le genre ou même la famille de plantes phanérogames qui forme le terme réellement supérieur et le plus parfait de la série végétale. A. L. de Jussieu met en tête de ce règne les labiées ; de Candolle y a placé les renonculcées ; Adrien de Jussieu préfère y voir les composées : aucune de ces opinions n'a prévalu, et tout ce que l'on peut encore affirmer dans l'état actuel de la science, se borne à établir que l'opinion de de Candolle est la moins acceptable des trois.

Classification naturelle des animaux. — En zoologie, une semblable hésitation était impossible. Non-seulement les termes extrêmes de l'échelle animale sont évidents, mais il n'est pas moins aisé d'assigner à chacune des grandes classes de ce règne son rang dans la série des êtres. L'homme et les mammifères occupent évidemment le sommet de cette échelle; les oiseaux viennent ensuite, puis les reptiles et les poissons. On peut hésiter si le rang d'après doit être accordé aux animaux articulés ou au contraire aux mollusques, mais il n'y a aucun doute pour les échelons inférieurs du même règne. Ils doivent évidemment être occupés par les zoophytes qui se rapprochent déjà beaucoup des plantes, ces animaux se rattachant en effet de la manière la plus évidente au règne végétal par les infusoires et d'autres espèces si simples, qu'on leur a donné le nom de protozoaires.

De Blainville, qui a beaucoup contribué à établir la classification des animaux sur des bases véritablement naturelles, a souvent insisté sur la nécessité de subordonner les caractères, comme l'avait déjà indiqué de Jussieu, mais aussi sur celle de subordonner également les espèces et leurs différents groupes les uns par rapport aux autres. Il voulait que chaque espèce occupât dans nos classifications une place indiquant ses véritables affinités, ainsi que le degré exact de sa complication organique comparé à celui des autres espèces. Cette idée a été féconde en remarques intéressantes, et l'examen des espèces antédiluviennes, ainsi que l'étude du développement des espèces actuellement vivantes, a montré qu'on ne devait jamais la perdre de vue lorsqu'on veut arriver à des résultats exacts et approcher davantage de la classification naturelle.

L'ensemble des êtres organisés a été quelquefois considéré comme constituant une série unique, dont les différents termes ou degrés s'écarteraient également les uns des autres. S'il en était ainsi, la classification de ces êtres se reduirait à une simple liste de genres ou même d'espèces, disposées suivant leurs affinités ou ressemblances respectives, mais cette série serait continue et sans interruptions comparables à celles qui séparent les familles, les embranchements ou les classes. Il n'y aurait ni distinction de familles, ni distinction d'ordres ou de classes, ni même d'embranchements ou types, puisqu'il ne serait pas possible, les différences entre les espèces étant toujours d'égale valeur, de justifier par des caractères supérieurs à ceux qui séparent les uns des autres les genres ou les espèces, les grandes associations de ces espèces que l'on indique par ces divers mots de familles, classes, etc. Mais les particularités qui distinguent ces différents groupes sont elles-mêmes de valeurs très-inégales et la série continue des êtres organisés, telle que Bonnet et autres l'avaient imaginée, n'existe réellement pas.

Si les êtres organisés ne forment pas, comme le supposait ce savant et comme on l'a quelquefois admis depuis lui, une série unique et continue dont les termes seraient les différentes espèces soit animales, soit végétales, suivant quel mode doit-on les classer? Il y a une hiérarchie démontrable de ces êtres, les uns par rapport aux autres, et leurs espèces peuvent être associées par groupes distincts, séparables au moyen des caractères fixes et faciles à reconnaître. Le règne animal est comparable sous ce rapport à une sorte de progression décroissante si l'on part de l'homme, ou au contraire croissante si l'on commence par les animaux les plus simples; mais la distance qui sépare les groupes naturels les uns des autres n'est pas constante, et l'on s'en ferait une idée fort inexacte si l'on voulait retrouver dans la série que ces êtres constituent une régularité comparable à celle à laquelle les mathématiques nous ont habitués, et que nous constatons dans les progressions arithmétiques ou dans les progressions géométriques.

Sans contester à de Jussieu l'honneur d'avoir formulé les principes véritables de la classification naturelle, on doit reconnaître que les zoologistes ont eu, de tout temps, un sentiment plus exact de ces principes que ne l'avaient avant lui les botanistes. Cela tient à la nature même des caractères qui distinguent entre eux les êtres qui font l'objet de leurs études, et à la facilité avec laquelle il est possible d'en apprécier la supériorité ou l'infériorité respectives.

Progrès successifs de la classification. — Aristote divisait déjà les corps naturels en deux grandes catégories répondant aux corps vivants ou organisés (ψύχια) et aux corps bruts ou sans vie (ἄψυχια). Les corps vivants étaient partagés par lui comme ils l'ont été par les naturalistes modernes, en deux règnes, sous les noms d'animaux (ζωά) et de végétaux (φυτά).

Voici sa classification spéciale des animaux :

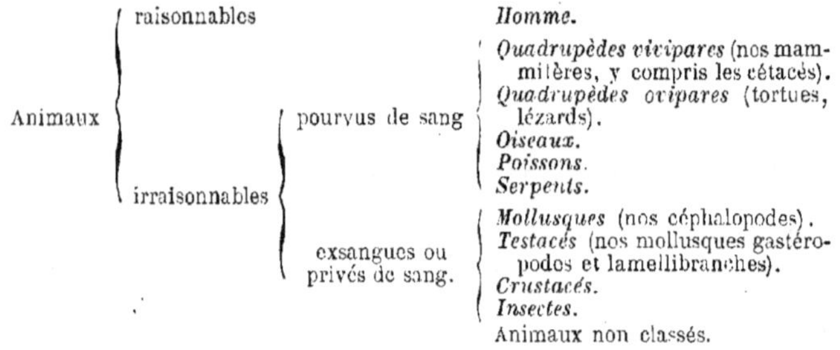

Par animaux exsangues on entendait, à l'époque d'Aristote, les animaux qui n'ont pas le sang rouge, et par animaux pourvus de sang, ceux chez lesquels ce liquide est de cette couleur ; et comme on ignorait que certains vers ont du sang rouge à la manière de celui des vertébrés, la division des exsangues répondait évidemment à l'ensemble des animaux sans vertèbres tels que Lamarck les a définis vers la fin du siècle dernier.

La classification zoologique de Linné, quoique également abandonnée, mérite aussi d'être rappelée, attendu qu'elle est, avec celle d'Aristote, une des origines principales de celles publiées plus récemment, et dont nous dirons aussi quelques mots pour mettre le lecteur en état d'apprécier les progrès successifs que la science a faits sous ce rapport.

Linné partageait les animaux en six classes : 1° les *mammifères* (*mammalia*) ou quadrupèdes vivipares et cétacés d'Aristote ; 2° les *oiseaux* ; 3° les *amphibies*, répondant à nos reptiles et à nos batraciens, plus quelques poissons, les plagiostomes par exemple ; 4° les *poissons* ; 5° les *insectes*, dont les myriapodes, les arachnides et les crustacés ne sont pas séparés comme classes et ne constituent qu'un ordre à part sous le nom d'aptères ; 6° les *vers*, partagés en intestinaux, mollusques, testacés, lithophytes et zoophytes.

Comme on le voit, le célèbre naturaliste suédois n'établissait aucun groupe intermédiairement au règne et aux six classes dans lesquelles il partageait l'ensemble des animaux.

Lamarck, naturaliste français qui s'est beaucoup occupé de l'étude des animaux inférieurs, se rapprocha davantage d'Aristote, lorsqu'il institua les deux grandes divisions des *animaux vertébrés* et des *animaux sans vertèbres*. Mais ses animaux sans vertèbres ne constituent certainement pas un groupe naturel équivalant à celui des vertébrés, et il devint bientôt nécessaire de les partager également en plusieurs embranchements distincts. C'est ce que firent G. Cuvier et de Blainville.

Dans un mémoire publié en 1812, sous le titre de Nouveau rapprochement à établir entre les classes qui composent le règne animal, Cuvier y montra, comme il l'a depuis lors exposé en détail dans son ouvrage intitulé *Le règne animal distribué d'après son organisation*, qu'il y a dans ce règne quatre groupes primordiaux. Il appela ces groupes *embranchements* et il y distribua de la manière suivante les principales classes d'animaux :

1° Les VERTÉBRÉS, comprenant les *mammifères*, les *oiseaux*, les *reptiles* et les *poissons* ;

2° Les MOLLUSQUES, partagés en *céphalopodes* (les mollusques d'Aristote), *ptéropodes*, *gastéropodes*, *acéphales*, *brachiopodes* et *cirrhipodes* ;

3° Les ARTICULÉS, ayant pour classes les *annélides*, les *crustacés*, les *arachnides* et les *insectes* ;

4° Les ZOOPHYTES ou *rayonnés*, comprenant les *échinodermes*, les *intestinaux*, les *acalèphes* ou orties de mer, les *polypes* et les *infu-*

soires, animaux sur lesquels il avait été publié, depuis Linné, des travaux importants.

Pendant la même année, de Blainville fit aussi connaître ses idées sur la classification du règne animal; il y tenait compte, ainsi que venait de le faire Cuvier, des dispositions anatomiques propres aux différents groupes naturels, mais en ayant soin de rattacher ces dispositions à des caractères extérieurs qui en devenaient pour ainsi dire la traduction. Il arrivait ainsi à établir que les caractères tirés de l'organisation des animaux, ainsi que de la forme générale de leur corps, indiquent cinq grandes divisions primitives, savoir : les *animaux vertébrés*, que l'auteur nomme *ostéozoaires* pour rappeler qu'ils sont pourvus d'os; les ANIMAUX ARTICULÉS ou ses *entomozoaires;* les MOLLUSQUES ou *malacozoaires;* les ANIMAUX RAYONNÉS ou *actinozoaires* et les ANIMAUX HETÉROMORPHES ou *amorphozoaires*, qui ont l'organisme extrêmement simple et point de forme déterminée[1].

De Blainville considérait ces cinq divisions primordiales comme représentant un nombre égal de modes particuliers d'organisation, et par conséquent comme ne relevant pas les unes des autres, ainsi que pourrait le faire supposer la théorie des analogies de composition étendue à tout le règne animal. Il comparait ces formes élémentaires des animaux aux formes primitives qui distinguent les cristaux, et comme elles sont étrangères les unes aux autres, il appelait les catégories qu'elles caractérisent non plus des embranchements, ainsi que l'avait fait Cuvier, mais des *types*. Ces types rentreraient eux-mêmes dans trois sous-règnes, caractérisés par des particularités également tirées de la forme extérieure, envisagée cette fois d'une manière purement géométrique.

Ainsi les vertébrés, les articulés et les mollusques ont les parties du corps disposées similairement à droite et à gauche, ce qui permettrait de les partager en deux par le milieu; ils sont de forme paire. Comme leur nom l'indique, les rayonnés sont au contraire susceptibles d'être partagés en plus de deux parties similaires et leurs divisions sont groupées autour d'un axe central comme les rayons d'un même cercle. Enfin la forme est indifférente ou indéterminée chez les hétéromorphes ou amorphozoaires de Blainville, dont cet auteur ne reconnaît aussi qu'un seul type.

Ce que l'on doit en outre remarquer dans la classification de ce zoologiste célèbre, telle qu'il l'établissait déjà à l'époque que nous avons indiquée, c'est la séparation des batraciens d'avec les reptiles à peau écailleuse, et leur distinction comme classe. De Blainville les comparait aux poissons, et il rapprochait au contraire les reptiles des

1. Telles sont les éponges.

oiseaux, ce que l'étude comparative du développement de ces animaux a entièrement confirmé[1].

De Blainville fut aussi mieux inspiré que ses contemporains, lorsqu'il renversa la série des animaux articulés établie par Cuvier, et mit les insectes les premiers, parmi les animaux de cet embranchement, au lieu d'y placer les annélides. Il différait encore de Cuvier au sujet de la valeur qu'il attribuait aux caractères tirés des différents systèmes d'organes; ainsi, au lieu de mettre en première ligne ceux que fournissent les organes de la nutrition, comme le cœur, les vaisseaux ou les organes respiratoires, il fit remarquer que l'on doit attribuer plus d'importance aux caractères tirés des organes de relation; c'est depuis lors qu'on a apporté une si grande attention à bien comprendre les particularités fondamentales du système nerveux et les rapports que ces particularités présentent avec les manifestations diverses de la sensibilité ou du mouvement. Quelques observations faites au sujet du mode de développement des animaux ont aussi montré quel parti on pouvait tirer de l'observation des métamorphoses. Il en a été de même pour les fossiles, qui, reconstitués dans leurs caractères ainsi que Cuvier et d'autres auteurs en avaient donné l'idée, sont venus prendre place dans les cadres zoologiques à côté des espèces vivantes, les seules dont on se fût jusqu'alors occupé.

État actuel de la classification. — On a quelquefois reproché aux classifications les changements qu'elles subissent à mesure qu'un nouvel auteur s'en occupe; mais on n'a pas suffisamment remarqué, dans ce cas, que ces changements sont nécessités par les progrès mêmes de la science.

Le but de la classification naturelle est de résumer, par la place qu'elle assigne à chacun des êtres créés, l'ensemble de nos connaissances sur les particularités qui distinguent ces êtres les uns des autres, et elle les exprime à tel point que le rang d'une espèce dans les cadres qu'elle établit étant connu, on peut en déduire quelle est la disposition de ses organes fondamentaux, ainsi que la manière d'être de ses fonctions principales. Dire qu'un animal appartient à tel ordre de mammifères ou une plante à telle famille des monocotyledonées ou des dicotyledonées, c'est presque en faire l'histoire.

Mais toutes les espèces n'ont pas encore été également bien observées, diverses particularités de leur développement ou de leur structure anatomique restent à vérifier ou même à décrire, et il y a toujours dans l'histoire de celles que l'on connaît le mieux des points

1. On a montré que les batraciens sont anallantoïdiens à la manière des poissons, tandis que les reptiles proprement dits, auxquels Brongniart et Cuvier les avaient associés, sont, comme les oiseaux et les mammifères, des animaux pourvus d'allantoïde et d'amnios pendant leur vie embryonnaire.

obscurs ou litigieux dont l'éclaircissement deviendrait une nouvelle cause de progrès.

Des transformations plus radicales peuvent même avoir lieu dans la classification si de nouveaux éléments d'étude, ou un ordre de faits, précédemment inconnus, attirent l'attention des naturalistes : on en a eu l'exemple lorsqu'on a comparé entre eux les organes des animaux pris aux différents âges de leur vie et aussi lorsque l'on a cherché à se rendre compte des différences qui distinguent les animaux des anciennes époques géologiques d'avec ceux de l'époque actuelle ; dans ces deux cas, la classification a dû être modifiée ; l'étude des métamorphoses que subissent les êtres vivants et celle des espèces antédiluviennes étaient devenues deux puissants mobiles qui ont largement contribué aux progrès de la zoologie.

Mais ce sont là des découvertes relativement fort récentes, et dont ni Cuvier, ni de Blainville n'ont pu profiter pour améliorer le remarquable édifice qu'on leur doit. Le premier de ces savants est mort en 1832 ; la science a perdu le second en 1850. Depuis lors, et par le fait même de l'impulsion qu'ils avaient donnée à la zoologie, des découvertes nouvelles ont été accomplies, et la classification doit en tenir compte, sous peine de cesser d'être l'expression de l'état de la science.

Nous ne pourrons signaler que les plus importantes, mais nous ne laisserons échapper aucune occasion de le faire, lorsque le cadre que nous nous sommes tracé nous le permettra.

Le tableau suivant donne un premier aperçu de la classification à laquelle nous nous sommes arrêté. Les animaux y sont divisés en cinq types ou embranchements, dont nous rappelons les noms (*vertébrés*, *articulés*, *mollusques*, *rayonnés* et *protozoaires*) en les faisant suivre de la citation des principales classes propres à chacun d'eux. Trois de ces types ou embranchements sont partagés en sous-embranchements. Ce sont ceux des vertébrés, des articulés et des rayonnés. Le nombre total des classes dont nous parlerons s'élève à 26, savoir : 5 pour les vertébrés, 6 pour les articulés, 6 pour les mollusques, 6 pour les rayonnés et 3 pour les protozoaires. Cuvier n'avait admis que dix-neuf classes en tout.

TABLEAU

DE LA CLASSIFICATION DES ANIMAUX.

Embranchement	Division	Classes
I VERTÉBRÉS	ALLANTOÏDIENS	*Mammifères.* *Oiseaux.* *Reptiles.*
	ANALLANTOÏDIENS	*Batraciens.* *Poissons.*
II ARTICULÉS	CONDYLOPODES ou *Arthropodes.*	*Insectes.* *Myriapodes.* *Arachnides.* *Crustacés.*
	VERS	*Annélides.* *Helminthes.*
III MOLLUSQUES		*Céphalopodes.* *Céphalidiens.* *Lamellibranches.* *Brachiopodes.* *Tuniciers.* *Bryozoaires.*
IV RAYONNÉS	ÉCHINODERMES	*Échinides.* *Astérides.* *Holothuries.*
	POLYPES	*Acalèphes.* *Zoanthaires.* *Cténocères* ou *Coralliaires.*
V PROTOZOAIRES		*Foraminifères.* *Infusoires.* *Spongiaires.*

EMBRANCHEMENTS.

Le règne animal, envisagé conformément aux principes de la méthode naturelle et en tenant compte de ses principales différences d'organisation, peut être partagé en cinq divisions primordiales, appelées types ou embranchements. Ces embranchements sont parfaitement distincts les uns des autres ; leur séparation repose sur des caractères d'une valeur considérable et chacun d'eux comprend un certain nombre de classes dont nous avons donné l'énumération dans le tableau qui précède. Il y a en tout 26 classes.

Toutes les espèces d'un même embranchement du règne animal montrent, dans leur forme générale, dans la disposition de leurs parties et jusque dans leur mode de développement, des dispositions générales communes, constituant les grands traits de leur organisme, et qui peuvent faire considérer chacun de ces embranchements comme autant d'ensembles parfaitement naturels. Il est ensuite aisé de les sous-diviser, en tenant compte des particularités de valeur moindre qui en caractérisent les différentes formes secondaires. On arrive ainsi à établir la classification intérieure de chaque embranchement d'une manière parfaitement hiérarchique, et comme les embranchements se subordonnent les uns aux autres, conformément au degré plus ou moins élevé de leur organisation, cela permet de placer en première ligne l'homme et la classe des mammifères dont il fait partie.

Ces types primordiaux, ou embranchements, sont pour ainsi dire les formes primitives de l'animalité, et on les a comparés, avec assez de justesse, aux six systèmes des formes cristallines, dites formes primitives, que la minéralogie nous fait connaître. Les classes, les familles, etc., et jusqu'aux espèces que chacune d'elles comprend, en sont les formes dérivées ou secondaires. Quoique pourvues de caractères très-variés d'organisation, elles relèvent cependant pour chaque type ou embranchement d'un même plan général, ou système d'organisation.

L'étude que nous aborderons dans les chapitres suivants de ces cinq embranchements nous en fera mieux comprendre les particularités distinctives, et elle servira à confirmer ces remarques préliminaires. Nous devons donc nous borner pour le moment à reproduire les noms de ces embranchements, et à exposer sommairement leurs caractères principaux. Ce sont les *vertébrés*, les *articulés* ou annelés, les *mollusques*, les *radiaires*, appelés aussi rayonnés ou zoophytes, et les *protozoaires* ou sphérozoaires. Nous aborderons plus loin leur distribution en classes et nous indiquerons les groupes les plus remarquables compris dans chacun d'eux, en ayant soin d'en signaler les espèces les plus utiles ou les principaux produits.

Les animaux des trois premiers embranchements ont cela de commun que les parties de leur corps, aussitôt que l'œuf dans lequel ils se forment a commencé à se développer, sont disposées comme si elles étaient séparables par un plan médian qui les diviserait à droite et à gauche en deux séries d'organes inversement correspondantes l'une de l'autre. Ces animaux sont donc pairs et leur symétrie est binaire.

Ils se distinguent d'ailleurs entre eux parce que les plus parfaits ou les VERTÉBRÉS, qui sont rarement annelés extérieurement, possèdent constamment un squelette intérieur, composé de vertèbres, qui leur sert de charpente. Ce squelette donne insertion aux muscles locomoteurs, et, en même temps, il assure protection aux centres nerveux constituant la masse encéphalo-rachidienne ou cérébro-spinale. Pendant la vie embryonnaire, c'est-à-dire avant qu'ils aient été mis au monde ou qu'ils aient quitté leur œuf, les petits des vertébrés possèdent une vésicule vitelline dans laquelle s'est ramassé le jaune de cette substance destinée à leur première alimentation, et cette vésicule est appendue à la face ventrale de leur corps.

Les *mammifères*, les *oiseaux*, les *reptiles*, les *batraciens* et les *poissons*, constituent autant de classes appartenant à l'embranchement des vertébrés.

II. Le second embranchement est celui des ANIMAUX ARTICULÉS, appelés aussi *entomozoaires* et *annelés*. Les espèces qui s'y rapportent manquent de squelette proprement dit, mais leur corps est presque toujours partagé extérieurement en anneaux successifs, qui sont autant de divisions de la peau, et dont la résistance est le plus souvent assez grande pour protéger leurs organes internes. Le système nerveux est ici formé d'un cerveau comparable à celui des vertébrés ; mais il n'y a pas de moelle épinière ou système nerveux rachidien. Les différents nerfs du corps naissent d'une double chaîne ganglionnaire placée au-dessous du canal digestif, ou sur les parties latérales du tronc, et il y a le plus souvent un collier nerveux autour de l'œsophage. Dans le premier âge, lorsque la masse du jaune est encore distincte, elle forme chez toutes les espèces pourvues de membres une vésicule placée sur le dos, au lieu de tenir au ventre comme chez les vertébrés. Il se manifeste d'ailleurs chez les animaux de cet embranchement une dégradation très-rapide, et les dernières familles sont si inférieures aux autres, qu'on les avait d'abord réunies aux zoophytes sous le nom de vers intestinaux, et comme formant une classe de ce dernier embranchement.

Les différentes classes des animaux articulés sont celles des *insectes*, des *myriapodes*, des *arachnides*, des *crustacés*, des *annélides* et des *helminthes*, ces derniers divisibles en plusieurs catégories assez différentes les unes des autres.

Les insectes et les trois classes suivantes forment un premier sous-embranchement caractérisé par la présence de pattes articulées et par celle d'une vésicule vitelline dorsale. On donne à ce premier sous-embranchement le nom d'*articulés condylopodes* ou *arthropodes*, indiquant qu'ils sont pourvus de pieds articulés. Les annélides et les helminthes des divers groupes constituent un second sous-embranchement qui reçoit la dénomination commune de *vers*. Beaucoup de condylopodes se montrent d'abord sous une forme assez comparable à celle des articulés du sous-embranchement des vers, mais il est toujours aisé de les en distinguer par quelque caractère important.

III. Les MOLLUSQUES constituent le troisième embranchement. On les reconnaît à leur corps mou, sans squelette intérieur ni articulations extérieures, mais souvent protégé par des pièces dures qui constituent la coquille de ces animaux. Leur cerveau fournit habituellement, comme celui de la plupart des articulés, un collier entourant l'ésophage; mais leurs ganglions nerveux ne sont plus disposés sous la forme d'une chaîne longitudinale. Rarement le vitellus des mollusques constitue une vésicule distincte. La condition la plus ordinaire de cet organe transitoire est la transformation directe en embryon de l'amas de cellules nutritives qu'il renferme; mais, avant qu'il n'ait été employé complétement, on l'aperçoit dans l'intérieur de leur corps. Le vitellus est donc ici intérieur, du moins dans la majorité des cas, car les céphalopodes et les gastéropodes de la division des limaces et des colimaçons possèdent une véritable vésicule du jaune.

Cet embranchement se partage en *céphalopodes*, *céphalidiens*, comprenant les gastéropodes, les hétéropodes, et les ptéropodes, *lamellibranches*, *brachiopodes*, *tuniciers* et *bryozoaires*.

IV. RAYONNÉS. — Chez les animaux rayonnés la symétrie des organes est différente de celle propre aux animaux des trois embranchements qui précèdent; c'est par rapport à un axe médian et non par rapport à un plan sécant que leurs organes sont disposés. Il en résulte qu'ils se répètent autour de cet axe comme les rayons d'un cercle autour du centre de ce cercle. De là le nom de *rayonnés* qui a été donné à ces animaux.

Leur système nerveux est peu développé et réduit à un collier de ganglions disposés autour de la bouche et répondant, par leur nombre même, aux rayons ou divisions du corps; encore n'en démontre-t-on pas la présence dans toutes les familles constituant cet embranchement. Les autres organes des rayonnés sont dans un état d'infériorité correspondant à celui de leur système nerveux, et ils ont aussi des fonctions bien moins parfaites que celles des vertébrés ou même des articulés et des mollusques.

Il y a deux sous-embranchements bien distincts d'animaux rayonnés : les *échinodermes*, dont font partie les échinides ou oursins, les astérides ou étoiles de mer et les holothuries, et les *polypes* répondant aux deux anciennes classes des polypes et des acalèphes telles que Cuvier et de Blainville les comprenaient. Les polypes ont été dans ces dernières années étudiés avec soin par les naturalistes, et leur histoire a fait de rapides progrès.

V. Aux degrés inférieurs de l'échelle animale, se placent les PROTOZOAIRES, dont le nom[1] rappelle la simplicité d'organisation. Ces animaux sont, pour ainsi dire, réduits à l'état de simples cellules ou bien leurs tissus sont de nature sarcodique, et il est difficile d'y reconnaître des organes distincts et séparables les uns des autres. Nous en décrirons de trois sortes. Les uns sont pourvus de coquilles calcaires qui les avaient fait prendre pour des mollusques céphalopodes; ils sont appelés *foraminifères*. Les autres, connus depuis que l'on a recours à l'emploi du microscope, apparaissent en quantités innombrables dans les liqueurs où on laisse infuser des substances organiques; ils proviennent de germes que l'atmosphère ou ces substances mêmes y apportent : ce sont les *infusoires*. La troisième catégorie comprendra les *spongiaires* ou éponges.

CHAPITRE XXIII.

DES ANIMAUX VERTÉBRÉS ET DE LEUR DIVISION EN CLASSES.

CARACTÈRES GÉNÉRAUX.—Les vertébrés forment le premier embranchement du règne animal. Ils se font particulièrement remarquer par la supériorité de leur structure anatomique ainsi que par la perfection de leurs actes physiologiques. Leur corps est quelquefois annelé à l'extérieur, de manière à rappeler celui des animaux articulés, mais ce caractère n'est pas celui qui doit servir à les faire distinguer. Ils présentent toujours un squelette intérieur, ce qui n'a pas lieu chez les

1. Πρωτος, premier, élémentaire ; ζωον, animal.

autres animaux, et ce squelette a pour axe la série des pièces nommées centres ou corps vertébraux. Que le squelette soit osseux, cartilagineux ou même simplement fibreux, on peut toujours y reconnaître une succession de segments résistants analogues à ceux dont les vertèbres forment la partie essentielle et qu'on a appelés des ostéodesmes. Des arcs squelettiques, les uns supérieurs aux corps vertébraux, les autres inférieurs, complètent ces segments et servent à la protection des viscères. Les premiers logent les centres nerveux, c'est-à-dire le cerveau et la moelle épinière; les seconds forment une sorte de cage plus étendue, dont la cavité thoraco-abdominale fait partie et dans laquelle prennent place les viscères de la nutrition, tels que le tube digestif, le cœur, les gros vaisseaux artériels et veineux, ainsi que les organes respiratoires et les reins.

Le cerveau des vertébrés se compose de quatre parties diversement développées suivant les groupes que l'on étudie; ce sont : les lobes olfactifs; les hémisphères cérébraux, surtout considérables chez les animaux qui ont plus d'intelligence que les autres; les tubercules quadrijumeaux ou lobes optiques et le cervelet. La moelle épinière ou rachidienne fait suite à l'encéphale ; elle fournit, comme ce dernier, des nerfs de sensibilité générale et des nerfs de mouvement, mais point de nerfs de sensibilité spéciale. Les vertébrés ont tous un grand sympathique, partie du système nerveux essentiellement affectée aux actes de la vie de nutrition, et placée, comme les organes qui sont chargés de cette fonction, dans la grande cage osseuse formée par le squelette au-dessous des corps vertébraux.

Ces animaux ont tous les cinq sens, et leur système musculaire, qui est très-développé, prend sur le squelette des points d'appui qui lui rendent plus facile l'exercice des mouvements volontaires à l'accomplissement desquels il concourt.

Les animaux vertébrés ont des membres soutenus comme l'est lui-même le tronc, par des parties de squelette. Le nombre de ces membres n'est jamais supérieur à deux paires. Les moitiés droites et gauches des mâchoires se soudent habituellement entre elles, comme les côtes ou le bassin le font pour constituer le cage thoraco-abdominale, mais elles jouissent d'une mobilité plus grande que ces dernières parties; en outre leurs mouvements sont verticaux au lieu d'être latéraux comme ceux des mâchoires chez les animaux articulés, où ces organes restent en partie disjoints.

Tous les vertébrés, sans exception, ont le canal intestinal complet, c'est-à-dire pourvu de deux orifices terminaux, la bouche et l'anus, et ce canal est plus ou moins modifié sur son trajet, de manière à ce que les différences de diamètre qu'il présente soient en rapport avec les diverses fonctions dont il est chargé. On y distingue, du moins, dans la majorité des espèces, un ésophage, un estomac, un intestin grêle et un gros intestin.

Le sang est rouge; ce sont ses globules et non le plasma qui lui donnent cette couleur. Il circule dans un système clos de vaisseaux et en effet il existe, dans tous les points du corps, ainsi que dans les organes de respiration, des vaisseaux capillaires, placés entre les dernières ramifications des artères et les premières divisions des veines. Les vertébrés ont aussi des vaisseaux lymphatiques et des vaisseaux chylifères.

On ne connaît d'exception à cet égard que celle du branchiostome, vertébré d'une organisation très-inférieure, chez lequel le cœur est réduit à un simple point pulsatile, dans lequel on ne distingue ni oreillette, ni ventricule, ni bulbe artériel. Le branchiostome a le sang incolore, et, de plus, son cerveau se distingue à peine de la moelle épinière.

Quant aux organes de la respiration des vertébrés, ce sont des poumons ou des branchies, suivant que ces animaux tirent directement l'oxygène de l'air atmosphérique ou qu'ils le prennent à l'air en dissolution dans l'eau; mais dans l'un et dans l'autre cas, leurs organes respiratoires sont toujours en rapport avec le commencement du tube digestif.

Tous, à l'exception des serrans, genre de poissons de mer appartenant à la même famille que les perches, ont les sexes séparés et portés par des individus différents, les uns mâles et les autres femelles. On ne constate dans aucune de leurs espèces des faits de génération par bourgeonnement ou par division, ce qui s'explique par la supériorité même de leurs actes vitaux; tous naissent par conséquent d'œufs, qu'ils soient vivipares, ovovivipares, ou, ce qui est plus fréquent encore, ovipares. Leur mode de développement n'est pas moins caractéristique.

Tous les vertébrés ont une vésicule vitelline, sorte de poche renfermant le jaune de leur œuf, lorsque l'œuf a commencé à germer, et cette vésicule vitelline est placée à la face ventrale de leur corps. Chez les mammifères, elle disparaît assez longtemps avant la naissance, mais il est des poissons qui n'en ont pas encore consommé le contenu lorsqu'ils éclosent, et qui traînent pendant quelques semaines cette poche dont ils continuent à tirer les matériaux de leur alimentation. Elle est assez volumineuse chez les jeunes des truites et des saumons.

Indépendamment de la vésicule du jaune, certains vertébrés en possèdent une seconde placée en arrière de la précédente; ce n'est également qu'un organe transitoire propre seulement aux premiers temps de la vie. Son développement est en sens inverse de celui de la vitelline. Chez les mammifères ordinaires, c'est elle qui forme le placenta et fournit à l'animal, avant sa naissance, le moyen de tirer de sa mère le sang nécessaire à son premier développement. On donne aux vertébrés qui ont une vésicule allantoïde le nom d'*allantoïdiens* et à ceux qui manquent de cet organe le nom d'*anallantoïdiens*. Cette importante distinction a d'abord été établie par M. Baër, de Saint-Pétersbourg; elle sert à distinguer deux sous-embranchements parmi les animaux vertébrés. De Blainville était arrivé au même résultat, en tenant compte de l'absence ou de la présence des branchies chez ces animaux. Les allantoïdiens (mammifères, oiseaux et reptiles) répondent à ses vertébrés ornithoïdes, et les anallantoïdiens (batraciens et poissons) à ses vertébrés ichthyoïdes.

Les animaux vertébrés se trouvent ainsi partagés en deux sous-embranchements et en cinq classes de la manière suivante :

Une vésicule allantoïde avant la naissance; point de branchies.	Les quatre cavités du cœur devenant distinctes.	des mamelles et des poils,	***Mammifères.***
		point de mamelles; des plumes	***Oiseaux.***
	Les deux ventricules plus ou moins confondus en une seule cavité.	des écailles épidermiques servant de téguments,	***Reptiles.***
Pas de vésicule allantoïde; des branchies pendant le jeune âge ou pendant toute la vie.	Des métamorphoses après la naissance, ou du moins apparition de poumons et de pattes,		***Batraciens***
	Point de véritable métamorphose; des branchies à tous les âges; des nageoires,		***Poissons.***

CHAPITRE XXIV.

CLASSE DES MAMMIFÈRES.

CARACTÈRES GÉNÉRAUX. — Les mammifères sont de tous les animaux ceux dont l'organisation acquiert le plus de perfection, et à ce titre ils méritaient d'être placés avant les autres vertébrés; aussi forment-ils la première classe du règne animal. Ils n'ont été réunis en un groupe unique que depuis Linné. Antérieurement on en faisait deux catégories distinctes, l'une sous le nom de *quadrupèdes vivipares*, l'autre sous celui de *cétacés*. Cette répartition était encore adoptée par Lacépède. Les anciens, et parmi eux Aristote, avaient cependant constaté les rapports que ces animaux, tous pourvus de mamelles, ont les uns avec les autres; mais quelques classificateurs, attachant trop d'importance aux caractères tirés de la forme extérieure du corps, ainsi qu'au milieu dans lequel vivent les animaux, n'avaient pas cru devoir associer les quadrupèdes vivipares et les cétacés dans une même division.

Cependant les premiers de ces animaux, quoique assujettis à se tenir constamment dans l'eau, à la manière des poissons, et ayant même une grande ressemblance apparente avec eux, sont franchement vivipares comme le sont tous nos mammifères terrestres; ils ont, comme eux, le sang chaud; leur cœur est également pourvu de quatre cavités; ils respirent aussi par des poumons; leur cerveau n'est pas moins volumineux, et leurs autres systèmes d'organes se distinguent de même que ceux des quadrupèdes vivipares par des particularités indiquant une égale supériorité physiologique sur tout le reste des animaux.

En outre, les mammifères ont tous des mamelles, et c'est au moyen du lait sécrété par ces organes qu'ils nourrissent leurs petits pendant les premiers temps qui suivent la naissance. Les cétacés n'échappent pas plus à cette condition que les espèces terrestres de mammifères, et c'est à la présence de ces organes que les animaux mammifères doivent le nom par lequel on désigne maintenant la classe qu'ils constituent.

Les mammifères ou vertébrés pourvus de mamelles sont des animaux à sang chaud et à respiration simple, mais complète. Leur cavité thoracique, dans laquelle sont placés les poumons et le cœur, est toujours séparée de la cavité abdominale par un diaphragme complet. Presque tous ont les globules sanguins de forme circulaire.

Les organes des sens acquièrent chez eux une grande perfection, même dans leurs parties accessoires; ainsi il y a des paupières distinctes dans la plupart des espèces, une conque auditive, et d'autres dispositions qui ne se retrouvent pas chez les ovipares ; la bouche est pourvue de lèvres charnues, sauf chez les monotrèmes, et le corps est habituellement couvert de téguments particuliers : les poils qui permettent de distinguer à la première vue les animaux de cette classe. Les tatous, dont la peau est en partie encroûtée par des pièces osseuses formant une carapace ; les pangolins, qui ont des écailles cornées sur presque tout le corps, ne sont pas entièrement dépourvus de poils. On trouve même des productions de cette nature chez les cétacés, qui passent pour être entièrement nus.

Des poils, en très-petite quantité, il est vrai, sont disséminés sur le corps des jeunes baleines; les jeunes marsouins en ont quelques-uns sur les lèvres, et le museau de l'inia, genre de dauphins propre au bassin de l'Amazone, en est entièrement couvert.

Le squelette lui-même peut servir à distinguer les animaux de la classe des mammifères. Les os restent épiphysés pendant les premiers temps de la vie; les pièces dont se compose le crâne sont moins nombreuses chez les adultes que chez les jeunes, ce qui tient à ce que plusieurs se soudent les unes aux autres lorsque ces animaux avancent en âge; l'occipital s'articule par deux condyles avec l'atlas, ou première vertèbre du cou; la mâchoire inférieure joue sur la cavité glénoïde du temporal par un condyle distinct, lui appartenant, et elle ne se compose jamais que d'une seule pièce pour chaque côté du corps, tandis qu'elle en a plusieurs chez les ovipares; il n'y a pas d'os carré séparé du temporal; sauf chez les paresseux aïs, le nombre des vertèbres cervicales est constamment de sept, et il n'y a que les cétacés qui aient plus de trois phalanges aux doigts. Enfin les dents sont toujours pourvues de racines et elles sont implantées dans des alvéoles. Certaines d'entre elles ont plusieurs racines chacune, ce qui n'a jamais lieu chez les ovipares. En outre, il est, dans la plupart des cas, facile de distinguer ces dents en trois sortes: incisives, canines et molaires.

Classification des mammifères. — Beaucoup d'auteurs, et parmi eux G. Cuvier, ont établi la classification de ces animaux au moyen d'une heureuse combinaison des caractères que présentent leurs membres avec ceux que l'on peut constater par l'examen de la dentition. Ainsi les mammifères, sauf les sirénides et les cétacés, ont tous quatre membres et ces appendices sont terminés tantôt par des doigts onguiculés, c'est-à-dire pourvus d'ongles ou de griffes, tantôt par des doigts ongulés ou engagés dans des sabots, comme cela se voit chez les ruminants, ainsi que chez le rhinocéros, le cheval, le cochon, etc.

Les mammifères quadrupèdes et à doigts onguiculés peuvent à leur tour être partagés en deux groupes, suivant qu'ils sont pourvus de mains, c'est-à-dire d'extrémités terminales ayant le pouce opposable aux autres doigts, ce qui a particulièrement lieu pour les membres supérieurs de l'homme, ou bien qu'ils n'ont pas les pouces opposables, comme on le voit pour l'ours, le chat, le chien, le lapin et beaucoup d'autres.

Dans ce dernier cas, ils ont trois sortes de dents, deux sortes de dents ou une seule sorte de dents.

De leur côté les mammifères à sabots ont l'estomac disposé ou non pour la rumination.

Un tableau fera mieux ressortir les résultats auxquels on arrive par cette analyse de caractères à la fois empruntés aux membres et à la dentition ; nous le dressons d'après la *classification de G. Cuvier.*

I) Mammifères pourvus de quatre pieds propres à la marche :

A) Onguiculés ou pourvus d'ongles ;
1) Trois sortes de dents.
a) Point de poche mammaire.
* Pouces des membres supérieurs seuls opposables : BIMANES (homme).
** Pouce opposable aux quatre membres : QUADRUMANES (singes et makis).
*** Pouces non opposables : CARNASSIERS, divisés en :
† *Chéiroptères* (chauve-souris).
† † *Insectivores* (taupe, musaraigne).
† † † *Carnivores* plantigrades (ours), digitigrades (chien), amphibies (phoque).
b) Une poche mammaire : MARSUPIAUX (kangurou, sarigue).
2) Deux sortes de dents au plus.
a) Des incisives et des molaires, point de canines : RONGEURS (castor, lapin).
b) Des molaires seulement : ÉDENTÉS, divisés en :
† *Tardigrades* (paresseux).
†† *Édentés ordinaires* (fourmilier, tatou).
††† *Monotrèmes* (échidné, ornithorhynque).

B) Ongulés, c'est-à-dire pourvus de sabots.
1) Estomac simple ou peu compliqué : PACHYDERMES, divisés en :
† *Proboscidiens* (éléphant).
† † *Pachydermes ordinaires* (rhinocéros, cochon).
††† *Solipèdes* (cheval).
2) Estomac compliqué, propre à la rumination : RUMINANTS (bœuf, chameau).

II. Mammifères pourvus de deux pieds seulement, les antérieurs, qui sont disposés en forme de rames : CÉTACÉS, divisés en :
† *Cétacés herbivores* (lamantin).
†† *Cétacés souffleurs* (cachalot, dauphin, baleine).

Ainsi qu'on le voit, G. Cuvier partageait les mammifères en neuf ordres, savoir : les *bimanes*, les *quadrumanes*, les *carnassiers*, les *marsupiaux*, les *rongeurs*, les *édentés*, les *pachydermes*, les *ruminants* et les *cétacés*.

Si facile à comprendre que soit cette classification, et si naturelle qu'elle paraisse, les progrès de la science n'ont pas tardé à montrer qu'elle était loin d'être aussi parfaite qu'on l'avait cru d'abord, et de nombreuses objections n'ont pas tardé à lui être opposées. Nous en rappellerons quelques-unes seulement.

Les chéiroptères, les insectivores, les carnivores et les phoques associés par Cuvier dans un seul et même ordre, sont des animaux bien différents les uns des autres, et dont il faut faire plusieurs divisions séparées, chacune de la valeur des autres ordres. D'un autre côté, les phoques ne devraient pas être classés dans la même série que les ours et les chiens ; ils forment une division bien distincte, facile à caractériser par des particularités d'une importance réelle. On sait aussi que les marsupiaux, animaux si différents du reste des mammifères par leur mode de gestation, n'ont pas toujours trois sortes de dents comme les quadrumanes ou les carnivores; le phascolome, qui appartient à ce groupe, n'en a que deux, absolument comme les rongeurs. Envisagés dans leur ensemble, les marsupiaux paraissent plutôt devoir former une grande division parallèle aux mammifères ordinaires qu'un ordre de la même série qu'eux; ils constituent presque exclusivement la population mammifère de l'Australie, et l'on remarque dans leur groupe des genres frugivores, d'autres insectivores, d'autres encore qui sont carnassiers ou herbivores.

Les pachydermes de G. Cuvier ne sont, pas plus que ses carnassiers, une association naturelle. Les caractères des éléphants sont trop différents de ceux des rhinocéros ou des tapirs pour qu'on les laisse dans le même ordre que ces animaux, et les chevaux doivent prendre place parmi les pachydermes ordinaires, dont nous parlerons plus loin sous le nom de jumentés, au lieu de rester isolés sous ce nom de solipèdes, qui fait allusion à leurs pieds n'ayant qu'un seul doigt chacun. Le genre fossile des hipparions, qui ressemble pourtant si fort aux chevaux par l'ensemble de ses caractères, avait les pieds tridactyles, c'est-à-dire à trois doigts.

Remarquons encore que les pachydermes ordinaires, comme les hippopotames, les sangliers et autres porcins, doivent être séparés des chevaux, des rhinocéros et des pachydermes à doigts en nombre impair, pour être rapprochés des ruminants, quoique n'étant pas doués, comme ces derniers, de la propriété de ruminer. La paléontologie confirme également cette manière de voir, car elle nous montre qu'il a existé pendant la période tertiaire des mammifères si complétement intermédiaires aux ruminants et aux porcins, qu'on ne saurait les rapporter à l'un de ces groupes plutôt qu'à l'autre. Cuvier a même dit qu'il lui était impossible de décider si certains de ces animaux avaient ou non la propriété de ruminer.

Une autre rectification porte sur les cétacés. Ceux dont le régime est herbivore, et qu'on appelle aujourd'hui sirénides, diffèrent trop des cétacés souffleurs pour qu'on les laisse dans le même ordre; et les uns et les autres, malgré leur ressemblance apparente avec les poissons, doivent être plus rapprochés des mammifères ordinaires que ne l'admettait G. Cuvier, en les plaçant à la fin de toute la classe. Ils ont le même mode de reproduction que les mammifères ordinaires; leur cerveau est aussi pourvu de nombreuses circonvolutions et ce sont des animaux également intelligents. Leurs affinités avec les phoques méritent également d'être signalées, et il paraît convenable de les placer auprès d'eux.

Une dernière remarque est relative aux monotrèmes. Ces animaux sont évidemment les derniers de tous les mammifères, et plusieurs de leurs caractères fondamentaux semblent indiquer qu'ils forment la transition de cette classe à celle des ovipares ; c'est donc à tort qu'ils sont ici rangés parmi les édentés ; leur véritable place est après tous les autres mammifères.

De Blainville a fait l'application à la classification des mammifères des principes qui viennent d'être rappelés, et il a ainsi été conduit à une distribution de ces animaux assez différente de celle adoptée par G. Cuvier. Dans la subordination qu'il en établit, il se laisse surtout guider par le mode de gestation qui fait que les mammifères sont plus ou moins vivipares, et par conséquent plus ou moins différents des vertébrés pondant des œufs, comme les oiseaux et les reptiles. Il arrive ainsi à établir trois catégories bien distinctes, aux-quelles il donne la valeur d'autant de sous-classes. Ce sont :

1° Les *mammifères monodelphes* ou *placentaires*, dont les petits n'ont besoin, pour se développer, que de la gestation ordinaire et passent toute leur vie embryonnaire et fétale dans le sein de leur mère, avec laquelle ils sont en communication par l'intermédiaire du placenta. Ces animaux sont seuls véritablement vivipares, et c'est à leur sous-classe qu'appartiennent tous les mammifères énumérés dans le tableau consacré à la classification de G. Cuvier, sauf les marsupiaux et les monotrèmes.

2° Les *mammifères didelphes* ou *marsupiaux*, dont la gestation proprement dite est fort courte, mais se complète par une gestation mammaire destinée à assurer le complet développement du petit et à le porter au point où se trouve celui des monodelphes lorsqu'il vient au monde. Leur fœtus n'a pas de véritable placenta.

3° Les *ornithodelphes* ou *monotrèmes*, animaux plutôt ovovivipares que réellement vivipares, et qui ont même été regardés pendant longtemps comme produisant des œufs, ainsi que le font les oiseaux et les reptiles.

Ces trois sous-classes étant distinguées, voyons comment on peut subdiviser chacune d'elles en ordres et en familles principales, plus particulièrement la première, dont les genres sont très-nombreux. Ici interviennent les caractères tirés des membres, ceux que fournissent les dents, ainsi que d'autres employés précédemment, tels que la position pectorale ou abdominale des mamelles, la conformation du cerveau, la forme simple ou complexe de l'estomac, etc.

Une première grande division des *mammifères monodelphes* réunit tous ceux qui ont les membres disposés pour marcher, qu'ils soient franchement terrestres ou même à demi aquatiques comme les loutres, les castors et quelques autres. On peut établir parmi eux quatre séries différentes :

La première comprend les quadrumanes, les chéiroptères, les rongeurs et les insectivores ;

La seconde, les carnivores ;

La troisième, les ongulés ;

Et la quatrième, les édentés.

La deuxième grande division des monodelphes est celle des mammifères de cette sous-classe, qui sont aquatiques : elle répond aux phoques, aux sirénides ou cétacés herbivores et aux cétacés proprement dits ou cétacés souffleurs. Les premiers de ces animaux semblent être une répétition des carnivores essentiellement appropriée à la vie marine, tandis que les seconds sont comparables à des ongulés qui seraient modifiés en vue du même genre de vie. La troisième réunit à certains caractères des édentés des caractères tout à fait particuliers. De Blainville considérait toutefois les cétacés comme des animaux analogues aux édentés, mais qui présenteraient une modification profonde des organes locomoteurs, en rapport avec les conditions du séjour auquel ces animaux sont destinés.

Après avoir résumé l'histoire des deux divisions principales de la sous-classe des monodelphes et fait connaître les principaux groupes dans lesquels elles se partagent, nous parlerons des didelphes ou marsupiaux et nous terminerons par les monotrèmes, qui sont, de tous les mammifères, ceux qui se rapprochent le plus des ovipares.

Un tableau rendra cette classification plus facile à apprécier, et il nous permettra de faire ressortir le caractère principal de chacun des groupes dont il va être question.

Classification des mammifères.

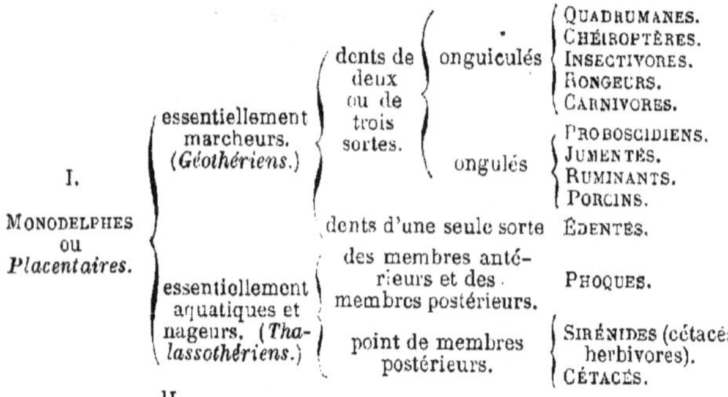

I. Monodelphes ou *Placentaires.*	essentiellement marcheurs. (*Géothériens.*)	dents de deux ou de trois sortes.	onguiculés	Quadrumanes. Chéiroptères. Insectivores. Rongeurs. Carnivores.
			ongulés	Proboscidiens. Jumentés. Ruminants. Porcins.
		dents d'une seule sorte		Édentés.
	essentiellement aquatiques et nageurs. (*Thalassothériens.*)	des membres antérieurs et des membres postérieurs.		Phoques.
		point de membres postérieurs.		Sirénides (cétacés herbivores). Cétacés.

II.

Didelphes ou ***Marsupiaux.***

III.

Ornithodelphes ou ***Monotrèmes.***

CHAPITRE XXV.

DESCRIPTION DES DIFFÉRENTS ORDRES DE LA CLASSE DES MAMMIFÈRES.

PREMIÈRE SOUS-CLASSE. — MAMMIFÈRES MONODELPHES.

La première sous-classe des animaux mammifères est celle des *monodelphes* ou *placentaires*, qui peuvent être aisément partagés en deux séries principales : les mammifères terrestres dont les organes locomoteurs sont disposés pour la marche, et les mammifères nageurs qui ont les membres transformés en rames natatoires.

I

MONODELPHES MARCHEURS OU GÉOTHÉRIENS.

Ils constituent neuf ordres, que nous énumérerons successivement sous les noms de *quadrumanes*, *chéiroptères*, *insectivores*, *rongeurs*, *carnivores*, *proboscidiens*, *jumentés*, *ruminants* et *porcins*.

ORDRE I. QUADRUMANES. — Ces animaux, que Linné appelait *primates*, pour indiquer leur supériorité sur tous les autres, ont, en général, une certaine ressemblance avec l'homme dans la disposition de leurs organes, et souvent aussi dans leur apparence extérieure.

Leurs mamelles sont le plus souvent pectorales et au nombre de deux; habituellement ils ont les quatre pouces apposables aux autres doigts (leurs pouces de derrière possèdent toujours ce caractère); leur cerveau, qui est presque constamment pourvu de circonvolutions, a, comme celui de l'homme, des lobes olfactifs plus petits que ceux des autres animaux (les phoques leur ressemblent seuls sous ce dernier rapport).

Les quadrumanes forment deux familles principales : les singes et les lémures ou makis.

Les SINGES, si variés en espèces et si curieux par la vivacité de leurs allures ainsi que par la ressemblance, parfois singulière, qu'ils ont avec notre espèce, sont répandus dans l'ancien continent ainsi que dans le nouveau ; mais leurs caractères sont différents pour chacune de ces deux grandes parties du globe.

Encore plus semblables à l'homme que ceux de l'Amérique, les

Fig. 85. — Orang-outan (jeune).

singes de l'ancien continent, ou les PITHÉCINS, ont, comme lui, les dents au nombre de trente-deux, et disposées suivant la même formule. Ils ont la cloison qui sépare les narines étroite ; leurs fesses sont le plus souvent garnies de plaques épidermiques recouvrant les tubérosités ischiatiques, et nommées *callosités*. Leur queue n'est jamais prenante ; elle est parfois courte ou tout à fait nulle à l'extérieur ; alors on ne trouve sous la peau qu'un coccyx rudimentaire, comme cela existe aussi chez l'homme.

Les singes les plus rapprochés de notre espèce, sont : l'orang-outan (fig. 85) de Sumatra et de Bornéo ; le chimpanzé (fig. 86), de la côte occidentale d'Afrique ; le gorille (fig. 87), propre aux mêmes régions, particulièrement aux forêts du Gabon, et les gibbons habitant le continent indien ainsi que les îles qui en sont le plus rapprochées. Le gorille a des dimensions supérieures à celles de l'homme et il est d'une force prodigieuse.

Les autres singes de l'ancien monde sont : les cynocéphales, les macaques, les semnopithèques et les guenons ; ces animaux se voient dans presque toutes les ménageries. Ils sont originaires de l'Afrique et de l'Inde.

L'Europe ne possède naturellement qu'une seule espèce de singes,

Fig. 86. — Chimpanzé (jeune).

le magot, animal du genre des macaques, qui est confiné dans une petite partie du royaume de Grenade, principalement à Gibraltar. Le magot se trouve aussi au Maroc et en Algérie. Il paraît que c'est principalement d'après des dissections faites sur ce singe qu'a été rédigée l'anatomie de Galien, qui a passé jusqu'aux travaux de Vésale pour être celle de l'homme.

Il a existé en Europe plusieurs espèces de singes pendant la pé-

Fig. 87. — Gorille (adulte et jeune).

riode tertiaire; on en connaît particulièrement en France et en Grèce. L'examen attentif de leurs caractères a montré qu'ils rentraient dans la même division que les singes actuellement propres à l'ancien continent. Ceux de ces singes fossiles que l'on connaît le mieux ont vécu pendant les époques tertiaire moyenne et tertiaire supérieure.

Les singes du nouveau continent (CÉBINS ou sapajous) ont tantôt 36, tantôt 32 dents ; mais dans tous les cas ils ont 24 dents de lait au lieu de 20, comme l'enfant et les jeunes des singes précédents ; leur queue est souvent prenante, et ils manquent toujours de callosités. Ces animaux sont plus petits que les singes de l'ancien continent ; ils ont aussi le caractère plus doux. On les a partagés en plusieurs genres, dont les principaux sont ceux des hurleurs, des atèles, des sajous, des saïmiris et des ouistitis.

Les LÉMURES, dont les makis constituent le genre principal, ont le museau plus allongé que les singes, et assez comparable à celui du renard ; l'ongle de leur deuxième orteil est habituellement allongé et plus semblable à la griffe d'un carnivore qu'aux ongles aplatis qui garnissent leurs autres doigts ou les mains des singes et de l'homme. Ces animaux vivent de fruits et d'insectes comme les singes véritables.

On les trouve principalement à Madagascar, où ils sont de plusieurs genres, formant deux tribus principales : les makis (genre *Lemur*), et les indris. Les galagos et les potto, ou pérodictiques, sont des lémures propres à l'Afrique ; les loris et le tarsier, qui vivent dans l'archipel Indien, sont aussi des animaux de cette famille.

On doit rapprocher de l'ordre des quadrumanes deux genres fort curieux, mais chez lesquels les caractères principaux de ce groupe sont déjà sensiblement altérés. Chacun d'eux constitue une famille à part. L'un est le genre chéiromys, propre à Madagascar et dont la dentition rappelle celle des rongeurs ; l'autre est celui des galéopithèques, particuliers à l'archipel Indien. Ceux-ci ont les quatre pattes, ainsi que la queue, comprises dans une membrane qui leur sert à voltiger.

ORDRE II. CHÉIROPTÈRES. — Ces animaux sont de petite dimension ; on les connaît plus particulièrement sous le nom de chauves-souris. Quelques-unes de leurs espèces deviennent cependant assez grandes. Il y a dans l'Inde des roussettes qui ont le corps à peu près de la grosseur de celui d'une poule et dont les ailes dépassent un mètre en envergure.

Ce qui constitue le caractère principal des chéiroptères, c'est que leurs membres de devant ont les os métacarpiens et les phalanges, sauf celles du pouce, fort allongés et soutenant une membrane qui s'étend entre les membres et comprend aussi le plus souvent la queue. Il en résulte qu'ils sont pourvus non-seulement d'un parachute véritable, mais encore qu'ils disposent d'un appareil puissant de vol, à l'aide duquel ils peuvent s'élever dans les airs et s'y mouvoir aussi sûrement que le font les oiseaux.

Les chéiroptères se nourrissent pour la plupart d'insectes; quelques-uns seulement vivent de fruits. Nous avons en Europe plusieurs espèces de ces animaux, une quinzaine environ. Le nombre de celles

Fig. 88. — Chauve-souris oreillard.

qui existent dans les autres parties du monde dépasse trois cents. Il y en a jusque dans certaines îles de l'Océanie qui ne possèdent aucune autre espèce de mammifère. Plusieurs genres de chauves-souris américaines sucent le sang de l'homme et celui des animaux; on les désigne souvent par le nom de *vampires*.

Ordre III. Insectivores. — Au lieu d'être organisés pour le vol, les monodelphes insectivores sont presque tous des animaux fouisseurs, leurs membres étant, en général, raccourcis et plantigrades. Cependant les macroscélides, qui vivent dans les régions désertes de l'Afrique, ont les pieds de derrière presque aussi longs que ceux des rongeurs du genre gerboise, et ils sautent également avec une grande agilité. Les molaires des insectivores sont habituellement épineuses, ce qui est en rapport avec le régime de ces animaux Tous sont de faible dimension; c'est même parmi eux que se classent les plus petits de tous les mammifères : de ce nombre est la musaraigne étrusque (fig. 89), qui vit en Algérie, en Italie et dans le midi de la France. Son corps n'a que trente-cinq millimètres la tête comprise, et sa queue mesure vingt-cinq millimètres seulement.

Il n'existe pas d'insectivores dans l'Amérique méridionale, si ce

Fig. 89. — Musaraigne étrusque (de grandeur naturelle).

n'est à l'île de Cuba; mais les régions septentrionales du nouveau Monde en possèdent aussi bien que l'Asie, l'Europe et l'Afrique. Ceux de l'Europe rentrent dans les genres hérisson, musaraigne et taupe. Les desmans sont des insectivores aquatiques, qui répandent une forte odeur de musc. On en connaît une espèce en Russie ; une autre plus petite vit dans les Pyrénées.

Fig. 90. — Ondatra.

ORDRE IV. RONGEURS. — Ces animaux n'ont que deux sortes de dents, savoir une grande paire d'incisives tranchantes à chaque mâchoire et des molaires, en général au nombre de trois ou quatre paires. Un espace vide, comparable à la barre des chevaux, sépare leurs incisives de leurs molaires.

Le nombre des genres de cet ordre est très-considérable, et l'on n'y connaît pas moins de quatre cents espèces. Tels sont les écureuils, les marmottes (fig. 52, p. 159), les castors, les campagnols dont les ondatra (fig. 90) font partie, les rats, les gerboises ou rats sauteurs, les spalax, qui sont aveugles, les bathyergues ou rats-taupes, les porcs-épics, les échimys, les agoutis, les cobayes ou cochons d'Inde, et les cabiais.

Léporidés. — Les lièvres (fig. 91) et les lapins sont aussi des rongeurs; mais ils diffèrent des précédents en ce qu'ils ont, en arrière de leurs incisives supérieures, une paire de dents plus petites et d'une autre forme. Ce caractère se retrouve chez les lagomys, petits rongeurs des régions alpines, aujourd'hui étrangers à l'Europe occidentale; mais qui y ont vécu pendant les premiers temps de la période quaternaire.

Fig. 91. — Lièvre.

On trouve aux environs de Paris des débris fossiles de ces rongeurs associés à ceux de marmottes, de spermophiles, de castors, de hamsters, animaux aujourd'hui détruits dans la même contrée, mais qui y pullulaient alors avec certaines espèces qui s'y sont seules conservées, comme les lérots, les campagnols et les mulots.

Le grand rat de nos maisons, aussi appelé surmulot, et le rat noir ne se sont établis dans l'Europe centrale qu'à une époque récente; les Romains ne les connaissaient pas. Le rat noir nous est venu d'Orient à l'époque des croisades, et le surmulot n'a commencé à s'établir dans nos contrées que pendant le dix-huitième siècle. Le commerce l'a répandu dans toutes les parties du monde, et il est partout aussi nuisible que chez nous. Le cochon d'Inde est d'origine américaine; il a été rapporté du Pérou, où il était déjà domestique avant la conquête espagnole.

Ordre V. Carnivores. — Ainsi que leur nom l'indique, les carnivores se nourrissent essentiellement de chair. Ce sont, par excellence, des animaux de proie; aussi sont-ils mieux armés que les autres. Ils ont trois sortes de dents; leurs incisives, au nombre de six à chaque mâchoire, sont tranchantes; leurs molaires ont le plus souvent le même caractère et leurs canines sont fortes et saillantes. En outre, ils ont des griffes puissantes pour arrêter leurs victimes et les déchirer. Leur agilité est également des plus grandes dans certaines espèces, et ils mettent à profit leur intelligence pour suppléer

Fig. 92. — Loup des États-Unis.

par la ruse à la faiblesse de leurs moyens d'attaque lorsque, étant de petite dimension, ils s'adressent à des animaux plus forts qu'eux.

Fig. 93. — Blaireau.

Les principaux groupes des carnivores sont ceux des ours, des ratons, des civettes, divisées en plusieurs genres, des mangoustes, des chiens (loup (fig. 92), chacal, renard, etc.), des chats ou félis, des hyènes, des blaireaux (fig. 93), des gloutons, des martes et des loutres (fig. 94). L'ancienne division de ces animaux en plantigrades et digitigrades est aujourd'hui abendonnée.

L'homme n'a pas d'ennemis plus redoutables que les carnivores, et, dans toutes les parties de l'ancien continent comme dans le nouveau, il est en guerre ouverte avec eux soit pour sa propre défense, soit pour celle de ses troupeaux ou de ses oiseaux domestiques.

L'ours, le lynx, le chat sauvage, le loup, le renard, le glouton, sont, en Europe, les carnivores les plus redoutés; après eux viennent les blaireaux, les genettes, voisines des civettes, les martres, les fouines, les putois et des espèces de plus petite taille, comme

Fig. 94. — Loutre.

l'hermine ou la belette. Des carnivores bien plus terribles, un grand félis analogue au lion, mais supérieur par ses dimensions; un autre, tout à fait semblable à la panthère, des hyènes, un très-grand ours, etc., ont vécu autrefois sur le continent européen, mais ils ont disparu antérieurement à l'époque historique. Le lion véritable existait encore en Thrace du temps d'Hérodote.

L'Afrique nourrit des lions, des panthères et trois espèces d'hyènes; il y a des animaux analogues dans l'Inde, où l'on trouve de plus le tigre royal, félis encore plus sanguinaire que le lion. En Amérique vivent le jaguar et le cougouar (fig. 95), ainsi que plusieurs autres également dangereux ; mais, dans tous ces pays, de même qu'en Europe, l'homme a trouvé dans son association avec une espèce du même ordre, le moyen de lutter contre les bêtes fauves; le chien l'aide à les combattre, et il est aussi le fidèle gardien de ses troupeaux. Cependant il est encore bien des pays où le nombre des grands carnivores est resté fort considérable. Ainsi, le colonel Sykes rap-

Fig. 95. — Cougouar.

porte que, de 1825 à 1829, il a été tué, dans un seul district de l'Inde anglaise, 1032 tigres ; et, chaque année, des milliers d'Indiens servent encore de victimes à ces terribles quadrupèdes.

Le tigre, le lion, la panthère et les autres carnivores du même genre que notre chat domestique sont, de tous les genres de cet ordre,

Fig. 96. — Ours noir.

ceux qui ont les appétits sanguinaires les plus prononcés, et, à l'état de liberté, ils ne vivent que d'animaux vivants. Leurs dents sont plus tranchantes que celles des autres carnivores; ils ont de plus les ongles rétractiles et la langue garnie de papilles cornées. L'hyène et les chiens associent les os au sang et à la chair; les ours (fig. 96) sont complétement omnivores. Il existe pour ces différents animaux des formes particulières de dents molaires. Ces organes, surtout tranchants chez les premiers, sont au contraire tuberculeux et émoussés dans les derniers.

ORDRE VI. PROBOSCIDIENS. — Les éléphants, aujourd'hui seuls représentants de ce groupe, sont d'énormes animaux dont le nez est développé de manière à constituer une longue trompe, à l'aide de

Fig. 97. — Éléphant indien.

laquelle ils saisissent les corps dont ils veulent s'emparer, arrachent les arbres, soulèvent des fardeaux considérables et frappent les ennemis dont ils cherchent à se défaire.

Ces animaux ont deux sortes de dents : des incisives constituant de longues défenses et des molaires, appropriées à un régime essentiellement végétal (fig. 29, p. 84). Leur cerveau a de nombreuses circonvolutions et ils sont certainement fort intelligents. Leurs mamelles, au nombre de deux seulement, sont pectorales; leurs doigts sont au nombre de cinq à chaque pied; enfin leurs membres sont disposés comme des colonnes, uniquement affectés à la sustentation du corps et ils reposent sur le sol par l'extrémité de leurs doigts. Une grosse pelote de tissu fibreux élastique soutient leurs pieds et les empêche de fléchir dans la marche.

Il n'y a plus d'éléphants qu'en Afrique et dans l'Inde. Ils y sont d'espèces différentes, faciles à reconnaître à la forme de leur tête, simplement bombée dans l'espèce africaine, doublement dans celle de l'Inde (fig. 97); à leurs oreilles plus grandes dans l'éléphant d'Afrique que dans l'autre; à leurs dents montrant des losanges d'émail dans le premier, et des ellipses festonnées dans le second (fig. 29).

Les éléphants de l'Inde sont seuls domestiques. Quelques auteurs ont pensé qu'ils constituent deux espèces.

Il a existé en Europe, dans le commencement de la période quaternaire, des animaux du même genre, peut-être de plusieurs espèces. Quelques-unes dépassaient considérablement en dimensions les éléphants de la nature actuelle. Ces éléphants, aujourd'hui fossiles, s'étendaient jusque dans le nord de l'Asie et dans l'Amérique septentrionale. Leur race la plus nombreuse était celle à laquelle on a donné le nom de mammouth (*Elephas primigenius.*) On en retrouve des individus entiers dans les glaces de la Sibérie, et les poils dont ils avaient le corps garni paraissent devoir faire admettre qu'ils étaient capables de mieux résister au froid que ne pourraient le faire les éléphants actuels. En Europe, l'homme a peut-être été le contemporain de ces animaux.

Les mastodontes (fig. 4, p. 17) et les dinothériums, dont les espèces ont entièrement disparu du nombre des êtres vivants, sont deux autres genres de l'ordre des proboscidiens. Leurs ossements, enfouis dans un grand nombre de pays, ont été pris pendant longtemps pour des ossements de géants, et ils ont donné lieu aux légendes, répétées par presque tous les peuples, que le globe a d'abord été habité par des hommes de stature colossale. La mythologie a consacré une partie de ces fables.

ORDRE VII. JUMENTÉS. — C'est, comme l'ordre précédent, une partie de l'ancien groupe des pachydermes de G. Cuvier, dont les espèces ont dû être distribuées, à cause de la diversité de leurs caractères, dans trois ordres différents, savoir, les proboscidiens ou éléphants, les jumentés qui nous occupent en ce moment, et les porcins comprenant les hippopotames et les sangliers.

Les jumentés sont des animaux dont les doigts sont enveloppés dans des onglons ou sabots, mais sans que leurs pieds soient bisulces, même lorsqu'ils ont quatre doigts. Le nombre en est le plus souvent impair et réduit à trois. L'os de leur cuisse ou le fémur présente le long de son bord externe une saillie qui n'existe ni chez les éléphants ni chez les porcins; cette saillie très-caractéristique a reçu le nom de troisième trochanter. L'astragale, un des os du pied, qui répond à l'osselet des moutons, est de forme ordinaire. Les dents sont généralement de trois sortes et les molaires montrent à leur couronne des replis ou des excavations de l'émail plus ou moins multipliées dont la complication est en rapport avec le régime essentiellement végétal de ces animaux. L'estomac n'est point disposé pour la rumination. Les mamelles ne sont jamais pectorales. Enfin les jumentés ont le cerveau pourvu de circonvolutions et ils comptent parmi les mammifères intelligents.

C'est à cet ordre qu'appartiennent les familles suivantes :

Les CHEVAUX ou équidés, dont font partie le cheval, l'âne, l'hémione et les différentes espèces de zèbres. Il existait autrefois des chevaux sauvages en très-grand nombre en Europe et l'on a la preuve qu'il en a également vécu dans les deux Amériques. On suppose cependant qu'ils avaient été depuis longtemps détruits dans nos régions lorsque les peuples de race ariane s'y sont établis. Les chevaux domestiques paraissent être, comme ces peuples, originaires de l'Asie.

Les TAPIRS sont des jumentés remarquables par le prolongement

Fig. 98. — Tapir.

de leur nez sous forme de petite trompe. Il y en a trois espèces, deux propres à l'Amérique méridionale, le tapir ordinaire (fig. 98) et le tapir pinchaque ; la troisième confinée dans la presqu'île de Malacca ainsi que dans les îles de Sumatra et de Bornéo : c'est le tapir indien. Des tapirs ont vécu en Europe pendant l'époque tertiaire. On en a recueilli les débris dans plusieurs parties de la France ainsi qu'auprès d'Eppelsheim (Hesse-Darmstadt.)

Les RHINOCÉROS. — Ils sont répandus en Afrique ainsi que dans l'Inde et dans ses principales îles, mais lors de l'époque quaternaire et pendant une grande partie de la période tertiaire ils ont été nombreux en Europe. L'Amérique en a également possédé, comme le prouvent les fossiles de ce groupe trouvés à Nébraska (États-Unis).

Les Rhinocéros ont la peau très-épaisse, plissée par endroits pour faciliter les mouvements et formant de véritables boucliers qui recouvrent le corps. Leur nez est surmonté d'une ou de deux cornes implantées sur la ligne médiane et qui diffèrent de celles des ruminants en ce qu'elles sont uniquement formées de matière cornée, sans axe osseux intérieur. Leurs dents canines et incisives n'ont pas la même disposition chez les espèces africaines et chez celles de l'Inde. Elles sont petites et disparaissent de très-bonne heure chez les premières, tandis qu'elles se développent en partie chez les secondes et servent pendant toute la vie. Les rhinocéros sont de grands mammifères que leurs habitudes brutales rendent incapables de toute domestication.

Les principales dispositions anatomiques qui les caractérisent se retrouvent dans des animaux à peine plus gros que les lièvres qui vivent en Syrie et dans plusieurs parties de l'Afrique, manquent de cornes et ont le corps couvert de poils. Ces animaux sont les damans, dont il est déjà question dans la Bible sous le nom de *saphan* que les Septante ont traduit par *chœrogrylle*, signifiant hérisson, et la Vulgate par *cuniculus* qui est le nom du lapin.

L'ordre des jumentés n'a pas été uniquement représenté antérieurement à l'époque moderne, par des espèces congénères de celles qui vivent encore aujourd'hui. Il a fourni aux faunes tertiaires de l'Europe plusieurs genres dont les caractères étaient notablement différents; tels sont en particulier les genres *Paleotherium* et *Lophiodon* qui ont laissé aux environs de Paris des débris nombreux enfouis les premiers dans les plâtrières, les seconds dans le calcaire grossier; on en retrouve des ossements dans d'autres régions de l'Europe. Indépendamment de l'intérêt zoologique qui s'y rattache, ces ossements sont précieux au point de vue de la géologie, car ils permettent, par leur présence simultanée dans des dépôts éloignés les uns des autres, d'établir avec certitude la contemporanéité de ces dépôts, et de se faire une idée exacte de la population animale qui occupait l'Europe à l'époque où ces dépôts se sont formés. L'Amérique méridionale a possédé à une époque moins reculée, mais cependant fort ancienne, un genre également remarquable de grands jumentés, celui des *Macrauchenia*.

ORDRE VIII. RUMINANTS. — Les ruminants sont des animaux à sabots qui se distinguent des précédents en ce que leurs pieds sont fourchus et que, sauf une seule espèce, le chevrotin de Guinée, ils ont toujours les os métacarpiens et métatarsiens des deux doigts constituant la fourche, réunis en un seul os, qui est le *canon*. Leur astragale a aussi une forme particulière ; c'est l'os appelé *osselet*. Leur estomac est approprié à la rumination, et il présente habituellement les quatre parties que nous avons décrites précédemment, savoir : la panse, le bonnet, le feuillet et la caillette (p. 70, fig. 71) Leurs dents affectent une disposition également caractéristique. En général, les molaires sont au nombre de six paires à chaque mâchoire, et les replis de leur émail sont disposés en croissants ; il n'y a ni canines ni incisives supérieures, et la canine inférieure est en pince, peu différente des trois paires d'incisives que présente la même mâchoire (fig. 26, p. 80). Les chameaux sont les ruminants qui s'éloignent le plus de cette disposition.

Cet ordre est riche en espèces, les unes de taille moyenne, les autres beaucoup plus grandes. Toutes vivent en troupeaux, ce qui les avait fait appeler anciennement *pecora*. C'est parmi elles que l'homme a trouvé ses principaux animaux domestiques : les bœufs, les chèvres, les moutons, qui nous fournissent chacun plusieurs de leurs espèces ; le renne, sorte de cerf, si utile aux Lapons et aux Esquimaux ; le chameau et le dromadaire, surtout employés dans l'Inde et en Afrique ; enfin les lamas, déjà domestiques dans l'Amérique méridionale, avant l'époque de la conquête.

L'ordre des ruminants comprend plusieurs familles en tête desquelles se place celle des BOVIDÉS ou ruminants à cornes pourvues d'étuis épidermiques dont les bœufs (fig. 99), les chèvres, les bou-

Fig. 99. — Bison d'Amérique.

quetins, les moutons, les mouflons et la nombreuse division des antilopes font partie.

Après eux viennent les CERVIDÉS ou ruminants à bois caducs tels que l'élan, le renne, les diverses espèces de cerfs, le daim (fig. 100), le chevreuil, etc.

Il a vécu autrefois en Europe plusieurs espèces de la même famille que les cerfs; elles différaient de celles d'à présent. Quelques-unes

Fig. 100. — Daim.

d'entre elles ont laissé d'innombrables débris auprès d'Issoire (Puy-de-Dôme) dans les dépôts sous-volcaniques de cette localité et auprès du Puy-en-Velay. Les tourbières de l'Irlande renferment beaucoup d'ossements d'une espèce, également anéantie, le *Cervus megaceros*, aussi appelé cerf à bois gigantesque.

Fig. 101. — Vigogne des Andes.

D'autres ruminants sont privés de cornes ou prolongements frontaux. Tels sont les CHEVROTINS, ayant encore quelque ressemblance avec les petites espèces de cervidés, et les CAMÉLIENS, comprenant le chameau à deux bosses et le dromadaire, animaux d'origine asiatique, ainsi que le lama, l'alpaca et la vigogne (fig. 101) qui sont propres à l'Amérique méridionale.

La girafe, si remarquable par sa forme et par la longueur de son cou, se rapproche à quelques égards de la famille des cervidés.

ORDRE IX. PORCINS. — L'analogie qui existe entre le pied du cochon et celui des ruminants a été remarquée depuis longtemps et elle a fait classer ces animaux dans un même groupe, sous la dénomination de *bisulques* ou bisulces. Mais, depuis Linné et Cuvier, cette manière de voir, quoique parfaitement fondée, avait été abandonnée. Les sangliers et les cochons, ainsi que les animaux appartenant au même groupe naturel des porcins, comme l'hippopotame, le phacochère, le babiroussa et le pécari (fig. 102), ont alors été réunis

Fig. 102. — Pécari du Brésil.

aux jumentés (rhinocéros, chevaux, etc.,) sous la dénomination commune de pachydermes, tandis que les ruminants ont été considérés comme formant un ordre à part. Cependant les porcins n'ont pas d'affinités réelles avec les jumentés, et ils en présentent, au contraire, d'incontestables avec les ruminants. Ainsi leur pied est fourchu comme celui de ces derniers; ils ont comme eux l'astragale en forme d'osselet et leur fémur manque également de troisième trochanter. Mais leurs dents, qui sont appropriées à un régime essentiellement omnivore, sont tuberculeuses et leur estomac est simple ou peu compliqué; dans aucun cas, ils ne ruminent.

Cette division des mammifères comprend, indépendamment des espèces que nous venons de nommer, un grand nombre de genres éteints, propres à l'époque tertiaire, parmi lesquels il en était, comme les genres *Anoplotherium* et *Xiphodon*, qui rattachaient d'une manière intime les porcins aux ruminants.

Les anoplothériums et les xiphodons sont au nombre de ces curieux animaux enfouis dans les carrières à plâtre de Montmartre, près Paris, dont Cuvier et quelques autres naturalistes ont refait l'histoire d'une manière pour ainsi dire complète, quoiqu'ils aient disparu depuis une époque extrêmement reculée. Les paléothériums, de l'ordre des jumentés, appartenaient à la même population animale.

ORDRE X. ÉDENTÉS. — Les édentés ne manquent pas absolument de dents, comme leur nom pourrait le faire supposer; mais, sauf une exception fournie par le tatou encoubert, ils n'ont pas d'incisives, et toutes leurs dents sont semblables entre elles, ou à peu près semblables, et pourvues d'une seule racine; c'est ce qui les a fait quelquefois appeler *homodontes*. Ces animaux ont d'ailleurs quelque chose d'insolite dans leur conformation générale; ils sont presque tous fouisseurs, et leurs ongles sont très-longs. En outre, ils ont habituellement la langue fort grêle et ils s'en servent pour recueillir leurs aliments, qui consistent, pour beaucoup d'espèces, en insectes, particulièrement en fourmis; leurs mœurs ne témoignent d'aucune intelligence, et ils sont assez différents les uns des autres pour que l'on soit tenté de les regarder comme constituant plusieurs ordres au lieu d'un seul.

La première famille des édentés est celle des PARESSEUX, comprenant l'unau et les aï, que Buffon a décrits comme des êtres entièrement disgraciés de la nature. Ils vivent sur les arbres et mangent des substances végétales.

Auprès d'eux se placent des animaux de très-grande dimension, propres aussi à l'Amérique, mais dont les espèces ont été anéanties par les dernières révolutions du globe ; ce sont les MÉGATHÈRES, comprenant les genres *Megatherium*, *Megalonyx*, *Mylodon*, *Scelidotherium*, etc., qui ont sans doute vécu à l'époque où tant d'animaux gigantesques peuplaient l'Europe, c'est-à-dire pendant les premiers temps de la période quaternaire.

Les FOURMILIERS sont aussi des mammifères de cet ordre; leur principal caractère est de manquer complétement de dents.

Après eux, viennent les TATOUS, qui habitent également l'Amérique et sont remarquables par l'espèce de carapace osseuse, formée d'une multitude de petites pièces disposées par zones successives, qui protégent leur corps. Les glyptodons et les chlamidothériums étaient des tatous gigantesques contemporains des mégathères.

Les autres édentés connus sont étrangers à l'Amérique. Ce sont les ORYCTÉROPES, animaux d'assez fortes dimensions, que l'on trouve dans l'Afrique intertropicale et au cap de Bonne-Espérance, ainsi que les PANGOLINS de l'Afrique et de l'Inde, qui ont le corps recouvert de plaques cornées disposées comme des écailles. Les pangolins et les phatagins, appartenant à la même famille qu'eux, sont, comme les fourmiliers, des animaux entièrement privés de dents.

On a nommé *Macrotherium* un genre de grands édentés qui a vécu en Europe pendant l'époque tertiaire moyenne. Ces fossiles paraissent avoir eu quelque analogie avec les oryctéropes, mais leur forme était encore différente.

II

MONODELPHES NAGEURS — (THALASSOTHÉRIENS),

Mammifères qui sont essentiellement nageurs et vivent dans les eaux de la mer.

Ces animaux, étant destinés à un genre de vie tout autre que ceux dont nous venons de nous occuper, sont d'une organisation entièrement différente de la leur. Leur corps est allongé et comme en fuseau ; leurs pieds sont courts, empêtrés et disposés en forme de nageoires. Tous sont intelligents et leur cerveau est pourvu de circonvolutions. La considération du nombre de leurs membres, de la disposition de leurs dents et de plusieurs autres de leurs caractères, permet de les distinguer nettement en trois groupes ou ordres, dont il va être successivement question sous les noms de *phoques, sirénides* et *cétacés*.

ORDRE XI. PHOQUES. — Les phoques sont pourvus de quatre membres et ils ont des ongles à tous les doigts. Leur corps est entiè-

Fig. 163. — Phoque veau-marin.

rement couvert de poils ; leurs mâchoires sont armées de trois sortes de dents : des incisives, des canines et des molaires.

Les espèces de ce groupe sont répandues sur tous les points de l'Océan, principalement à peu de distance des continents et dans les archipels. Elles exécutent rarement des voyages dans la haute mer. Cependant les phoques nagent avec une extrême facilité, et ils plongent également bien. Ce sont des animaux remarquables par leur intelligence et qui vivent par troupes là où l'homme ne gêne pas leur développement. Leur alimentation consiste en poissons, en mollusques, en crabes et animaux marins de diverses sortes.

Ils viennent souvent à terre, mais ils y sont assez embarrassés dans leurs mouvements. Les otaries ou phoques à oreilles marchent cependant mieux que les autres ; on les trouve dans l'océan Atlantique austral et dans presque tout l'océan Pacifique.

Les autres genres de phoques sont particuliers les uns aux régions australes, les autres aux régions arctiques. Les plus gros de ces animaux sont les macrorhines ou phoques à trompe, appelés aussi éléphants de mer, et les morses ou chevaux marins. Les macrorhines appartiennent aux régions australes et les morses à l'océan Arctique.

Les côtes de l'Europe tempérée nourrissent aussi des phoques ; ils y sont de trois genres, savoir : des phoques ordinaires (g. callocéphale), dont nous avons plusieurs espèces sur l'Océan et dans la Manche ; une espèce de stemmatope ou phoque à capuchon, que l'on n'a encore prise qu'une seule fois dans les eaux françaises, à l'île d'Oléron, et le phoque moine, du genre pélage, qu'on ne retrouve que dans la Méditerranée.

ORDRE XII. SIRÉNIDES. — Ces animaux n'ont que des membres antérieurs. Les doigts ne s'y distinguent pas à l'extérieur, étant réunis sous la peau pour former une rame natatoire. Leur corps se prolonge en arrière en une queue dont le volume est aussi considérable que chez les poissons, mais dont la nageoire terminale est horizontale au lieu d'être verticale, comme chez ces animaux. Les sirénides n'ont que deux sortes de dents : des incisives et des molaires ; leurs mamelles sont pectorales. On les a comparés soit à des proboscidiens, soit à des porcins qui seraient organisés pour vivre exclusivement dans l'eau ; ils offrent en effet dans leur conformation générale un certain nombre de particularités qu'on ne retrouve guère que chez ces animaux.

Les sirénides actuellement vivants ne forment que trois genres. Ces genres sont connus sous les noms de lamantin, rhytine et dugong ; tous trois sont étrangers aux mers de l'Europe. Le genre éteint des halithériums les a autrefois représentés dans nos régions. Peut-être les dugongs, qui vivent dans la mer des Indes et dans la mer Rouge, ont-ils donné lieu à l'ancienne fable des sirènes ou femmes marines ;

cette supposition a fait donner à l'ordre entier la dénomination de sirénides.

Ordre XIII. Cétacés. — L'organisation des cétacés est encore plus complétement appropriée à la vie aquatique que celle des phoques ou même des sirénides. Ces animaux n'ont qu'une seule paire de membres, les antérieurs, dont la forme est celle d'une véritable nageoire, et qui sont toujours dépourvus d'ongles. La plupart ont une troisième nageoire, mais simplement cutanée sur le dos, et leur forte queue est terminée par un appareil également cutané qui forme une sorte de gouvernail caudal comparable à la queue des poissons, mais disposé transversalement. Leurs dents sont d'une seule sorte, toujours à une seule racine. Leurs mamelles sont placées auprès de l'anus.

Les cétacés ne sortent jamais de l'eau ; ils y prennent leur nourriture, y élèvent leurs petits et y exécutent tous leurs mouvements. Obligés de venir à la surface pour respirer l'air, ils ont les narines disposées d'une manière appropriée qui leur permet d'ouvrir la gueule, lorsqu'ils saisissent leur nourriture, sans s'exposer à introduire de l'eau dans leurs voies aériennes, pas même celle qui entre dans leurs narines lorsqu'ils dilatent ces organes pour respirer ou que la vague vient les inonder. Le voile du palais sépare nettement leur bouche de leur cavité pharyngienne, et il ne se relève que quand elle est débarrassée de l'eau qui s'y était introduite avec les aliments ou que le larynx, qui peut, à son tour, se déplacer de haut en bas, s'est logé comme un tube dans les arrière-narines. En outre, il existe dans ces derniers organes une double poche contractile qui rejette au dehors, sous la forme d'un double jet, l'eau qui s'y engage à chaque instant. Les narines des cétacés, à cause de leur contact continuel avec le liquide dans lequel ces animaux sont plongés, sont peu favorables à l'olfaction, et les lobes antérieurs du cerveau, ou lobes olfactifs, manquent même chez ces animaux, ou, lorsqu'ils existent, ils sont tout à fait rudimentaires.

C'est parmi les cétacés que prennent rang les animaux les plus grands de la création, tels que les cachalots et les baleines. Ils se nourrissent de substances animales, et, chose remarquable, ce sont souvent de très-petites espèces, comme des mollusques ou des crustacés pélagiens, qui constituent leur principal aliment. Il est vrai qu'ils les trouvent réunis par véritables bancs et que par cela même ils peuvent s'en procurer, en peu d'instants, des quantités considérables. Les dauphins vivent de poissons, et leur estomac est multiloculaire. Certains de ces animaux sont d'une voracité extrême ; ils dévastent les parages qu'ils fréquentent et nuisent beaucoup aux pêcheurs dont ils saccagent les filets pour en retirer le poisson.

Les cétacés sont des animaux essentiellement marins, mais tous ne sont pourtant pas dans ce cas. Il existe, dans l'Amazone et dans les principaux affluents de cet immense fleuve, plusieurs espèces de dauphins qui ne vont jamais à la mer; les lamantins, de l'ordre des sirénides, sont également répandus dans les mêmes eaux. A part ces exceptions, les espèces de l'ordre qui nous occupe et celles de l'ordre des sirénides vivent presque toutes dans les eaux salées, et sous ce rapport elles ressemblent aux phoques; de là le nom de *thalassothériens* ou mammifères marins, qui a été proposé pour ces trois groupes.

Les cachalots, gigantesques animaux dont nous tirons de l'huile, du spermacéti ou blanc de baleine, de l'ivoire proprement dit et cer-

Fig. 104. — Dauphin commun.

tains os d'une consistance presque égale à celle de l'ivoire lui-même, forment un premier genre de cétacés. Les cachalots commencent le sous-ordre des cétacés pourvus de dents ou *cétodontes*.

Au même ordre appartiennent aussi les ziphius et les hyperoodons qui ressemblent assez aux cachalots, et ont de même le crâne chargé d'une quantité considérable de blanc de baleine. Viennent ensuite les dauphins, très-variés en espèces. Leur taille est fort différente; elle varie depuis celle des orques et des globiceps, qui n'ont pas moins de dix ou quinze mètres, jusqu'à celle du marsouin qui dépasse à peine un mètre.

Une autre famille du même ordre comprend les baleines ou *cétacés à fanons*, auxquels on fait la chasse pour se procurer la matière huileuse dont leur corps est abondamment pourvu, ainsi que leurs fanons, c'est-à-dire les grandes lames cornées qui sont placées dans leur bouche et leur servent comme de nasse pour retenir les myriades d'animalcules destinés à leur alimentation. Les baleines franches (fig. 105) sont celles qui ont les plus grands fanons et dont le corps fournit le plus d'huile; ce sont aussi celles que l'on poursuit de préférence Les rorquals, genre auquel appartiennent les baleines que l'on signale de temps en temps sur nos côtes, ont au contraire les fanons assez courts et leur panne graisseuse est moins épaisse. Il paraît

Fig. 105. — Baleine franche.

que l'espèce de baleines que les Basques chassaient encore au douzième siècle dans le golfe de Gascogne était d'une forme intermédiaire aux baleines franches et aux rorquals; elle est devenue si rare qu'on la connait à peine de nos jours. C'est au naturaliste danois Eschricht que l'on doit d'en avoir rétabli les caractères.

DEUXIÈME SOUS-CLASSE. — MAMMIFÈRES MARSUPIAUX.

La deuxième sous-classe des mammifères est celle des marsupiaux ou didelphes, animaux très-différents les uns des autres par leur forme extérieure; ayant des modes de locomotion très-divers; étant les uns carnivores, les autres insectivores, d'autres frugivores ou herbivores; mais qui ont tous une double gestation, l'une à l'intérieur du corps de la femelle, l'autre dans la poche où sont placées ses mamelles. Ces animaux présentent d'ailleurs certains caractères communs qui permettent de les distinguer des monodelphes ou mammifères de la première sous-classe.

Parlons d'abord de la singulière particularité de leur double gestation. Chez tous les marsupiaux, le petit, après s'être formé dans l'intérieur de l'ovule ou petit œuf qui lui donne naissance, ne séjourne que très-peu de temps dans le corps de sa mère. Il est mis au monde prématurément et dans un état de débilité telle (fig. 106) qu'il ne tarderait pas à périr si la femelle ne le recueillait dans la poche enveloppant ses mamelles ou dans le repli cutané qui chez d'autres espèces protége ces organes. Dans des marsupiaux presque aussi grands que le chat, le petit qui vient de naître n'est guère plus gros qu'un grain de café; son corps est entièrement nu et il n'a encore aucune force. Quand la mère l'a attaché à ses mamelles, il y reste fixé jusqu'à ce qu'il ait atteint le développement qui caractérise les monodelphes au moment de leur naissance. Alors il peut quitter le mamelon ou le reprendre à volonté ; il avance sa tête jusqu'à l'ouverture de la poche (fig. 107); quitte même momentanément cette dernière comme

Fig. 106.

Fig. 107. — Kangurous.

le petit mammifère ou le jeune oiseau quittent leur nid pour revenir bientôt y chercher un abri si le moindre danger les menace.

Les marsupiaux portent au-devant du bassin deux os manquant aux mammifères de la première sous-classe et qu'on nomme les *os marsupiaux* (fig. 56, *m*). Ce caractère est également important dans la définition de ces animaux.

Sauf les sarigues, qui habitent l'Amérique, toutes les espèces de marsupiaux sont propres à l'Australie ou aux terres qui s'en rapprochent le plus, comme la Nouvelle-Guinée et les îles Moluques. Il n'y en a aucune sur le continent asiatique, et l'Europe[1] ainsi que l'Afrique en manquent également. En Australie ils constituent à eux seuls une grande partie de la population mammifère de ce continent et ils y sont, comme nous l'avons déjà dit, de forme, de taille et de régime assez variés pour qu'on puisse admettre qu'ils constituent plusieurs ordres répondant aux principaux groupes des mammifères monodelphes.

Les phalangers ont une certaine analogie avec les lémures ou makis; les phascolomes ou wombats sont de gros rongeurs, mais des rongeurs marsupiaux; le thylacyne est un marsupial carnassier de la taille du loup et qui a les mœurs de ce carnivore de nos régions; le sarcophile ourson rappelle le glouton, et les dasyures sont tout à fait comparables aux genettes, aux martres ou aux belettes de l'ancien continent; les phascogales, les antéchines et les myrmécobies, qui sont de plus petite taille, exercent au milieu de cette faune le même rôle que les insectivores dans la nôtre; enfin les kangurous, dont quelques espèces atteignent de grandes dimensions, ont des mœurs et des appétits très-peu différents de ceux des ruminants, quoiqu'ils ne soient pas doués, comme eux, de la propriété de ruminer.

Ce parallélisme entre les mammifères de l'Autralie et ceux des autres parties du globe était plus complet encore à l'époque où vivaient en Europe tous ces animaux qui y ont été anéantis pendant la période glaciaire. A la Nouvelle-Hollande il existait aussi des mammifères de grande taille comparables aux grands ongulés alors répandus dans l'ancien monde, mais c'étaient des marsupiaux. Ceux dont les débris fossiles ont été décrits sous les noms de *Diprotodon* et de *Nototherium* ne le cédaient pas en dimensions aux plus grands rhinocéros et aux hippopotames.

Nous rappellerons par un simple tableau le nom et la classification des principaux genres de marsupiaux. Ces mammifères se voient fréquemment dans les ménageries et l'acclimatation de plusieurs d'entre eux dans nos contrées mérite d'être encouragée; les kangurous y rendraient particulièrement des services. Ce sont des animaux doux, dont la fourrure est susceptible d'être employée et dont la chair est agréable. Ils se reproduisent aisément en Europe et ils trouveraient

1. On a recueilli dans les terrains tertiaires de l'Europe des débris fossiles indiquant l'ancienne existence, dans cette partie du monde, de petits marsupiaux voisins des sarigues. Ils ont été décrits sous le nom générique de *Peratherium*.

sur ce continent un climat peu différent de celui sous lequel ils vivent dans l'autre hémisphère.

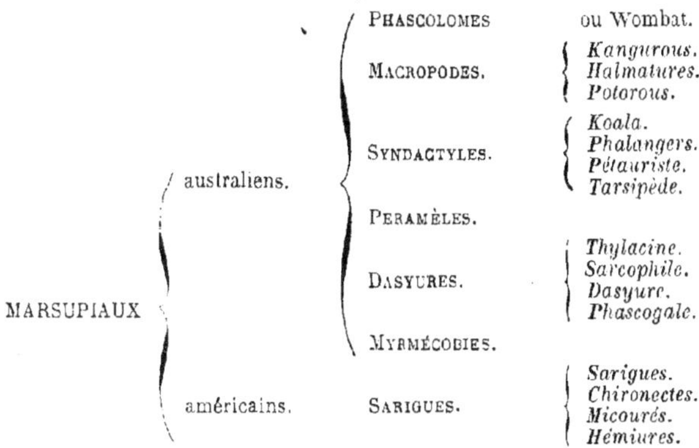

TROISIÈME SOUS-CLASSE. — MAMMIFÈRES MONOTRÈMES.

La troisième sous-classe des mammifères est encore moins riche en espèces que la seconde. Elle ne comprend que les deux genres échidné et ornithorhynque, l'un et l'autre propres à la Nouvelle-Hollande et connus depuis la fin du dernier siècle seulement.

Ce sont des animaux d'assez faible taille, dont les premiers, ou ÉCHIDNÉS, joignent à l'absence de dents, caractéristique des fourmiliers, le caractère d'avoir le corps recouvert de poils mêlés d'un grand nombre de piquants intermédiaires par leurs dimensions à ceux des hérissons et des porcs-épics. Le naturaliste anglais Shaw, qui les a d'abord décrits, les avait pris pour une nouvelle espèce de fourmiliers.

Quant à l'ORNITHORHYNQUE, il a été signalé à peu près en même temps par Shaw et par Blumenbach, savant professeur de Gœttingue qui en avait reçu un exemplaire de sir Joseph Banks, l'un des compagnons du capitaine Cook. Shaw en fit le genre *Platypus*, mais c'est du nom d'ornithorhynque, que lui donna Blumenbach, que ce curieux quadrupède a continué à être appelé. Ce nom signifie bec d'oiseau, et l'ornithorhynque a en effet, au lieu de lèvres molles, un bec corné aplati, assez comparable à celui du canard. Cet animal est aquatique et ses pieds sont palmés, plus particulièrement ceux de devant. L'échidné vit au contraire dans les endroits sablonneux et il a les pieds armés d'ongles puissants très-propres à fouir, ce qui rappelle assez bien les édentés.

Ces caractères n'auraient donc pas suffi pour faire éloigner l'ornithorhynque et l'échidné des édentés auxquels on les avait d'abord

Fig. 108. — Ornithorhynque.

associés, et auxquels ils ressemblent d'ailleurs par plusieurs autres particularités. Une étude plus attentive de ces animaux, étude entreprise d'abord par l'anatomiste anglais Everard Home, et continuée par de Blainville et par M. Owen, devait montrer que ce sont des êtres bien plus rapprochés des ovipares que ne le sont les édentés véritables.

La dissection constata que les deux genres dont il s'agit n'ont l'un et l'autre qu'un seul orifice pour les organes de la défécation et pour les organes génito-urinaires, et qu'il y a chez eux un cloaque véritable comme chez les ovipares de la classe des oiseaux et de celle des reptiles. C'est ce qui a fait désigner le groupe qui réunit les deux genres australiens qui nous occupent par le nom de *monotrèmes*, signifiant un seul orifice. Les organes intérieurs qui aboutissent à cet orifice commun ont aussi une plus grande analogie avec ceux des ovipares que cela n'est habituel aux mammifères; et, bien que ces animaux ne pondent pas d'œufs à la manière des oiseaux ou des reptiles, ce que l'on avait cependant cru pendant quelque temps, ils ont les ovules beaucoup plus gros que ceux des mammifères et pourvus d'une vitellus considérable, ce qui indique un mode de reproduction moins franchement vivipare que chez les monodelphes et se trouve en rapport avec l'absence de placenta qui caractérise également le fœtus des monotrèmes.

Le squelette de ces animaux présente aussi une particularité tout à fait caractéristique des vertébrés ovipares. L'épaule y est formée de chaque côté par trois paires d'os différents : une omoplate, une clavicule et un os coracoïdien. On sait que les os coracoïdiens manquent aux mammifères monodelphes et aux marsupiaux, mais que leur présence est constante chez les oiseaux et fréquente chez les reptiles.

Les monotrèmes possèdent en outre des os marsupiaux comme les didelphes, mais ils n'ont pas de poche comme ces animaux et leur gestation est purement intérieure. Elle est, en réalité, plus semblable à celle des vipères et autres animaux ovovivipares qu'à celle des mammifères placentaires.

Voilà donc des animaux qui, tout en restant mammifères par leurs principaux caractères et en ayant, comme les vertébrés de cette classe, des mamelles et le corps couvert de poils, forment à certains égards une transition évidente de ces animaux vers les classes suivantes.

UTILITÉ DES MAMMIFÈRES.

Les mammifères ne sont pas seulement les animaux les plus parfaits ou ceux dont l'étude attentive peut jeter le plus de jour sur la nature de nos organes et sur celle de nos fonctions, ils sont aussi les plus utiles et la valeur des produits que nous en retirons est vraiment incalculable. Plusieurs espèces de cette classe mettent à notre disposition pendant leur vie leur vigilance, comme le chien, ou leur force comme l'éléphant, le cheval, le bœuf, le chameau, etc.; le lait destiné à la nourriture de leurs petits nous est également livré pour servir à notre propre alimentation, soit que nous le consommions immédiatement, soit que nous en tirions du fromage ou du beurre. La fourrure de plusieurs de ces animaux, ou leur toison, celle des moutons entre autres, ne nous est pas moins nécessaire. Enfin les litières sur lesquelles ils ont reposé sont aussi des sources de richesses par les divers engrais qu'elles fournissent à l'agriculture.

La chair et différents organes des mammifères sauvages que nous nous procurons par la chasse sont à leur tour des aliments recherchés; mais la civilisation a su multiplier à son gré certaines espèces, rendues domestiques à des époques si anciennes que l'histoire n'en a pas conservé le souvenir, et elle trouve dans ces espèces qu'elle s'est appropriées, non-seulement des auxiliaires pendant leur vie, mais après leur mort des sources intarissables de substances alimentaires et de produits dont la variété nous étonne lorsque nous songeons à en faire l'énumération.

Nos animaux de boucherie sont essentiellement des mammifères domestiques des genres bœuf, chèvre, mouton et cochon. En Chine on mange le chien; sur les bords de la mer Glaciale on utilise le renne, et des naturalistes voudraient qu'on en fît de même pour le cheval. Qui ignore à combien d'usages la graisse des ruminants, principalement celle des moutons, est employée?

Que de comestibles indispensables à notre espèce sont donc fournis par les animaux dont les noms viennent d'être cités, et à combien d'usages encore différents sont aussi affectées celles de leurs parties qui ne sauraient être transformées en aliments, comme cela a lieu pour leur chair, leur cervelle, leur foie, etc. Leur peau, macérée pendant un certain temps dans des fosses avec du tanin, sert à la fabrication du cuir; leurs os, après avoir fourni de la gélatine par l'ébullition, sont encore assez riches en principes organiques pour être utilisés dans la fabrication du noir animal; leurs intestins sont recherchés pour différents usages; leur graisse est employée pour l'éclairage et dans d'autres circonstances encore; enfin leurs onglons, leurs cornes, les moindres déchets de leur corps fournissent la matière première d'une multitude d'objets dans lesquels l'industrie les transforme suivant le goût ou les besoins du moment, et lorsque l'emploi prolongé qu'on en a fait semble les avoir rendus inutiles, leur substance peut encore fournir un engrais avantageux. On les associe aux débris de laine, aux feutrages ou aux tissus de poils qui ont vieilli, et on les livre à l'agriculture qui en tire de nouveau parti et les rend pour ainsi dire à la vie en les employant à activer la végétation de nos plantes alimentaires les plus précieuses.

Les poils qui recouvrent le corps de presque tous les mammifères ont pour utilité naturelle de soustraire ces animaux à la déperdition de calorique qui entraverait l'exercice de leurs fonctions; l'homme y a recours pour conserver sa propre chaleur et se garantir contre les rigueurs du climat ou les intempéries des saisons, et chez tous les peuples la chasse a toujours été le moyen mis en usage pour se procurer la fourrure des carnassiers ou celle des autres mammifères.

Presque tous les animaux terrestres de cette classe ont de la valeur à ces différents titres, et les peaux qui ne sont pas assez souples ou dont le poil est trop dur servent à faire des tapis, ou, s'il est épineux, des moyens de défense. Il y a dans toutes les régions et sous toutes les latitudes des espèces plus remarquables que les autres par l'élégance ou le moelleux de leurs téguments. Ce sont ces animaux, ainsi que ceux dont le genre de vie est à demi aquatique, comme les loutres, les castors et quelques autres qui sont plus particulièrement recherchés pour le commerce des pelleteries. Ceux qui vivent dans les régions les plus froides du globe sont l'objet d'une exploitation importante, parce que leurs fourrures sont plus chaudes que les autres; au contraire l'Afrique et l'Inde nous fournissent des espèces vivement colorées, comme les panthères, les singes, etc.

Les principales chasses se font dans l'Amérique du Nord et en Sibérie, ou bien encore dans les montagnes élevées de diverses autres régions, là où les neiges sont éternelles. L'Amérique a fourni à l'Angleterre jusqu'à 56 000 peaux de castors dans une seule année (1794). On tire de la Plata des quantités innombrables de peaux de myopotames ou coïpous, et, du Chili, des peaux de chinchillas en si grande quantité que l'on a dû défendre pendant quelque temps la capture de ces rongeurs.

Les places principales pour le commerce des pelleteries sont, en Europe, Londres pour les pelleteries de l'Amérique du Nord, Leipsick et Francfort pour celles des possessions russes. Les peaux de la grande loutre marine, que les marchands russes et anglo-américains vont chercher sur la côte nord-ouest d'Amérique, sont exportées pour la Chine, où elles se vendent à des prix très-élevés.

On porte à plus de 5 000 000 la valeur des pelleteries introduites chaque année en France par le commerce. Les fourrures indigènes, autrefois abondantes, ont considérablement diminué par suite de la rareté croissante des animaux sauvages, au fur et à mesure des déboisements ou de l'extension des cultures. Ces fourrures consistaient principalement en peaux de renards, de genettes, de fouines, de martres, de putois, de chats sauvages et de lièvres.

Le commerce des peaux de lapins de race domestique a pris de l'extension, tandis que celui des autres espèces a beaucoup diminué, et il constitue de nos jours une branche très-importante desservant la fourrure, la chapellerie, etc. La facilité avec laquelle on se sert de ces peaux pour imiter celles de plusieurs jolies espèces sauvages, du vison, de la martre, de l'hermine et d'autres encore, les rend véritablement précieuses et l'exportation a même commencé à tirer un fort bon parti de cette nouvelle industrie.

Les bœufs et d'autres mammifères domestiques redevenus à demi sauvages dans les grandes plaines de l'Amérique méridionale, et les toisons des moutons tirées des immenses troupeaux de ces animaux qui ont été acclimatés dans ces contrées ainsi qu'en Australie, sont à leur tour l'objet d'un commerce qui prend chaque année plus d'extension, et l'on fabrique maintenant autant de drap avec des laines venues par voie de Buenos-Ayres ou de Melbourne qu'avec celles des régions méditerranéennes ou celles de notre pays qui, durant les premières années de ce siècle, se vendaient seules sur nos marchés.

L'ivoire est aussi une production des mammifères; le plus précieux nous est fourni par les défenses de l'éléphant, et de temps immémorial les peuples de l'Afrique et de l'Asie méridionale en ont fait le commerce. La flotte de Salomon « avec celle du roi Hiram, faisait voile de trois en trois ans et allait en Tharsis, d'où elle rapportait de l'or, de l'argent, *des dents d'éléphant*, des singes et des paons [1]. » (*Les Rois*, liv. III, chap. II, v. 22.)

L'ivoire des défenses d'éléphant est reconnaissable aux petites figures à peu près en losange qui apparaissent à la surface de cette substance. On emploie aussi les défenses et les molaires des éléphants fossiles, dont il existe des amas dans les régions polaires.

D'autres mammifères fournissent aussi de l'ivoire, particulièrement le morse, l'hippopotame et le dugong. La partie dense des os est souvent substituée à cette substance; certaines parties du squelette des cachalots sont d'une dureté remarquable et les habitants de la Nouvelle-Zélande s'en sont longtemps servis pour faire des armes ou différents instruments.

Quant aux dents cornées des baleines et de rorquals, que les naturalistes appellent des fanons, elles constituent la substance connue dans l'industrie sous le nom de *baleine*.

Certains mammifères fournissent en outre des principes odorants qui sont recherchés soit comme parfums, soit comme médicaments. Le musc provient d'une espèce de chevrotin du Thibet un peu inférieure par sa taille au chevreuil. La civette d'Afrique, la zibeth de l'Inde et les genettes, dont une espèce vit dans le midi de la France ainsi qu'en Espagne, portent auprès de l'anus une double poche dans laquelle s'opère une sécrétion également odorante et susceptible d'être employée aux mêmes usages que le musc. La queue du desman possède des glandes dont le produit est de même nature et l'on s'en sert aussi en parfumerie.

L'ambre gris des pharmacies provient des cachalots; on le trouve flottant à la surface des eaux dans plusieurs régions du globe, ou bien on le retire directement des intestins de ces gigantesques animaux quand on en fait la pêche. Le castoréum, qui est aussi un médicament, est produit par les castors, et le daman fournit l'hyracéum, qui lui est substitué par les médecins du cap de Bonne-Espérance.

1. C'étaient plutôt des plumes d'autruche que des plumes de paon, et il est probable qu'il y a ici quelque erreur de traduction.

CHAPITRE XXVI.

CLASSE DES OISEAUX.

Les oiseaux nous fournissent l'exemple d'une classe parfaitement naturelle. Aussi à toutes les époques et dans tous les pays ces animaux ont-ils été compris sous une dénomination commune. Leur apparence extérieure ainsi que les caractères de leur organisation les font très-aisément reconnaître pour appartenir à une seule et même division et ils ne laissent aucun doute sur les affinités qu'ils ont entre eux, à quelque ordre qu'ils appartiennent.

Tous les oiseaux ont le corps couvert de plumes; leurs membres antérieurs forment des ailes, et leurs membres postérieurs, qui

Fig. 109. — Aile d'oiseau.

servent seuls à la marche, ont une disposition particulière. Leur bouche est garnie d'un bec corné protégeant les mâchoires; ils n'ont ni lèvres ni dents.

Chez ces animaux il existe habituellement un jabot situé à la partie

FIG. 109. Aile d'oiseau (le moineau).
e) humérus; — *f*) avant-bras, composé du radius et du cubitus; celui-ci supportant les plumes dites pennes cubitales; — *g*) les doigts et leurs pennes; le doigt principal porte les remiges primaires ou pennes de la main; au-dessus est le pouce avec ses pennes dites pennes bâtardes.

inférieure de l'ésophage, un ventricule succenturié au lieu d'un simple cardia comme chez les mammifères, et un gésier, qui est un pylore bien plus musculeux que celui de ces derniers. Leurs intestins ont souvent un double cœcum au point de jonction de l'intestin grêle avec le gros intestin et ils se terminent constamment dans un cloaque.

Le cœur des oiseaux est pourvu de quatre cavités comme celui des mammifères, mais leurs globules sanguins sont elliptiques. Sauf chez l'aptéryx, la cage thoracique des espèces de cette classe n'est séparée de la cavité abdominale que par un diaphragme rudimentaire, et la pénétration de l'air dans des sacs aériens ainsi que dans l'intérieur de la plupart des os, jointe à la structure particulière des poumons, donne à la respiration une grande activité; ce qui a fait dire que les oiseaux ont la respiration double.

Le cerveau des oiseaux n'est pas aussi volumineux que celui des mammifères et il est autrement disposé. Les lobes olfactifs y sont rudimentaires ou nuls; les hémisphères y manquent de circonvolutions et sont peu développés; les tubercules quadrijumeaux ou corps optiques sont réduits à deux au lieu de quatre, et le cervelet a sa partie moyenne ou vermis plus considérable que les lobes latéraux (fig. 71, 72 et 73).

Les sens restent assez imparfaits, sauf celui de la vue. Les oiseaux aperçoivent de fort loin. Ils ont dans l'œil un petit appareil inconnu chez les mammifères et appelé peigne, qui paraît destiné à approprier leur organe visuel aux distances; la plupart ont le cristallin plus aplatique celui des mammifères, ce qui est aussi en rapport avec leur état naturel de presbytie.

Le squelette des oiseaux présente plusieurs particularités remarquables. Leurs os s'ossifient de bonne heure, et leurs sutures crâniennes s'effacent peu de temps après la naissance. Avec l'âge, la plupart des os longs s'évident et deviennent fistuleux, ce qui leur permet de donner accès à l'air dans leur intérieur.

Le crâne s'articule avec l'atlas par un seul condyle, au lieu de deux, comme nous l'avons vu chez les mammifères, et il y a entre l'articulation de la mâchoire et le temporal un os détaché de ce dernier, qu'on appelle l'os carré ou le tympanique. C'est cet os et non la mâchoire qui porte le condyle sur lequel joue l'articulation.

Les vertèbres du cou sont toujours plus nombreuses que chez les mammifères; celles du dos sont en partie soudées entre elles, et celles des lombes ainsi que du sacrum le sont en même temps avec les os iliaques. La queue est courte; elle se compose d'un petit nombre de pièces, dont la dernière en réunit cependant plusieurs, presque toujours soudées entre elles sous la forme d'un soc de charrue.

Les côtes sont osseuses dans leurs deux parties vertébrale et sternale, et elles présentent le plus souvent, au bord postérieur de leur partie vertébrale, une apophyse particulière, dite apophyse récurrente, qui manque aux autres animaux. Le sternum est en forme de bouclier, et, sauf chez l'autruche et chez d'autres oiseaux brévipennes, il présente une carène longitudinale, placée antérieurement sur son milieu : c'est le brechet. Il sert de point d'appui aux muscles grands et petits pectoraux, qui ont ici un développement considérable en rapport avec l'activité du rôle confié aux ailes dans la locomotion (fig. 60).

Les doigts des membres supérieurs sont incomplets, et c'est moins par les os qui les constituent que par les pennes ou plumes principales qui s'y développent que ces membres peuvent servir d'ailes et soutenir le vol.

L'épaule (fig. 60) est formée de trois os pour chaque côté : l'omoplate, allongée et grêle, placée en arrière; la clavicule, dont la partie droite se soude à la gauche pour former l'os vulgairement appelé *fourchette*, et le coracoïdien, qui va de l'articulation scapulo-humérale au sommet du sternum. Aux membres postérieurs, la disposition caractéristique réside dans la réunion des métatarsiens portant les trois doigts principaux en un seul os, comparable au canon des ruminants; cet os est nommé le tarse par les ornithologistes. Le nombre ordinaire des doigts est de quatre. Le postérieur, appelé pouce, a deux phalanges; l'interne en a trois; le médian quatre, et l'externe cinq.

Les oiseaux sont ovipares. Ils pondent des œufs à coque dure, qui ne se développent que sous l'influence d'une chaleur à peu près égale à celle de ces animaux, et ils sont dans l'obligation de les couver. On ne cite d'exceptions que pour les autruches africaines, qui peuvent confier aux sables chauds du désert le soin d'entretenir leurs œufs à la température de l'incubation, et pour les mégapodes, oiseaux qui habitent la Nouvelle-Hollande. Ceux-ci placent leurs œufs dans des amas de feuilles humides qui entrent bientôt en fermentation et leur fournissent la chaleur dont ils ont besoin. On sait que pour faire couver artificiellement les œufs des oiseaux, il suffit de les exposer dans des appareils spéciaux à une température analogue à celle qu'ils trouveraient sous le corps de la mère ; ce procédé est devenu industriel.

La plupart des animaux de cette classe font des nids. L'art merveilleux qu'ils apportent dans la construction de ces espèces de berceaux est connu de tout le monde. Ils ne sont pas moins intéressants à étudier dans les soins si variés et si tendres qu'ils donnent à leurs petits, et l'étude de leurs mœurs est l'une des parties les plus attrayantes de l'histoire naturelle. Les changements de leur plumage suivant l'âge, les saisons ou le sexe ; la mélodie de la voix chez ceux dont le larynx inférieur est plus compliqué mériterait aussi d'être signalée; mais le nombre des oiseaux (environ onze mille espèces) est tellement considérable, que nous devons nous borner à n'en indiquer que les principales divisions.

On partage cette classe en six ordres : les *accipitres*, les *passereaux*, les *grimpeurs*, les *gallinacés*, les *échassiers* et les *palmipèdes*.

ORDRE I. ACCIPITRES. — Les accipitres, aussi appelés *rapaces* ou *oiseaux de proie*, comprennent les vautours, les gypaëtes et les falconidés ou faucons de toutes sortes, ainsi que les espèces nocturnes connues sous les noms de chouettes, hiboux, etc. Leurs principaux caractères sont d'avoir le bec crochu et les ongles en griffes ou serres acérées, ce qui leur permet de saisir leur proie. La base de leur bec est garnie d'une membrane appelée *cire*.

ORDRE II. PASSEREAUX, et ORDRE III. GRIMPEURS. — Ces deux ordres ne possèdent ni l'un ni l'autre de caractères bien tranchés; mais leurs nombreuses espèces ne sauraient être placées dans aucune des autres divisions plus nettement définies de la classe des oiseaux. Les passereaux ont trois de leurs doigts dirigés en avant et un en arrière; les grimpeurs, dont le nom rappelle une des principales habitudes, celle de grimper le long des arbres, ont deux doigts en avant et deux en arrière. On peut, dans l'état actuel et purement provisoire de la classification ornithologique, associer les espèces de ces deux ordres et en établir la division en familles de la manière suivante :

1° En tête les *perroquets* (fig. 110), qui ont été appelés les singes de la classe des oiseaux. Ce sont les plus intelligents de ces animaux, et, de même que les singes, ils habitent de préférence les pays chauds. On en trouve toutefois en Australie, où n'existe aucune espèce de quadrumanes. Leur distribution géographique est assez régulière.

Fig. 110. — Perruche ondulée.

2° Les *grimpeurs ordinaires*, comme les pics, les barbus, les toucans, les coucous, les couroucous et les touracos. Ces oiseaux et ceux de la division qui précède ont également deux doigts dirigés en avant et deux dirigés en arrière.

3° Les *dysodes*, dont le genre unique, appelé hoazin, avait été rapproché des faisans par Buffon et nommé faisan de la Guyane. Son sternum est établi sur une forme spéciale.

4° Les *syndactyles*, qui ont surtout pour caractère d'avoir le doigt externe soudé à celui du milieu dans une grande partie de sa longueur. Ce sont principalement les calaos, dont le bec a des formes si singulières et devient si volumineux dans quelques espèces, les momots et les martins-pêcheurs (fig. 111). Les manakins, fort jolis oiseaux de l'Amérique méridionale, appartiennent aussi à cette division.

5° Les *déodactyles*, ou passereaux à doigts libres et à sternum le plus souvent pourvu à son bord postérieur d'une seule paire d'échancrures. Cette division renferme des espèces encore plus nombreuses

Fig. 111. — Martin-pêcheur. Fig. 112. — Grive des vignes.

que celle qui précède, et c'est à elle que répondent les grands groupes de passereaux désignés par Cuvier sous les noms de *fissirostres* (engoulevents, martinets et hirondelles), *conirostres* (moineaux, mésanges, alouettes), *dentirostres* (pies-grièches, tangaras, merles, grives [fig. 112], becs-fins) et *ténuirostres* (huppes, souïmangas et colibris).

Le colibris et les oiseaux-mouches, qui n'en sont qu'une subdivision, ne se trouvent qu'en Amérique. Ce sont les plus petits des oiseaux et en même temps ceux dont le plumage est le plus brillant. On connaît près de quatre cents espèces bien caractérisées.

ORDRE IV. GALLINACÉS. — La plupart des oiseaux de cet ordre ont avec le coq une analogie évidente, et c'est à cela qu'ils doivent leur nom. Ainsi ils ont en général le vol lourd et les échancrures sternales étendues ; leurs doigts sont réunis, mais seulement à leur base, par une très-courte membrane ; leur bec est voûté et leurs narines sont protégées par une sorte d'écaille molle.

Les gallinacés sont des animaux qui vivent par troupes ; ils nous ont fourni la plupart de nos oiseaux de basse-cour. Dans toutes leurs espèces, les mâles ont toujours plusieurs femelles, et, contrairement à ce qui a lieu pour les ordres précédents et une partie des ordres dont il sera question plus loin, les petits des gallinacés sont assez forts au moment de leur éclosion pour suivre la mère ; ils sont déjà en état de chercher leur nourriture.

1. Toutefois les *pigeons* (fig. 113), que la plupart des auteurs classent néanmoins parmi les gallinacés, font exception sous presque tous ces rapports, et leurs mœurs ainsi que l'état sous lequel naissent

Fig. 113. — Pigeon ramier et tourterelle.

leurs petits sont en particulier très-différents de ce que nous voyons pour ceux des poules et des autres gallinacés. Les pigeons ne vivent que par paires et leurs petits sont très-débiles lorsqu'ils naissent : aussi gardent-ils le nid pendant un certain temps. C'est ce qui a conduit les ornithologistes modernes à faire de ces oiseaux un sous-ordre distinct de celui des gallinacés proprement dits, et ce sous-ordre a reçu de Blainville le nom de *sponsores*, qui fait allusion aux habitudes monogames des espèces qui le constituent.

2. Les *gallinacés proprement dits* forment plusieurs familles. La première est celle des PHASIANIDÉS ou faisans (fig. 114), paons, argus, éperonniers, ophophores, tragopans et coqs, dont les espèces sont

toutes de l'ancien continent et principalement de l'Asie méridionale. Les pintades, qui sont propres à l'Afrique, s'en rapprochent notablement, ainsi que les dindons (fig. 115), originaires de l'Amérique septentrionale.

Fig. 114. — Faisan.

Une seconde famille importante de gallinacés est celle des HOCCOS (pauxis, pénélopes, etc.), qui habitent l'Amérique méridionale, et dont quelques espèces sont déjà à demi domestiques.

Fig. 115. — Dindon. Fig. 116. — Tétras.

Viennent ensuite les MÉGAPODES et les talégalles, de l'Australie, puis les TÉTRAS (fig. 116), comprenant les coqs de bruyère, les gélinottes et les lagopèdes; les PERDRIX (fig. 117), au groupe desquels se rattachent aussi les colins, aujourd'hui si recherchés par les personnes qui s'occupent d'acclimatation, et il en est de même des cailles (fig. 118).

Fig. 117. — Perdrix rouge.

Enfin se placent les GANGAS et les ATTAGIS, qui s'écartent déjà, à quelques égards, des gallinacés ordinaires pour se rapprocher des pigeons.

Fig. 118. — Caille.

ORDRE V. ÉCHASSIERS. — Comme leur nom l'indique, ces oiseaux ont habituellement les pattes fort longues, ce qui leur permet de marcher à gué dans les cours d'eau ou dans les marécages sans se mouiller le corps. Le bas de leur jambe est dénudé, et leurs tarses sont le plus souvent fort élevés. Beaucoup ont également les doigts longs : aussi peuvent-ils marcher avec rapidité sur les herbes inondées, et sans enfoncer.

Mais, parmi les espèces auxquelles cette caractéristique s'applique, il en est qui ont des habitudes différentes et qui présentent certaines particularités qui les distinguent de toutes les autres. On pourrait donc partager les échassiers en plusieurs ordres parfaitement naturels, dont nous ne parlerons pourtant que comme de simples sous-ordres, ainsi que nous l'avons fait pour ceux qui précèdent : ce seront les *brévipennes*, les *hérodiens*, les *limicoles* et les *macrodactyles*.

1. Les *brévipennes* ou *coureurs* sont des échassiers à ailes rudimentaires et, par suite, incapables de voler. Ces oiseaux ont le sternum dépourvu de brechet. Ils ne recherchent point les lieux inondés, mais se tiennent au contraire dans les plaines arides ; leurs longues jambes en font d'excellents coureurs.

C'est parmi eux que se placent les plus grands des oiseaux connus : l'autruche d'Afrique, les nandous ou autruches d'Amérique, le casoar des Moluques ou casoar à casque, et les émeus ou casoars de la Nouvelle-Hollande, dont il y a plusieurs espèces.

Les aptéryx de la Nouvelle-Zélande appartiennent aussi à cette première division des échassiers qui a possédé, au commencement de la période quaternaire, le genre des dinornis, oiseaux aujourd'hui anéantis dont on trouve les débris à la Nouvelle-Zélande, et le genre épiornis, connu par des ossements et quelques œufs recueillis à Madagascar. Une des espèces du genre dinornis approchait de la girafe par ses dimensions, et les œufs de l'épiornis avaient à peu près six fois la capacité de ceux de la grande autruche d'Afrique. On les trouve enfouis dans les terrains sableux; les chefs malgaches s'en servent pour conserver des liquides. C'est sans doute aux épiornis que le voyageur Flaccourt fait allusion lorsqu'il parle du *vouroupatra* : « Grand oiseau qui habite les Ampatres et fait des œufs comme l'autruche; » et en effet il ajoute : « Ceux des dits lieux ne peuvent le prendre; il cherche les lieux les plus déserts. » On n'a aucun document permettant de supposer que ce vouroupatra existe encore, et il en est sans doute de lui comme des os fossiles de dinornis que les habitants de la Nouvelle-Zélande savent être des os d'oiseaux qu'ils indiquent sous le nom de *Moa*.

2. Les *hérodiens* sont véritablement des oiseaux de rivages. Ils ont le bec habituellement cultriforme, le vol puissant et les jambes fort longues. Leur sternum est pourvu d'un brechet auquel se soude la clavicule, dans beaucoup d'espèces, et qui ne présente pas d'échancrures proprement dites à son bord postérieur.

Les grues, les cigognes, les marabous et les hérons appartiennent à ce groupe. L'agami, ou oiseau-trompette, de la Guyane, que l'on élève en domesticité à cause de l'habitude qu'il a de diriger les oiseaux de basse-cour, comme le chien le fait pour les bestiaux, constitue un genre de la même famille que les grues. Le savacou, du Brésil, et le baléniceps, espèce plus singulière encore de l'intérieur de l'Afrique, rentrent dans la division des hérodiens.

3. Les *limicoles* ou oiseaux de marais. Ils sont, en général, inférieurs en taille aux précédents, moins haut montés sur jambes,

Fig 119. — Vanneau.

Fig. 120. — Bécassine.

et parfois assez peu différents des passereaux par leur apparence extérieure; leur bec est plus ou moins long, mais il est sans force,

Fig. 121. — Bécasse.

et ils vivent principalement de vers. Leur sternum est ordinairement muni de deux petites échancrures à son bord inférieur.

Leurs genres principaux sont ceux des outardes, des ibis, des courlis, des spatules, des bécasses (fig. 121), des bécassines (fig. 120), des pluviers, des vanneaux (fig. 119), des échasses, des avocettes, des huîtriers, etc.

4. Les *macrodactyles*, ainsi nommés de la grandeur de leurs doigts. Ils ont le corps comprimé, le bec assez souvent conique et le sternum garni d'une seule paire d'échancrures, d'ailleurs considérables et s'étendant, comme l'échancrure principale des gallinacés, dans presque toute la longueur de cet os. Ce sont, avec les limicoles, les oiseaux les plus fréquents dans les marécages. Ils forment aussi différents genres, savoir : les tinamous, propres à l'Amérique méridionale; les jacanas, étrangers à l'Europe; les râles, les poules d'eau et les foulques.

Fig. 122. — Râle des genêts.

Les grèbes, dont la peau fournit une fourrure estimée, se rattachent au groupe des foulques par plusieurs de leurs principaux caractères; ils doivent cependant constituer une famille à part.

ORDRE VI. PALMIPÈDES. — Les palmipèdes ne sont plus seulement, comme la plupart des échassiers, des animaux qui fréquentent les lieux humides, entrent à mi-jambes dans l'eau des marais ou des rivières, ou marchent avec facilité sur les herbes inondées; ce sont des oiseaux véritablement aquatiques et ils peuvent nager ou même plonger avec une grande facilité. Leurs pieds sont constamment palmés, c'est-à-dire que leurs doigts, les trois antérieurs au moins, sont réunis par une membrane analogue à celle qu'on voit aux pattes des castors, des loutres ou des ornithorhynques, parmi les mammifères. Cette disposition existe déjà chez quelques échassiers, tels que les avocettes, mais elle y est associée à une longueur considérable des pattes et à d'autres caractères qui ne laissent aucun doute sur le caractère échassier de ces oiseaux. Au contraire le tarse des palmipèdes est de grandeur ordinaire, et le bas de leur jambe n'est point dénudé. Le flamant fait cependant exception à cet égard, et divers auteurs le classent avec les échassiers.

Les palmipèdes sécrètent une matière grasse qui imprègne leurs plumes et les empêche de se mouiller lorsqu'ils entrent dans l'eau.

Ces oiseaux ne forment pas non plus un groupe naturel et unique. Nous les diviserons en quatre sous-ordres sous les noms de *cryptorhines*, *longipennes*, *lamellirostres* et *plongeurs*.

1. Les *cryptorhines*, partie des totipalmes de Cuvier, ont les quatre doigts compris dans la palmature; mais ce caractère se retrouvant chez quelques espèces du groupe suivant, ils ne sauraient conserver le nom que cet auteur leur a donné. Ce qui les distingue avant tout, c'est la petitesse de leurs narines qui sont comme cachées

dans un sillon de la partie latérale du bec; leur squelette présente aussi des particularités distinctives.

Ces oiseaux ne forment qu'une seule famille, celle des PÉLÉCANIDÉS, dont les principaux genres sont connus sous les noms de pélican, frégate, fou, anhinga et cormoran.

2. Les *longipennes* ou *grands voiliers*. Ils ont le sternum encore autrement conformé : l'ouverture de leurs narines est assez grande et leurs ailes sont appropriées à un vol long et soutenu; leurs habitudes sont presque complétement maritimes.

C'est parmi eux que se placent les albatros, les pétrels, les

Fig. 123. — Mouette.

thalassidromes ou oiseaux de tempête, les mouettes ou goëlands (fig. 123), les sternes ou hirondelles de mer et les rhyncops ou becs en ciseaux. Les albatros vivent principalement aux environs du cap de Bonne-Espérance ; ce sont les plus gros oiseaux de cette famille ; les autres genres ont des représentants sur nos côtes.

Les phaétons ou paille-en-queue, malgré la disposition totipalme de leurs pieds, sont aussi des oiseaux de cette division; ils sont étrangers à nos pays.

3. Les *lamellirostres*. — Ce groupe de palmipèdes comprend les cygnes (fig. 124), les oies, les canards de toutes sortes et les harles, oiseaux dont le bec est toujours pourvu sur ses bords de franges cornées, disposées en lamelles, à l'aide desquelles ils tamisent l'eau dans laquelle ils cherchent leur nourriture. Ce caractère se retrouve chez les flamants, qui sont, comme nous l'avons dit, des oiseaux à pieds palmés, et il conduit à penser que, malgré la longueur extrême de

leurs jambes, ils doivent être réunis aux lamellirostres. Une espèce de ce genre curieux de palmipèdes fréquente les grands marais des

Fig. 124. — Cygne à tubercule.

bords de la Méditerranée; elle est très-nombreuse dans certaines localités et niche dans quelques-unes, particulièrement dans l'étang de

Fig. 125. — Canard sauvage.

Valcarès, en Camargue. On voit maintenant des flamants vivants dans plusieurs ménageries.

4. Les *plongeurs*. — Ce sont les plus aquatiques de tous les oiseaux. Ils ont le vol difficile, parfois même impossible, et leurs ailes, dans plusieurs genres, semblent transformées en nageoires véritables.

Presque tous vivent à la mer, et ils passent la plus grande partie de leur temps dans l'eau, étant presque aussi embarrassés lorsqu'ils essayent de marcher que lorsqu'ils veulent voler.

Il y a trois familles principales parmi les plongeurs : les COLYMBIDÉS, comprenant les plongeons, les guillemots, etc. ; les ALCIDÉS, qui sont les pingouins (*Alca*), tels que le grand pingouin (fig. 5) et les macareux, et les APTÉNIDÉS ou les sphénisques, gorfous et manchots (genre *Aptenodytes*).

Les manchots sont encore plus aquatiques que tous les autres, et leurs tarses présentent cette curieuse particularité que les trois métatarsiens qui les forment par leur intime réunion, chez les autres oiseaux, ne se soudent ici qu'incomplétement : ce qui nous donne la preuve irrécusable de la manière dont ces os sont formés dans le reste des oiseaux.

UTILITÉ DES OISEAUX. — OISEAUX DOMESTIQUES.

La classe des oiseaux est déjà bien loin d'avoir pour nous l'importance de celle des mammifères. Cependant elle nous est encore d'une utilité très-réelle, par ses espèces sauvages aussi bien que par celles dont la domestication s'est emparée. Ces dernières ne servent pas moins à l'alimentation publique que les diverses sortes de gibiers.

Ce n'est pas sans raison que dans les pays civilisés on a réglementé la chasse des oiseaux, en tenant compte des époques de leurs passages, du temps de leur ponte et des conditions diverses de leurs habitudes ou de l'emploi que nous en faisons. Des règlements particuliers régissent la capture des oiseaux d'eau, et les espèces terrestres nuisibles aux cultures sont abandonnées presque sans réserve à la poursuite des chasseurs. Au contraire, la loi accorde protection à celles qui sont insectivores, parce qu'elles contribuent à débarrasser le cultivateur de ses plus redoutables ennemis, les insectes. On doit les mêmes égards aux oiseaux qui détruisent les rats et autres petits quadrupèdes nuisibles aux végétaux, aux graines ou aux fruits. Il en est de même pour les oiseaux qui poursuivent les serpents, et l'on a transporté aux Antilles, particulièrement à la Martinique, le serpentaire ou messager du Cap, espèce de falconidés à allures d'échassier, qui combat avec une sorte de fureur les serpents les plus venimeux. Cet essai d'acclimatation avait eu pour but de débarrasser l'île des redoutables vipères fer de lance dont elle est infestée.

Tous les ordres de la classe des oiseaux nous ont fourni des espèces domestiques de quelque utilité et ils peuvent nous en fournir beaucoup d'autres encore. On en verra réunis un grand nombre dans les ménageries publiques, dans les jardins d'acclimatation et sur la plupart des promenades des grandes villes; nous ne saurions donc nous dispenser de rappeler l'intérêt qui se rattache à beaucoup d'entre eux.

Aux *accipitres* appartiennent le serpentaire dont il vient d'être parlé, ainsi que les faucons autrefois si employés pour la chasse. L'art de la fauconnerie est resté célèbre dans les fastes de la cynégétique; il est encore pratiqué dans plusieurs parties de l'Afrique et de l'Inde.

Les *perroquets* se voient en grand nombre dans nos oiselleries, où, malgré leurs cris désagréables et leur inutilité apparente, ils fixent l'attention du public par leur intelligence et par la singularité de leurs allures. Ces oiseaux sont presque une société pour l'homme, et il n'est point d'espèces de la même classe qui se mettent plus complétement en relation avec nous.

Une foule de *passereaux* et certaines espèces de *grimpeurs* sont également recherchés à cause de la vivacité de leurs couleurs ou pour l'agrément de leur chant et l'animation de leurs mouvements. On ne saurait cependant en signaler qu'un fort petit nombre capables de nous rendre réellement des services. Ce sont plutôt des animaux d'ornement; et, grâce aux facilités fournies aujourd'hui par la navigation, on en montre chaque jour qui sont aussi curieux qu'ils étaient rares autrefois, même dans les musées. Le jardin zoologique de Londres, qui dépasse en richesses de ce genre ceux de toutes les autres grandes villes et fournit ses doubles à plusieurs de ces derniers, possédait, en 1862, deux oiseaux de paradis rapportés à grands frais de la Nouvelle-Guinée.

La multiplicité de nos variétés domestiques de *pigeons* diminue beaucoup l'intérêt qui semble se rattacher à la possession des autres espèces de ce sous-ordre, et ces oiseaux sont également restés des animaux de pure curiosité. Toutefois, le goura, qui est notablement plus gros que les autres, pourrait joindre à cette qualité celle de devenir un oiseau alimentaire si on réussissait à le multiplier en captivité.

Un intérêt particulier se rattache aux *gallinacés proprement dits*. A côté des variétés presque infinies du coq et de la poule domestiques, nous remarquons les espèces encore sauvages de ce genre, le coq Sonnerat et quelques autres qui habitent l'Inde, berceau principal de la famille des phasianidés. Auprès des paons ordinaires se placent les paons nigripenne et spicifère, qui forment deux espèces à part. Le genre des faisans possède plusieurs jolies espèces dont nous ne sommes pas encore maîtres; mais il nous en a déjà fourni de fort utiles, et le même ordre nous promet, entre autres oiseaux susceptibles de figurer avec avantage dans nos basses-cours, le lophophore au plumage resplendissant, les tragopans, originaires comme eux de l'Inde, des pintades africaines comme la pintade commune, mais différentes à quelques égards, et, parmi les gallinacés américains, les hoccos, d'une taille approchant de celle du dindon, ainsi que les pénélopes et autres espèces qu'il serait également utile de posséder. Enfin les colins de la Californie semblent devoir bientôt se répandre dans nos volières; ce sont des oiseaux à peu près gros comme des perdrix, mais plus élégants encore. Plusieurs amateurs ont obtenu des éclosions, et il est maintenant aisé de s'en procurer des exemplaires dans le commerce.

Parmi les *échassiers*, on doit citer de préférence les brévipennes, dont les grandes dimensions et l'excellence de leur chair feraient de véritables oiseaux de boucherie si l'on réussissait à les faire reproduire

Fig. 126. — Émeu ou casoar de la Nouvelle-Hollande.

sans difficulté dans nos fermes. L'émeu de la Nouvelle-Hollande (fig. 126) paraît se prêter mieux que tout autre à ces utiles essais, et plusieurs couvées de ces oiseaux ont déjà été menées à bonne fin, particulièrement en Angleterre.

Contentons-nous de citer parmi les autres échassiers l'agami, qui a été appelé le chien des oiseaux, et rappelons, pour terminer cette énumération, combien d'espèces précieuses nous pourrions encore tirer du groupe des lamellirostres qui nous a déjà fourni le cygne à tubercule (fig. 124), l'oie si utile par sa chair, sa graisse et ses plumes, ainsi que les canards dont tant d'espèces se prêtent à la domestication.

Les cygnes se font surtout remarquer parmi les palmipèdes domestiques, et l'on ajoute aujourd'hui à l'espèce ordinaire de ce genre ou cygne à tubercule, le cygne noir de la Nouvelle-Hollande, ainsi que le cygne à col noir de la Plata.

Les oies constituent des espèces plus nombreuses, et l'oie d'Égypte, l'oie de Sandwich, ainsi que le céréopse de la Nouvelle-Hollande sont déjà conquis en partie.

Aux canards appartiennent aussi des formes qui méritent d'être remarquées. Elles se distinguent par la singularité de leurs allures ou par la variété de leurs couleurs. Les plus recherchées sont les mandarins, les carolins, les tadornes. On a réuni sur les pièces d'eaux qui dépendent des promenades de plusieurs grandes villes d'Europe un choix vraiment remarquable d'oiseaux d'eau appartenant principalement aux palmipèdes lamellirostres.

Plumes. — Les plumes constituent à la fois le tégument des oiseaux et leur caractère le plus apparent. Ce sont des phanères, organes du même ordre que les poils, également de nature épidermoïde et cornée; elles se forment aussi dans la peau au moyen de bulbes et ne deviennent apparentes que dans leurs parties complétement achevées. Les plumes sont des organes plus compliqués que les poils.

On y distingue un axe principal ou rachis portant dans une grande partie de son extrémité libre des barbes latérales qui transforment la plume en une espèce de rame et des barbules ou barbes secondaires qui sont le moyen de jonction des barbes entre elles. L'extrémité opposée au rachis ou le tuyau de la plume est dépourvu de ces barbes. La pulpe intérieure, qui est moins celluleuse que dans le reste de ces organes, s'y dessèche et s'y racornit, ce qui constitue une sorte de pellicule appelée âme de la plume dans les plumes dont nous nous servons. Lorsque la plume est complétement formée, la partie inférieure de son tube présente toujours une petite perforation, reste de l'orifice par lequel les vaisseaux nourriciers du bulbe s'introduisaient dans son intérieur.

Les plumes sont de différentes sortes. Les principales et les plus fortes, qui sont insérées aux ailes et à la queue dont elles constituent spécialement les moyens de locomotion, sont dites *pennes*. On établit aussi quelques distinctions secondaires parmi les plumes des autres parties du corps. Le nom de *duvet* est particulièrement réservé à celles qui sont placées au-dessous des autres : elles sont plus petites, ont une consistance plus moelleuse et servent surtout, comme la bourre des mammifères, à conserver la chaleur du corps. Leurs barbes restent séparées les unes des autres, ce qui est aussi le caractère des plumes dites décomposées, comme on en voit au-dessus des pennes alaires chez les oiseaux de paradis.

On tire un parti avantageux des plumes d'un grand nombre d'oiseaux, après qu'on les a dégraissées et apprêtées de différentes manières. Celles qui servent à écrire sont principalement des pennes d'oie. Les plumes de lit sont plus petites; on les tire des oies, des canards et des poules. Les duvets de plumes sont particulièrement fournis par les espèces de la famille des canards, des cygnes et des oies. Le duvet des eiders du nord (*Anas mollissima*) constitue le véritable édredon.

Il y a aussi des plumes ou des parties de plumes qui servent à différents usages industriels ou domestiques; les plumeaux sont faits de préférence avec des plumes de nandou. Celles de beaucoup d'oiseaux sont au contraire employées comme parures et maintenant plus que jamais on en varie les espèces et l'apprêt. Les plus fréquemment utilisées sous ce dernier rapport proviennent des autruches d'Afrique, de marabous ou cigognes à sacs, des aigrettes, des oiseaux de paradis et de la queue des coqs. On emploie également celles d'une foule d'autres oiseaux et on les désigne dans le commerce sous le nom de plumes de fantaisie. Le paon, le faisan, l'argus, la pintade, l'ibis, le toucan et beaucoup d'autres sont dans ce cas. Les oiseaux-mouches et une multitude de passereaux à plumage brillant sont aujourd'hui fort à la mode. La peau des grèbes, des grands manchots, etc., garnie de ses plumes, et celle de cygnes revêtue de son duvet seulement, constituent des fourrures très-estimées.

ŒUFS DES OISEAUX. — On sait que les oiseaux pondent tous des œufs enveloppés d'une coque de nature calcaire. La couleur de ces œufs est variable suivant les espèces, et ils ont aussi une forme assez différente, plus allongée ou plus arrondie, ou bien encore plus dissemblable aux deux extrémités que ceux de la poule, qui nous sont les mieux connus. Une collection d'œufs et de nids est le complément indispensable de toute collection ornithologique.

Les œufs des oiseaux sont un excellent aliment et l'on fait une grande consommation de ceux de quelques espèces, soit sauvages, soit surtout domestiques. Les œufs des autruches sont recherchés avec soin par les peuplades de l'intérieur de l'Afrique, et, dans le nord, on recueille ceux des oiseaux aquatiques qui nichent en grand nombre dans les endroits inhabités. Il ne se consomme pas à Paris moins de 175 000 000 d'œufs par an; ce sont des œufs de poule; ils sont apportés en grande partie des départements voisins. En outre la France exporte chaque année plus de 13 000 000 d'œufs qui sont envoyés en Angleterre.

L'œuf d'un oiseau, celui d'une poule pris pour exemple, se compose essentiellement de deux parties principales : 1° le blanc ou albumen, qui est de l'albumine mêlée à quelques sels ; 2° le jaune, substance huileuse formant un nombre considérable de cellules auxquelles est mêlé un principe azoté que l'on appelle vitelline.

Le *blanc*, albumen ou glaire, est renfermé dans une membrane spéciale tapissant la face interne de la coquille, dont elle peut se détacher vers l'une des extrémités de l'œuf. C'est ce qui laisse entre cette membrane et la coquille un espace vide situé au gros bout et qu'on nomme la chambre à air. Cet air ne diffère pas par sa composition de l'air atmosphérique. Il s'introduit petit à petit dans l'œuf, soit par la respiration de ce dernier, soit en échange de l'eau qu'il perd par l'évaporation. Aussi la cavité qu'il occupe est-elle d'autant plus considérable que la ponte remonte à une époque plus reculée.

Le blanc de l'œuf est formé de couches concentriques, dont les intérieures ont plus de consistance que celles placées à la périphérie. Dans la plupart des espèces ces couches ne sont pas régulièrement sphériques ; elles ont plus d'épaisseur aux points répondant au grand axe de l'œuf, plus aussi à un des deux bouts qu'à l'autre. Il en résulte une inégalité des diamètres ainsi que la prépondérance de l'un de ces bouts sur le bout opposé.

Le blanc est traversé suivant son grand axe par une substance de même nature que lui, mais contournée en tortillon qui va de l'enveloppe du jaune à son enveloppe propre ; c'est ce que l'on appelle les *chalazes*.

Dans un œuf mis en incubation le blanc sert comme le jaune à la formation du poulet, mais il est employé en totalité avant qu'il en soit ainsi pour le jaune ; il se produit dans la partie du corps des femelles que l'on appelle l'oviducte. La coque ne le recouvre qu'en dernier lieu au moment où l'œuf doit être pondu, et l'on voit quelquefois les poules pondre des œufs dont la coquille n'est pas entièrement solidifiée ; ce sont les *œufs hardés*. Les poules dont la nourriture ne renferme qu'une quantité insuffisante de sels calcaires font souvent de semblables œufs.

Le blanc se coagule à 100° ; il se transforme alors en une masse blanche et consistante qui lui a valu son nom de blanc d'œuf.

Le *jaune* ou vitellus est sphérique et renfermé comme le blanc dans une membrane propre, mais plus mince, la membrane vitelline. Il se forme dans l'ovaire (grappe jaune placée dans l'abdomen), et lorsqu'il y est encore retenu, il renferme dans son intérieur une vésicule très-petite placée au centre, qui a été découverte par M. Purkinje, d'où son nom de *vésicule de Purkinje*. Une vésicule semblable existe dans l'œuf de tous les autres animaux.

Une autre partie du jaune qui ne mérite pas moins d'être signalée est la *cicatricule*, petite tache de couleur claire qui se voit à sa sur-

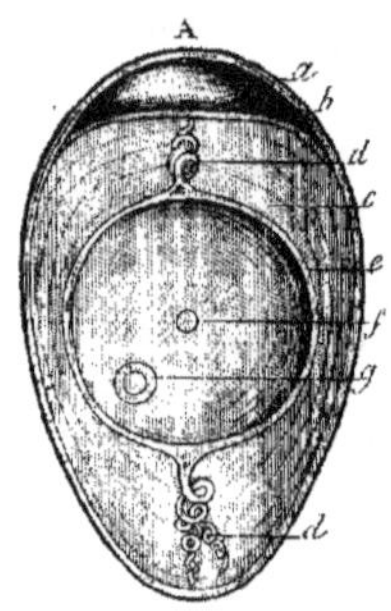

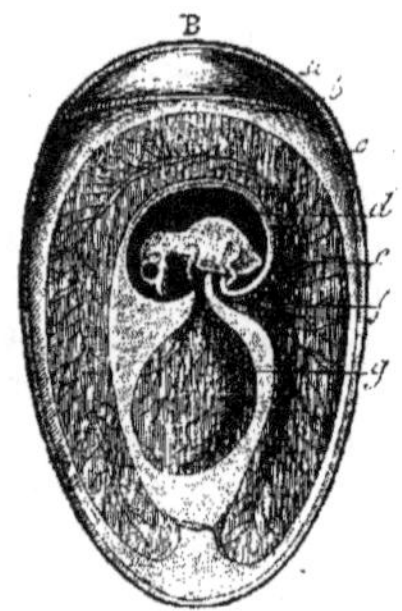

Fig. 127. — Œuf de la poule.

face. C'est cette portion du jaune qui se segmente lorsque le travail embryonnaire commence à s'opérer; elle a alors reçu les matériaux de la vésicule de Purkinje, dite aussi vésicule germinative.

Le développement du poulet est facile à observer en retirant successivement de dessous une poule les œufs qu'on lui a donnés à couver et dont on connaît le temps d'incubation. On peut également se servir d'une couveuse artificielle dont on entretient la chaleur avec de l'eau maintenue au moyen d'une lampe à la température voulue. L'incubation dure de vingt à vingt-quatre jours. Elle exige de 30 à 35° environ. Un des premiers organes que l'on voit apparaître est le cœur, et il en part bientôt des vaisseaux dans lesquels

Fig. 127. Œuf de la poule : — A) avant l'incubation; — B) pendant l'incubation.

A = *a*) la coquille ou coque calcaire de l'œuf; — *b*) chambre à air; — *c*) blanc ou albumen; — *d d*) chalazes; — *e*) membrane vitelline contenant le jaune ou vitellus; — *f*) vésicule germinative ou de Purkinje; — *g*) la cicatricule, point de départ du développement embryonnaire.

B = *a*, *b*, *c*) comme ci-dessus; — *d*) poche amniotique; — *e*) l'embryon en voie de développement; — *f*) vésicule allantoïde; — *g*) vésicule vitelline renfermant le jaune ou vitellus.

s'observe déjà du sang. Quant au corps du petit poulet, c'est d'abord une masse elliptique présentant supérieurement un sillon longitudinal qui surmonte les premiers linéaments de la colonne vertébrale ; ce sillon est destiné à recevoir le système encéphalo-rachidien. Au-dessous est un autre sillon plus grand que celui-là, qui deviendra la cavité thoraco-abdominale et avec lequel sont en rapport les vésicules allantoïde et vitelline. Les membres se montrent d'abord sous la forme de petits moignons ayant la même apparence en arrière qu'en avant. Les yeux sont gros dès les premiers temps et très-faciles à apercevoir. Lorsque le poulet est complétement formé, il brise l'enveloppe calcaire de son œuf au moyen d'un onglet résistant qui termine sa mandibule supérieure. Il a le corps couvert de plumes comparables à du duvet. Son ventre renferme encore une partie assez considérable de la vésicule du jaune qui sert à son alimentation concurremment avec les graines qu'il va recueillir. Le poulet qui marche en sortant de l'œuf est un exemple des oiseaux qu'on a appelés précoces, par opposition à ceux dont le petit naît faible et incapable de prendre lui-même sa nourriture, comme cela a lieu pour les pigeons.

CHAPITRE XXVII.

CLASSE DES REPTILES.

Les reptiles sont, comme les mammifères et les oiseaux, des vertébrés ayant la respiration aérienne à tous les âges, mais ils ne possèdent jamais ni mamelles, ni poils, ni plumes; l'épiderme forme l'unique tégument dont leur peau est protégée; il a l'apparence d'écailles. Ces animaux n'ont pas les ventricules du cœur entièrement séparés et le plus souvent leur cœur n'a même que trois cavités, par suite de la fusion complète des ventricules droit et gauche en un seul[1]. Leur température est variable, au lieu d'être fixe et élevée comme celle des espèces propres aux deux premières classes; ils n'ont pas de diaphragme et leur mode de reproduction est toujours ovipare. Quelques-uns cependant, comme les vipères, font des petits

1. Page 116, fig 36.

vivants, mais par suite d'une sorte d'incubation intérieure, d'où il résulte que l'œuf éclôt au dedans de leur corps, en suivant les mêmes phases que s'il se développait extérieurement; ils sont simplement ovovivipares. On peut ajouter à cette définition que le crâne des reptiles s'articule toujours avec la colonne vertébrale au moyen d'un seul condyle et que, comme les oiseaux, ils ont entre le crâne et la mâchoire inférieure un os carré, tantôt mobile, tantôt au contraire soudé au temporal. Leur mâchoire inférieure est aussi de plusieurs pièces.

Ces animaux sont beaucoup moins nombreux en espèces que les oiseaux, et même que les mammifères. On en connaît environ quinze cents espèces. C'est dans les pays chauds qu'ils pullulent et c'est aussi là que l'on trouve les plus grands.

Pendant l'époque tertiaire, les reptiles étaient plus abondants en Europe qu'ils ne le sont à présent, ce qui était en rapport avec la température plus élevée de nos régions pendant le même temps; mais ils y étaient de genres analogues à ceux du monde actuel. Toutefois, certains groupes, comme les trionyx ou tortues de fleuves, les crocodiles et diverses familles de sauriens, aujourd'hui exotiques, ainsi que les grands genres de serpents, y avaient des représentants, ce qui n'a plus eu lieu depuis le commencement de la période quaternaire.

La période secondaire a été remarquable par l'abondance encore plus grande des reptiles qui en ont été les contemporains, et ces reptiles étaient tous plus ou moins différents de ceux des faunes tertiaires et actuelles. Leurs particularités de structure sont telles qu'on ne saurait en classer aucun dans les genres, ni même dans les familles qui ont apparu plus récemment. Depuis le commencement des dépôts triasiques jusqu'à la fin de la série crétacée, il a existé de ces reptiles, différents de ceux d'aujourd'hui ou de la période tertiaire, et il en est parmi eux dont les caractères étaient si singuliers qu'on a dû établir des ordres à part pour les y classer.

Quelques-uns de ces reptiles étranges étaient de gigantesques sauriens, comparables, par leur taille et même par leurs allures, aux grands mammifères ongulés. Comme les ongulés, ils vivaient à la surface des continents; nous citerons parmi eux les iguanodons et les mégalosaures. D'autres fréquentaient à la fois la terre et les eaux de la mer, ainsi que le font les palmipèdes grands voiliers, et ils avaient, comme ces oiseaux ou comme les chauves-souris, la propriété de s'élever dans les airs : on leur a donné le nom de ptérodactyles. Leur taille était fort diverse, et les différences qu'ils présentaient entre eux ont conduit à en faire plusieurs genres. Il y avait d'autres reptiles qui préféraient le séjour des eaux; mais plusieurs parmi eux pouvaient encore en sortir, comme le font aujourd'hui les crocodiles, et ils venaient ramper à la surface du sol, sur les plages, ou à une plus grande distance de la mer. Ceux-là étaient surtout de l'ordre des crocodiliens, mais sans avoir tous les caractères des crocodiles actuels; les téléosaures ou mystriosaures étaient de ce nombre. D'autres formaient des groupes encore différents, qui ont été appelés simosaures, dicynodontes, etc.; ces derniers appartiennent principalement à l'époque du trias. Enfin, il en était d'une conformation encore différente : ils se tenaient dans les eaux de la mer, sans pouvoir en sortir, et leurs habitudes ressemblaient à beaucoup d'égards à celles des cétacés, dont la race n'avait point encore apparu. On les a décrits sous les noms de mosasaures, plésiosaures, pliosaures et ichthyosaures; leurs pattes étaient conformées en véritables nageoires.

A ne prendre que les plus connus des reptiles actuellement existants, et en se bornant à l'examen de leurs principaux caractères seulement, on peut diviser cette classe d'animaux en quatre ordres, savoir : les *chéloniens* ou tortues, les *crocodiliens*, les *ophidiens* ou serpents, et les *sauriens*, dont les lézards constituent le genre principal.

ORDRE I. CHÉLONIENS. — Ces reptiles sont caractérisés par la présence d'une carapace dans laquelle beaucoup d'entre eux peuvent rentrer leur tête, leur cou, leurs quatre pattes et leur queue. Leurs mâchoires sont dépourvues de lèvres et de dents, et ils ont un bec corné comparable à celui des oiseaux.

Carapace des chéloniens. — Cette bizarrerie de structure a fait dire que les chéloniens avaient le corps retourné (*animalia corpore reverso*), et que leur squelette au lieu d'être intérieur, comme chez les autres animaux, est au contraire extérieur. Il n'en est pourtant rien. Voici l'explication de ce prétendu retournement.

Fig. 128.—Caret ou tortue à écaille.

Chez les chéloniens les parties thoraco-abdominales du tronc sont habituellement recouvertes de grandes plaques épidermiques qui constituent l'*écaille* de ces animaux. C'est cette écaille que l'on emploie dans les arts. Au-dessous d'elle, le derme ne reste pas simplement fibreux; il s'ossifie et constitue ce que nous avons appelé un dermato-squelette, c'est-à-dire un squelette de la peau, lequel, étant immédiatement appliqué sur la partie correspondante du squelette proprement dit, se soude avec lui et forme la *carapace*. La carapace est cette même boîte osseuse dans laquelle la plupart des animaux de cette division des vertébrés peuvent rentrer leurs parties restées libres pour les y protéger d'une manière plus ou moins complète (fig. 61, p. 177).

La boîte osseuse des tortues ou leur carapace montre d'ailleurs, dans son intérieur, des vertèbres et des côtes, répondant à celles des autres vertébrés. Elles sont même très-apparentes chez les jeunes des espèces essentiellement terrestres de ces animaux, et se voient à tous les âges, chez les chéloniens propres aux eaux de la mer. La partie inférieure de la carapace ou le *plastron* est elle-même formée par le sternum et la région sternale des côtes associées à des plaques osseuses d'origine cutanée. Quant aux membres et aux autres parties que nous avons citées, comme restant étrangères à la carapace, on n'y remarque pas d'autres os que ceux qui les constituent dans le squelette des vertébrés ordinaires, et c'est parce que des parties osseuses appartenant à la peau endurcie augmentent en avant et en arrière de la carapace l'étendue de cette dernière que l'épaule et le bassin semblent insérés dans son intérieur, au lieu de conserver la position apparente qu'ils ont dans les espèces des deux premières classes.

On partage les chéloniens en quatre familles renfermant chacune des espèces dont le genre de vie est différent, ce sont : les TORTUES véritables, qui sont terrestres ; les ÉMYDES, qui vivent dans les marécages ; les TRIONYX, essentiellement fluviatiles, et les THALASSOCHÉLIENS ou chéloniens marins, divisés en chélonées ou mydas, carets (fig. 128), caouannes, et sphargis.

L'Europe possède, mais seulement dans ses parties centrales et méridionales, des tortues et des émydes. Il s'en voit en France, et l'on trouve particulièrement en Sologne des émydes ou chéloniens palustres de l'espèce nommée *Cistudo europæa;* au contraire les trionyx ne sont connus dans nos régions qu'à l'état fossile. Quelques chélonées du sous-genre des caouannes se montrent de temps en temps sur nos côtes.

Fig. 129. — Cistude européenne.

ORDRE II. CROCODILIENS. — Les crocodiliens ont le corps allongé et quatre pattes comme les lézards et autres sauriens; mais le fond de leur organisation doit les faire placer plus près des chéloniens que de ces derniers animaux. Toutefois, ils se distinguent des tortues parce qu'ils ont les mâchoires garnies de dents; ces dents sont implantées dans de véritables alvéoles.

Les crocodiles atteignent une grande taille et sont très-carnassiers; ce sont les plus redoutables des reptiles. Ils vivent dans les fleuves, dans les lacs et dans les marais; on en trouve aussi quelques-uns dans la mer, principalement aux Antilles et dans la Polynésie. L'Afrique, l'Asie méridionale et les deux Amériques sont les pays où l'on rencontre le plus de ces animaux. On en a fait plusieurs genres sous les noms de crocodile, caïman et gavial.

Fig. 130. — Caïmans.

ORDRE III. OPHIDIENS. — Les ophidiens sont les serpents proprement dits. Ces animaux manquent de membres et l'on ne trouve sous leur peau ni épaule ni bassin. Ils ont les mâchoires dilatables, par suite de l'absence de symphyse à la mâchoire inférieure et de la disjonction des os de leur mâchoire supérieure d'avec le reste du crâne. Leurs yeux manquent de paupières et ils n'ont pas la membrane du tympan visible extérieurement.

Ces reptiles vivent de proie. On les partage en plusieurs familles, en tenant principalement compte de leur nature venimeuse ou non et de la disposition de leurs dents ainsi que de leurs écailles. Les deux principales de ces familles comprennent les vipères et les couleuvres.

Les VIPÉRIDÉS, ainsi appelés des vipères, espèces propres à l'Europe, sont des ophidiens essentiellement venimeux, qui introduisent leur venin dans les plaies qu'ils font aux animaux au moyen de dents en crochets implantées dans leurs maxillaires supérieurs. Ces dents sont tantôt canaliculées en tubes, tantôt simplement cannelées à leur bord antérieur. Les crotales ou serpents à sonnettes, les trigonocéphales et les bothrops ou vipères fer de lance, des Antilles et d'ailleurs, les cérastes ou vipères cornues de l'Afrique et les vipères aspic, berus et ammodyte de l'Europe, appartiennent à la première catégorie; la

Fig. 131. — Vipère.

seconde comprend les najas ou serpents à lunettes, les élaps ou serpents corail, et les hydrophis ou serpents marins.

Les COLUBRIDÉS ou couleuvres ne sont pas venimeux du tout ou bien ils le sont à un degré moindre que les précédents. Dans ce dernier cas, ils ont encore des dents cannelées, mais elles sont placées en arrière sur les maxillaires supérieurs au lieu de l'être en avant. Le *Cœlopeltis insignites*, du midi de la France, connu sous le nom vulgaire de couleuvre de Montpellier, appartient à cette première division.

Les autres colubridés n'ont aucune dent cannelée et ils manquent aussi de glandes à venin. Ce sont les couleuvres ordinaires, parmi lesquelles nous citerons la couleuvre à collier, la vipérine, la lisse, la bordelaise, etc., toutes espèces des régions centrales de l'Europe. Les pythons et les boas, les premiers essentiellement propres à l'Afrique, et les seconds plus particulièrement américains, sont aussi des serpents de cette division ; leur taille dépasse celle de tous les autres.

Les dernières familles d'ophidiens n'ont pas de représentant dans nos pays. Ce sont les acrochordes, les uropeltis et les typhlops. Les derniers sont de très-petite dimension et ressemblent à des vers.

ORDRE IV. SAURIENS. — Les sauriens sont ainsi appelés du nom que le lézard porte en grec (*sauros*), et ils ont tous une certaine ressemblance avec ce reptile. On se tromperait cependant si l'on supposait qu'ils sont toujours comme lui pourvus de quatre pattes. Les orvets ou serpents de verre, qui sont communs dans beaucoup de localités, les sheltopusicks, qui vivent en Orient, et d'autres encore, n'ont point de pattes ou n'en ont que de très-faibles rudiments; mais ils ont sous la peau, malgré la ressemblance de leur corps avec celui des ophidiens, une épaule et un bassin véritables, ce que ne présentent pas ces derniers; de plus leurs mâchoires ne sont pas dilatables. Ajoutons que leurs yeux sont pourvus de paupières et qu'ils ont toujours le tympan de l'oreille visible à l'extérieur.

Ces animaux forment plusieurs familles, comprenant les varans, les chalcides, les scinques, les agames, les caméléons, les iguanes, les lézards et les geckos, ainsi que les divisions génériques dans lesquelles on a partagé ces différentes familles. Les amphisbènes sont intermédiaires entre eux et les ophidiens, et il serait peut-être préférable de ne pas les séparer comme ordre ophidiens d'avec les sauriens.

Nous avons en France plusieurs espèces de lézards, dont la plus grosse est le lézard ocellé, particulier aux départements du Midi. Les seps et les orvets sont pour notre pays les seuls représentants de la famille des scinques, et l'on ne voit de geckos que dans quelques villes situées sur les bords de la Méditerranée, à Marseille, à Cette et à Collioure. Les geckos sont des animaux à peau verruqueuse, plus repoussants encore que les autres reptiles; ils présentent une particularité ostéologique assez curieuse. Leurs vertèbres sont biconcaves comme celles de certains batraciens urodèles, des poissons et de beaucoup de reptiles de l'époque secondaire, tandis que celles de tous les autres sauriens sont concaves en avant et convexes en arrière.

En ce qui concerne les sauriens étrangers à la faune française, nous nous bornerons à rappeler les faits suivants : il y a des varans dans la région saharienne de nos possessions africaines; les dragons sont de petits sauriens de la famille des agames qui ont la propriété de se soutenir quelques instants dans l'air, à la manière des écureuils volants; ils vivent dans l'Inde et doivent la faculté de voltiger à la présence d'expansions membraneuses, soutenues par les côtes qui s'étendent sur les parties latérales de leur corps; les caméléons sont aussi très-voisins des agames par plusieurs de leurs caractères, mais ils ont les pieds disposés pour grimper, et leur queue est prenante. Leur langue est aussi très-curieuse, parce qu'elle est attachée à un long pédicule en forme de tube membraneux auquel elle est retenue comme à un fil et qu'ils peuvent la lancer hors de leur bouche pour attraper des insectes et la ramener ensuite dans cette cavité avec une grande promptitude. Les caméléons sont plus célèbres encore par la variabilité de leurs couleurs, qui tient principalement au jeu du pigment placé au-dessous de leur épiderme. Ce pigment peut rentrer complétement dans le derme ou se montrer soit en totalité, soit en partie à sa surface. Enfin nous rappellerons que la famille des agames est essentiellement propre à l'ancien continent, et que celle des iguanes appartient au contraire à l'Amérique par la presque totalité de ses espèces.

CHAPITRE XXVIII.

CLASSE DES BATRACIENS.

Caractères généraux de cette classe. — Pendant longtemps on a réuni dans une même classe les batraciens et les reptiles ordinaires. Linné avait même placé les salamandres terrestres et les salamandres aquatiques ou tritons dans le genre lézard; il nommait les premières *Lacerta salamandra*, et les secondes *Lacerta palustris*. Mais, en apportant plus d'attention à l'examen des caractères que présentent ces animaux, et surtout en étudiant les transformations qu'ils subissent, les naturalistes n'ont pas tardé à reconnaître que les grenouilles et les salamandres doivent être séparées des véritables reptiles, non-seulement comme genres et comme ordres, mais aussi comme classe; en effet, leur organisation les rapproche beaucoup plus des poissons que des animaux de la série précédente. C'est à de Blainville que l'on en doit la remarque, et les recherches dont les batraciens ont été plus récemment l'objet ont entièrement confirmé les vues qu'il avait introduites dans la science.

Nous avons dit que les mammifères, les oiseaux et les reptiles, avant de quitter l'œuf dans lequel ils se développent, possédaient indépendamment de la vésicule vitelline, commune à tous les animaux vertébrés, une vésicule allantoïde et un amnios. Ce double caractère manque aux batraciens, qui, sous ce rapport, sont plutôt comparables aux poissons qu'aux reptiles véritables, auxquels ils ressemblent cependant par leur forme générale et par la conformation de leurs membres.

On constate d'ailleurs entre eux et ces animaux quelques autres différences importantes. La peau des batraciens manque de l'épiderme épaissi qui recouvre le corps des reptiles et lui donne une apparence écailleuse; on n'y remarque qu'une fine couche épithéliale et leur derme lui-même est de nature essentiellement muqueuse. Il présente une multitude de glandes exsudant à sa surface une humeur chargée d'un principe âcre, qui peut même être vénéneux.

Les batraciens ont deux condyles occipitaux au lieu d'un comme les reptiles ou les oiseaux, et leur squelette présente quelques autres particularités également caractéristiques.

Mais ce qui les distingue plus nettement des reptiles, c'est qu'à leur naissance les batraciens sont pourvus de branchies, tandis qu'il n'en existe jamais chez les reptiles, et qu'à cette époque de la vie leur respiration est purement aquatique. La circulation des jeunes batraciens est aussi plus semblable à celle des poissons, puisque le sang qui a respiré ne passe pas encore par le cœur[1]. Toutefois, cet état de choses n'est que provisoire. Bientôt se montrent des poumons, et il s'en développe même dans le cas où les branchies ne doivent pas disparaître, comme cela a lieu pour les derniers batraciens, que nous signalerons sous le nom de pérennibranches. Quand les poumons se sont développés, la circulation s'effectue comme chez les reptiles ordinaires; le sang qui va aux organes respiratoires et celui qui en revient se mêlent alors dans le ventricule unique.

Classification des batraciens. — Tous les batraciens sont loin d'éprouver les mêmes métamorphoses, et l'on peut, en tenant compte de leur manière d'être à cet égard, établir très-convenablement la classification de ces animaux. La série suivant laquelle ils se trouvent alors rangés, place à la fin du groupe ceux qui s'éloignent le moins de la forme sous laquelle tous viennent au monde, et elle met en tête ceux qui, subissant les métamorphoses les plus complètes, deviennent aussi, avec l'âge, plus différents des poissons auxquels ils ressemblaient d'abord d'une manière si évidente. Il en résulte que les batraciens des derniers genres, c'est-à-dire les pérennibranches ou genres à branchies persistantes, peuvent être considérés comme subissant une sorte d'arrêt de développement, si on les compare aux

1. Fig. 39, p. 117.

salamandres et surtout aux grenouilles ou genres analogues dont les métamorphoses sont au contraire complètes. On en jugera par l'énumération suivante.

Ordre I. Anoures. — Ces batraciens ont des branchies extérieures au moment de leur naissance; ils ont alors la tête confondue avec le tronc, manquent de pattes et leur corps est terminé par une longue queue. Se nourrissant de végétaux, ils ont aussi le tube digestif fort long (fig. 20). Leurs poumons n'ont point encore apparu et leur circulation est comparable à celle des poissons: ce sont des *têtards;* comme les poissons, ils sont aussi complétement aquatiques. Bientôt la partie extérieure de leurs branchies se flétrit, leurs poumons commencent à se développer, leurs pattes de derrière apparaissent et ils vont aussi posséder des pattes de devant; le têtard n'est pas

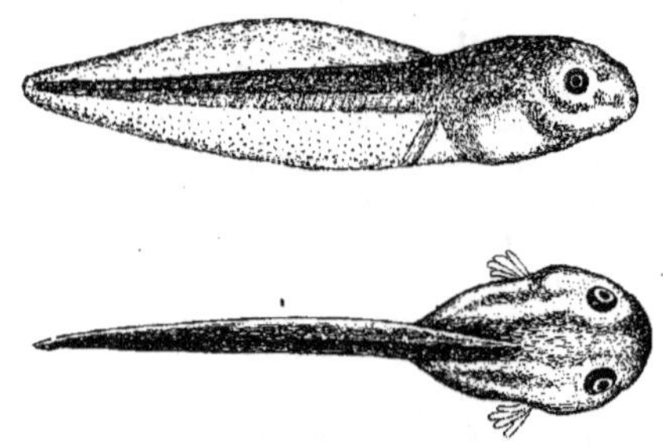

Fig. 132. — Têtard.

encore une grenouille, mais il est dans un état mixte entre celui qui le caractérisait d'abord et celui qui le distinguera lorsqu'il sera devenu la grenouille proprement dite. Sa métamorphose sera complète lorsqu'il respirera uniquement par les poumons et non plus par les branchies. A cette époque la longueur de son canal digestif se sera sensiblement réduite et sa queue aura disparu.

Cette métamorphose complète caractérise non-seulement les grenouilles, mais aussi les rainettes, les crapauds et les dactylèthres, dont nous avons déjà cité (pag. 140) le mécanisme respiratoire.

Dans le *Pipa*, singulière espèce de batraciens anoures particulière à l'Amérique équatoriale, les œufs sont placés par le mâle sur le dos des femelles aussitôt après la ponte, et la peau de cette partie du corps se gonflant, ils se trouvent logés dans autant de petites cavités dans lesquelles ils se développent. Les petits, lorsqu'ils sortent de ces espèces de nids, ont déjà la forme caractéristique de l'âge adulte.

Ordre II. Cécilies. — Ce sont des batraciens serpentiformes. Les espèces peu nombreuses qu'on en connaît sont étrangères à l'Europe ; on les avait d'abord classées parmi les ophidiens.

Ordre III. Urodèles. — Chez ceux-ci la queue est persistante. On reconnaît plusieurs degrés dans les métamorphoses qu'ils éprouvent : ce qui a permis de les partager en trois catégories :

1° Ceux qui subissent le changement le plus complet. Ce sont les salamandres et les tritons, qui perdent leurs branchies et ne conservent même pas la trace des trous par lesquels ces organes sortaient à l'extérieur. Il existe au Japon une espèce de salamandre d'un genre particulier qui atteint près d'un mètre de long : c'est le mégatriton; plusieurs ménageries européennes en possèdent en ce moment des exemplaires.

2° Les amphiumes et les ménopomes, batraciens de forme analogue aux salamandres, et qui vivent aux États-Unis. Leur métamorphose est moindre encore; puisque, tout en perdant les branchies, ils conservent néanmoins de chaque côté du cou l'orifice par lequel ces organes sortaient au dehors.

3° Enfin, une dernière catégorie est caractérisée par la persistance des branchies à tous les âges, la métamorphose ne consistant plus alors que dans le développement des poumons. Ces animaux, réellement amphibies, ont été souvent désignés par le nom de *batraciens pérennibranches* Leurs différents genres sont ceux des protées, qui vivent dans les eaux souterraines de la Carniole et de l'Istrie, des ménobranches et des sirènes, qu'on trouve dans certains lacs des États-Unis, ainsi que des axolotls, particuliers au lac de Mexico.

Ces derniers batraciens établissent une sorte de transition vers les poissons, et il y a des animaux de cette classe qui ont, comme eux, des poumons et des branchies. Aussi, lorsqu'en 1837 les naturalistes connurent l'animal du Brésil auquel on a donné le nom de lépidosirène[1], leur fut-il, pendant quelque temps, impossible de décider si ce singulier vertébré devait être classé parmi les batraciens ou si c'était un poisson véritable. Le lépidosirène, que l'on range aujourd'hui parmi les animaux de cette dernière classe, possède en même temps des poumons et des branchies; son corps a quelque chose de celui des anguilles; il présente de même une nageoire dorsale et une ventrale; mais ses membres se réduisent à deux paires d'appendices qui ressemblent plutôt à des tentacules qu'à des pattes ou à des nageoires, et la structure intérieure de cet animal n'est pas moins bizarre. Il existe en Gambie un second genre de la famille des lépidosirènes.

1. Fig. 43, p. 141.

CHAPITRE XXIX.

CLASSE DES POISSONS.

Caractères généraux de cette classe. — Les poissons vivent exclusivement dans l'eau, et ils respirent tous par des branchies ; cependant il en est quelques-uns chez lesquels on trouve encore des espèces de poumons. En effet la vessie natatoire que présentent beaucoup d'entre eux ne saurait être considérée que comme un poumon réduit à sa seule enveloppe membraneuse et affecté à des fonctions purement hydrostatiques. Le caractère tiré de l'absence de poumons chez les poissons n'est donc pas constant; d'ailleurs il ne suffirait pas pour séparer ces animaux de ceux de la classe des batraciens, avec lesquels ils ont de commun le manque de vésicule allantoïde ainsi que d'amnios pendant leur âge fœtal.

Chez les poissons, les membres ne sont jamais disposés sous la

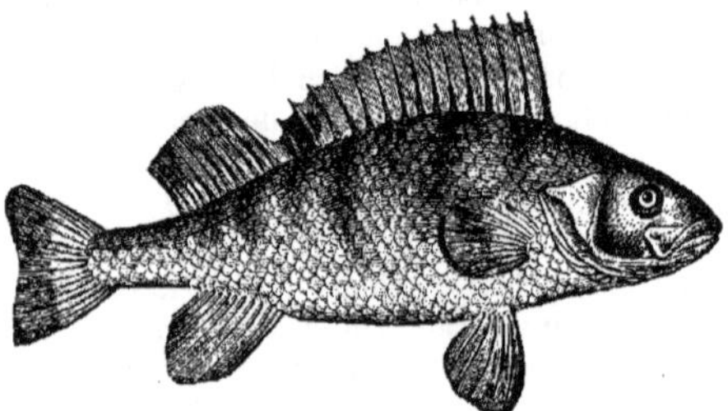

Fig. 133. — Perche fluviatile.

forme de pattes; ce sont des nageoires composées d'un nombre considérable de rayons. Il existe en outre chez ces animaux des nageoires impaires placées sur la ligne médiane du corps; elles se voient au dos, à l'extrémité de la queue, et entre celle-ci et l'anus. Ces nageoires impaires sont soutenues par des rayons de la même nature que celles qui forment les membres proprement dits.

Le cœur des poissons répond à la partie droite de celui des mammifères. On n'y trouve qu'une oreillette et un ventricule, lequel est suivi d'un bulbe artériel contractile pourvu d'un nombre variable de valvules (fig. 35, p. 112). Le lépidosirène (p. 332) est le seul poisson dont le cœur ait deux oreillettes.

Un autre caractère important est tiré de la disposition du squelette. Chez la plupart des poissons, le squelette est de consistance osseuse ; chez d'autres, il est cartilagineux ou même fibreux ; mais, dans tous, les corps vertébraux sont concaves à leurs deux faces et le crâne s'articule avec la colonne vertébrale, par une articulation simple, qui est elle-même concave comme un corps de vertèbre. On ne peut signaler à cet égard d'autres exceptions que celles des lépisostées, qui ont les vertèbres convexes en avant et concaves en arrière, des échénéis, qui ont deux condyles occipitaux à peu près semblables à ceux des batraciens, et de la fistulaire, dont le condyle est unique, mais convexe au lieu d'être excavé.

La bouche des poissons est, en général, susceptible de s'ouvrir largement pour assurer la préhension des aliments et introduire l'eau nécessaire à la respiration. Cette eau s'échappe par les ouvertures latérales appelées *ouïes*, qui sont habituellement au nombre de deux, une pour chaque côté (fig. 44) ; toutefois, chez les plagiostomes et les cyclostomes (fig. 46), il y en a plusieurs paires.

L'anus s'ouvre quelquefois à une très-faible distance de la bouche, mais le canal digestif peut décrire dans la cavité abdominale un certain nombre de circonvolutions. D'autres fois il est reporté plus en arrière, quoique toujours séparé de la nageoire postérieure par une autre nageoire placée au-dessous de la queue proprement dite.

Les sens sont bien inférieurs dans leur conformation à ceux des animaux aériens. Excepté dans les lépidosirènes, les narines ne communiquent point avec l'arrière-bouche. Les yeux manquent constamment de paupières et, dans quelques espèces, la peau passe au-devant d'eux sans s'ouvrir. Enfin, l'organe de l'ouïe est réduit aux deux parties de l'oreille interne que nous avons décrites sous les noms de vestibule et de canaux semi-circulaires.

Le cerveau est peu développé, et ses quatre paires de ganglions sont moins différentes entre elles par leurs dimensions que chez les vertébrés des deux premières classes. Les raies et les squales sont les poissons chez lesquels il est le plus volumineux.

Les animaux de cette classe sont essentiellement ovipares et, le plus souvent, ils ne donnent aucun soin à leurs œufs ; ils se contentent de les placer dans des endroits appropriés à l'éclosion, et les abandonnent à eux-mêmes. Dans la majorité des espèces, le mâle et la femelle ne se connaissent pas. On cite cependant quelques poissons qui construisent de véritables nids. Il y en a aussi qui sont ovovivipares, tels que ceux du genre *Embiotoca*, voisin des perches, qui habite le golfe de Californie, les pécilies, de l'Amérique équinoxiale, quelques blennies et certaines espèces de plagiostomes. Une espèce de ce dernier groupe est déjà citée comme telle par Aristote. Il avait remarqué, ce que J. Muller et d'autres naturalistes modernes ont confirmé, que la vésicule ombilicale de ce poisson présente un développement spécial du système vasculaire qui fonctionne à la manière d'un placenta. Ce plagiostome est une espèce d'émissole (genre *Mustelus*).

Poissons électriques. — L'organisation des poissons présente une foule de particularités dont l'étude offre le plus grand intérêt sous le double rapport de l'anatomie et de la physiologie. Une des plus curieuses est, sans contredit, la propriété que possèdent certains d'entre eux de dégager une quantité notable d'électricité, et de s'en servir pour frapper leurs ennemis ou la proie dont ils veulent s'emparer. Plusieurs genres de poissons appartenant à des groupes fort différents les uns et les autres sont électriques.

Les torpilles, animaux voisins des raies et dont il y a des espèces sur nos côtes de la Méditerranée et sur celles de l'Océan, principalement auprès de la Rochelle, sont de ce nombre. Leur appareil électrique consiste en une multitude de petits prismes d'une structure particulière, qui sont placés de chaque côté de la partie antérieure du corps et munis de nerfs provenant de la cinquième paire ainsi que du pneumo-gastrique. Le curare, ce poison terrible qui paralyse toute action musculaire, n'enlève pas aux torpilles leurs facultés électriques.

Il existe en Amérique des poissons qui produisent aussi de l'électricité. Ce sont les gymnotes, dites anguilles de Surinam, qui habitent les régions les plus chaudes du nouveau monde. Leurs décharges sont assez fortes pour abattre les chevaux qui entrent dans les immenses marais qu'elles habitent, et, dans la chasse que l'on fait à ces animaux, on les pousse exprès dans la direction des gymnotes pour s'en emparer plus aisément.

Les malaptérures du Nil et de plusieurs autres grands fleuves africains sont des espèces de siluridés également électriques; sur les bords du Nil, les Arabes les désignent par le nom de *raasch*, qui signifie tonnerre.

Classification des poissons. — Les espèces de cette classe ne sont pas moins nombreuses que celles des oiseaux. Il y en a dans toutes les parties du globe, et les eaux douces ainsi que les eaux salées en nourrissent également. On les a réunies avec soin dans les collections publiques, et des publications importantes leur ont été consacrées.

Ces espèces, dont le nombre n'est pas inférieur à douze mille, ont dû être réparties comme celles des autres classes en genres, en familles et en ordres. Certains caractères empruntés à la nature osseuse ou cartilagineuse de leur squelette, à la conformation épineuse, c'est-à-dire résistante et d'une seule pièce ou au contraire molle, flexible et multiarticulée des rayons qui soutiennent leur nageoire dorsale, à la disposition des ouïes ou orifices respiratoires et à quelques autres particularités non moins faciles à saisir, ont longtemps suffi aux ichthyologistes pour caractériser les groupes qu'ils établissaient. Cependant M. Agassiz, lorsqu'il voulut étudier plus complétement qu'on ne l'avait fait avant lui les poissons des époques géologiques antérieures à l'époque actuelle et les comparer avec les espèces vivantes, dut recourir à d'autres particularités, celles qu'on employait avant lui reposant sur des organes qui manquent le plus souvent aux pièces fossiles sur lesquelles devaient porter ses jugements ou qui y sont mutilées. Il a eu recours aux *écailles* qu'il a été conduit à distinguer en quatre catégories principales.

Les écailles des carpes et celles de la plupart des poissons rangés par Cuvier parmi les malacoptérygiens, que ces malacoptérygiens soient abdominaux comme les carpes, les brochets, les harengs ou les truites, qu'ils soient subbrachiens comme les morues et les merlans, ou bien encore apodes comme les anguilles, sont formées de zones concentriques et restent à peu près circulaires; elles sont dites *écailles cycloïdes*. Au contraire, celles des perches et de la plupart des poissons que Cuvier rangeait avec elles dans son ordre des acanthoptérygiens à cause de la nature épineuse des rayons antérieurs de leur nageoire dorsale, ont leur bord libre comme denticulé ou pectiné, ce qui constitue une seconde forme, celle des *écailles cténoïdes;* les pleuronectes ou poissons plats de l'ordre des malacoptérygiens subbrachiens sont aussi dans ce cas. Les genres lépisostée et polyptère, classés par Cuvier avec les malacoptérygiens abdominaux, ont le corps garni d'écailles rhombiformes constituant une sorte de cuirasse plutôt qu'une écaillure véritable, et ces écailles, en grande partie osseuses, sont recouvertes par une couche luisante comparable à l'émail des dents; de là leur nom d'*écailles ganoïdes* qui rappelle cet aspect. Chose remarquable, les poissons cycloïdes et cténoïdes, aujourd'hui si nombreux dans les mers ou les eaux douces des différentes régions du globe, deviennent de plus en plus rares à mesure que l'on descend dans la série des formations géologiques et l'on cesse d'en trouver des représentants dès le milieu de la période jurassique. Au contraire, les ganoïdes, tels que nous venons de les définir, sont peu nombreux de nos jours, puisqu'on n'en connaît que les seuls genres lépisostée et polyptère, tandis que leur nombre augmente à mesure que celui des cténoïdes et des cycloïdes diminue si l'on examine les poissons des anciennes époques géologiques, et, dans les étages les plus anciens, ceux, par exemple, des séries jurassique et paléozoïque, ils sont aussi nombreux en espèces que variés dans leurs formes. Une quatrième sorte de productions cutanées caractéristiques des poissons est celle des boucles, grosses ou petites, sortes de plaques ou plutôt de bulbes ayant leur enveloppe solidifiée, comme on en voit à la peau des raies et des squales; ces productions ont reçu le nom d'*écailles placoïdes*. Elles ont une forme très-différente de celle des écailles cycloïdes ou cténoïdes ainsi que de celle des écailles

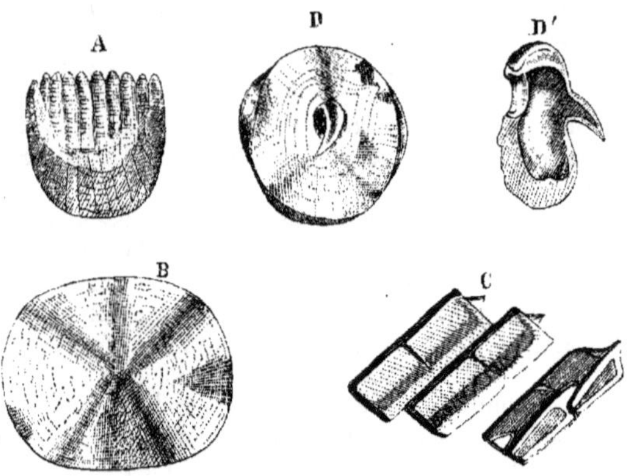

Fig. 134. — Diverses sortes d'écailles.

dites ganoïdes. La peau des requins et autres squales doit à leur présence le caractère rugueux qui la distingue et qui la fait employer comme chagrin ou galuchat; c'est à ce même caractère que certaines raies doivent le nom de raies bouclées. Il y a des poissons placoïdes dans toute la série des formations fossilifères; les raies et les squales si nombreux en espèces sont les représentants actuels de cette catégorie de poissons.

Plus récemment on a encore indiqué comme pouvant fournir des

FIG. 134. Diverses sortes d'écailles.
A = Écaille de perche (*forme cténoïde*).
B = Écaille de carpe (*forme cycloïde*).
C = Écailles d'Amblyptère, vues en dessus et en dessous (*forme ganoïde*).
D = Boucle de raie, vue en dessus et de profil, après avoir été sciée en deux (*forme placoïde*).

documents utiles à la classification naturelle des poissons quelques autres particularités de leur structure qui méritent en effet d'être prises en considération ; telles sont plus principalement la disposition des valvules du bulbe artériel et la forme spirale ou non des intestins.

Aussi, sans être aujourd'hui définitivement arrêtée, la classification de ces animaux a-t elle fait de sensibles progrès, et elle est loin du point où l'avaient portée les travaux successifs d'Artedi, de Linné, de Lacépède et de Cuvier.

Voyons d'abord, au moyen d'un tableau, sur quelles bases Cuvier avait établi sa classification des poissons; nous rappellerons ensuite, comme nous l'avons fait à propos des mammifères, les principales modifications que les progrès de la science y ont apportées et nous donnerons des détails sur les principaux ordres aujourd'hui admis dans cette classe par les naturalistes.

Cuvier partage les poissons en deux sous-classes suivant la nature osseuse ou cartilagineuse de leur squelette. La disposition des branchies, l'état épineux ou mou de la nageoire dorsale et la position des membres abdominaux lui permettent ensuite d'établir divers ordres; le nombre total de ces ordres est de neuf : six pour les poissons osseux et trois pour les poissons cartilagineux.

Tableau de la classification ichthyologique de Cuvier

I. *Poissons osseux.*

A Mâchoire supérieure mobile.
a) Branchies en forme de peignes.
† Nageoires ventrales placées en avant de l'abdomen.
* Rayons antérieurs de la nageoire dorsale épineux : 1° *Acanthoptérygiens* (perche).
** Rayons de la nageoire dorsale mous : 2° *Malacoptérygiens subbrachiens* (merlan).
†† Nageoires ventrales placées en arrière de l'abdomen, loin des pectorales : 3° *Malacoptérygiens abdominaux* (carpe).
††† Point de nageoires ventrales : 4° *Malacoptérygiens apodes* (anguille).
b) Branchies en forme de houppes : 5° *Lophobranches* (hippocampe).
B) Mâchoire supérieure soudée au crâne : 6° *Plectognathes* (baliste).

II. *Poissons cartilagineux ou Chondroptérygiens.*

a) Branchies libres; une seule paire d'ouïes : 7° *Sturioniens* (esturgeon).
b) Branchies adhérentes par leurs bords : plusieurs paires d'ouïes :
* Mâchoire inférieure mobile : 8° *Sélaciens* ou *Plagiostomes* (raie, squale).
** Mâchoires soudées en cercle : 9° *Cyclostomes* (lamproie).

DESCRIPTION DES PRINCIPAUX GROUPES DE LA CLASSE DES POISSONS.

Les principaux groupes de la classe des poissons sont les *squamodermes* répondant en grande partie aux acanthoptérygiens et aux malacoptérygiens de Cuvier, les *ostéodermes* comprenant les plectognathes et les lophobranches, les *ganoïdes* surtout riches en genres éteints découverts depuis les travaux de Cuvier, les *plagiostomes* du même auteur et les *cyclostomes* déjà indiqués par Dumeril.

ORDRE I. SQUAMODERMES. — Les acanthoptérygiens et les malacoptérygiens de toutes sortes peuvent être réunis dans une même division principale, sous le nom de *squamodermes*, faisant allusion aux écailles véritables, soit cycloïdes, soit cténoïdes, dont leur corps est couvert. Ce sont de tous les poissons ceux dont la forme nous est le plus connue, et ils ont pour caractères principaux d'avoir les branchies en forme de peignes, l'intestin non spiral et le bulbe artériel pourvus de deux valvules principales.

On pourrait continuer à y distinguer comme sous-ordres :

1° Les *acanthoptérygiens*, ou poissons squamodermes à nageoire dorsale épineuse, tels que les perches fluviatiles, les perches de mer, aussi appelées bars ou loups, les vives, les serrans, les trigles,

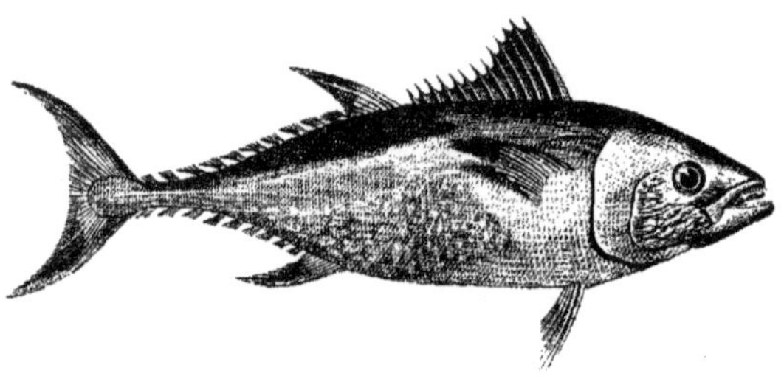

Fig. 135. — Thon.

les épinoches, les maigres ou sciènes, les spares, les dorades, les chétodons, les maquereaux, les thons, les blennies, les labres et les baudroies ou diables de mer. La plupart vivent dans les eaux marines. Le nombre des espèces alimentaires qu'ils nous fournissent est considérable, et plusieurs, comme les maquereaux, les thons, etc., sont l'objet d'une pêche spéciale.

Parmi les poissons utiles qui appartiennent au sous-ordre des acanthoptérygiens nous signalerons encore le gourami (fig. 136), originaire de la Chine, qui a été acclimaté à l'Ile-de-France. Le transport

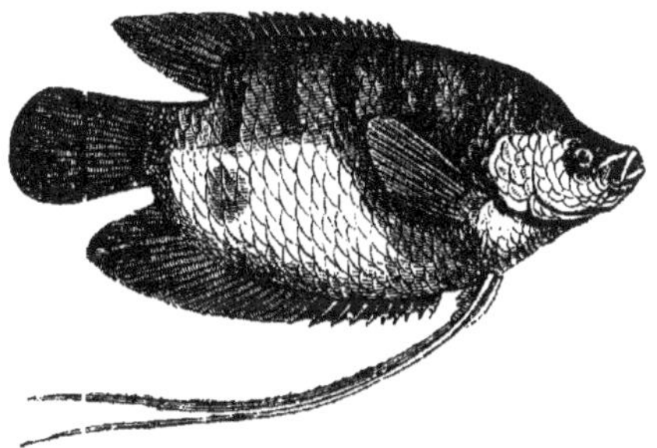

Fig. 136. — Gourami.

en France de cette espèce a été plusieurs fois essayé, mais jusqu'ici sans résultat.

2° Les *malacoptérygiens subbrachiens*, ainsi nommés parce qu'ils ont la nageoire dorsale de nature molle et que leurs ventrales sont placées sous les pectorales et par conséquent subbrachiennes. On y distingue des espèces à écailles cténoïdes, comme les pleuronectes ou poissons plats (sole, turbot, barbue, carrelet, flet, limande, etc.), et

Fig. 137. — Morue.

d'autres à écailles cycloïdes. Celles-ci sont les gades, dont la principale espèce est la morue (fig. 137), objet d'une pêche si active dans les parages de Terre-Neuve et sur les côtes de l'Islande, où elle vit par bancs immenses. Le merlan, l'égrefin et d'autres espèces marines appartiennent à la famille des gades, ainsi que la lotte qui habite nos eaux douces.

3° Les *malacoptérygiens apodes*. Ils diffèrent surtout des gades par l'absence de nageoires abdominales. Ce sont les congres ou anguilles de mer, les anguilles ordinaires, les gymnotes ou anguilles électriques et quelques autres.

Les anguilles ne frayent qu'à la mer, encore ignore-t-on dans quelles conditions. Chaque année, des légions innombrables de leurs jeunes, incolores et si petits qu'on les a comparés à des fils, entrent dans les embouchures des rivières. Ils en remontent le cours et vont

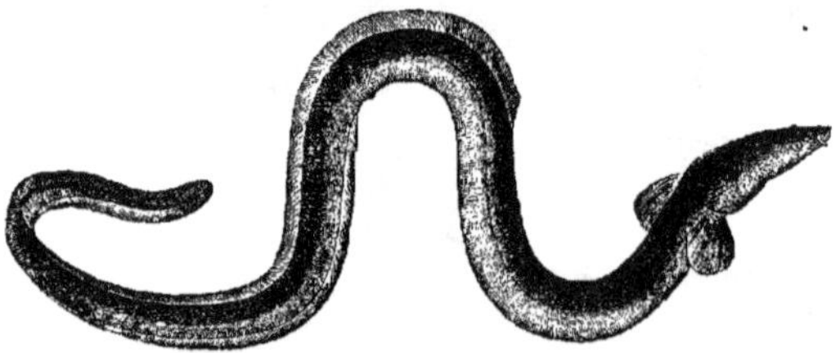

Fig. 138. — Anguille.

s'établir au loin pour s'y développer. On connaît cet alevin d'anguilles sous le nom de *montée;* il est aisé de le recueillir et de l'expédier à de grandes distances pour empoissonner les étangs ou les pièces d'eau.

4° Les *malacoptérygiens abdominaux*, ainsi appelés de ce que leurs nageoires ventrales sont placées en arrière de l'abdomen et par conséquent bien en arrière des pectorales. Ils sont presque aussi nombreux en espèces que les acanthoptérygiens; mais, à l'encontre de ces derniers, ils vivent pour la plupart dans les rivières ou dans les étangs d'eau douce.

C'est à cette division qu'appartiennent les CYPRINIDÉS, dont le nom

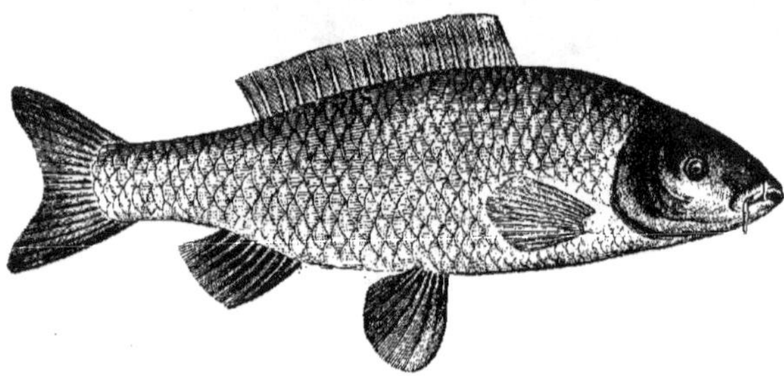

Fig. 139. — Carpe.

rappelle celui de la carpe (genre *Cyprinus*). Ils comprennent, outre ce poisson, les brèmes, les barbeaux, les tanches, les goujons, les ablettes ainsi que beaucoup d'autres, parmi lesquels on peut citer les poissons rouges importés de Chine au dernier siècle et qui se sont complétement acclimatés en Europe. Les cyprinidés constituent les espèces omnivores de la grande division des malacoptérygiens abdominaux; les brochets et les salmones en sont les carnassiers. Ces derniers comptent parmi les plus destructeurs. Les salmones, dont le saumon est l'espèce la plus utile à l'alimentation de l'homme, comprennent aussi les truites, les féra et les éperlans.

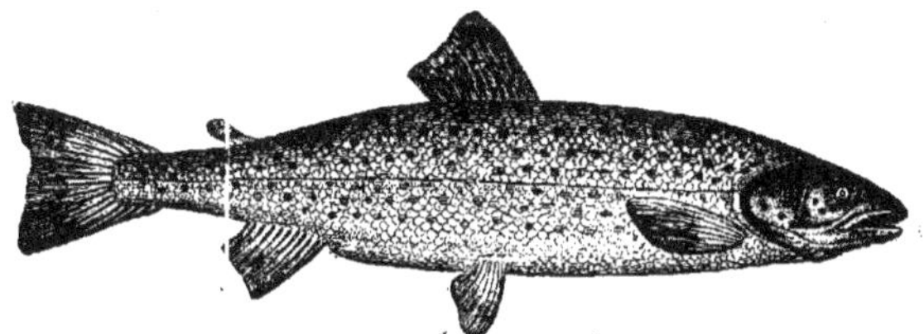

Fig. 140. — Truite saumonée.

Ces poissons pondent des œufs en général plus gros que ceux des autres squamodermes, et l'on peut les faire éclore dans des appareils à l'entretien desquels suffit un simple filet d'eau courante. C'est sur cette pratique que reposent les grands essais de pisciculture qu'on a entrepris dans ces dernières années et dont l'établissement d'Huningue est le centre.

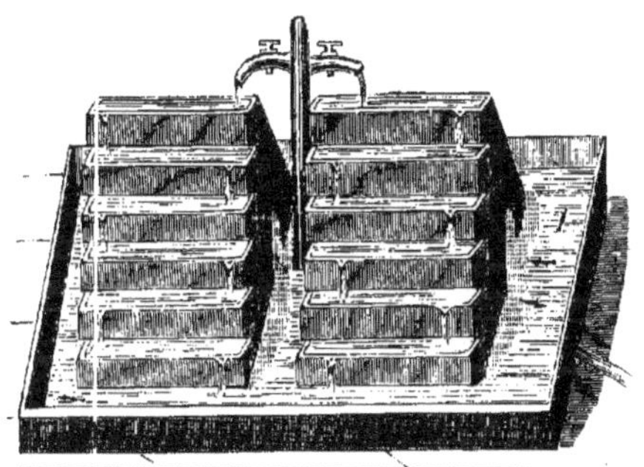

Fig. 141. — Appareil pour l'incubation des œufs de poissons.

On expédie chaque année d'Huningue des millions d'œufs de saumons, de truites, etc., fécondés artificiellement; ils sont placés dans des boîtes et entourés de mousse humide. A l'arrivée on les place sur des appareils analogues à celui qui est représenté ici (fig. 141 et 142). C'est ainsi qu'il m'a été possible de faire éclore plus de cent mille saumons et truites, que j'ai ensuite versés dans l'Hérault et

Fig. 142. — Appareil pour l'incubation des œufs de poissons.

dans les autres rivières du département de ce nom pendant les années 1857-1865.

L'acclimatation du saumon, espèce si commune dans les rivières qui portent leurs eaux dans l'océan Atlantique septentrional, a pu de la sorte être tentée, non-seulement dans les cours d'eau qui versent à la Méditerranée, mais aussi à la Nouvelle-Hollande où l'on a réussi à transporter des œufs de ce poisson en les conservant dans de la glace pendant la traversée.

Le saumon et les truites saumonées doivent le caractère qui distingue leur chair à une matière grasse particulière (acide salmonique) qui se trouve mélangée dans leurs muscles à de l'acide oléophosphorique. A l'époque de la ponte, une quantité considérable de ce principe est mise en œuvre pour la formation des œufs de ces poissons qui en prennent la teinte, tandis que leur chair se décolore notablement et perd en grande partie sa saveur.

Une autre famille fort utile de malacoptérygiens abdominaux est celle des CLUPES, dont font partie les aloses (fig. 143), les harengs, les sardines et les anchois.

Les aloses ne vivent dans la mer que pendant une partie de l'année. Chaque printemps elles remontent les fleuves par bandes nombreuses et deviennent pour les riverains un objet précieux d'alimentation. Il s'en prend dans les rivières qui portent leurs eaux à l'océan Atlantique ainsi que dans celles qui les versent dans la Méditerranée.

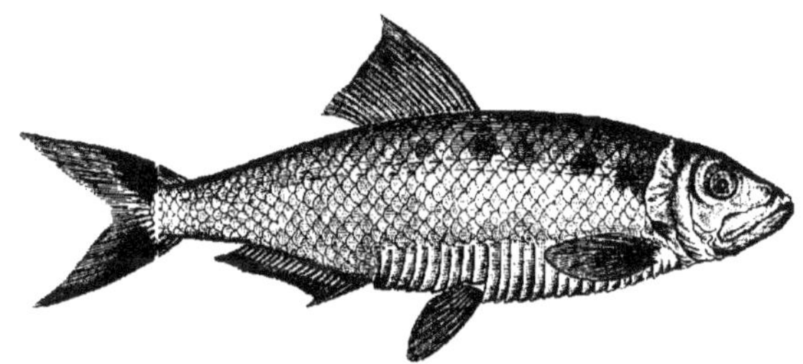

Fig. 143. — Alose.

Enfin, l'on a rapporté à la même division des malacoptérygiens les SILURIDÉS (silures, loricaires et malaptérures), ayant des formes très-différentes des autres poissons et qui vivent principalement dans les eaux douces des pays méridionaux, en Afrique, en Asie, dans l'Amérique et à la Nouvelle-Hollande. Le saluth ou wels (*Silurus glanis*), de la région du Rhin, en est le seul représentant européen.

Ces poissons, quoique abdominaux comme les précédents, mériteraient sans doute d'en être séparés pour former une division à part. Ils ne sont pas réellement squamodermes; leur squelette présente plusieurs particularités qui ne se retrouvent pas chez les abdominaux véritables, et leur peau est en partie recouverte par des plaques osseuses.

Les lépidosirènes, dont nous avons déjà parlé page 332, se rapprochent, à plusieurs égards, des siluridés.

ORDRE II. OSTÉODERMES. — C'est la réunion des plectognathes et des lophobranches de Cuvier. Ces poissons, au lieu d'être revêtus d'écailles comme ceux de l'ordre précédent, ont la peau ossifiée; d'ailleurs, leur squelette et les principales particularités de leur cœur ou de leurs intestins ne les éloignent que médiocrement des squamodermes. Ils ont cependant des formes singulières. Ces poissons ne sont d'aucune utilité réelle à notre espèce.

Ceux que Cuvier appelait *plectognathes* sont les diodons ou hérissons de mer, les tétrodons, les triodons, les moles ou poissons-lunes, les balistes et les coffres; ses *lophobranches* sont les pégases, les hippocampes ou chevaux marins et les syngnathes.

ORDRE III. GANOÏDES. — Nous avons vu que les genres lépisostée et polyptère, placés par Cuvier à la suite des malacoptérygiens abdominaux, à cause de la position de leurs nageoires paires, différaient de ces animaux par leurs écailles à la fois osseuses et recouvertes d'émail. Ces poissons ont de plus le bulbe artériel pourvu de valvules multiples placées sur deux rangs, et leur intestin est disposé spirale-

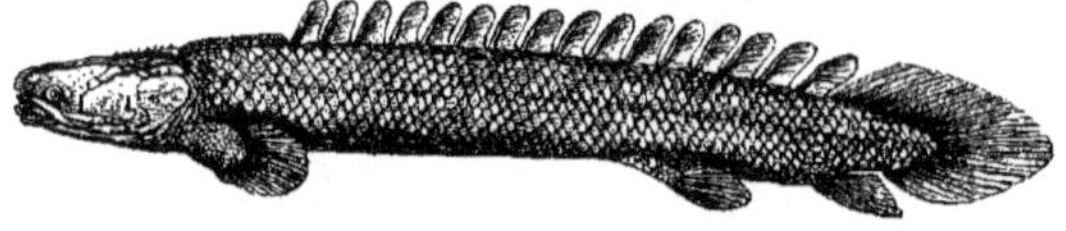

Fig. 144. — Polyptère du Nil.

ment. Quelques autres particularités, non moins importantes que celles-là, montrent aussi qu'on les laisserait à tort parmi les poissons squamodermes. Force est donc de les en séparer et d'en faire un groupe à part, que nous appellerons le sous-ordre des *rhombifères*. On peut citer, parmi les genres éteints qui se rapportent aussi à ce sous-ordre, les suivants : *Lepidotus*, *Paloniscus*, *Amblypterus*, *Pycnodus*, *Gyrodus* et *Sphærodus*. Par une exception singulière, la colonne vertébrale de certains de ces poissons ne s'ossifiait que dans ses parties apophysaires et les corps vertébraux ne s'y développaient pas. L'axe des vertèbres restait celluleux et sous la forme indivise qui constitue la corde dorsale chez les embryons des espèces appartenant à l'ordre des squamodermes; ce caractère les laissait dans une condition évidente d'infériorité par rapport aux espèces actuelles du même sous-ordre.

On trouvera d'ailleurs le même ensemble de caractères dans les *sturioniens* (esturgeons et spatulaires), que l'on peut regarder comme un second sous-ordre des ganoïdes.

Les esturgeons sont beaucoup plus nombreux dans les fleuves qui versent à la mer Noire que dans ceux de l'Europe occidentale, et ils y sont de plusieurs genres. Ces animaux, que l'on prend aussi à la mer, atteignent en général une grande taille; leur chair est fort estimée; leur vessie natatoire donne une colle de poisson (ichthyocolle) de première qualité, et l'on fait avec leurs œufs du *caviar*, aliment très-usité en Russie et dans certaines parties de l'Allemagne.

ORDRE IV. PLAGIOSTOMES. — Les raies et les squales, réunis depuis longtemps sous le nom commun de sélaciens, et les chimères, qui s'en rapprochent à tant d'égards, semblent supérieurs aux autres poissons par la disposition de leur système nerveux et par celle de plusieurs autres parties importantes de leur organisme. Ce sont aussi des animaux à bulbe artériel garni de nombreuses valvules (fig. 35, B), et ils ont également l'intestin disposé en spirale. Leurs branchies sont fixes et leur peau se distingue par la présence de ces petits organes auxquels nous avons donné le nom de boucles; c'est ce dernier caractère qui les a fait appeler poissons *placoïdes*. Leur nom de pla-

Fig. 145. — Raie bouclée.

giostome est tiré de la position de leur bouche, inférieure à la tête au lieu d'être terminale.

Les plagiostomes sont essentiellement marins. On en connaît un grand nombre d'espèces, dont quelques-unes sont fort redoutées à cause de leur férocité. Les requins sont surtout célèbres sous ce rapport. Beaucoup de plagiostomes fournissent une chair agréable ou du moins susceptible d'être mangée sans inconvénient, et chaque jour on en voit de plusieurs espèces sur les marchés de nos grandes villes. Les raies sont préférées à tous les autres plagiostomes, mais les squales sont également un bon aliment.

Ordre V. Cyclostomes. — La dernière grande division des poissons est celle des cyclostomes, ainsi nommés de la ventouse circulaire dont leur bouche est entourée. Ces animaux ont le corps allongé et de forme cylindrique, plutôt comparable à celui des vers qu'à celui des autres vertébrés. On ne leur voit aucune trace de nageoires paires comparables aux membres des poissons précédents ; mais seulement deux nageoires dorsales et une caudale. Presque tous leurs organes sont dans un état évident de dégradation, et si les plagiostomes peuvent disputer le premier rang dans la même classe aux poissons squamodermes, les cyclostomes doivent au contraire être placés après tous les autres.

Leur peau est nue et visqueuse ; elle passe au-devant des yeux sans y former d'ouverture, et ces organes peuvent aussi être tout à fait rudimentaires. Leur oreille est encore plus simple que celle des autres poissons. Leurs branchies sont dans des cavités en forme de sacs, et l'eau en sort par sept paires d'orifices latéraux ouverts sur les côtés de la partie antérieure du corps. Le squelette est en grande partie fibreux.

Ces poissons ont cependant l'intestin disposé en spirale, comme dans les familles précédentes ; ils se nourrissent principalement de substances animales, et leur ventouse leur sert à se fixer aux êtres dont ils sucent le sang, comme pourraient le faire des sangsues. Ils recherchent aussi les viandes en putréfaction, et l'on a recours à ces substances pour s'emparer d'eux.

Leur principal genre est celui des lamproies, dont une espèce, plus grande que les autres, vit dans l'Océan et dans la Méditerranée, et remonte dans nos rivières. C'est la grande lamproie (fig. 46); on mange sa chair.

Après ces poissons, il ne nous reste plus, pour clore la liste des animaux vertébrés, qu'à citer les Branchiostomes ou Amphioxus, qui se rattachent aux cyclostomes par plusieurs de leurs caractères, mais sont tellement inférieurs aux autres animaux de cet ordre, qu'on hésite avant de les classer avec eux.

Les branchiostomes (genre *Branchiostoma* ou *Amphioxus*) ont d'abord été pris pour de petites limaces, et nommés par Pallas *Limax lanceolata ;* mais ce sont bien des vertébrés. Seulement, ils ont le squelette fibreux, et leur axe vertébral reste à l'état de corde dorsale. Leur système nerveux est aussi fort dégradé; la partie céphalique s'y distingue à peine de la moelle épinière. En outre, ils n'ont pas de cœur; mais simplement des points pulsatiles placés en plusieurs endroits du système vasculaire, et leur sang reste incolore. Ce sont donc les moins parfaits de tous les vertébrés, et ils nous présentent la forme la plus inférieure à laquelle puisse descendre l'organisation

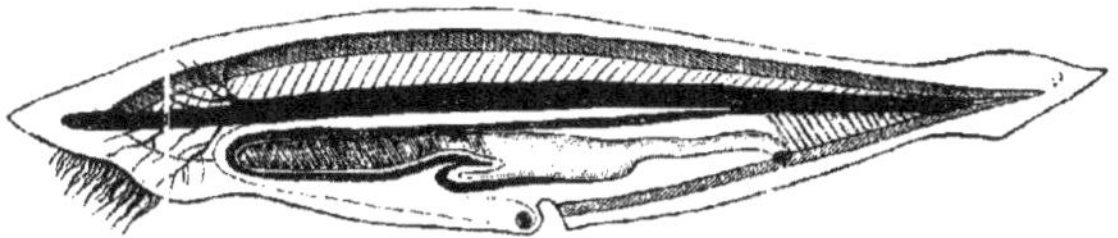

Fig. 146. — Branchiostome.

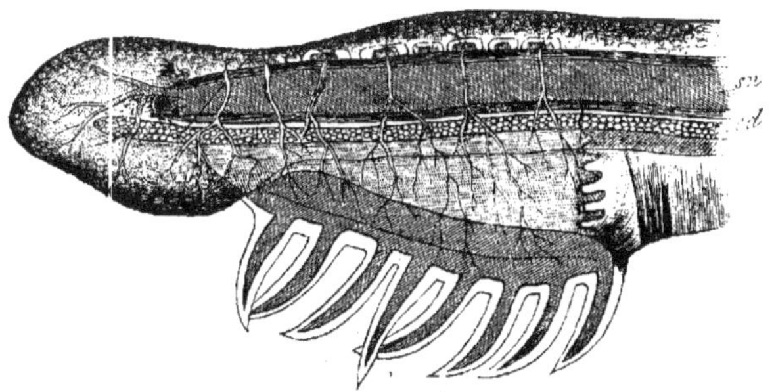

Fig. 147. — Tête du branchiostome.

de ces animaux. Leur étude offre, sous ce rapport, un intérêt particulier pour l'anatomie et la physiologie comparées, et plusieurs naturalistes s'y sont appliqués d'une manière tout à fait attentive. On trouve des branchiostomes sur différents points du littoral européen. Il en existe aussi dans d'autres parties du monde; ce sont partout des animaux marins.[1]

[1] Fig. 146. Branchiostome dont on voit les principaux organes par transparence, savoir en allant du dos au ventre : la peau, les muscles, les arcs neuraux de la colonne vertébrale, le système nerveux donnant naissance à différents nerfs, le tube digestif précédé du sac respiratoire ainsi que de la cavité buccale, et, plus en avant, des tentacules buccaux; enfin sous le ventre et vers le milieu le pore ventral, et, à la fin du troisième quart de la longueur totale, l'anus.

Fig. 147. Tête et partie antérieure du corps du branchiostome.

s n) Système nerveux encéphalo-rachidien donnant naissance à plusieurs paires de nerfs. Le cerveau ne s'y distingue pas de la moelle; — *c d*) corde dorsale. Les tentacules buccaux forment huit paires de denticules ou franges placées à la partie inférieure de la tête autour de la bouche.

CHAPITRE XXX.

DES ANIMAUX ARTICULÉS EN GÉNÉRAL ET PLUS PARTICULIÈREMENT DES INSECTES.

Les animaux articulés forment le second embranchement du règne animal. Leur caractère principal consiste en ce que leur corps, qui est de forme symétrique et binaire, se compose, dans le plus grand nombre des cas, d'une succession d'articles ou anneaux destinés à loger les viscères. Ils manquent de squelette proprement dit, et n'ont pas de moelle épinière. En outre, leur embryon n'a jamais sa vésicule vitelline attachée à la face ventrale, et, dans beaucoup de cas, cette vésicule n'est même plus distincte; c'est, en particulier, ce qui a lieu pour les vers.

Il s'en faut de beaucoup que les animaux articulés forment une réunion aussi naturelle que celle des vertébrés ou des mollusques, et plusieurs auteurs en ont distrait certaines familles de vers pour les réunir aux zoophytes, sous le nom de vers intestinaux. Cependant il y a entre les articulés, tels que nous les circonscrivons maintenant, certains rapports qui ne permettent guère de les séparer les uns des autres, et il semble préférable de les associer dans une même grande division.

On distingue d'ailleurs parmi eux deux sous-embranchements faciles à caractériser; nous en parlerons successivement sous les noms de *condylopodes* et de *vers*.

Articulés condylopodes. — Ils ont le corps nettement articulé, c'est-à-dire formé d'articles ou anneaux plus ou moins différents les uns des autres, et sont toujours pourvus de pattes également articulées, d'où le nom de *condylopodes* ou *arthropodes* qu'ils portent dans la classification actuelle. Leur système nerveux est formé d'un cerveau, d'un collier ésophagien et d'une chaîne ganglionnaire placée au-dessous du canal intestinal. Ceux de ces animaux dont on a observé le développement ont tous montré une vésicule vitelline, ou masse du jaune, distincte et en rapport avec le canal intestinal par la face dorsale du corps. Leurs différentes classes sont celles des *insectes*, des *myriapodes*, des *arachnides* et des *crustacés*, auxquelles plusieurs auteurs ajoutent les *systolides* dont nous dirons aussi quelques mots en parlant des crustacés.

CLASSE DES INSECTES.

CARACTÈRES GÉNÉRAUX. — Les insectes sont quelquefois appelés *articulés hexapodes*, parce que c'est un de leurs caractères principaux que d'être pourvus de six pattes. Leur corps se divise en trois parties : la *tête*, le *thorax* et l'*abdomen*.

La tête porte les appendices buccaux, savoir : la lèvre supérieure, les mandibules ; les mâchoires et la lèvre inférieure ; en tout quatre

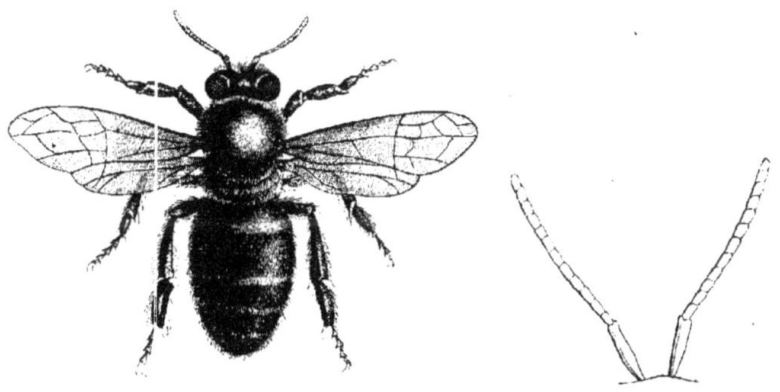

Fig. 148. — Abeille (grossie).

Fig. 149. — Antennes de l'abeille (grossies).

paires d'appendices spécialement destinés à la manducation. On y remarque aussi les antennes au nombre de deux, et les yeux tantôt simples ou en ocelles, tantôt composés.

Le thorax se divise en trois articles ayant chacun une paire de pattes. On les nomme *prothorax*, *mésothorax* et *métathorax*. Dans beaucoup d'espèces le mésothorax et le métathorax présentent des expansions membraneuses servant au vol, que l'on appelle les *ailes*. Certains insectes manquent tout à fait d'ailes, et sont dits *aptères* ; d'autres n'en ont qu'une seule paire (*diptères*). Parmi ceux qui ont deux paires d'ailes, des différences tirées de la conformation de ces organes ont fait distinguer plusieurs autres ordres, dont les principaux sont ceux des *coléoptères*, *orthoptères*, *hémiptères*, *névroptères*, *hyménoptères* et *lépidoptères*. L'étude de la bouche dont les parties sont disposées soit pour broyer soit pour sucer, et celle des métamorphoses extérieures, tantôt réelles, tantôt incomplètes ou nulles, confirment cette classification.

L'abdomen des insectes se compose de dix articles : rarement moins, rarement plus ; et comme cette particularité se retrouve aussi dans le premier âge de ces animaux, même chez ceux qui changent de forme aux diverses époques de leur vie, il est important à constater puisque, joint à la présence des trachées et des mâchoires, il permet de distinguer les insectes dont la forme approche le plus de celle des vers d'avec les vers proprement dits. Dans quelques cas en effet on rencontre certains insectes dans des conditions analogues à celles où vivent habituellement ces derniers, par exemple, dans le corps de différents mammifères ; c'est même le séjour habituel des larves de plusieurs genres de diptères.

Tous les insectes respirent d'ailleurs par des trachées, et leur organe principal de circulation est un vaisseau dorsal ; ce double caractère peut également servir à les distinguer.

Beaucoup de ces animaux éprouvent avec l'âge des changements de forme, qu'on a appelés leurs *métamorphoses*. Ces métamorphoses sont complètes, incomplètes ou nulles. Dans le premier cas, l'insecte se montre successivement sous le double état de *larve* ou chenille, et de *nymphe* ou chrysalide, avant de devenir parfait : c'est-à-dire avant d'acquérir sa forme définitive, de posséder des ailes et d'être capable de reproduire son espèce. Les coléoptères, les névroptères, les hyménoptères, les lépidoptères, les diptères et les puces qu'on peut joindre aux insectes de ce dernier ordre, bien qu'elles soient aptères, éprouvent de semblables transformations. Dans le cas de métamorphoses incomplètes, l'animal naît sous l'état de nymphe, et il ne subit guère d'autre modification apparente que d'acquérir les ailes dont il était d'abord privé ; c'est ce qui a lieu pour les orthoptères et les hémiptères. Enfin, les insectes sans métamorphoses sont ceux qui, naissant sous la forme de nymphes, restent pendant toute leur vie privés d'ailes, et n'éprouvent aucun changement apparent à quelque époque qu'on les examine. Il en est ainsi pour les poux, les ricins ou poux des oiseaux, les podures et les lépismes.

Classification des insectes. — Geoffroy, auteur d'une histoire des insectes qui vivent aux environs de Paris, est, avec de Geer, Linné et quelques autres naturalistes de la fin du dernier siècle, l'un des fondateurs de la classification entomologique.

Dans sa classification, les ailes ont été choisies comme fournissant les caractères principaux ; il a eu également recours à la conformation de la bouche et aux métamorphoses. De là, la répartition des insectes en plusieurs ordres, que nous avons déjà indiqués. Nous ajouterons ici quelques détails au sujet de chacun de ces ordres, en nous servant des mêmes démonstrations.

I. COLÉOPTÈRES, ou insectes ayant les ailes supérieures en forme d'étuis résistants et recouvrant les ailes inférieures, qui sont pliées transversalement au-dessous d'elles. Ce premier ordre comprend un nombre très-considérable de genres et d'espèces.

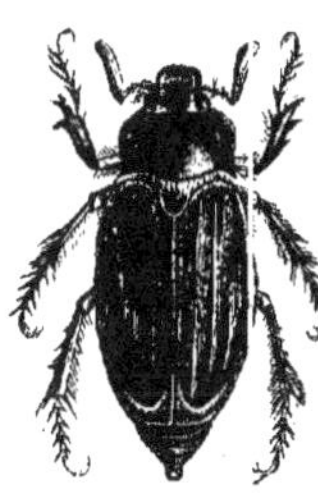

Fig. 150.—Hanneton.

Les carabes, cicindèles, dytisques, gyrins, staphylins, buprestes, lampyres ou vers luisants, dermestes, hannetons (fig. 150), scarabées, lucanes ou cerfs-volants, pimélies, blaps, hélops, mordelles, cantharides, charançons et autres rhynchophores, scolytes bostriches, capricornes, coccinelles, psélaphes, etc., font partie de l'ordre des coléoptères qu'on a divisé en sous-ordres en tenant compte du nombre des articles des tarses. Tous ces insectes ont les pièces de la bouche disposées pour broyer et ils subissent des métamorphoses complètes.

II. ORTHOPTÈRES. Insectes à ailes demi-membraneuses et droites.

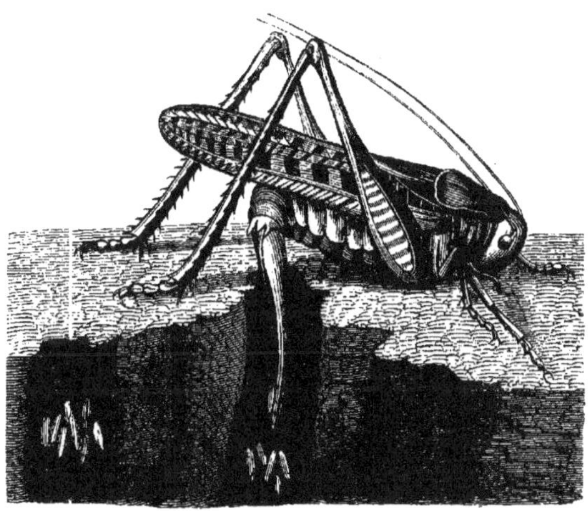

Fig. 151. — Orthoptères (sauterelle).

Tels sont les forficules, blattes, mantes, sauterelles (fig. 151), cri-

Fig. 152. — Orthoptères (grillon).

quets, grillons (fig. 152), qui ont aussi la bouche propre à broyer, mais ne subissent que des demi-métamorphoses.

III. Hémiptères; insectes pourvus de demi-élytres, tels que les punaises, nèpes, notonectes, cigales, pucerons, cochenilles, qui n'ont également que des demi-métamorphoses, mais ont toujours la bouche disposée en suçoir.

IV. Névroptères; à ailes marquées de nervures. Les libellules

Fig. 153. — Névroptères (fourmilion).

éphémères, panorpes, fourmilions (fig. 153), hémérobes et friganes en sont autant d'exemples. Ils joignent au caractère tiré de la disposition de leurs ailes d'avoir la bouche propre à broyer et d'éprouver en général des métamorphoses complètes.

V. HYMÉNOPTÈRES; ayant les ailes membraneuses comme les précédents, mais simplement veinées; leur bouche est appropriée à la mastication et ils subissent des métamorphoses véritables.

Ce sont les abeilles (fig. 162 à 164), les guêpes, les sphex, les four-

Fig. 154. — Noix de galle sur une branche de chêne.

mis, les chrysis, les chalcides, les cinips[1], les ichneumons et les tenthrèdes.

VI. LÉPIDOPTÈRES; à ailes recouvertes sur leurs deux faces par de

Fig. 155 — Lépidoptère diurne (Papillon machaon).

1. Les cynips ont, comme beaucoup d'hyménoptères, l'abdomen terminé par une tarière avec laquelle ils perforent différentes parties des végétaux pour y placer leurs œufs. Les excroissances qui en résultent sont les noix de galle (fig. 154), dont on tire l'acide gallique, les bédéguars ou mousses des rosiers, etc.

petites écailles colorées. Ces insectes ont les mâchoires allongées et disposées en forme de trompe; ils éprouvent des métamorphoses.

Fig. 156. — Lépidoptère nocturne (grand paon de nuit).

On les divise en diurnes ou papillons proprement dits (fig. 155), crépusculaires ou sphinx, et nocturnes ou phalènes, bombyces, noctuelles, teignes, ptérophores, etc.

VII. DIPTÈRES; n'ayant que deux ailes, tandis que les précédents en ont quatre. Cette division répond aux diverses familles des cousins, tipules, asiles, anthrax, taons, œstres, mouches, hippobosques, etc. Leur bouche a la forme de trompe, et ils naissent sous une forme différente de celle qu'ils auront étant adultes.

VIII. APTÈRES ou privés d'ailes. On a partagé les insectes aptères en plusieurs ordres appelés :

Thysanoures (lépismes et podurelles); – *Parasites* (pous et ricins); — *Suceurs* (puces).

Mais on a été conduit à penser depuis lors que les aptères doivent être rangés dans les ordres précédents, et il est, par exemple, aisé de démontrer les affinités des puces avec les diptères, auxquelles elles ressemblent par la conformation de leur bouche et par leurs métamorphoses. Des remarques analogues ont été faites au sujet des lépismes, qu'on a rapprochés des névroptères, et des autres aptères.

Parmi les auteurs qui ont le plus contribué à perfectionner la classification des insectes, on doit citer un naturaliste français, Latreille, dont un des meilleurs ouvrages, publié après le *Genera plantarum* d'A. L. de Jussieu et sous l'influence des vues nouvelles formulées par ce grand botaniste, porte le titre de *Genera crustaceorum et insectorum*[1].

1. Paris; 1806 et 1807.

Un autre entomologiste également célèbre, Fabricius, professeur à Kiel, avait cherché au contraire à imiter Linné, et sa classification des insectes tient presque uniquement compte des caractères tirés de la bouche ; c'est donc plutôt un système qu'une classification naturelle ; on ne s'en sert plus aujourd'hui.

APPLICATIONS DE L'ENTOMOLOGIE.

La branche de la zoologie qui s'occupe spécialement des insectes s'appelle l'*entomologie*. Le nombre des animaux dont elle a entrepris l'histoire est véritablement immense ; en effet, il y a plus de cent mille espèces dans l'ordre seul des coléoptères, et plusieurs autres ordres de la même classe, ceux des diptères et des lépidoptères par exemple, sont aussi très-riches en espèces. Quoique tous les insectes envisagés dans leur organisation et dans leurs mœurs méritent une égale attention de la part du naturaliste, il en est qui présentent pour le but que nous nous proposons, plus d'intérêt que les autres, à cause des désagréments qu'ils occasionnent ou des avantages que l'on peut en retirer. C'est ce qui a conduit à des recherches plus spéciales que celles de l'entomologie ordinaire, et que l'on appelle l'entomologie appliquée. Le but de cette branche de l'histoire des insectes est de faire plus particulièrement connaître les espèces utiles et celles, en beaucoup plus grand nombre, qui nous sont nuisibles, qu'elles attaquent notre propre personne, nos substances alimentaires et les objets dont nous nous servons dans nos habitations, ou bien qu'elles exercent leurs dégâts sur nos animaux domestiques, sur les végétaux que nous cultivons dans nos jardins, dans les champs ou même dans les forêts. Chaque mammifère, chaque oiseau et chaque sorte de plantes est souvent tourmentée par plusieurs espèces d'insectes, et les produits organiques que nous tirons de ces divers êtres pour notre alimentation ou que nous employons soit à nous vêtir, soit à orner nos appartements, sont aussi exposés aux attaques de ces animaux. En étudiant avec soin leurs mœurs et les conditions de leur multiplication, on a plus de chances de les arrêter dans leur développement. Mais cette étude fournirait à elle seule la matière de plusieurs volumes ; aussi nous bornerons-nous à quelques exemples.

Le premier sera tiré des insectes qui font du tort à la vigne, non pas que nous ayons la possibilité de nous occuper ici de tous ceux que l'on pourrait citer comme étant dans ce cas ; nous signalerons seulement les principaux. Des cantons vignobles d'une étendue considérable sont parfois ravagés par des coléoptères, contre lesquels le vigneron doit lutter. L'*altise* (fig. 157) dévore les bourgeons au mo-

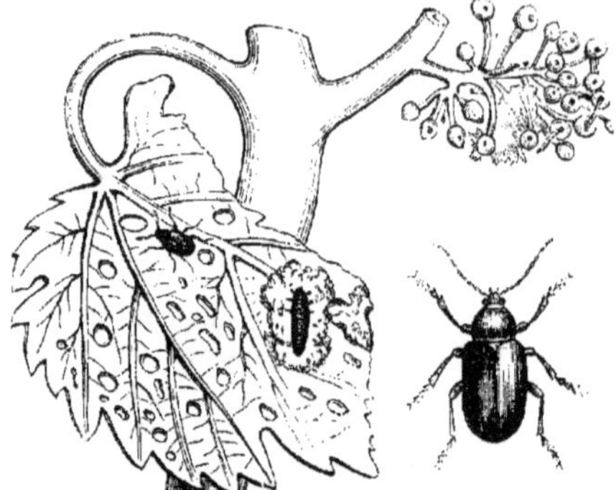

Fig. 157. — Altise luisette.

ment où ils vont s'ouvrir; l'*eumolpe* (fig. 159), à l'état de larve, perce

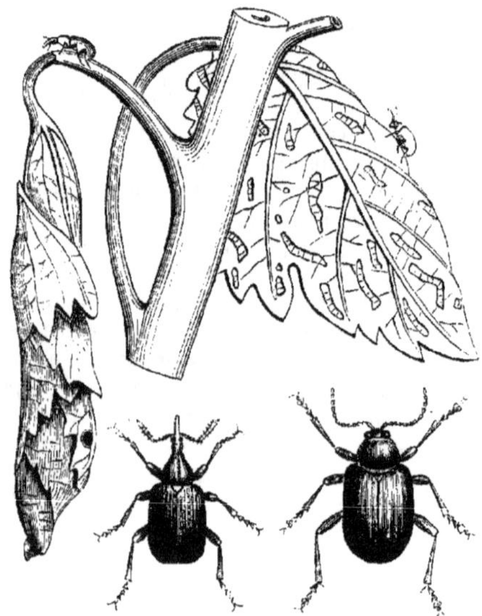

Fig. 158. — Rhynchite cigareur. 159. Eumolpe écrivain.

les feuilles en traçant à leur surface des découpures qui lui ont fait donner le nom d'écrivain, et le *rhynchite Bacchus* (fig. 158) les roule en forme de cigares pour y abriter ses œufs, ce qui, joint à la maladie redoutable occasionnée par le petit champignon appelé *oïdium*, diminue singulièrement la récolte et empêche souvent le propriétaire de retirer, lors de la vendange, même les frais qu'il a avancés pour la culture de ses vignes. Dans d'autres circonstances, ce sont de petites chenilles appartenant à un lépidoptère nocturne du genre des pyrales qui font tout le mal. On n'a guère d'autre moyen de le combattre que d'en détruire les œufs avec soin, afin d'apporter un obstacle à leur propagation.

Le blé nourrit plusieurs parasites qui sont aussi de la classe des insectes et il en est de même pour toutes nos autres plantes alimen-

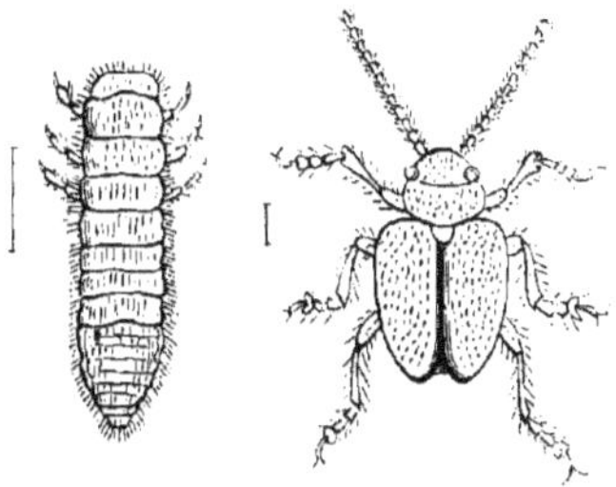

Fig. 160. — Colaspis de la luzerne; larve et insecte parfait.

taires. Les fruits, les graines diverses, qui servent à notre nourriture ou à celle de nos animaux domestiques, sont aussi infestés de la même manière, et il en est également ainsi de nos plantes fourragères. La luzerne, par exemple, est parfois dévastée par la larve du *Colaspis atra*, de l'ordre des coléoptères (fig. 160).

L'olivier n'est pas moins exposé. Les larves de deux autres espèces de coléoptères (*Hilimius oleiperda* et *Phloiotribus oleæ*) vivent dans ses branches et sur ses rameaux qu'ils dessèchent; le *Coccus oleæ*, vulgairement pou de l'olivier, est une espèce de cochenille qui suce la séve des branches et les fait périr; un puceron du genre des psylles s'en prend aux fleurs et fait avorter les fruits; un diptère du genre *Dacus* passe son état de larve dans les olives mêmes et gâte la qualité de l'huile; en outre deux lépidoptères viennent se joindre à ces différents parasites, et leurs chenilles occasionnent de nouveaux dégâts.

Nous ne finirions pas si nous voulions rappeler tous les dommages que les insectes font éprouver aux horticulteurs, aux agriculteurs ou aux intérêts engagés dans la sylviculture. Ceux dont l'économie domestique a également à souffrir ne sont pas moins considérables, et pour rembrunir encore ce tableau, nous n'aurions qu'à parler des insectes qui vivent sur le corps même de l'homme et dont quelques-uns, comme le pou du ptiriasis et la puce pénétrante, sont l'occasion de maladies parfois mortelles; mais nous préférons nous arrêter sur deux animaux de cette classe qui sont au contraire une source de richesses. Ce sont l'*abeille* et le *ver à soie*.

VER A SOIE OU BOMBYCE DU MÛRIER. — Le bombyce du mûrier (*Bombyx mori*), dont la chenille file la soie pour former le cocon dans lequel elle passe son état de chrysalide, est un lépidoptère de la division des nocturnes. Il nous vient de Chine, où son espèce est domestique depuis un temps immémorial. Des missionnaires grecs de l'époque de Justinien rapportèrent de l'Inde à Constantinople les œufs des premiers vers à soie cultivés en Europe. La graine en fut transportée plus tard à Naples, vers l'époque des croisades. A la fin du seizième siècle, on commençait à élever de ces bombyces en France. Sully encouragea cette industrie nouvelle, qui devait bientôt prendre une si grande extension et qui est aujourd'hui une source de richesses pour toute la région méditerranéenne. Les départements du Midi produisent annuellement plus de trente millions de kilogrammes de cocons, ce qui, en portant le prix moyen du kilogramme à 5 francs seulement, donne un revenu total de 150 millions de francs.

La graine des vers à soie, c'est-à-dire les œufs de ces insectes, était autrefois produite dans le pays ou apportée de divers points de l'Espagne, dont le climat diffère peu de celui des Cévennes; on la tire aujourd'hui en grande partie d'Italie, d'Orient et du Japon. Pour faire éclore celle que l'on destine à une même éducation et avoir des vers qui monteront simultanément sur les brins de bruyères qu'on leur apprête dans les magnaneries pour y filer leur cocon, on a recours à une incubation artificielle qui dure quelques jours. Les vers une fois éclos, on leur donne immédiatement à manger. Leur unique aliment consiste en feuilles de mûrier, arbre dont il existe de grandes plantations dans tous les pays séricicoles. L'éducation dure environ trente-quatre jours. Pendant ce temps les vers subissent plusieurs mues, appelées maladies par les personnes qui se livrent à cette intéressante industrie. Le nombre des mues est ordinairement de quatre; mais il y a quelques variétés de vers qui n'en subissent que trois. Elles durent environ une trentaine d'heures chacune. L'animal passe ce temps sans manger. Quelques jours après la dernière mue, il cesse encore de prendre des aliments, mais alors d'une manière définitive, et bientôt il commence à filer.

La soie dont il forme son cocon est une substance de composition quaternaire renfermant une petite quantité de soufre et qui a beaucoup d'analogie avec les principes albuminoïdes. Elle se produit dans une paire de longues glandes tubiformes, plusieurs fois repliées sur elles-mêmes, qui longent intérieurement la partie inférieure du corps du ver (fig. 161). La soie y est à l'état liquide. Elle est filée à

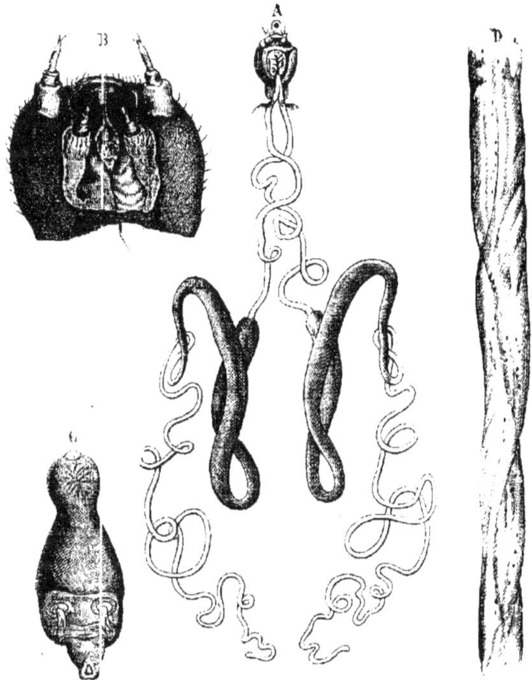

Fig. 161. — Bombyce du mûrier (appareil sécréteur de la soie).

travers un petit appareil percé à son sommet d'un orifice unique et très-fin. Cet appareil est placé auprès de la bouche, dont il semble constituer la lèvre inférieure; on lui donne le nom de filière. Le ver attache d'abord quelques brins de soie aux corps environnants pour

Fig. 161. Bombyce du mûrier ou ver à soie (*Bombyx mori*).
Appareil sécréteur de la soie.
A = L'appareil de la soie, vu dans ses différentes parties, isolé du reste du corps. On y distingue la filière en communication avec le tube sécréteur qui se

s'assurer des points d'appui. Il trame ensuite son cocon qui est d'un seul fil, contourné et replié de telle manière qu'il enveloppe bientôt l'animal comme dans une sorte de prison, au sein de laquelle ce dernier passera son état de chrysalide. On a calculé que le fil de chaque cocon n'a pas moins de quatre ou cinq cents mètres de long.

Si l'on veut utiliser les cocons pour leur soie, on y étouffe les chrysalides et on les dévide ensuite plusieurs ensemble, ce qui donne les écheveaux de *soie grége*, destinés à la fabrication des tissus. Les fils de soie sont naturellement recouverts d'une matière gélatineuse dont on doit débarrasser ceux que l'on destine à cet usage, surtout si l'on se propose d'en faire des étoffes souples et que l'on veuille les teindre avec soin. La soie encore recouverte de sa matière gélatineuse est la *soie écrue*. L'opération par laquelle on l'en débarrasse est appelée *décreusage*.

Les cocons destinés à la reproduction sont mis à part jusqu'à ce que la chrysalide y ait acquis sa forme de papillon. L'animal perce alors son enveloppe et se montre au dehors. Sous cet état de papillon il n'a pas besoin de nourriture. Sa fonction principale est alors d'assurer la propagation de l'espèce.

Les vers à soie sont exposés à diverses maladies qui rendent singulièrement précaires, depuis quelques années surtout, les bénéfices que l'on se promet en les élevant. Plusieurs de ces maladies sont aujourd'hui mieux connues dans leur nature, et on a trouvé le moyen de combattre victorieusement quelques-unes d'entre elles. Parmi les causes de l'état de souffrance dans lequel se trouve en ce moment l'industrie séricicole, on doit citer le peu de soin apporté par les éleveurs à la production de la graine, et la condition dans laquelle se trouve toute graine étrangère de donner des sujets qui doivent nécessairement subir les chances d'une véritable acclimatation. Le retour à la graine du pays, faite avec des garanties suffisantes et au moyen de mâles pris dans d'autres chambrées que les femelles, permettrait sans doute de triompher de cet état de souffrance, ou du moins d'en atténuer beaucoup la gravité.

Abeille (genre *Apis*). — Les abeilles forment, parmi les hyménoptères aiguillonnés, un genre type de la famille des apididés sociétaires, qui comprend aussi les mélipones, les bourdons, les an-

divise presque immédiatement en deux branches fort longues, en partie contournées et renflées l'une et l'autre en réservoir sur leur partie moyenne.

B = Tête du ver à soie, vue en dessous, pour montrer la filière et le fil de soie qui en sort.

C = La filière, vue séparément. Son orifice est placé en bas.

D = Soie décreusée, vue au microscope. Les fils en sont irrégulièrement aplatis; leur épaisseur varie de 0^{mm},007 à 0^{mm},015.

drènes, etc. Ce genre, auquel est resté en propre la dénomination d'*Apis*, étendue par les naturalistes du temps de Linné aux autres insectes de la même famille, comprend plusieurs espèces, toutes ori-

Fig. 162. — Abeille mâle ou faux bourdon, de grandeur moyenne.

Fig. 163. — Abeille femelle ou reine.

Fig. 164. — Abeille neutre ou ouvrière.

ginaires de l'ancien monde, et qui vivent en sociétés. Chacune de ces espèces se compose de trois sortes d'individus, savoir : des mâles, appelés *faux-bourdons*, des femelles, dites *reines* (chaque société ou

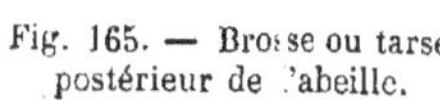

Fig. 165. — Brosse ou tarse postérieur de l'abeille.

Fig. 166. — Abeille, grossie; vue en dessous.

ruche n'en possède qu'une seule), et des neutres, appelés aussi *ouvrières*, qui sont des femelles stériles et pourvues d'un aiguillon.

Les ouvrières ont le premier article des tarses postérieurs en forme de carré long, et garni à sa face interne de six rangées de poils qui le transforment en une espèce de *brosse* (fig. 165). La *corbeille* est

Fig. 166. Abeille ouvrière vue en dessous, grossie, pour montrer la manière dont les anneaux de l'abdomen produisent les lames de cire.

un enfoncement bordé de poils qui existe au côté interne de la cuisse des mêmes pattes. Cette double disposition est utile aux abeilles dans la récolte du pollen et du nectar des fleurs qui leur servent à la fabrication du *miel*. C'est aussi au moyen de ces petits organes que ces insectes se procurent le *propolis*, substance qu'ils tirent également des végétaux, et dont ils mastiquent leurs habitations. Quant à la *cire*, elle suinte des parois mêmes du corps des abeilles ouvrières par un certain nombre de pores glanduleux situés sur les articles de l'abdomen (fig. 166).

Les abeilles emploient la cire à la construction des loges dans lesquelles les reines doivent déposer leurs œufs. Ces loges forment des

Fig. 167. — Essaim d'abeilles.

amas de cellules hexagonales, serrées les unes contre les autres, et opposées base à base sur deux rangs, dont l'ensemble représente une sorte de gâteau. Il y a des alvéoles à part pour les œufs destinés à fournir des femelles, pour ceux d'où naîtront des mâles, et pour ceux qui donneront des ouvrières. Les alvéoles des œufs royaux sont les plus grands. Réaumur a constaté qu'une seule reine peut pondre, au printemps et dans l'espace de vingt jours seulement, jusqu'à douze mille œufs; elle fait plusieurs pontes par an.

Lorsque de nouvelles femelles, c'est-à-dire des reines, naissent dans une ruche, une grande agitation ne tarde pas à se produire; celle qui avait précédemment l'autorité s'éloigne suivie de faux-bourdons et d'un nombre considérable d'abeilles ouvrières. Cette colonie va s'établir ailleurs; elle constitue ce qu'on nomme un *essaim* (fig. 167).

Le miel est une provision alimentaire destinée à la nourriture des abeilles. Il leur sert aussi pour l'alimentation des larves, et c'est à cette intention qu'elles en remplissent leurs alvéoles ou gâteaux de cire.

Ce sont précisément ces deux substances, l'une de nature grasse, la cire, l'autre sucrée et d'un goût agréable, le miel, qui nous portent à élever les abeilles en domesticité. Autrefois elles avaient dans l'économie domestique une importance bien plus considérable encore que celle qu'elles ont aujourd'hui. Les bougies de cire étaient un éclairage de luxe, et les anciens, qui ne possédaient pas le sucre proprement dit, faisaient un grand usage de miel comme principe édulcorant. Il leur servait aussi à préparer, par la fermentation, une liqueur enivrante, appelée hydromel.

Il y a plusieurs espèces d'abeilles, toutes originaires des parties chaudes ou tempérées de l'ancien monde. Les animaux de ce genre que l'on possède en Amérique, y ont été apportés de l'Europe.

Mélipones. — Cependant il existe dans le Nouveau-Monde des hyménoptères mellifères, susceptibles de fournir à l'homme les mêmes produits que nos abeilles; ce sont les mélipones (*Melipona*), qui ressemblent beaucoup aux abeilles du genre *Apis*, mais chez lesquelles les ouvrières ou femelles stériles n'ont pas d'aiguillon. Ces espèces d'abeilles ne piquent pas; toutefois Auguste Saint-Hilaire a cité une mélipone qui laisse échapper par l'anus une liqueur brûlante.

La cire dite des andaquies est de la cire de mélipones, et le miel de ces insectes est utilisé dans plusieurs parties de l'Amérique équinoxiale.

CHAPITRE XXX.

DES MYRIAPODES, DES ARACHNIDES ET DES CRUSTACÉS.

CLASSE DES MYRIAPODES.

Elle réunit un certain nombre d'animaux articulés condylopodes respirant, comme les insectes, par des trachées; mais qui ont les anneaux du corps bien plus nombreux et presque tous pourvus de pattes; de là la dénomination de *mille-pieds*, par laquelle on les désigne vulgairement. Les myriapodes ont la tête distincte du reste du corps et surmontée de deux antennes; mais on ne saurait leur reconnaître un thorax et un abdomen séparables l'un de l'autre, comme aux insectes hexapodes, ce qui tient à ce que presque tous leurs anneaux portent des pattes.

Leurs principaux genres sont ceux des gloméris, des polydèmes, des iules, des scutigères, des scolopendres et des géophiles. La morsure des scolopendres est fort douloureuse; les iules répandent une odeur particulière due à des glandes placées sur les côtés de leur corps.

CLASSE DES ARACHNIDES.

Les arachnides ont, en général, le corps divisé en deux parties : un céphalothorax, répondant à la tête et au thorax des insectes unis ensemble, et un abdomen. Elles manquent d'antennes et sont aussi privées des pièces buccales propres aux véritables insectes. Leurs appendices sont au nombre de six paires dont les deux antérieures servent, par leur base, à la mastication et sont appelées pinces et mandibules, tandis que les quatre autres sont affectées au service de la locomotion proprement dite, et conservent la dénomination de pattes. C'est à cause de la présence de ces huit pattes que les arachnides ont quelquefois été nommées *octopodes*. Ces animaux ne subissent pas de véritables métamorphoses. Ils respirent tantôt par des trachées, tantôt, au contraire, par des organes circonscrits et feuilletés, qui sont renfermés dans des espèces de sacs, et que l'on a considérés à tort comme des poumons. Ces organes sont invariablement placés sous l'abdomen.

Latreille s'était fondé sur cette différence pour établir deux ordres distincts d'arachnides, les pulmonaires et les trachéennes; mais Dugès, de Montpellier, a fait voir que les araignées des genres dysdère et ségestrie, au lieu d'avoir deux paires de poumons, comme les autres animaux de ce groupe, ont deux de ces organes seulement qui présentent ce caractère, tandis que les deux autres sont les orifices de véritables trachées; dès lors il a fallu abandonner ce système de classification.

Les principaux groupes d'arachnides sont les scorpions, les araignées, les galéodes, les phalangides et les acarides.

Les SCORPIONS ont les palpes ou deuxième paire d'appendices buc-

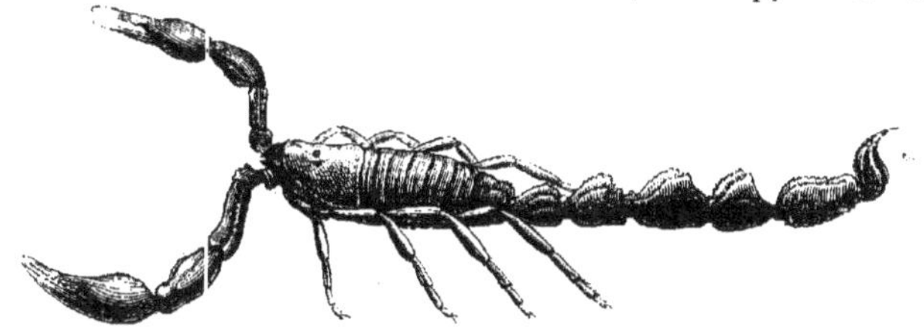

Fig. 168. — Scorpion tunisien (genre androctone).

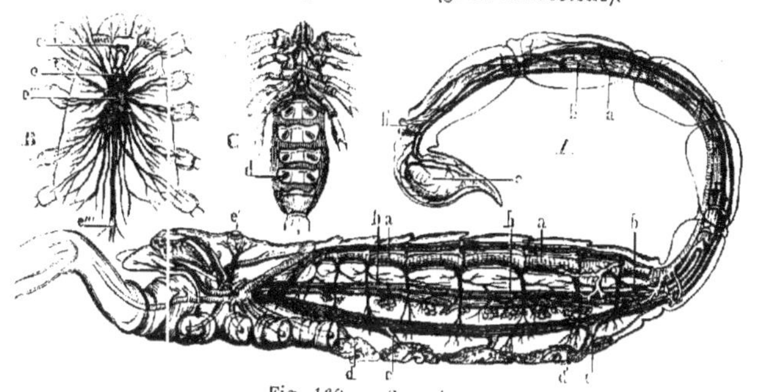

Fig. 169. — Scorpion.

caux, disposés en pinces et très-développés; ils ont l'abdomen caudiforme et sa partie terminale porte un aiguillon avec lequel ils font des piqûres fort douloureuses.

FIG. 169. Anatomie du scorpion.
A = L'animal disséqué pour en montrer les différents organes.
a) Le vaisseau dorsal et les principales artères auxquelles il donne naissance;

Les pinces ou chélifères sont de petites arachnides dépourvues de partie caudiforme et d'aiguillon, qui ressemblent, du reste, beaucoup aux scorpions, mais ne sont pas venimeuses comme ces derniers ; elles respirent par des trachées, tandis que les scorpions ont des pseudopoumons.

Les ARAIGNÉES piquent avec leurs mandibules. Elles ont les palpes

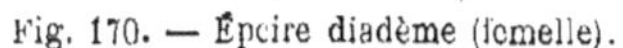

Fig. 170. — Épeire diadème (femelle).

Fig. 171. — Épeire diadème (mâle).

tentaculiformes et leur abdomen, qui est renflé, porte en arrière un appareil destiné à la sécrétion des fils soyeux avec lesquels elles construisent leur toile. Chaque fil est la réunion de plusieurs brins secondaires sortis par les différents orifices de la filière.

Les GALÉODES ou solpuges constituent une division des arachnides qui a principalement ses représentants dans les pays chauds ; elles sont remarquables par leur voracité. On en trouve déjà en Espagne.

Les PHALANGIDES ou *faucheurs*, dont plusieurs espèces vivent dans nos jardins, sont nombreux et de formes assez bizarres. C'est dans les régions intertropicales que l'on trouve les plus singuliers.

Les ACARIDES ou *mites* n'ont que six pattes lorsqu'ils éclosent et subissent une sorte de demi-métamorphose à la suite de laquelle leur appareil locomoteur se complète ; ils constituent la dernière division importante des arachnides.

— *b*) le tube digestif ; — *b'*) l'anus ; — *e*) la chaîne des ganglions nerveux ; — *c'*) un des deux yeux principaux et son nerf optique venant du cerveau ; les yeux latéraux sont placés plus en avant ; — *d*, *d*) sac pseudo-pulmonaire ; — *e*) aiguillon et sa glande vénéneuse.

B = Le système nerveux céphalo-thoracique.

e) Partie sus-ésophagienne du cerveau ; *e'*) yeux principaux et leurs nerfs optiques ; — *e''*) ganglions thoraciques réunis en une masse unique ; — *e'''*) premier ganglion abdominal.

C = Le dessous du corps montrant les appendices buccaux ainsi que la base des pattes ; — *d*) les orifices des sacs pseudo-pulmonaires.

Ces animaux constituent un groupe très-nombreux, dont les espèces, presque toutes de fort petite dimension, sont très-répandues et très-variées dans leurs formes. Plusieurs méritent une mention particulière. Ainsi, les mites du fromage sont des espèces d'acarides, appartenant au genre *Tyroglyphus;* la gale de l'homme et des animaux est occasionnée par des espèces des genres *Sarcoptes* et *Psoroptes*[1] qui peuvent la communiquer d'individu à individu, et même d'une espèce à une autre espèce; enfin, un animal de la même famille vit dans les follicules sébacés ou tannes des ailes du nez, chez l'homme; elle a servi de type à un genre à part nommé *Demodex* ou *Simonea*. C'est encore à la division des acarides qu'appartient le curieux animal de la mousse des toits, que nous avons cité sous le nom de tardigrade (p. 64, fig. 15, *a*) comme pouvant revenir à la vie après avoir été desséché à une température supérieure à 100°.

Quelques auteurs rapportent aussi à la classe des arachnides les LIMULES, que d'autres placent parmi les crustacés à cause de leurs branchies.

Ces animaux ont une forme des plus bizarres; ils dépassent de beaucoup, en dimensions, ceux dont nous venons de parler, et sont marins. Leur énorme céphalothorax porte en dessous un nombre d'appendices égal à celui des arachnides (six paires), et semblablement disposés. Sous leur abdomen sont placées de grandes branchies foliacées, répondant aux faux poumons des scorpions. En outre, le corps des limules est terminé en arrière par un appendice droit et allongé, qui a valu au groupe qu'ils constituent le nom de *xyphosures*. Cet appendice n'existe pas encore dans les embryons des limules.

CLASSE DES CRUSTACÉS.

Les crustacés forment une réunion considérable d'articulés condylopodes, pour la plupart marins, dont la forme est assez différente, suivant les espèces, mais qui ont tous pour caractère de manquer de trachées. Leurs organes de respiration sont des branchies dépendant des pattes ou placées sur les pattes elles-mêmes; quelques-uns respirent uniquement par la peau. Ces animaux ont habituellement deux paires d'antennes. Certains d'entre eux subissent des demi-métamorphoses.

Il existe, entre les divers groupes de cette classe, des différences remarquables d'organisation, et l'on peut les considérer comme constituant autant de sous-classes que nous indiquerons successivement.

1. Comprenant une espèce d'acarus spéciale au cheval.

1° Crustacés dont les yeux sont portés sur des pédoncules ou crustacés podophthalmaires.

Ordre des crustacés décapodes. — Les plus grandes espèces de crustacés, comme les crabes, les maias, les langoustes, les homards, les écrevisses et les palémons, ont un céphalothorax; c'est-à-dire que leur tête et leur thorax sont soudés ensemble. Leur bouche présente des organes spéciaux de mastication, et, en outre, un certain nombre de pieds appropriés au même usage, et que l'on appelle des pieds-mâchoires. Ces pieds modifiés précèdent les pieds spécialement locomoteurs, qui sont au nombre de cinq paires. C'est ce dernier caractère qui a valu à l'ordre des décapodes le nom qu'il porte. Les branchies sont placées à la base des pattes et protégées par un rebord du céphalothorax sous lequel elles se trouvent enfermées, comme dans une chambre respiratrice. L'abdomen est tantôt raccourci, par exemple dans les crabes et espèces analogues qui forment, par leur réunion, le sous-ordre des *brachyures;* tantôt, au contraire, allongé, comme chez les langoustes, les écrevisses et les autres décapodes constituant le sous-ordre des *macroures.*

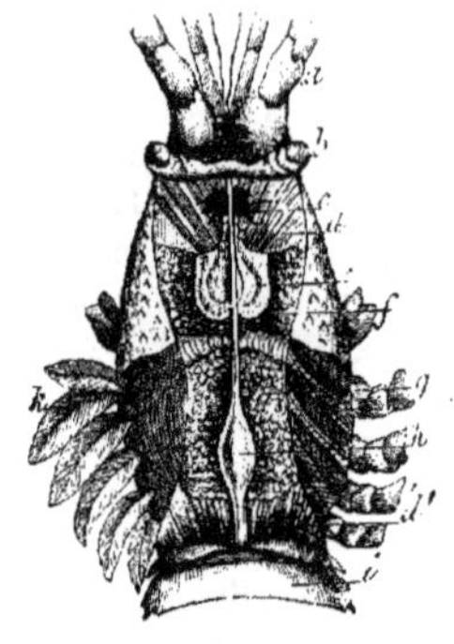

Fig. 172. — Langouste (ses principaux organes).

Les caractères des crustacés décapodes indiquent une supériorité évidente dans l'organisation et les fonctions de ces animaux, par rapport aux autres espèces de la même classe. Ainsi, leur artère aorte se renfle en un point déterminé, pour constituer un cœur véritable dont les contractions chassent, dans les différentes parties du corps, le sang que les veines pulmonaires ramènent des branchies. Leur système nerveux et leurs organes des sens ont aussi une disposition plus parfaite que dans les autres crustacés.

Fig. 172. Langouste (anatomie).

a) Antennes externes et internes; — *b*) yeux; — *c*) cerveau ou partie supérieure du collier ésophagien; — *d*, *d'*) muscles antérieurs et postérieurs du céphalothorax; — *e*) estomac; — *f*) foie; — *g*) ovaires renfermant les œufs, appelés vulgairement corail, à cause de leur couleur rouge; — *h*) cœur se continuant en avant et en arrière par l'aorte; — *i*) premier anneau de l'abdomen; — *k*) les branchies redressées.

Certains décapodes subissent des changements de forme après leur naissance. On n'en remarque pas chez les écrevisses et les homards;

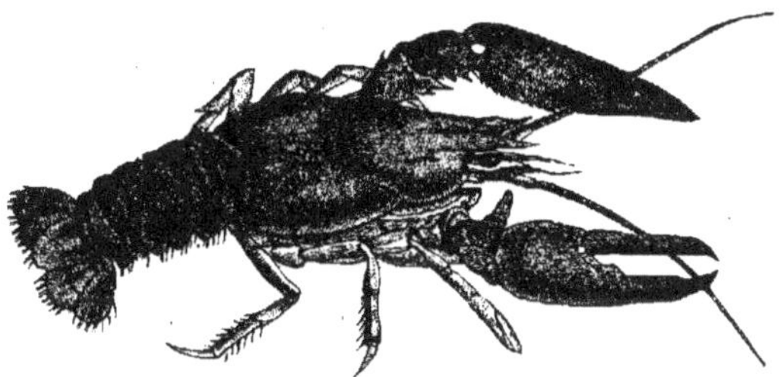

Fig. 173. — Écrevisse fluviatile.

mais les langoustes, quoique très-semblables en apparence aux crus-

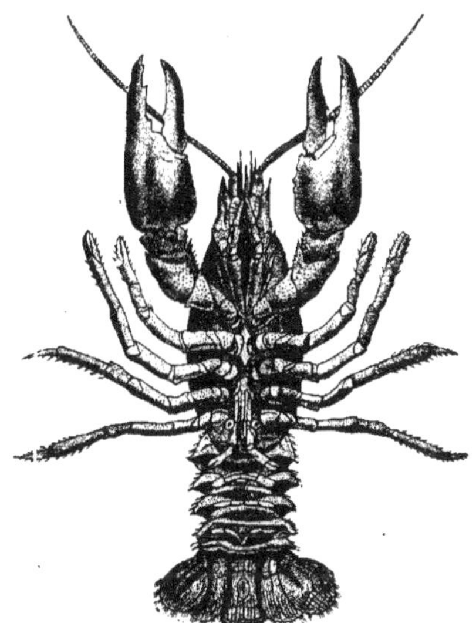

Fig. 174. — Écrevisse fluviatile (mâle).

tacés de ces deux derniers genres, en éprouvent qui sont très-profonds; à tel point que l'on a d'abord classé dans un autre ordre (celui des stomapodes), sous le nom générique de phyllosomes, les jeunes des crustacés de ce genre.

C'est aux décapodes brachyures qu'appartiennent les pinnothères (fig. 174), petites espèces de crustacés qui vivent dans les huîtres, les jambonneaux et les moules comestibles. On les accuse à tort des accidents que ces dernières déterminent chez certaines personnes.

Fig. 174. Pinnothère.

Un grand nombre d'espèces de décapodes sont des animaux alimentaires. Les maias ou crabes-araignées, les crabes ordinaires, les crabes-tourteaux, le pagure ou bernard l'hermite, les homards, les langoustes, les scyllares ou cigales de mer, les écrevisses, les palémons, les salicoques ou crevettes de nos tables, et beaucoup d'autres encore, en sont autant d'exemples.

Les crustacés décapodes sont des animaux presque tous propres

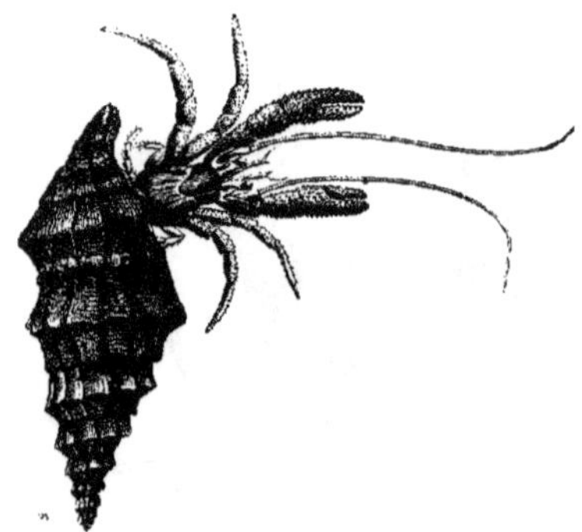

Fig. 175. — Pagure

aux eaux de la mer; cependant les écrevisses, un genre de crabes appelés telphuses et quelques petites espèces voisines des palémons vivent dans les eaux douces. Les tourlourous sont des espèces de crabes, propres aux Antilles, qui s'éloignent de la mer et voyagent dans l'intérieur de ces îles, comme pourraient le faire des animaux terrestres pourvus de respiration aérienne. Leur appareil branchial conserve, pendant ce temps, la quantité d'eau nécessaire à la respiration.

Fig. 174. Pagure ou bernard l'hermite, dans la coquille d'un mollusque gastéropode.

ORDRE DES STOMAPODES. — Il continue, pour ainsi dire, celui des décapodes, et les espèces, comme les squilles, etc., qui s'y rapportent, ont encore les yeux pédiculés de ces derniers ; mais leurs branchies ne sont plus protégées par le thorax; celui-ci reste séparé de la tête et il n'y a plus de véritable cœur. L'aorte remplace cet organe et reste sous la forme d'un simple vaisseau dorsal.

2° *Crustacés dont les yeux sont sessiles ou crustacés édriophthalmaires.*

Cette catégorie montre des traces d'une dégradation déjà plus évidente, et les yeux y sont toujours sessiles, ce qui lui a valu le nom d'*édriophthalmaires*, tandis que la précédente constitue le groupe des podophthalmaires. On en partage l'ensemble en plusieurs groupes secondaires auxquels on donne la valeur d'autant d'ordres distincts.

En premier lieu se placent les ISOPODES, dont font partie les cloportes, qui vivent à terre ; les aselles, particuliers aux eaux douces, et un nombre assez considérable d'espèces marines, dont quelques-unes habitent en parasites sur les poissons dont ils sucent le sang, tandis que d'autres attaquent ces animaux, lorsqu'ils sont morts ou retenus dans les filets des pêcheurs, et dévorent leurs chairs. Nous citerons parmi les isopodes marins les genres sphérome, idotée, cymothoé, bopyre, etc.

Les gammares ou crevettes qu'il ne faut pas confondre avec les crevettes de table appartenant aux décapodes macroures, sont aussi de la grande division des édriophthalmaires, mais d'un ordre différent de celui des cloportes[1]. Il y a de ces crevettes dans nos eaux douces. D'autres sont les phronymes, vivant dans le tunicier pélagien propre à la Méditerranée, dont nous parlerons, à propos des mollusques, sous le nom de barillet; les cyames ou poux de baleines et les pycnogonons, petites espèces, en apparence fort insignifiantes, mais dont l'étude attentive a révélé des particularités physiologiques très-curieuses. Le tube digestif des pycnogonons est muni d'expansions tubiformes qui se prolongent jusque dans leurs pattes.

3° *Crustacés branchiopodes.*

Une troisième série est celle des BRANCHIOPODES, crustacés chez lesquels les pattes sont transformées en branchies natatoires.

1. L'ordre des amphipodes.

Nous citerons, comme lui appartenant, les apus, animaux de nos eaux douces, assez semblables aux limules par leur apparence générale, mais d'une organisation bien différente de la leur. Il faut également y rapporter les branchipes, dont une espèce formant aujourd'hui le genre *Artemia*, pullule dans les eaux des marais salants.

Les TRILOBITES, ces singuliers crustacés à corps trilobé, que l'on n'observe qu'à l'état fossile, et seulement dans les terrains paléozoïques ou primaires, se rapprochaient beaucoup des branchiopodes, par leur organisation. Leur étude est d'une grande utilité en paléontologie stratigraphique. Il a vécu des trilobites sur tous les points du globe, et leurs espèces étaient fort nombreuses. On en a fait différents genres dont les principaux sont ceux des *Asaphus*, *Calymene*, *Ogygia* et *Bronteus*. Plusieurs gisements de trilobites ont été signalés en France.

4° *Entomostracés.*

En continuant cette série décroissante qui compose la classe des crustacés, on arrive aux entomostracés, petites espèces aquatiques qui pullulent dans les moindres flaques et jusque dans les baquets d'arrosage qu'on établit dans les jardins. Ils sont de deux familles principales, les cypris, à carapace bivalve, et les daphnies ou puces d'eau.

5° *Crustacés suceurs.*

On place encore au-dessous les crustacés principalement parasites des poissons, qui constituent les genres calige, argule (vivant sur les épinoches) et lernée. Ce sont des crustacés suceurs. Ceux des deux premiers genres ont toujours été considérés comme étant de la classe qui nous occupe ; mais les lernées, qui se déforment en se fixant sur le corps des autres animaux, avaient été rangées parmi les mollusques, par Linné, et avec les vers intestinaux, par Cuvier. Par l'étude de leur mode de développement, de Blainville a levé tous les doutes qu'on aurait pu avoir au sujet de leurs véritables affinités. Ce sont bien des crustacés, mais des crustacés d'une organisation très-inférieure.

6° *Cirrhipèdes.*

C'est également la connaissance des métamorphoses qui a fait reporter dans la classe des crustacés les cirrhipèdes ou cirrhopodes, (genres anatife, balanes, etc.), longtemps rangés parmi les mollusques, et désignés comme étant des mollusques à coquilles plurivalves.

Les cirrhipèdes passent la plus grande partie de leur vie fixés aux rochers et aux corps sous-marins, mais ils ont bien certainement les principaux caractères anatomiques des crustacés, et l'on s'étonne que l'on ait si longtemps tardé à les réunir à ces animaux ou tout au moins aux articulés condylopodes lorsque l'on examine les appendices dont leur corps est pourvu, et leur système nerveux qui forme une chaîne ganglionnaire placée au-dessous du tube digestif; cependant, leur place dans la classification n'a été fixée que du moment où l'on a pu constater qu'ils ont, en sortant de l'œuf, une forme tout à fait analogue à celle des larves de certains crustacés.

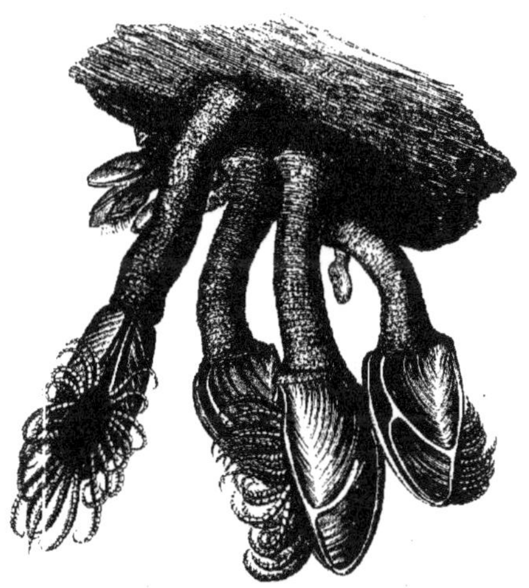

Fig. 176. — Anatife pousse-pied.

Nos côtes possèdent plusieurs espèces de cirrhipèdes, les unes appartenant aux genres anatife (fig. 176) et balane, les autres constituant des genres différents.

Après avoir subi leurs métamorphoses, ces animaux se fixent et restent dès lors adhérents aux rochers ou aux autres corps sous-marins. Il y en a aussi qui vivent sur certains animaux. On trouve en effet des cirrhipèdes assez analogues aux balanes sur les écailles de certaines espèces de chéloniens aquatiques; d'autres s'enfoncent dans la peau des cétacés, plus particulièrement des baleines; ces derniers constituent les genres coronule (fig. 177) et tubicinelle.

Fig. 177. — Coronule diadème.

On connaît des cirrhipèdes fossiles, principalement dans les terrains tertiaires moyens du midi de l'Europe; mais c'est à tort que l'on a classé dans ce groupe les *Apthycus* des terrains secondaires; ceux-ci sont bien certainement des opercules d'ammonides.

7° *Autres animaux voisins des crustacés.*

D'autres animaux auxquels on avait assigné un rang fort éloigné de celui auquel on les place maintenant, ont également dû être rapprochés des crustacés ou même classés avec eux. De ce nombre sont les *Linguatules*, dont le genre de vie est le même que celui des entozoaires; les *Myzostomes* parasites, des crustacés décapodes et des échinodermes, et enfin les *Systolides*. Ces derniers ont aussi été regardés comme devant constituer une classe à part.

Le groupe des ROTATEURS ou *systolides* comprend les rotifères (fig. 15, B), les brachions et d'autres animaux de très-petite taille qu'on avait d'abord réunis aux infusoires; mais ils ont une organisation bien plus compliquée que la leur et c'est évidemment au groupe des animaux articulés condylopodes qu'ils doivent être associés.

CHAPITRE XXXII.

DES VERS.

Les vers appartiennent aussi aux animaux articulés, et ils en constituent le second sous-embranchement. Au lieu d'être pourvus, comme ceux des classes précédentes, de pieds articulés, ils manquent de ces organes ou bien ils n'ont, pour en exercer les fonctions, que de simples soies placées sur les côtés du tronc. Tous n'ont pas non plus le corps nettement articulé, et il en est, parmi eux, chez lesquels le système nerveux et les autres systèmes d'organes sont assez peu semblables à ce que l'on voit ordinairement chez les animaux de l'embranchement qui nous occupe; aussi ceux-là en ont-ils été quelquefois éloignés et reportés parmi les rayonnés. Tels sont, plus particulièrement, les vers parasites appelés aussi vers intestinaux ou entozoaires.

Les vers semblent devoir constituer plusieurs classes. Pour ne pas nous écarter de la division la plus généralement adoptée, nous n'en admettrons que deux, les annélides et les helminthes, et nous parlerons sous ce dernier nom des différents groupes connus sous les dénominations de *nématoïdes*, *térétulaires*, *trématodes*, et *cestoïdes*. La première de ces deux classes ne renferme pas d'espèces entozoaires, c'est-à-dire parasites des autres animaux.

CLASSE DES ANNÉLIDES.

Les annélides sont des vers dont l'organisation est évidemment supérieure à celle de tous les autres. Ils sont formés d'anneaux successifs, rappelant ceux des articulés condylopodes, et auxquels on a donné le nom de zoonites. Leur système nerveux se compose, indépendamment du cerveau, d'une chaîne ganglionnaire sous-intestinale, comparable à celle des classes qui précèdent et de même reliée au cerveau par un collier ésophagien; ils ont en outre, du moins dans la majorité des cas, le sang de couleur rouge, ce qui les a fait appeler *vers à sang rouge* par plusieurs naturalistes.

I. Les uns sont pourvus de soies servant à la locomotion, et ils ont souvent des branchies. Ce sont les CHÉTOPODES ou *vers sétigères*, dont certains genres vivent habituellement dans des tuyaux que leur peau sécréte, ce qui les a fait nommer *tubicoles*. Ceux-ci ont le corps divisible en tête, thorax et abdomen, et leurs branchies sont insérées sur la tête. Les plus connus de ces vers sont les serpules dont le tube est calcaire, et les amphitrites chez lesquelles il reste membraneux. Cette première catégorie de vers porte, dans quelques ouvrages, le nom de *céphalobranches*.

D'autres ont les anneaux du corps de plus en plus semblables entre eux, et la plupart de ces anneaux possèdent des branchies, ce qui les a fait appeler *dorsibranches*. Un grand nombre d'annélides marins appartiennent à cette division. Nous nous bornerons à citer, comme s'y rapportant, les néréides et les arénicoles que les pêcheurs recherchent pour amorcer leurs lignes. Ces animaux vivent dans la vase, dans les pierres, etc., mais sans s'astreindre à rester au même lieu ; on leur donne souvent la dénomination d'*annélides errants*.

Une troisième division des vers sétigères comprend ceux dits *abranches*, dont le caractère principal est de manquer de branchies. Les lombrics ou vers de terre et les naïs, espèces plus petites, vivant dans les eaux douces, en font partie.

II. On doit séparer des annélides précédents certaines espèces entièrement privées de soies, et qui se meuvent au moyen de ventouses placées à l'extrémité de leur corps; elles forment la division des APODES. Les sangsues en constituent le genre principal.

Fig. 178. — Sangsue.

Contrairement à ce qui a lieu dans la plupart des chétopodes, vers presque tous propres aux eaux de la mer, les sangsues, auxquelles il faut ajouter les lombrics et les naïs, qui pour la plupart vivent également dans les eaux douces, ne subissent pas de métamorphoses. Leurs espèces sortent de l'œuf avec leur forme définitive.

Les sangsues médicinales ont la bouche garnie de trois petites mâchoires dentelées en scie avec lesquelles elles entament la peau des animaux sur lesquels elles s'appliquent. Leur ventouse buccale, quoique moindre que celle qu'elles ont à la partie postérieure du corps, leur permet en outre de sucer le sang de ces animaux en pratiquant le vide autour de la plaie faite par leurs mâchoires, et elles peuvent ainsi se gorger en peu de temps. La petite cicatrice étoilée, qui subsiste aux endroits du corps qu'elles ont piqués, est due à l'action de ces trois mâchoires.

CLASSE DES HELMINTHES.

Les différents ordres dont il va être question sous la dénomination générale d'helminthes, sont faciles à distinguer de ceux dont se compose la classe des annélides; cependant ils s'éloignent assez les uns des autres, et les caractères communs qu'on pourrait leur assigner sont en petit nombre. Nous en parlerons sous les noms de *nématoïdes*, *térétulaires*, *trématodes* et *cestoïdes*.

ORDRE I. NÉMATOÏDES. — Les nématoïdes sont des vers à corps fusiforme allongé, ou même filiforme, sans aucune espèce d'appendices locomoteurs. Leur peau est élastique et finement annelée plutôt que réellement articulée.

Ils ont tous les sexes séparés, et leur canal intestinal est habituellement complet. On reconnaît chez la plupart d'entre eux un cordon nerveux sous-intestinal, ainsi qu'une paire de longs vaisseaux suivant les deux côtés du corps. Ces vers ne subissent pas de métamorphoses. Ils sont fort nombreux en espèces, et la plupart vivent en parasites dans l'intérieur du corps des autres animaux. Ce sont de véritables entozoaires ou vers intestinaux.

L'homme en nourrit de plusieurs sortes. Ainsi les ascarides, appelés à tort vers-lombrics, que l'on rend quelquefois avec les excréments; les oxyures, beaucoup plus petits, et qui vivent surtout dans le rectum des enfants, sont des nématoïdes parasites de notre espèce. Le dragonneau ou ver de Médine, qui attaque l'homme dans les régions équatoriales, est aussi un ver de cet ordre, dans lequel nous citerons encore les anguillules du vinaigre, celles de la colle et celles du blé niellé (fig. 15, C.)

ORDRE II. TÉRÉTULAIRES. — Cet ordre comprend des vers plats à corps souvent fort long et couvert de cils vibratiles dont le tube digestif n'a dans certaines espèces qu'un seul orifice. Ses principaux genres sont ceux des nemertes ou borlasies, des prostomes et des planaires.

Ces helminthes vivent dans l'eau ou plus rarement sur terre, et dans ce dernier cas ils recherchent les endroits humides. Les espèces marines ont souvent des couleurs très-vives, et il y en a dont le corps est long de plusieurs mètres.

ORDRE III. TRÉMATODES. — Un autre groupe de vers a reçu le nom de trématodes. Les espèces qui s'y rapportent ont aussi le corps plat, mou et inarticulé, mais sans cils vibratiles à sa surface. Elles sont parasites et vivent tantôt à la surface extérieure des animaux, tantôt dans l'intérieur des organes de ces derniers; ce sont les polystomes et les douves. Les trématodes épizoaires ou ceux qui vivent aux dépens des animaux, mais en restant fixés à la surface extérieure de ces derniers, attaquent plus particulièrement les poissons. Quelques-uns semblent relier l'ordre d'helminthes auquel ils appartiennent, à la famille des hirudinés ou sangsues, qui constitue la division des annélides apodes.

Le corps humain nourrit plusieurs espèces de douves (genre *Distoma*), et il y en a aussi chez les autres vertébrés. Certaines espèces de ces vers subissent des métamorphoses remarquables, dont l'étude a singulièrement éclairé la théorie de l'infection vermineuse en fournissant des notions exactes sur la manière dont les entozoaires s'introduisent dans le corps des animaux, ainsi que sur les différentes conditions dans lesquelles ils peuvent vivre et sur la facilité avec laquelle leurs œufs résistent aux causes de destruction, et attendent pour se développer d'avoir été portés dans les conditions qui leur sont favorables. On a démontré que les cercaires, longtemps décrits comme étant des infusoires, et qui habitent dans l'eau, ne sont que les larves des douves. Après avoir vécu pendant quelque temps sous cette première forme, ils se transforment en effet en douves et deviennent parasites des vertébrés.

Ordre IV. Cestoïdes. — Les cestoïdes, aussi appelés vers rubanés, dont les ténias ou vers solitaires, et les bothriocéphales, les uns et les autres parasites de l'homme, sont les genres les plus connus, ont été regardés tantôt comme constituant une classe à part, tantôt, au contraire, comme des trématodes et réunis avec eux dans une même grande division. Ils ont de commun, avec les trématodes, leur corps mou et aplati; mais, au lieu d'être inarticulés, comme le sont tous les trématodes, ils sont formés d'une succession souvent considérable d'articles attachés les uns aux autres et formant dans leur ensemble une sorte de ruban.

La partie antérieure de ces articles est appelée *tête*; elle diffère des autres par son organisation aussi bien que par ses fonctions. Ainsi elle est pourvue de ventouses; habituellement on y distingue des crochets chitineux. Son usage est de fixer le ver dans le canal digestif de l'animal aux dépens duquel il doit vivre, et dont il utilise à son profit les sucs élaborés par la digestion.

Les autres anneaux du corps des vers cestoïdes ne sont que des organes de reproduction, et, à la maturité des œufs, ils se séparent pour être rejetés hors du corps avec les selles, et vivre pendant un certain temps à l'extérieur. Leur destination est de disperser les œufs des ténias ou des bothriocéphales pour que, d'autres animaux les prenant ensuite avec leurs aliments, ces œufs fournissent à leur tour de nouveaux parasites. La tête ou partie antérieure d'un cestoïde a la propriété de fournir de nouveaux articles reproducteurs tant qu'elle n'a pas été détruite. Voilà pourquoi, lorsque les médecins font rendre un ver solitaire, ils ne manquent jamais de s'assurer si la tête fait partie de la masse expulsée.

Une observation importante a été faite à propos du mode de propagation des ténias. On a constaté que leur œuf ne donne naissance qu'à la partie appelée la tête, et que, lorsque cette partie se fixe dans le parenchyme de quelque organe au lieu d'arriver directement dans le tube digestif, où elle doit produire les anneaux reproducteurs, elle se transforme provisoirement en *hydatide*, sorte de poche remplie de sérosité dans laquelle le petit ver se trouve alors encapuchonné comme dans une outre remplie d'eau. Le cénure du cerveau des agneaux, qui cause, par sa présence, la maladie de ces ruminants appelée le tournis et le cysticerque formant les poches caractéristiques de la ladrerie du porc, sont des ténias encore à l'état d'hydatides.

L'expérience a démontré que les hydatides naissent réellement des œufs des ténias, mais qu'ils deviennent à leur tour des ténias véritables, c'est-à-dire pourvus d'articles chargés d'œufs lorsqu'ils passent de l'organe dans lequel ils s'étaient enkystés, dans l'estomac d'un autre animal. Cette métamorphose a lieu, pour les hydatides de la ladrerie, lorsque nous mangeons de la viande de porcs ladres dont les hydatides n'ont pas été tués par la cuisson, ou de la viande de bœuf ou de mouton renfermant aussi de ces parasites que les bouchers appellent des *bouteilles*. Le suc gastrique n'agit pas plus sur les larves de ténias que sur les entozoaires eux-mêmes, et ces sortes de larves, c'est-à-dire les hydatides, ne tardent pas à devenir, par suite de leur séjour dans les intestins, de véritables vers solitaires.

Le fait de la transmission des ténias des animaux à l'homme, au moyen des hydatides, paraît avoir été connu des Hébreux; il nous explique pourquoi la loi de Moïse interdisait à cette nation l'usage de la viande du porc. C'est aussi en vue de cette transmigration, et pour y mettre obstacle que, sur nos marchés, on défend sévèrement la vente des cochons ladres. Des experts appelés *langueyeurs* sont chargés de l'examen des animaux mis en vente, et, s'ils les soupçonnent atteints de cette maladie, ils doivent en faire rejeter la viande comme insalubre.

Les vers cestoïdes sont bien inférieurs à tous les animaux articulés, par les principales particularités de leur structure anatomique. Leur système nerveux est tout à fait rudimentaire, et ils n'ont pas de tube digestif. Ils constituent la dégradation extrême de l'embranchement des animaux articulés auquel on les rattache, et nous trouverons dans les mollusques une organisation bien moins imparfaite que la leur et que celle de beaucoup d'autres espèces du sous-embranchement des vers.

CHAPITRE XXXIII.

DES ANIMAUX MOLLUSQUES ET DE LEUR DIVISION EN CLASSES.

Les mollusques sont des animaux privés de vertèbres et qui n'ont jamais le corps articulé. Une peau molle les enveloppe comme d'une sorte de sac ou manteau dans lequel sont renfermés les viscères chargés des différentes fonctions de relation, de nutrition et de reproduction. Ils ont encore la forme symétrique et paire comme les vertébrés et les articulés, et si beaucoup d'entre eux ont l'un des côtés du corps plus gros que l'autre, ou sont même contournés en spirale, c'est par suite d'une simple inégalité dans le développement de leurs deux moitiés droite et gauche, inégalité comparable à celle de certains vertébrés[1], mais bien plus considérable. Les mollusques n'ont pas de membres, et leur corps est souvent protégé par une coquille, sorte d'écaille calcaire composée d'une seule valve ou de deux, qui leur fournit un abri dans lequel beaucoup d'entre eux peuvent s'abriter complétement.

Le système nerveux cérébral des mollusques se compose habituellement de deux parties, l'une supérieure à l'ésophage, l'autre inférieure au même canal, et réunies entre elles par une double commissure, de manière à entourer le commencement du tube digestif par un véritable collier nerveux. C'est là une disposition qui se retrouve chez beaucoup d'articulés ; mais ce qui distingue surtout les mollusques, c'est qu'ils n'ont pas, comme les articulés, de chaîne ganglionnaire sous-intestinale. Cette disposition est en rapport avec la forme indivise de leur corps. Quelques ganglions, développés auprès des organes principaux et rattachés au cerveau par des filets de communication, servent seuls à l'innervation de ces organes ; encore n'en a-t-on pas constaté la présence dans les mollusques les plus inférieurs, tels que les bryozoaires.

Les sens de ces animaux sont fort imparfaits, quoique la nature muqueuse de leur peau présente, pour celui du tact, un avantage réel sur la peau chitineuse de la plupart des articulés. Les mollusques ont habituellement des yeux ; il y en a même chez beaucoup d'acéphales

1. Par exemple, les poissons pleuronectes.

conchifères et chez certaines ascidies. Ces animaux ont aussi des organes d'audition, réduits, il est vrai, à de simples capsules sous-cutanées et répondant au vestibule de l'oreille interne des mammifères. Les muscles du mouvement volontaire sont, en grande partie, confondus avec la peau, qui jouit d'une grande contractibilité; ils constituent, avec le peaucier, une couche en rapport avec le sac formé par cette dernière et qui l'a fait appeler le *manteau*. La partie par laquelle elle sécrète la coquille présente, dans certaines espèces, une disposition particulière, et on l'a nommée le *collier*. Ce collier est facile à observer dans les hélices; c'est lui qui produit cette espèce de bourrelet muqueux en rapport avec la bouche de la coquille de ces animaux.

Le tube digestif est complet; il présente même quelques circonvolutions dans beaucoup d'espèces. On y distingue un renflement stomacal, et la bouche est souvent pourvue d'une ou de deux pièces dures qui servent de mâchoires. Celles des seiches ont l'apparence d'un bec de perroquet: il y en a aussi chez les colimaçons, etc. Beaucoup de mollusques présentent d'ailleurs, à l'entrée du canal intestinal, une série plus ou moins considérable de papilles cornées, formant quelquefois une bandelette fort allongée; c'est ce que l'on a appelé la langue de ces animaux. Les différences que présentent celle des gastéropodes ont été examinées avec soin, et l'on en a tiré parti pour la classification.

Le foie des mollusques forme, en général, une glande conglomérée; chez les doris et autres espèces appartenant de même à la division des nudibranches, il prend l'apparence de tubes (fig. 21, C).

La respiration s'exécute le plus souvent par des branchies qui sont tantôt en forme de peignes, tantôt en panaches, tantôt en cercle ou en lamelles, tantôt, au contraire, disposées en sac, et leurs dispositions variées sont aussi d'un grand secours pour la classification des différents groupes de mollusques. Certains de ces animaux respirent l'air en nature, comme les limaces, les hélices, et même les planorbes, ainsi que les limnées, qui vivent pourtant dans l'eau. Ils ont une cavité respiratrice qu'on a considérée comme étant un poumon, et dont la paroi est tapissée par les vaisseaux sanguins dans lesquels passe le sang qui revient des différentes parties du corps après s'y être chargé d'acide carbonique.

Le système vasculaire des mollusques est toujours incomplet; cependant il a encore une assez grande complication dans la classe des mollusques céphalopodes, qui comprend les poulpes, les calmars, les seiches et les nautiles. Chez ces animaux, on constate en outre le fait remarquable de la séparation des deux systèmes du sang hématosé et du sang chargé d'acide carbonique, et ces systèmes ont chacun leurs organes pulsatiles comparables à des cœurs; de telle sorte que les différents cœurs, au lieu d'être réunis en un seul, comme dans les vertébrés supérieurs, sont ici parfaitement distincts (p. 125, fig. 38).

Les hélices, les limaces et les autres mollusques à coquille univalve, n'ont de cœur que sur le trajet du sang aortique. Ce cœur a une oreillette (rarement deux) et un ventricule. Les huîtres, les moules, et les autres conchifères, présentent absolument la même disposition ; mais il y a deux cœurs aortiques chez les brachiopodes, et, chez les tuniciers, le centre d'impulsion circulatoire est réduit à un simple vaisseau contractile chassant le sang tantôt dans une direction, tantôt dans une autre; dans ce dernier cas, la circulation est oscillatoire. On ne lui connaît pas d'organes spéciaux dans les bryozoaires qui forment la dernière classe de cet embranchement.

Le système veineux général des mollusques est encore plus incomplet que leur système aortique, et, sauf les céphalopodes, ils paraissent n'avoir jamais de vaisseaux capillaires.

Dans les animaux mollusques, les sexes sont tantôt séparés sur deux sortes d'individus, les uns mâles, les autres femelles, tantôt, au contraire, réunis sur le même individu, et l'espèce est alors hermaphrodite; mais ce n'est pas là un caractère d'une bien grande valeur pour la classification générale, et l'on peut ajouter que parmi les conchifères, certains genres paraissent renfermer des espèces qui sont les unes dioïques ou à sexes séparés, et les autres monoïques ou à sexes réunis.

Le mode de développement présente aussi quelques particularités dignes d'être signalées. L'œuf est habituellement pondu avant que l'embryon ait commencé à s'y manifester; mais d'autres fois celui-ci se forme dans le corps même de la femelle : c'est ce que l'on voit chez nos grosses paludines et chez les acéphales conchifères ; ces mollusques sont donc réellement ovovivipares. Ce n'est que par exception que la vésicule vitelline ou vésicule du jaune reste indépendante de l'embryon.

Elle se confond en général avec lui, et elle est bientôt comprise dans l'intérieur de son manteau ; mais les seiches et autres céphalopodes, ainsi que les limaces et les colimaçons, ont une vésicule vitelline bien évidente, laquelle est en rapport avec le tube digestif comme celle des animaux supérieurs; mais alors ce n'est ni par le ventre, comme dans les embryons des vertébrés, ni par le dos, comme dans ceux des articulés condylopodes, que la communication a lieu ; la vésicule du jaune tient, par son canal, à l'ésophage, et c'est par cette voie que son contenu passe petit à petit dans l'intestin pour y être élaboré et ensuite utilisé pour la nourriture du jeune sujet.

Il y a des mollusques qui ne subissent aucune métamorphose après leur naissance. Ceux qui possèdent une vésicule vitelline distincte sont, en particulier, dans ce cas, et lorsqu'une seiche ou un calmar rompent les enveloppes de leur œuf, on leur voit presque

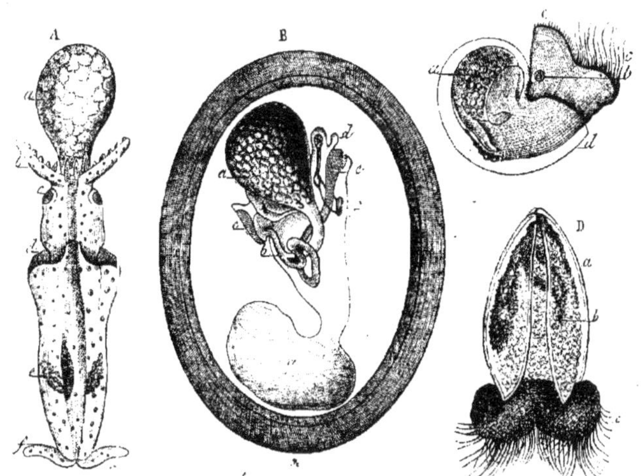

Fig. 179. — Développement des mollusques.

immédiatement perdre la vésicule qui surmontait, peu d'instants avant, le cercle de leurs appendices céphaliques. Leur forme est déjà, à peu de chose près, celle des adultes. Une limace et un colimaçon

Fig. 179. Métamorphoses des mollusques.

A = Céphalopodes. Embryon de *Calmar*.

a) Vésicule vitelline ; — *b*) appendices céphaliques appelés bras ou pieds ; — *c*) yeux ; — *d*) cou et orifice du sac respiratoire ; — *e*) branchies.

B = Gastéropodes pulmonés. Embryon de *Limace*.

a) Vésicule vitelline ; — *b*) intestin ; — *c*) bouclier renfermant le rudiment de la coquille ; — *d*) tentacules oculaires ; — *e*) bouche et œsophage ; — *f*) cerveau et collier œsophagien ; — *g*) rame caudale qui disparaîtra à l'époque de la naissance.

C = Gastéropodes nudibranches. Embryon de l'*Actéon*.

a) Vitellus ou jaune ; — *b*) capsule auditive ; — *c*) appareil natatoire pourvu d cils ; — *d*) coquille.

L'appareil natatoire et la coquille des nudibranches sont des organes temporair destinés à disparaître.

D = Conchifères ou lamellibranches. Embryon de l'*Huître*.

a) La coquille, qui est alors équilatérale ; — *b*) corps du jeune animal ; — *c*) appareil natatoire cilié, destiné à disparaître lorsque la jeune huître se fixera

ont également acquis leur forme définitive dès qu'ils se sont débarrassés de la rame caudale, au moyen de laquelle ils exécutaient les mouvements giratoires, qui rend leur œuf si curieux à observer. Au contraire, la plupart des autres mollusques, dont la vésicule se confond avec le corps, subissent une transformation évidente, et ce n'est qu'après un certain temps qu'ils prennent leur forme définitive : tels sont les gastéropodes marins, les hétéropodes, les ptéropodes, les conchifères et les ascidies. Ils possèdent un appareil garni de cils qui leur permet d'exécuter des mouvements très-variés, et de voltiger, pour ainsi dire, dans l'eau, avant de se fixer ou de ramper au moyen de leur pied.

L'étude des mollusques est intéressante à beaucoup d'égards. Cet embranchement a fourni des espèces à toutes les populations animales qui se sont succédé depuis que la vie a apparu sur notre planète, et ceux des anciens mollusques qui étaient pourvus de coquilles en ont laissé des débris dans tous les terrains de sédiment. Dans beaucoup de localités, ces coquilles pétrifiées ont assez bien conservé leurs principaux caractères pour que l'on puisse, en les comparant entre elles ou avec celles des mollusques aujourd'hui vivants, en tirer des indications précises pour la chronologie des dépôts qui les renferment, rétablir en partie les anciennes faunes auxquelles elles ont appartenu et apprécier les circonstances climatériques au milieu desquelles elles ont vécu pendant ces époques si reculées.

La présence d'hélices, de limnées (fig. 180) et de planorbes fossiles

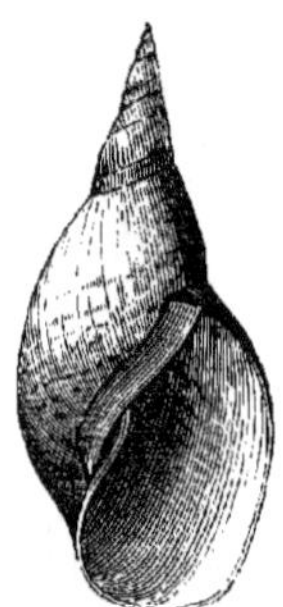

Fig. 180. — Limnée stagnale

dans un terrain suffit le plus souvent pour indiquer qu'il s'est déposé sous l'eau douce, et en dehors de toute action de la mer.

On reconnaît au contraire qu'un terrain s'est formé sous l'eau salée, à ce que les coquilles dont il a conservé les restes et qui proviennent des mollusques propres à la mer qui a produit ce terrain, sont plus ou moins semblables par leurs caractères principaux aux mollusques actuellement propres à l'Océan. Nous en citerons pour

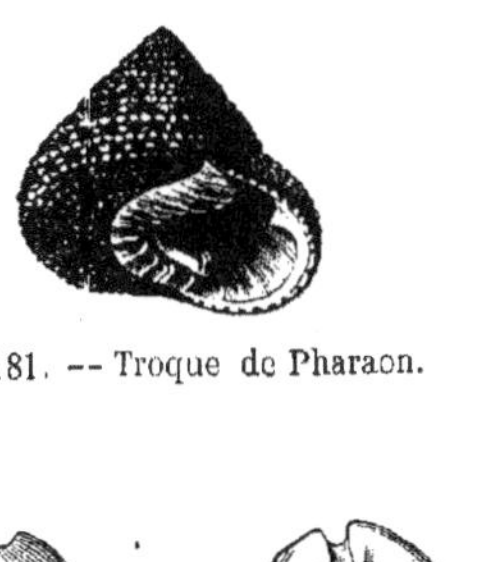

Fig. 181. -- Troque de Pharaon.

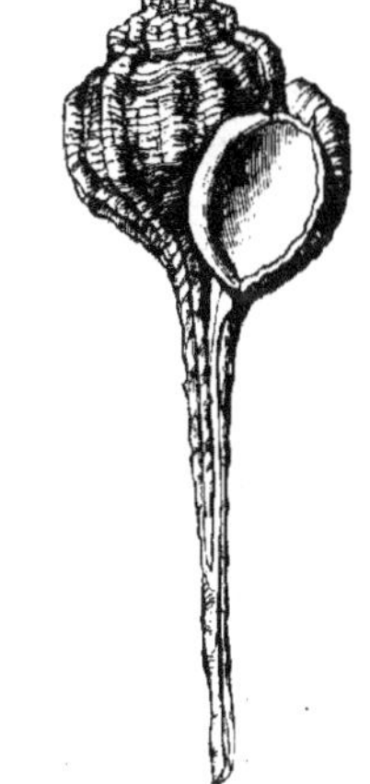

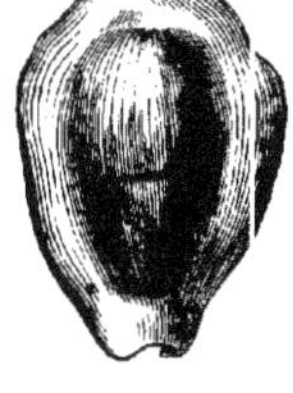

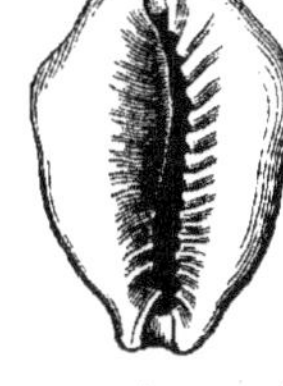

Fig. 182. — Porcelaine monnaie. Fig. 183. — Rocher tête de bécasse.

exemple les troques (fig. 181), les porcelaines (fig. 182), les rochers (fig. 183), etc.

Les coquilles fossiles ne sont pas seulement différentes de celles d'aujourd'hui par leurs espèces ; il en est qui constituent des genres ou même des familles différentes des nôtres, et plusieurs de ces familles ont été représentées par des genres aussi nombreux en espèces qu'importants pour la géologie stratigraphique, ou la zoologie proprement dite. Il suffira de citer, pour en donner la preuve, les bélemnites et les ammonites qui appartiennent à la classe des céphalopodes, les nérinées, de l'ordre des gastéropodes, et les hippurites, bivalves également très-singuliers par l'ensemble de leurs caractères.

Beaucoup de mollusques, actuellement répandus dans les différentes mers ou à la surface des îles et des continents, nous fournissent d'ailleurs d excellents aliments. On mange dans tous les pays les poulpes (fig. 185), les calmars, les seiches, les colimaçons, et beaucoup d'autres espèces univalves, telles que les vignots ou littorines, les rochers ou murex (fig. 194).

Les huîtres, les peignes, les vénus, appelées praires et clauvisses dans le midi de la France, et les moules (fig. 184), tous de la série des bivalves, ne sont pas moins appréciés. Enfin, on estime encore les ascidies et beaucoup d'autres mollusques. Les perles, si recherchées comme bijoux, sont une production de certaines coquilles bivalves,

Fig. 184. — Moule édule.

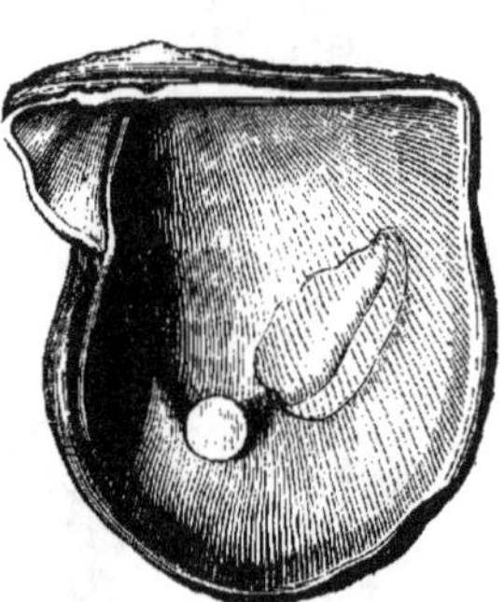

Fig. 185.— Pintadine perlière (portant une perle).

principalement des pintadines (fig. 185), qui appartiennent à la famille des huîtres ; la nacre provient des mêmes animaux et de quelques autres analogues ; en outre la matière des camées est aussi tirée des coquilles de certains mollusques.

Les animaux de ce grand embranchement peuvent être partagés en six classes distinctes, dont chacune va maintenant nous occuper quelques instants. Ce sont les *céphalopodes*, les *céphalidiens*, dont font partie les gastéropodes, les ptéropodes et les hétéropodes, les *conchifères* ou lamellibranches, les *brachiopodes*, les *tuniciers* et les *bryozoaires*.

CLASSE DES CÉPHALOPODES.

Ce sont les plus parfaits de tous les mollusques ; leur cerveau est protégé par un petit cartilage comparable à un crâne ; leurs yeux ont une structure approchant de celle des poissons et leur corps est divisé par un étranglement très-marqué en deux parties : l'une qui constitue la tête ; l'autre répondant au tronc, et nommée le manteau. Leur appareil circulatoire est aussi plus compliqué que celui des autres mollusques, et leurs branchies sont au nombre de deux ou de quatre.

Ces animaux se meuvent d'avant en arrière en utilisant l'eau qui a servi à leur respiration. Ils la chassent avec force au-devant d'eux à travers une sorte d'entonnoir qui précède la poche ou sac dans laquelle ces organes sont renfermés, et s'assurent ainsi une force motrice qui les pousse par saccades, mais en les faisant reculer à chaque contraction. Leur tête est surmontée d'expansions habituellement brachiformes, qu'on a comparées à des membres, mais qui n'ont pas ce caractère ; ce sont ces espèces de tentacules qui leur ont valu le nom de céphalopodes.

Les céphalopodes se divisent en deux ordres appelés *dibranches* et *tétrabranches*, du nombre de leurs branchies, qui est tantôt de deux, tantôt de quatre.

ORDRE I. DIBRANCHES. — Ces mollusques sont aussi nommés *acétabulifères*, parce que leurs expansions céphaliques, au nombre de huit ou de dix, sont garnies de ventouses qui leur servent pour s'attacher fortement aux autres corps. Ils n'ont qu'une seule paire de branchies.

Les uns manquent de véritable coquille, comme les poulpes, et

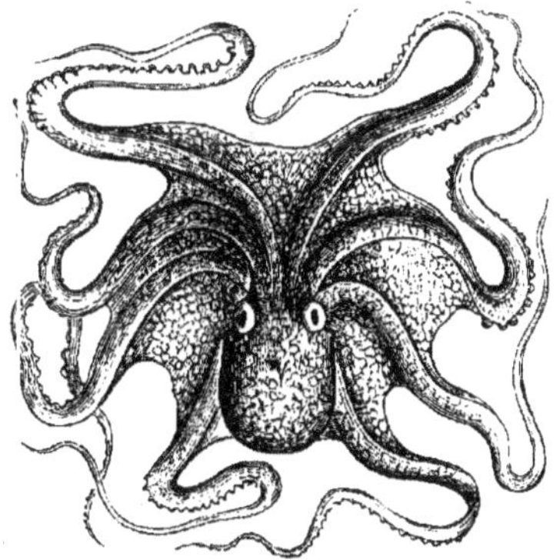

Fig. 186. — Poulpe rampant.

n'ont que huit appendices céphaliques. A cette famille appartiennent également les argonautes, dont les femelles sécrètent au moyen de leurs bras palmés une sorte de nid calcaire qui leur sert de coquille, mais qui ne mérite pas anatomiquement ce nom.

Les autres ont, en outre des huit appendices, deux longs tentacules également garnis de ventouses dans leur partie terminale, qui est élargie en massue; de plus, les céphalopodes de cette seconde famille ont toujours la coquille plus ou moins développée. Dans certains d'entre eux, comme les calmars, elle forme une simple plume enfermée dans le dos ; chez les seiches, elle constitue un osselet semblablement disposé, mais plus épais et soutenu par des couches calcaires; enfin chez les spirules elle a la forme d'une coquille véritable, mais reste également intérieure. Dans ce dernier genre elle est multiloculaire et siphonée.

Les sépioles sont de petites espèces de céphalopodes appartenant à la même famille que les calmars et les seiches.

Les bélemnites, qui ont vécu pendant la période secondaire, étaient aussi des mollusques du même ordre. On ne les a longtemps connues

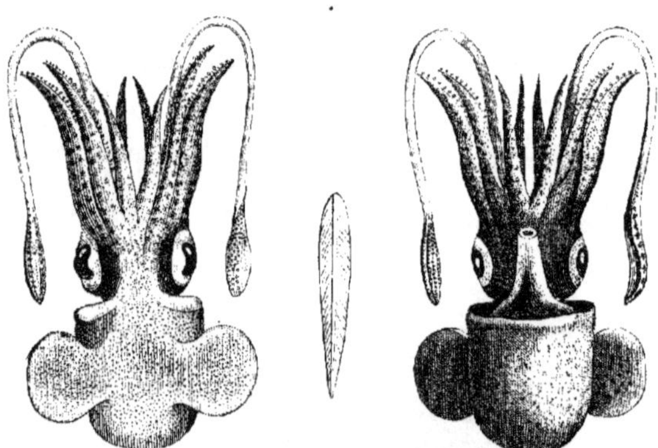

Fig. 187. — Sépiole de Rondelet.

que par une partie de leur coquille, ce qui n'avait pas permis de s'en faire une idée exacte ; aussi a-t-on émis sur leur véritable nature les idées les plus bizarres. On sait aujourd'hui qu'elles se composent de trois parties : une loge viscérale ayant la forme d'un entonnoir ; une partie chambrée, c'est-à-dire multiloculaire, répondant à la coquille des spirules, et une armature terminale en forme de pointe de lance qui est la bélemnite telle qu'on la rencontre habituellement.

Ordre II. Tétrabranches. — Ainsi appelés de ce qu'ils sont pourvus de quatre branchies. Leurs expansions céphaliques n'ont pas de ventouses.

Les nautiles, dont on connaît quatre espèces dans les mers actuelles, forment le seul genre de tétrabranches encore existant. Ce genre a fourni de nombreuses espèces aux anciennes faunes ; plu-

Fig. 187. Sépiole de Rondelet (de grandeur naturelle), vue en dessus et en dessous. Entre ces deux figures est la plume dorsale ou coquille de la sépiole.

sieurs genres éteints (orthocères, etc.) appartiennent à la même famille que lui.

C'est aussi dans le même ordre qu'il faut classer les AMMONITES, famille entièrement perdue, dont les espèces ont été contemporaines

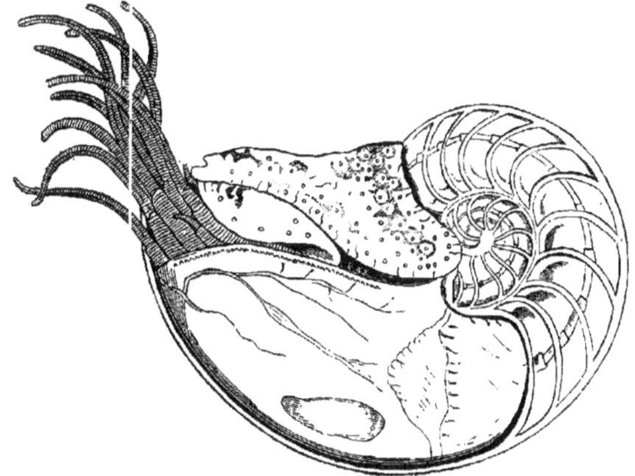

Fig. 188. — Nautile flambé.

des bélemnites. Les coquilles des ammonites et celle des nautiles sont cloisonnées et siphonées, caractère qui se retrouve aussi dans la coquille des bélemnites et dans celle de la spirule ; mais les ammonites ont leurs loges séparées par des cloisons découpées et comme décomposées, tandis que celles des nautilidés sont simples. En outre leur siphon est placé le long du bord extérieur de la coquille, et celui des nautiles et autres genres de la même famille est au contraire central.

Les ammonites se partagent en plusieurs genres, dont le plus nombreux est celui des ammonites proprement dites. Auprès d'elles prennent place les goniatites, à cloisons simplement anguleuses et dont les espèces sont caractéristiques de la période paléozoïque.

CLASSE DES CÉPHALIDIENS.

Ces mollusques ont encore la tête apparente, mais elle est à peine séparée du corps, et elle acquiert un volume beaucoup moindre que

Fig. 188. Nautile flambé (*Nautilus pompilius*).
L'animal est vu dans sa coquille, qui a été sciée en deux par le milieu pour montrer les loges successives qui la composent et le siphon par lequel les loges sont traversées.

celle des céphalopodes; le nom de céphalidiens, qu'on leur donne, signifie animaux à petite tête; il rappelle donc un de leurs caractères principaux. Les céphalidiens manquent des expansions brachiformes qui existent au-devant de la tête des céphalopodes. Des quatre tentacules que présentent beaucoup d'entre eux, les deux plus grands portent ordinairement les yeux. La coquille, dont ils sont en général pourvus, est constamment univalve et monothalame, c'est-à-dire sans cloisons intérieures ni siphon. Beaucoup de céphalidiens ont un opercule, soit corné, soit calcaire, destiné à fermer l'orifice de cette coquille lorsque leur corps s'est abrité dans son intérieur; les autres manquent d'opercule.

On distingue trois ordres de mollusques céphalidiens : les *gastéropodes*, les *hétéropodes* et les *ptéropodes*.

Ordre I. Gastéropodes. — Les gastéropodes ont pour caractère principal d'avoir au-dessous du corps un plan musculaire contractile, fonctionnant comme un pied.

Il y a des gastéropodes pulmonés, c'est-à-dire à respiration aérienne : les uns vivent à l'air libre, comme les limaces (fig. 189), les hélices ou

Fig. 189. — Limace rouge.

colimaçons (fig. 190) et les cyclostomes; les autres se tiennent dans l'eau, comme les limnées (fig. 180), les planorbes et les ampullaires. Ces dernières ont en même temps des poumons et des branchies.

Fig. 190. — Hélice splendide.

D'autres mollusques du même ordre respirent par des branchies seulement; ils emploient donc l'air dissous dans l'eau au lieu de l'air atmosphérique.

Fig. 189. Limace rouge (*Arion rufus*).
Fig. 190. Hélice splendide (*Helix splendida*); de France.

Parmi ces derniers, quelques-uns habitent les eaux douces; tels sont les paludines (fig. 191), les ancyles et les néritines.

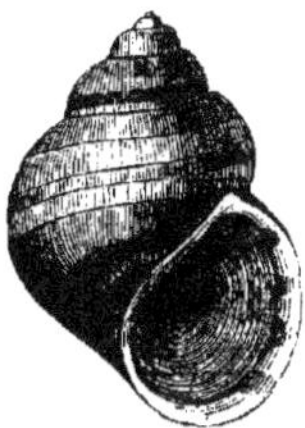

Fig. 191. — Paludine vivipare.

Les autres sont marins; leur nombre est très-considérable. Nous citerons, parmi eux, les porcelaines (fig. 182 et 192), les rochers,

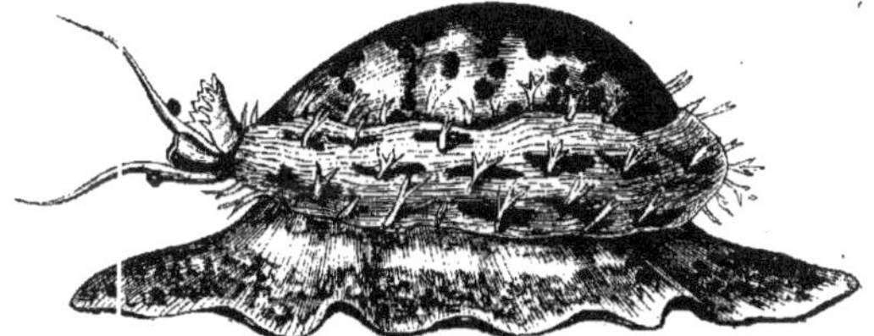

Fig. 192. — Porcelaine tigre.

les volutes, les strombes, les turbots, les patelles, les dentales et les oscabrions, dont les coquilles figurent dans toutes les collections. C'est également à la division des gastéropodes marins qu'appartiennent les bulles, les aplysies, les doris et les éolides.

Les deux derniers de ces genres manquent de coquille, et rentrent dans la division des gastéropodes appelés nudibranches. De même que les autres gastéropodes marins, ils subissent une véritable métamorphose, et présentent, en outre, la particularité d'être pourvus au moment de leur naissance, d'une petite coquille qu'ils perdront en acquérant leur forme définitive (fig. 179, C).

Plusieurs genres de gastéropodes sont employés comme aliments, et sur les bords de la mer on ne les estime pas moins qu'ailleurs les escargots qui sont, au contraire, des gastéropodes terrestres. Les coquilles d'un grand nombre d'espèces du même ordre sont recherchées à cause de l'élégance de leurs formes ou de la vivacité de leurs couleurs, et il en est que l'on emploie encore à d'autres usages. Certaines espèces de pourpres et de rochers fournissent une liqueur qui a été longtemps utilisée en teinture; c'est la pourpre, que les anciens

Fig. 193. — Pourpre hémastome.

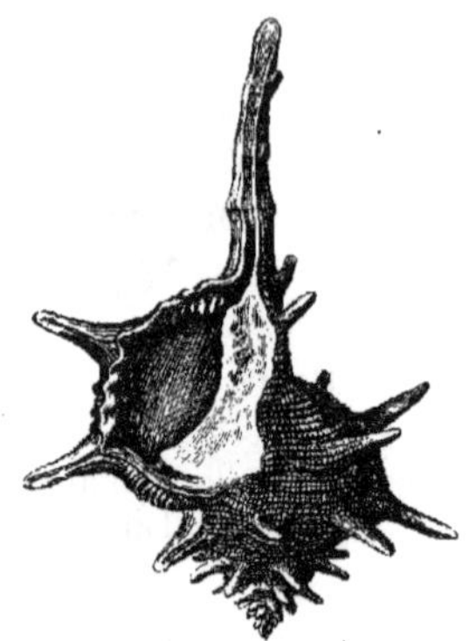

Fig. 194. — Rocher épineux.

estimaient particulièrement. Différentes espèces de la Méditerranée, parmi lesquelles nous citerons la pourpre hémastome (*Purpura hæmastoma*) (fig. 193) et le rocher épineux (*Murex brandaris*) (fig. 194), jouissent de cette propriété.

ORDRE II. HÉTÉROPODES. — On y réunit quelques genres de céphalidiens dont le pied est en forme de rame et sert à nager. Ce sont des animaux pélagiens dont la plupart ont le corps et la coquille remarquables par leur transparence; ce qui permet d'en examiner les différents organes avec une grande facilité. Les atlantes, les carinaires et les firoles, font partie des hétéropodes.

ORDRE III. PTÉROPODES. — Les ptéropodes vivent également en pleine mer, et par leur manière de nager ils rappellent à quelques égards les papillons. La partie antérieure de leur corps est pourvue de deux expansions membraneuses, en forme d'ailes : ce sont les hyales (fig. 195), les cléodores, les limacines, les clios, les pneumodermes, les cymbulies, etc. Ils sont de petite dimension. Plusieurs vivent réunis par bancs, et les clios ainsi que les limacines des régions polaires constituent une grande partie de la nourriture des baleines

Fig. 195. — Hyale.

Comme les céphalidiens de l'ordre qui précède, les ptéropodes subissent une métamorphose.

CLASSE DES CONCHIFÈRES.

Les conchifères ou lamellibranches commencent la série des mollusques acéphales, c'est-à-dire sans tête apparente. Ils sont protégés par une coquille bivalve dont les deux moitiés sont placées l'une à droite, l'autre à gauche du corps. Leurs organes de respiration consistent en des lamelles comparables à des peignes et sont placées dans le sens des valves qui les protégent aussi bien que le reste de l'animal.

Ces mollusques produisent une quantité considérable d'œufs qui éclosent, en général, dans leurs branchies. Ces œufs et les jeunes qui en sortent forment d'abord un amas comparable à du lait; les individus qui sont pourvus de ce naissain peuvent être avantageusement utilisés pour la multiplication de leur espèce, si on les place dans des conditions favorables. C'est sur ce fait qu'est fondée la pro-

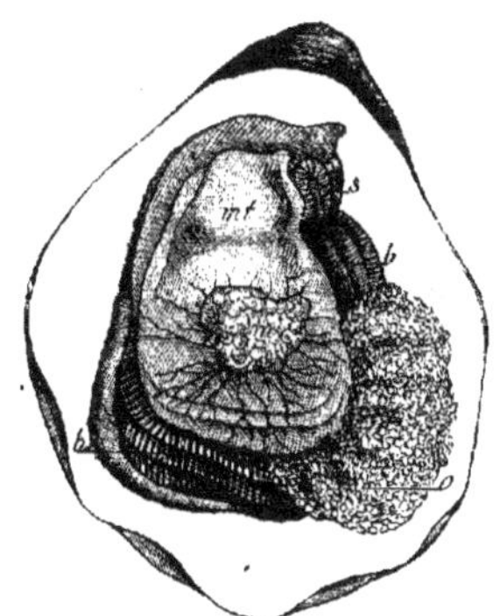

Fig. 196. — Huître (chargée de naissain).

pagation des huîtres telle qu'on l'a mise en pratique avec succès sur plusieurs points de notre littoral (fig. 196).

Fig. 196. — Huître, chargée de naissain.

b) Les branchies; — *m*) muscle servant à la fermeture des valves; — *mt*) manteau; — *o*) naissain ou amas de jeunes et d'œufs formant une masse laiteuse; — *s*) palpes buccaux.

Voir, p. 209, fig. 75, les principaux détails de l'anatomie de l'huître.

La forme des jeunes lamellibranches est d'abord assez différente de celle des adultes, et il existe chez ces mollusques une sorte de métamorphose. Dans les premiers temps qui suivent l'éclosion, ils sont pourvus d'un appareil cilié qui leur permet de nager librement (fig. 179, D).

On a partagé les conchifères en plusieurs ordres et en diverses familles. Leurs principaux genres sont ceux des unios, anodontes, dreissènes et cyclades, qui vivent dans nos eaux douces, ainsi que ceux des huîtres (fig. 75 et 196), des pintadines ou huîtres à perles (fig. 185), des avicules, des jambonneaux, des moules (fig. 184), des peignes, des arches, des cames, des bucardes, des vénus, des saxicaves, des tellines, des mactres, des myes, des pholades et des arrosoirs, dont les espèces sont toutes marines.

CLASSE DES BRACHIOPODES.

Les acéphales de cette classe sont pourvus d'une coquille à deux valves, mais ces valves, au lieu d'être placées sur les côtés du corps de l'animal, sont l'une supérieure et l'autre inférieure. En outre,

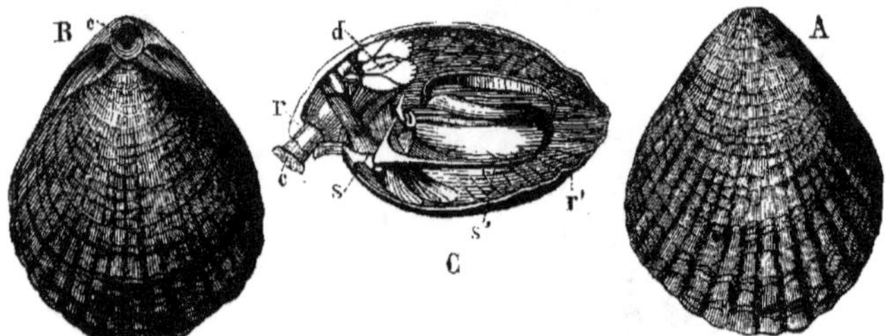

Fig. 197. — Térébratule du sous-genre *Waldheimie.*

leurs branchies ne forment plus des organes spéciaux et logés en dedans du manteau comme celles des conchifères ou lamellibranches; ce sont de simples dépendances de ce manteau. Il faut ajouter qu'il

FIG. 197. Térébratule (*Waldheimia australis*).
A = La coquille, vue par sa valve supérieure ou grande valve.
B = Vue par sa face inférieure ; en *c* est l'ouverture de la grande valve par laquelle sort le pédoncule servant à attacher l'animal aux corps sous-marins.
C = Coupe longitudinale permettant de voir :
c) Le pédoncule d'attache; — *d*) l'ensemble des muscles servant à ouvrir les valves et à les fermer ; — *r*) la partie de la grande valve par laquelle sort ce pédoncule ; — *s s'*) l'armature solide destinée à supporter les bras.

existe chez les brachiopodes deux longs palpes labiaux ciliés, placés à droite et à gauche de la bouche, qui ont la forme de tentacules ou bras enroulés en spirale; de là le nom de brachiopodes qui a été donné aux mollusques de cette classe. Ces bras sont tantôt mobiles, tantôt fixes. Les autres systèmes d'organes des brachiopodes présentent encore quelques particularités remarquables, qui justifient la séparation de ces mollusques d'avec les conchifères; ils sont représentés en partie sur la figure ci-contre.

Tous les brachiopodes sont marins; en général, ils se tiennent à de grandes profondeurs au fond des eaux; ils sont fort rares dans nos mers.

Ces mollusques constituent différents genres connus des naturalistes sous les noms de térébratules, rhynchonelles, orbicules, lin-

Fig. 198. — Anatomie de la térébratule.

gules etc. Il y en a également eu dans les anciennes mers, et beaucoup de leurs espèces éteintes sont citées en géologie comme caractéristiques des différentes formations. Plusieurs d'entre elles ressemblent aux térébratules, aux rhynchonelles, etc., et appartiennent aux mêmes genres ou à des genres très-peu différents; d'autres ont servi à l'établissement de coupes génériques spéciales, aujourd'hui sans analogues. Les productus ainsi que les spirifères, brachiopodes

FIG. 198. Anatomie de la térébratule (*Waldheimia australis*). L'animal est retiré de sa coquille.

a, *a*) manteau; — *b*) ésophage; — *c*, *c*) pédoncule et sa capsule; — *d d' d''*) principaux muscles servant aux mouvements des valves de la coquille (voir fig. 197, C l'ensemble de ces muscles) — *e*) estomac sur lequel on voit l'insertion des canaux biliaires qui ont été coupés; — *i i'*) intestin; — *k*) cœur; — *l* et *m*) vaisseaux sanguins; — *n n'*) les bras tentaculaires dont les bords sont frangés; — *o*) oviducte.

des formations géologiques les plus anciennes, sont plus particulièrement dans ce cas. Les térébratules nous offrent l'exemple remarquable d'un genre d'animaux qui a eu de nombreux représentants à toutes les époques géologiques, quoique ses différentes espèces soient souvent fort difficiles à distinguer les unes des autres.

CLASSE DES TUNICIERS.

Les tuniciers sont aussi des acéphales, mais ils manquent de coquille, et leur organisation s'éloigne à plusieurs égards de celle des deux classes précédentes. Leur corps est protégé par une peau coriace, qui forme une tunique résistante, percée de deux orifices seulement ; l'un de ces orifices conduit au sac branchial, au fond duquel est située la bouche ; l'autre sert de cloaque. Le système nerveux de ces animaux ne fournit pas de véritable collier ésophagien ; on n'y remarque qu'un seul ganglion d'où partent les nerfs destinés aux différents organes. Leur cœur est allongé en forme de vaisseau, et la circulation y est oscillatoire.

Beaucoup de tuniciers restent habituellement fixés aux corps sous-marins, sauf toutefois pendant leur premier âge, durant lequel ils

Fig. 199. — Ascidie agrégée.

Fig. 200. — Ascidie composée.

sont mobiles et pourvus d'un petit prolongement caudiforme rappelant la queue des têtards de grenouilles ou celle des cercaires ; ce sont les ASCIDIES. Il y a des espèces d'ascidies dont les individus restent isolés ; d'autres qui sont des agrégations d'individus (fig. 199) et d'autres qui résultent de l'association intime de plusieurs sujets

FIG. 199. — Ascidie agrégée (genre *Ptérophore*).
FIG. 200. — Ascidie composée (genre *Botrylle*), fixée sur une fronde de fucus.

confondus sous une enveloppe commune, ce qui les a fait appeler ascidies composées (fig. 200). Les pyrosomes, si phosphorescents pendant la nuit, sont aussi des tuniciers composés; ils ressemblent à de jeunes ascidies, qui se seraient soudées les unes aux autres; leurs colonies sont libres, et flottent au sein des mers.

Les SALPES ou biphores (fig. 201) sont une autre forme de tuniciers

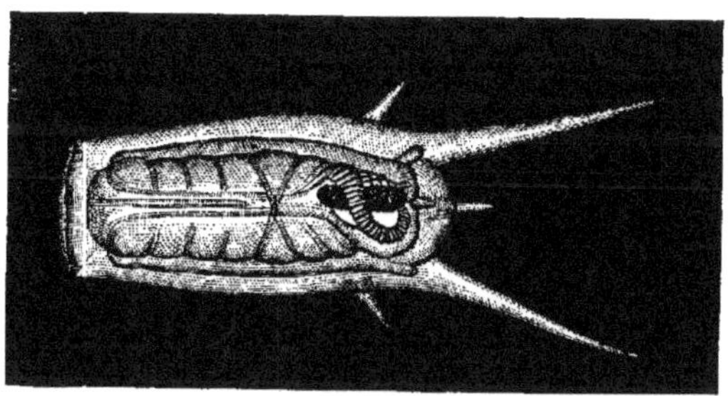

Fig. 201. — Salpe.

hydrostatiques. Ce sont ceux qui ont mis les naturalistes sur la voie des phénomènes de génération alternante. Dans ce mode de reproduction l'espèce est tour à tour gemmipare ou pourvue de sexe, et les individus d'une première génération ont souvent une forme très-différente de ceux qui appartiennent à la seconde. Cette alternance, constituant une sorte de *dimorphisme animal,* donne l'explication de faits très-nombreux que l'on avait d'abord mal interprétés et qui avaient, dans plusieurs circonstances, conduit à décrire comme appartenant à des ordres ou même à des classes différentes des animaux que l'on sait aujourd'hui constituer les deux formes de certaines espèces douées de génération alternante. Plusieurs genres d'annélides (genres sillys, myrianire, naïs, etc.), les douves de l'ordre des trématodes, les ténias, qui sont des vers rubanés, les polypes de la classe des acalèphes, sont comme les tuniciers de la famille des salpes ou biphores des animaux à génération alternante.

Fig. 202. — Beroé.

Les barillets de la Méditerranée (g. *Doliolum*) appartiennent aussi au groupe des tuniciers. Ils semblent former la transition de ces mollusques aux cestes, callianyres et beroés (fig. 202) formant la division des CTÉNOPHORES, qui sont des zoophytes pélagiens, aussi remarquables par la bizarrerie de leurs formes que par la transparence de leurs tissus.

CLASSE DES BRYOZOAIRES.

Cette classe termine l'embranchement des mollusques; les animaux qu'on y rapporte sont tous de très-petite dimension, et le plus souvent ils sont agrégés et vivent réunis en communauté; la plupart présentent une assez grande analogie avec les tuniciers, mais leurs branchies (fig. 47, p. 144), d'ailleurs placées en avant de la bouche, forment une sorte de panache, dont les filaments restent séparés les uns des autres, tandis que celles des tuniciers représentent une véritable poche dont l'ouverture est fort petite et simplement mamelonnée.

On les avait pris autrefois pour des polypes et réunis à ces animaux; mais leur corps binaire, l'état complet de leur tube digestif (fig. 203) et leurs autres caractères principaux ont dû les faire reporter parmi les mollusques. Ce sont des mollusques véritables, et la plupart des caractères qu'ils présentent sont en rapport avec l'infériorité du rang qu'ils occupent dans ce vaste embranchement.

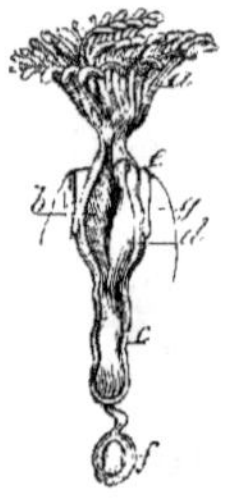

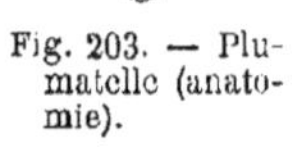

Fig. 203. — Plumatelle (anatomie).

Nous en avons plusieurs dans nos eaux douces (cristatelle[1], alcyonelle, plumatelle (fig. 203), frédéricelle, paludicelle, etc.). Ceux qui vivent dans les eaux marines sont bien plus nombreux, et il y en a parmi eux dont les cellules s'encroûtent d'un dépôt calcaire, destiné à les protéger, ce qui forme une sorte de polypier : ce sont les eschares, les rétépores, les tubulipores, etc., dont il y a des espèces dans nos mers. Chez un certain nombre de bryozoaires marins, les téguments conservent, au contraire, une consistance analogue à celle du parchemin.

Plusieurs terrains sont riches en débris fossiles de bryozoaires, dont les paléontologistes ont en partie donné la description dans ces dernières années.

FIG. 203. — Plumatelle (anatomie).
a) Panache branchial; — b) ésophage; — c) estomac; — d) intestin; — e) anus; — f) œuf suspendu à l'ovaire.

1. Page 144, figure 47.

CHAPITRE XXXIV.

DES ANIMAUX RAYONNÉS ET DE LEURS PRINCIPALES DIVISIONS.

Les animaux de cet embranchement n'ont plus, comme ceux des trois grands groupes précédents, les parties du corps disposées de manière à se répéter similairement à droite et à gauche; ils sont divisibles en plus de deux parties, toutes de même apparence et placées, comme les branches d'une étoile ou les pétales d'une rose, autour d'un axe central; leur disposition n'en est pas moins symétrique, mais cette symétrie, au lieu d'être paire et binaire, comme celle des vertébrés, des articulés ou des mollusques, se trouve par cela même ramenée au type radiaire; les branches ou rayons dont se

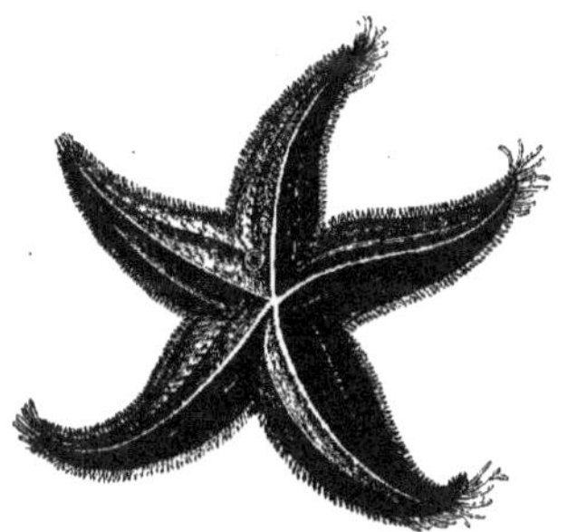

Fig. 204. — Étoile de mer.

compose le corps sont semblables entre elles, quel que soit leur nombre, et ce n'est que dans ces rayons, pris isolément, que l'on retrouve la disposition binaire caractéristique des animaux supérieurs. Chaque branche d'une astérie ou étoile de mer (fig. 204) est en effet décomposable en deux séries de pièces, droites et gauches, rappelant celles du corps des animaux supérieurs.

Les rayonnés ont aussi été appelés *zoophytes*, par allusion à leur structure plus simple que celle des autres animaux, et qui en fait pour ainsi dire la transition de ces derniers aux espèces végétales; mais il y a, même dans l'embranchement des articulés, des espèces qui ne sont pas moins inférieures que les rayonnés, par leur organisation : ce sont les vers intestinaux, que divers auteurs ont même considérés, à cause de cela, comme une classe de l'embranchement qui nous occupe. En outre, il y a des espèces d'une structure encore plus simple que celle des rayonnés eux-mêmes. Il est vrai qu'autrefois on les associait avec eux et avec les vers intestinaux dans ce même embranchement; mais ils n'ont ni la forme radiée, ni la structure des animaux caractérisés par cette forme, et leurs fonctions indiquent une infériorité plus grande encore : ces animaux sont les protozoaires, par lesquels se termine la série zoologique. Nous en traiterons après avoir parlé des rayonnés véritables. Ceux-ci, tout en prenant rang après les vertébrés, les articulés et les mollusques, ne sont donc pas les derniers des animaux; on les partage en *échinodermes* et en *polypes*.

1. *Sous-embranchement des Échinodermes.*

Les rayonnés du groupe des échinodermes doivent ce nom aux pièces dures, assez souvent en forme de piquants, dont leur peau est garnie. Ce sont : 1° les spatangues, les clypéastres, les scutelles, les cidaris et les oursins de toutes sortes (fig. 205) formant la classe des ÉCHINIDES; 2° les astéries ou étoiles de mer, les ophiures, les euryales (fig. 206), les comatules et les encrines dont la réunion constitue les STELLÉRIDES, et 3° les HOLOTHURIDES, divisés à leur tour en holothuries proprement dites, synaptes, etc.

La forme de ces animaux présente de singulières différences. Tantôt ils sont globuleux comme les oursins, dont certaines espèces ont été appelées melons de mer (fig. 205); tantôt ils sont aplatis et ressemblent à des écussons ou à des boucliers comme les scutelles. Les astéries ou étoiles doivent leur nom à leur apparence étoilée, et les ophiures, qui s'en rapprochent, ressemblent à des queues de serpents qui seraient soudées autour d'un disque commun; les euryales sont remarquables par les nombreuses subdivisions de leurs rayons principaux; les encrines ont l'apparence de fleurs à pétales multiarticulés et elles sont portées sur un pédicule mobile dont les comatules sont aussi pourvues, mais dans leur premier âge seulement[1];

1. Le *Pentacrinus europæus*, décrit comme appartenant à la division des encrines, est une jeune comatule encore pourvue de son pédoncule.

enfin les holothuries sont allongées, et il est certains genres de cette catégorie qui pourraient être pris pour des vers si l'on ne tenait compte de leur stucture anatomique; les synaptes sont dans ce cas.

Malgré cette diversité de leurs formes, les échinodermes sont faciles à caractériser. Ils ont la peau soutenue par des pièces dures, de nature calcaire, qui sont quelquefois serrées les unes contre les autres de manière à simuler une sorte de marqueterie très-régulière enveloppant alors l'animal dans une véritable têt protecteur. La

Fig. 205. — Oursin.

surface en est à son tour hérissée de piquants. Les oursins nous présentent cette disposition, et leur têt, ainsi que leurs piquants, qui sont plus développés dans certaines espèces que dans d'autres, fournissent d'excellents caractères lorsque l'on cherche à les distinguer entre eux. Les piquants des cidaris sont plus forts que ceux des autres échinides.

On trouve fréquemment sur les bords de la mer des têts d'oursins, et ceux des espèces propres aux anciens âges géologiques ne sont pas moins faciles à reconnaître. Les géologues les recueillent avec soin dans les terrains qui nous les ont conservés, et ils en tirent d'excellentes indications pour la classification chronologique de ces terrains. Leur présence dans une roche est d'ailleurs une preuve certaine de l'origine marine de cette roche.

Le têt des échinodermes est habituellement percé de trous disposés avec régularité, par lesquels sortent des cirrhes tentaculiformes, sortes de papilles douées de contractilité dont la fonction la plus apparente est de servir d'attache à ces zoophytes, lorsqu'ils veulent adhérer

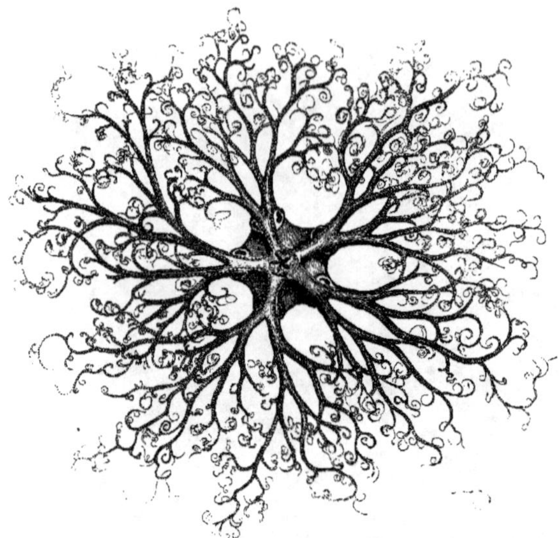

Fig. 206. — Euryale.

à d'autres corps. Chez les échinides ces cirrhes ont pour orifices les ambulacres, nombreuses perforations dont l'ensemble forme cinq figures à peu près elliptiques ; ils paraissent être aussi des organes de respiration; mais l'eau aérée qui s'introduit dans l'intérieur du corps des échinodermes concourt également à hématoser leur sang. Ces animaux ont des vaisseaux, quelquefois même un organe contractile comparable à un cœur. Leur tube digestif est le plus souvent complet.

On a constaté la présence du système nerveux chez plusieurs d'entre eux. Il forme autour de la bouche un collier composé d'autant de petites masses ganglionnaires qu'il y a de divisions au corps. Chaque ganglion est une sorte de petit cerveau duquel partent les filets nerveux destinés aux différentes parties auxquelles ce ganglion correspond. Les étoiles de mer montrent à l'extrémité de leurs rayons de petits organes qui sont de véritables yeux.

Les sexes des échinodermes sont tantôt séparés, tantôt portés par le même individu. Leur reproduction est habituellement ovipare et, pendant leur premier âge, ils ont une forme très-différente de celle qu'ils devront acquérir plus tard. Leurs métamorphoses ont été, de la part de J. Muller, l'objet d'un examen attentif (fig. 207 et 208).

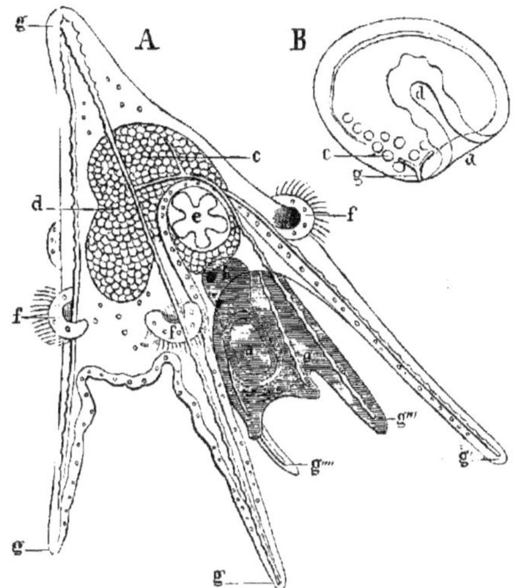

Fig. 207 et 208. — Larves d'oursins.

Tous les échinodermes sont des animaux marins. On mange quelques espèces d'oursins. En Chine, une holothurie, nommée *trépang*, est aussi employée comme aliment. Sur certains rivages, on recueille les étoiles de mer pour les employer comme engrais.

FIG. 207 et 208. Larves d'oursins.

A = Larve mobile, grossie 100 fois.

a) bouche; — *b*) estomac; — *c* et *d*) intestin; — *e*) plaque calcaire appelée *disque échinodermique;* — *f*) organes ciliés servant à la natation et à la respiration; peut-être les ambulacres — *g*, *g'*, *g''*, *g'''*) tiges calcaires servant de charpente au corps de l'animal.

B = Larve âgée de deux jours seulement.

a) bouche; — *b*) cavité stomacale; *c*) emplacement de l'intestin; — *g*) les tiges calcaires à peine développées.

2. *Sous-embranchement des polypes.*

On trouve dans les eaux douces de l'Europe, particulièrement dans celles qui sont stagnantes, un petit animal fort singulier. Il est mou et inarticulé ; n'a pour organes digestifs qu'une simple cavité

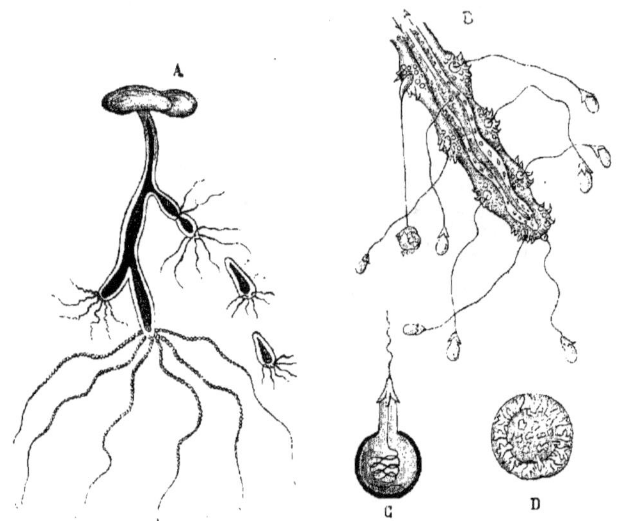

Fig. 209 et 210. — Hydre ou polype des eaux douces.

pourvue d'un orifice unique, entouré de tentacules contractiles ; il se multiplie par bourgeons comme une plante, et produit aussi des

Fig. 209 et 210. Hydre polype des eaux douces.

A = Hydre grossie. Elle est fixée sous une lentille d'eau et comprend trois individus dont le plus grand a les bras ou tentacules étendus. Le tube noir qui longe intérieurement le corps représente l'appareil digestif. L'individu situé à droite a été lié au-dessous de son point d'insertion au reste de l'hydre, pour montrer la multiplication par division (scissiparité). Au-dessus de lui sont deux individus supposés obtenus par ce procédé.

B = Un des bras de l'hydre, très-grossi, pour montrer les organes urticants dont il est pourvu (d'après M. Ehrenberg).

C = Une des capsules urticantes dont le fil suspenseur n'est encore qu'en partie déroulé. Figure très-grossie.

D = Œuf hibernal de l'hydre. Figure grossie.

espèces d'œufs ; quand on le coupe, chacun des morceaux qu'on en a faits devient lui-même un animal semblable à celui dont il provient : ce petit être, dont la forme est rayonnée et qui a une structure anatomique fort simple, a reçu des naturalistes du siècle dernier le nom de *polype à bras ;* on en a formé depuis lors le genre hydre (*Hydra*).

L'étude attentive qu'en a faite Trembley, a rappelé l'attention des

Fig. 211. — Corail, vu dans l'eau.

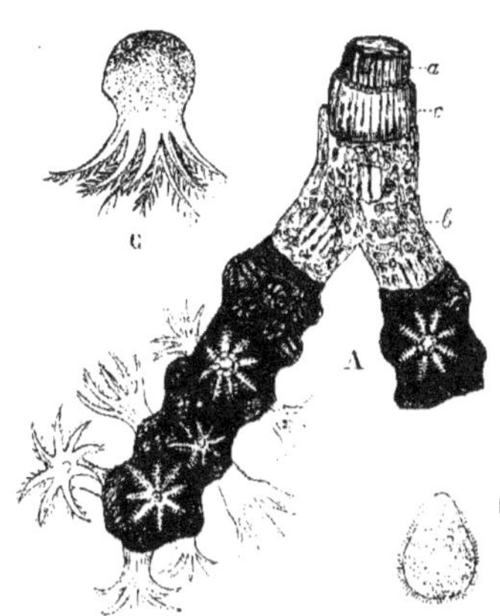

Fig. 212. — Corail (structure et développement).

savants sur une foule de productions marines, ayant une analogie apparente avec les végétaux, mais dures et pierreuses, malgré leur structure organisée, ce qui les avait fait appeler *lithophytes.* Ces

FIG. 212. Corail (sa structure et son développement).

A = Branche de corail, détachée du reste de la colonie.

a) l'axe du polypier constituant la partie rouge et solide employée dans les arts ; — *b*) la couche des vaisseaux réticulés ; — *c*) la couche des vaisseaux longitudinaux placée entre la précédente et la partie solide intérieure. Les polypes sont en rapport direct avec la couche sarcoïde ou corticale qui recouvre les deux couches de vaisseaux; cette couche sarcoïde est teintée en noir dans la présente figure; les polypes de la partie la plus rapprochée du point où l'on voit la couche des vaisseaux réticulés ne sont pas épanouis et ne se montrent que comme de simples mamelons.

B = Larve ciliée ou ovule mobile.

C = Larve ayant acquis la forme de polype et capable de donner par gemmation naissance à nouvelle colonie.

productions, que l'on nomme aujourd'hui *polypiers*, sont dues à l'incrustation d'une portion des tissus de certains animaux assez semblables par leurs parties molles et leur structure à des hydres. Réaumur, Guettard et les naturalistes contemporains de Trembley, ont à cause de cela étendu la dénomination de *polypes*, détournée par eux de la signification qu'elle avait chez les anciens, aux animaux dont proviennent les lithophytes, et ces espèces de concrétions ont dès lors été appelées des polypiers. C'est aussi un caractère de ces animaux que d'avoir des tentacules plus ou moins semblables à ceux

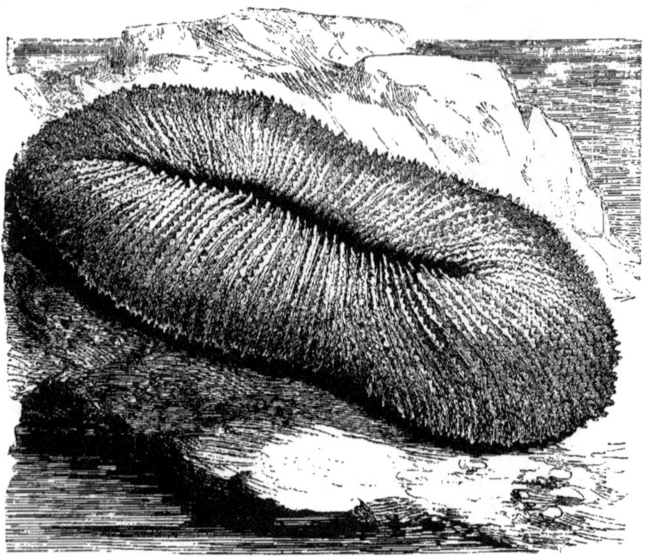

Fig. 213. — Polypier de la Fongie (1/2 grandeur naturelle).

des hydres ou polypes d'eau douce. Toutefois on constate de grandes différences entre les polypes comparés les uns aux autres, et il y a non-seulement plusieurs genres, mais encore plusieurs ordres et même plusieurs classes de ces animaux.

Le corail (fig. 211 et 212) est un polype à polypier, propre à la Méditerranée, dont la partie calcaire, d'une belle couleur rose, a été de tout temps employée en joaillerie. Les polypes de corail vivent en société, et un même rameau en porte un nombre considérable d'individus, qui se voient à la surface de sa partie corticale ou enveloppe molle, comme autant de petites fleurs sur une plante. Certains polypes, peu différents du corail, ne produisent pas de partie calcaire; la substance de leur polypier est charnue ou coriace; mais la masse en est soutenue par une multitude de petits corpuscules, de formes très-variées, auxquelles on donne le nom de *spicules*.

La plupart des autres polypiers sont pierreux; mais s'ils sont en général trop grossiers pour servir aux mêmes usages que le corail, ils méritent toutefois de nous intéresser à un autre égard. Dans les mers des pays chauds, il existe un grand nombre d'espèces de ces polypiers, et elles y pullulent avec une telle rapidité, que dans certains endroits leur réunion forme des masses assez compactes pour qu'on puisse y tailler des matériaux de construction. Ailleurs ils sont l'origine de récifs dangereux, et certains îlots ne sont autre chose que des amas de polypiers formant une sorte de couronne autour des monticules sous-marins; on les appelle quelquefois des îles madréporiques, par allusion au genre madrépore, qui est un des principaux genres de polypes à polypiers. Les millépores, les fongies (fig. 213), les astrées, les méandrines, etc., sont aussi des polypes pourvus de parties solides ou polypiers.

Certaines espèces ne produisent pas de ces incrustations calcaires et sont par conséquent dépourvues de polypiers; leur forme et leur couleur rappellent celles des fleurs: aussi les a-t-on souvent désignées sous le nom d'anémones de mer; ce sont les ACTINIES. La facilité avec laquelle on les transporte hors de l'eau sans qu'elles périssent, permet de les expédier à d'assez grandes distances, et l'on s'en sert pour peupler les aquariums, dont elles sont un des principaux ornements (fig. 214 et 215).

Tous ces polypes ont un genre de vie sédentaire, et dans certaines localités ils forment comme des buissons ou des tapis comparables à ceux des végétaux qui garnissent le sol dans nos champs et nos prairies. Il en existe qui sont, au contraire, pélagiens, voguant dans la haute mer en nombre souvent considérable, ou nageant avec élégance dans les endroits calmes, parfois aussi à peu de distance des côtes. Le gros temps disperse ou fait échouer sur la plage ces colonies flottantes que nous appelons des méduses, des vélelles, des physalies, des stéphanomies, etc. Ces animaux singuliers sont souvent associés aux beroés (fig. 203) sous le nom commun d'*acalèphes*.

On les a en effet placés dans une classe différente de celle des polypes sédentaires, que de Blainville a appelés zoanthaires, c'est-à-dire animaux-fleurs; mais les acalèphes eux-mêmes sont aussi des polypes, et les observations dont ils ont été l'objet de nos jours, ont singulièrement élucidé leur histoire.

Ces acalèphes se propagent, d'une manière analogue à celle que nous avons déjà signalée comme étant propre à certains vers intestinaux, tels que les ténias et les douves, et dont les annélides sétigères nous ont aussi offert des exemples. Ils se multiplient alternativement par œufs, et par gemmes ou bourgeons ; les méduses ont, comme les fleurs, des moyens de reproduction plus parfaits que les simples bourgeons soit animaux soit végétaux, et desquels naîtront bientôt des œufs destinés à fournir de nouveaux polypes agames; de même les fleurs auxquelles le fruit succède sont des individus sexués qu'engendrent par agamie les rameaux verts des plantes, et ces rameaux jouent dans le développement des colonies végétales formées

Fig. 214. — Actinie commune. Fig. 215. — Actinie œillet.

par les arbres un rôle analogue à celui des polypes agames chargés d'engendrer des acalèphes.

Voici comment les choses se passent en ce qui concerne les *méduses*. Ces êtres, dont la consistance semble purement gélatineuse et dont la transparence égale celle du cristal dans beaucoup d'espèces, ont la forme d'une ombrelle surmontant des prolongements de même consistance au milieu desquels est percée la bouche ou qui possèdent eux-mêmes de petits orifices en communication avec des canaux d'une nature intermédiaire entre les vaisseaux circulatoires et l'intestin. Sur le dessus du corps des méduses se voit une rosace constituant l'appareil reproducteur.

On a cru longtemps que ces animaux formaient des espèces à part, distinctes de toutes celles qu'on avait classées parmi les polypes. C'est ainsi que les considérait Rondelet, qui a publié vers le milieu du seizième siècle un ouvrage rempli de faits curieux relatifs aux animaux marins; et c'est aussi l'opinion qu'en avaient conservée Cuvier et de Blainville. Mais des observations toutes récentes ont montré que les méduses naissent de certains polypes classés parmi les polypes ordinaires sous les noms de campanulaires, de tubulaires et de corynes. Si l'on met un de ces polypes dans un aquarium, on ne tarde pas à voir apparaître dans le même vase des méduses qui ne sont autre chose que les capitules couronnant les rameaux de ces polypes détachés, devenus libres et parvenus à leur phase reproductrice.

Qu'on se représente les fleurs des végétaux se séparant des parties vertes au moment de la fécondation, comme cela a d'ailleurs lieu pour les fleurs mâles de vallisnéries, qui sont des plantes aquatiques propres au midi de l'Europe, et l'on aura une idée exacte du mode suivant lequel les méduses prennent naissance. La partie sédentaire des polypes dont elles se détachent pour aller au loin produire des œufs continue à s'accroître par bourgeonnement, ou, comme l'on dit aujourd'hui, par génération agame, absolument comme le font les rameaux des plantes ou leurs parties vertes issues des bourgeons; les méduses, ou individus libres et pourvus de sexes, naissent au contraire de la même manière que les boutons à fleurs et sont destinées au même rôle.

On connaît des méduses de formes très-différentes les unes des autres et dont on a fait un assez grand nombre de genres. Celles de nos côtes ont reçu les noms d'aurélie, pélagie, cyanée, chrysoare, rhizostome (fig. 216), etc.

L'histoire des *siphonophores* n'est pas moins curieuse. Ces animaux flottent en pleine mer comme les méduses, mais ils ont une forme bien différente. Ce sont des espèces de guirlandes comparables aux passementeries les plus délicates; on les dirait faits avec du cristal et de pierreries associés sous les formes les plus élégantes. Dans certains parages, on les voit, par le beau temps, flotter près de la surface de la mer. Les eaux du golfe de Villefranche, près Nice, en présentent des espèces fort curieuses, appartenant à plusieurs genres.

Ce ne sont plus, comme les méduses, des individus isolés; ils forment au contraire de véritables colonies, et l'on a reconnu que chacune de ces guirlandes animées se compose d'individus de plusieurs sortes. Les uns occupent la tête de l'association et sont destinés à servir de flotteurs; d'autres, munis d'organes urticants, semblent préposés à la défense générale; d'autres encore sont chargés de nourrir la communauté, et il en est enfin dont la fonction est de produire des œufs; ils engendrent ainsi de nouvelles colonies, dans lesquelles les diverses sortes d'individus qui viennent d'être énumérés, apparaissent par bourgeonnement en arrière de l'individu vésiculifère servant de flotteur. Les vélelles, les physalies

Fig. 216. — Rhizostome.

(fig. 217), les stéphanomies, les physophores (fig. 219) et les diphyes (fig. 218) sont les principaux genres de cette classe de polypes. Les beroés (page 398, fig. 203) se rapprochent déjà sensiblement des physophores et on les classe généralement parmi les acalèphes. C'est aussi à ce groupe de radiaires que l'on rapporte les callianyres, malgré la symétrie binaire de leur forme. Nous devons nous contenter de citer ici ces animaux, sans entrer dans aucun détail à leur égard.

CLASSIFICATION DES POLYPES. — Il résulte des données qui précèdent, qu'il existe plusieurs catégories de polypes.

Un premier groupe de ces animaux répond à la classe des ACALÈPHES de Cuvier : il comprend les *siphonophores* et les *polypo-méduses*. Les premiers, ou les siphonophores, forment des colonies composées d'individus de plusieurs sortes, et sont flottants au sein des mers. Les autres, ou les polypo-méduses, sont d'abord fixes et rameux; ensuite ils donnent naissance par génération agame aux méduses,

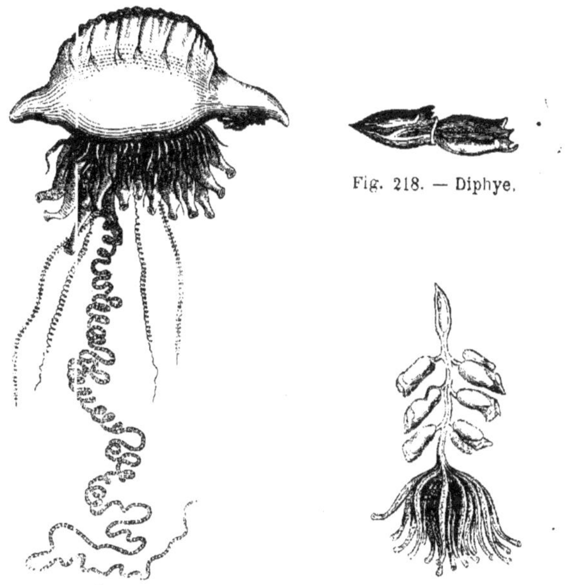

Fig. 217. — Physalie.

Fig. 218. — Diphye.

Fig. 219. — Physophore.

individus pourvus de sexes, qui se détachent des colonies au sein desquelles elles ont pris naissance et nagent librement. Les hydres ou polypes d'eaux douces (fig. 209 et 210) s'en rapprochent à plusieurs égards, mais elles ne subissent pas de métamorphoses.

II. — Une seconde classe est celle des polypes qu'on a nommés ZOANTHAIRES; ils ne subissent pas de transformations comme les précédents. On les partage en actinies, madrépores et autres polypes mous ou à polypiers pierreux dont nos mers fournissent un nombre d'espèces bien moindre que celles des pays chauds. Leurs tentacules sont toujours nombreux, lisses et filiformes.

III. — La troisième classe des polypes est celle des CTÉNOCÈRES ou *Coralliaires*, qui ont les tentacules plus courts et festonnés à leurs bords. Le corail proprement dit (fig. 211 et 212) appartient à cette division, dont les gorgones ou arbres de mer, les lobulaires, les vérétilles et les pennatules (fig. 220), représentés sur nos côtes par

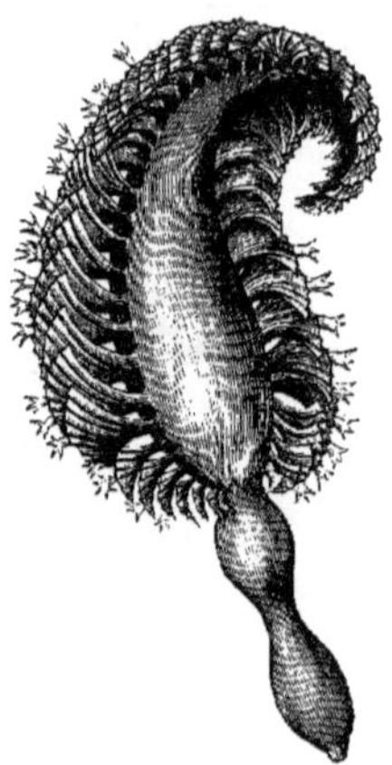

Fig. 220. — Pennatule.

diverses espèces, font également partie. Leur apparence extérieure est souvent fort singulière, et leur parenchyme est soutenu par des spicules ou cristaux comparables aux raphides des végétaux et dont les formes sont également très-variées. Les antipathes, dont l'axe solide fournit le corail noir, se rapprochent des gorgones à plusieurs égards, mais sans en avoir tous les caractères anatomiques.

CHAPITRE XXXV.

DES PROTOZOAIRES OU ANIMAUX LES PLUS SIMPLES.

Les protozoaires, dont le nom rappelle qu'ils appartiennent aux degrés les plus inférieurs de l'échelle animale, sont caractérisés par l'extrême simplicité de leur structure. On ne leur reconnaît qu'un nombre fort restreint d'organes, et ils ne présentent non plus aucune trace de système nerveux. Beaucoup manquent même d'appareil spécial de digestion et certaines espèces de cet embranchement semblent être uniquement formées de cellules homogènes associées les unes aux autres, ou plus simplement encore d'une seule cellule, susceptible, grâce à la présence de son nucléus, de produire à son tour et à la manière des éléments histologiques constituant les animaux supérieurs ou les végétaux, de nouvelles cellules destinées à devenir bientôt libres par la destruction de la cellule-enveloppe ou cellule mère qui leur a donné naissance. D'autres fois, la substance des protozoaires est analogue au sarcode (p. 38), et ils émettent des expansions diffluentes ou des espèces de filaments ayant l'apparence de fils incessamment variables dans leur forme, qui s'étirent comme du verre fondu et peuvent s'accoller les uns aux autres pour se disjoindre ensuite; c'est là ce qui les a fait appeler *rhizopodes*, dénomination qui signifie pieds en forme de racines. Quelques protozoaires ont un têt, sorte de petite carapace, tantôt cornée, tantôt calcaire, assez analogue à une petite coquille; d'autres sont soutenus, comme les éponges, par des corpuscules calcaires ou siliceux rappelant ceux des derniers groupes de zoophytes et auxquels on donne aussi le nom de spicules.

Il y a des protozoaires libres et mobiles; d'autres sont évidemment associés plusieurs ensemble, et le plus souvent ils forment des masses assez volumineuses qui restent fixées au fond des eaux. Leurs individus composants sont toujours fort difficiles à distinguer les uns des autres, même à l'aide du microscope.

Il y a plusieurs classes de protozoaires; les principales sont celles des *foraminifères*, des *infusoires* et des *éponges*.

Un grand nombre des animaux qui s'y rapportent sont intéressants à étudier à cause de la part importante qu'ils ont prise dans la formation de certaines roches par l'accumulation de leurs enveloppes calcaires ou de leurs spicules; c'est ce que nous voyons pour les foraminifères, longtemps appelés céphalopodes microscopiques, à cause de la ressemblance apparente que certaines de leurs coquilles ont avec celles des nautiles et des autres animaux de cet ordre. Beaucoup d'infusoires jouent pendant leur vie un rôle actif dans la putréfaction des substances organiques et dans la fermentation; en outre, certains protozoaires, comme les éponges, sont susceptibles d'être employés à des usages industriels ou domestiques.

CLASSE DES FORAMINIFÈRES.

Ces animaux présentent le plus souvent un têt calcaire composé d'une ou de plusieurs loges très-diversement empilées les unes sur les autres et qui communiquent habituellement entre elles par un petit orifice ; de là leur nom de *foraminifères*, signifiant perforés.

La forme de ces espèces de coquilles a souvent une singulière ressemblance avec celle des coquilles de certains mollusques, particulièrement avec celle des nautilés vivants ou fossiles ; mais cette analogie n'est qu'apparente, et l'organisation des foraminifères n'a aucun rapport avec celle des céphalopodes.

Les parties molles, renfermées dans l'intérieur des loges dont la coquille est formée, consistent en un tissu d'apparence homogène qui émet au dehors des filaments sarcodiques très-ténus, de forme extrêmement variable, servant à ces animaux de moyen d'attache et d'appareil locomoteur (fig. 12, C).

Les foraminifères vivent principalement dans les eaux salées, et dans beaucoup de localités on trouve leurs petites coquilles mêlées au sable de la mer ainsi qu'aux autres sédiments qu'elle dépose ; par endroits ils en constituent le fond.

Leur volume, quoique généralement peu considérable, peut, dans certains cas, l'être davantage. Ainsi, il y a des nummulites qui ressemblent à des pièces de monnaie et qui en ont les dimensions. Les foraminifères de ce genre ne sont connus qu'à l'état fossile.

A Rimini, dans l'Adriatique, et sur quelques points du littoral de la Corse, des Antilles, etc., le sable des plages est riche en coquilles de foraminifères ; on en retire également, au moyen de sondes jetées à de grandes profondeurs au milieu de l'Océan, et aux époques géologiques qui ont précédé la nôtre, il en a de même existé des espèces. Elles ont eu, par l'accumulation de leurs carapaces, une grande influence sur la formation de différents terrains. Ainsi les nummulites constituent, dans plusieurs parties du monde, d'immenses bancs dont le dépôt remonte à l'époque tertiaire inférieure. La craie, qui appartient à une époque encore antérieure et dont l'étendue est si considérable en Europe, en Asie et dans l'Amérique septentrionale où elle forme des bancs extrêmement puissants, est, de même, presque entièrement formée de débris de foraminifères microscopiques[1].

On trouve aussi des quantités innombrables de ces petites coquilles dans un dépôt tertiaire d'apparence crayeuse propre aux environs d'Oran, et il en a été également observé dans des assises différentes de celles-là ; ainsi le calcaire à miliolites, qui fournit une partie de la pierre employée sous le nom de moellon pour les constructions, à Paris et dans les environs de cette ville, n'est qu'un im-

1. Page 17, fig. 3.

mense amas de coquilles de foraminifères appartenant au genre miliole, dont il existe aussi des espèces dans les mers actuelles.

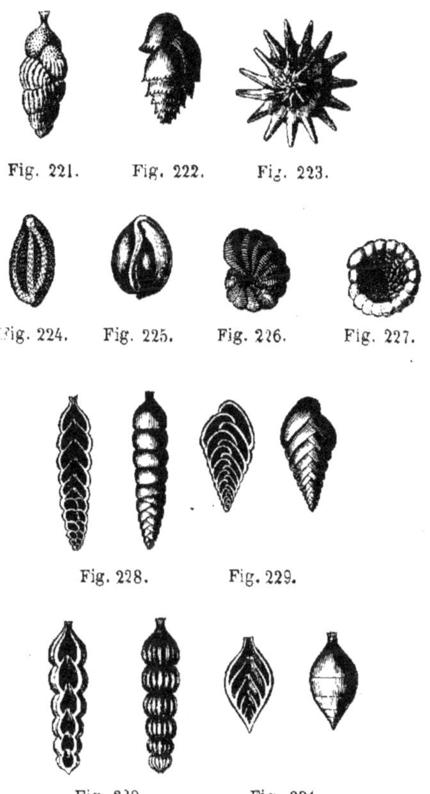

Fig. 221. Fig. 222. Fig. 223.

Fig. 224. Fig. 225. Fig. 226. Fig. 227.

Fig. 228. Fig. 229.

Fig. 230. Fig. 231.

Les figures des onze espèces de foraminifères que nous reproduisons ici donneront une idée de la diversité des formes qui caractérisent ces petits animaux.

Fig. 221 à 231. Énumération des genres de *foraminifères* représentés par ces figures :
221. Uvigérine. — 222. Bulimine. — 223. Calcarine. — 224. Quinquéloculine. — 225. Triloculine. — 226. — Dendritine. — 227. Planorbuline. — 228. Bigénérine. — 229. Textulaire. — 230. Nodosaire. — 231. Glanduline.

CLASSE DES INFUSOIRES.

Les infusoires, aussi nommés animaux microscopiques parce que le microscope permet seul de les apercevoir tant ils sont petits, sont des êtres d'une organisation fort simple, qui vivent en quantité innombrable dans les liquides organiques en décomposition, ainsi que dans les eaux, soit douces, soit marines, dans lesquelles pourrissent des corps organisés. Les infusions de ces substances permettent de se les procurer pour ainsi dire à volonté; c'est même à cause de cela que ces petits animaux ont reçu le nom qui sert à les désigner.

Quoique les infusoires aient des organes de reproduction, divers auteurs ont pensé que ces animalcules se développaient dans certains cas par génération spontanée, c'est-à-dire sans germes ni parents, et que les agents physiques pouvaient suffire à leur apparition. Et, ce qui pouvait faire supposer qu'il en est réellement ainsi, c'est que les infusions en fournissent après qu'on les a exposées à une température très-élevée, capable même de détruire tous les germes qu'elles auraient pu contenir. Mais l'eau et la matière organique sont à elles seules impuissantes à fournir des infusoires, et l'air qu'on y ajoute ne peut pas davantage leur donner cette propriété, si l'on a pris la précaution de lui faire préalablement traverser un tube chauffé au rouge, ou si on l'y a amené en le lavant dans un vase qui renferme de l'acide sulfurique.

On est donc fondé à penser que dans le cas où les germes ont été préalablement détruits, c'est l'air pris à l'atmosphère sans les précautions que nous venons d'indiquer, qui fournit la semence des infusoires, et l'on a depuis longtemps comparé l'atmosphère elle-même à une sorte de mer chargée de particules vivantes qui n'attendent, comme des œufs ou des graines, pour se développer, que de rencontrer les circonstances favorables à leur germination. Les infusoires étant du nombre des êtres qui peuvent se multiplier par gemmation et par division, un seul individu est capable dans beaucoup d'espèces d'en fournir en peu de temps un nombre considérable.

Les observations des micrographes ont montré que ces animalcules possèdent une bouche, parfois même un anus, et que la substance qui les constitue est creusée intérieurement de plusieurs vésicules pulsatiles qu'on avait d'abord prises pour des estomacs véritables; c'est là ce qui avait conduit M. Ehrenberg, le célèbre micrographe de Berlin, à donner aux infusoires proprement dits le nom de *polygastriques*, signifiant estomacs multiples. Les infusoires se multiplient non-seulement par division, mais aussi par œufs. Plusieurs espèces de ces animaux subissent des métamorphoses très-singulières.

Nous ne citerons qu'un petit nombre de genres d'infusoires proprement dits.

Les vorticelles (fig. 232) en constituent un

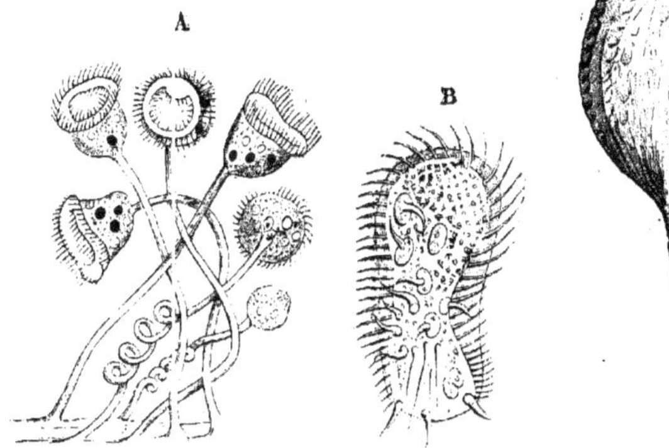

Fig. 232. — Vorticelles. Fig. 233. — Plesconie.  Fig. 234. — Phacus.

des groupes les plus remarquables; leur taille permet quelquefois de les apercevoir à l'œil nu. Elles ont une couronne de cils vibratiles; en outre, leur corps est fixé par un long pédicule contractile.

Les paramécies, les plesconies (fig. 233) et les kérones sont des infusoires à corps entièrement cilié, tandis que les euglènes, les phacus (fig. 234), les volvox et les monades prennent rang parmi ceux que leur long tentacule filiforme a fait appeler infusoires flagellifères.

CLASSE DES SPONGIAIRES.

Les éponges usuelles, dont nous utilisons la partie chitineuse après les avoir débarrassées de la substance animale qui les enveloppe et des spicules calcaires qui en soutenaient la masse, sont formées par un amas de filaments tubiformes anastomosés entre eux dans toutes

Fig. 232. Vorticelle campanule.
Fig. 233. Plesconie.
Fig. 234. Phacus longicaude.

les directions et qui, bien préparés, se laissent aisément imbiber par

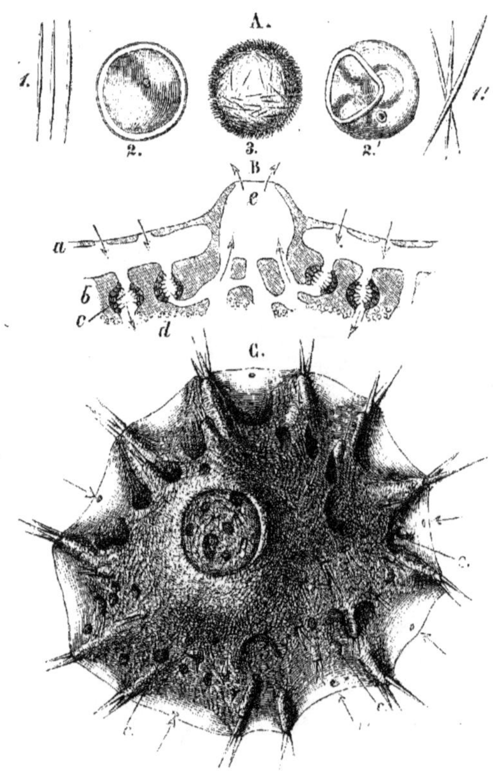

Fig. 235. — Spongille.

les liquides avec lesquels on les met en contact. C'est cette propriété

FIG. 235. Spongille ou éponge des eaux douces.

A = 1 et 1') spicules siliceux formant le feutrage de la spongille ; — 2 et 2') sporanges ou œuf hibernaux; celui de la figure 2', qui a été ouvert, renferme plusieurs corps reproducteurs ; — 3) ovule mobile et cilié. On voit déjà des spicules dans son intérieur.

B = Coupe d'une spongille en voie de développement.

Les flèches indiquent la direction des courants d'eau qui en parcourent la masse — *a*) substance extérieure de consistance gélatiniforme ; — *b*) charpente

qui les fait rechercher. Les plus fines proviennent des côtes de Syrie, des îles Bahama et de quelques autres localités.

Les animaux de cette classe n'ont ni tentacules ni tube digestif, mais leur masse rappelle à certains égards le parenchyme de certains polypes, et on les a quelquefois considérés comme la dégradation extrême de ce groupe d'animaux. Leurs spicules ne sont pas toujours calcaires, comme ceux des éponges usuelles; beaucoup d'espèces en ont de siliceux, et il est certains genres de spongiaires dont tout le parenchyme est soutenu par une sorte de feutrage entièrement formé de cette dernière substance.

La multiplication des éponges s'opère de deux manières différentes : d'abord par des germes ciliés et mobiles qui ressemblent assez à des

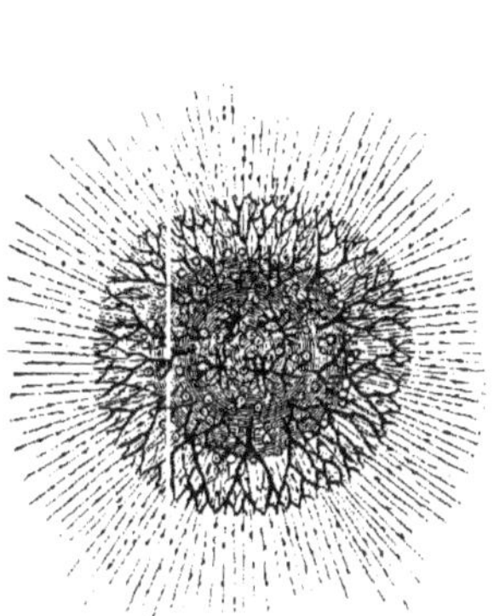

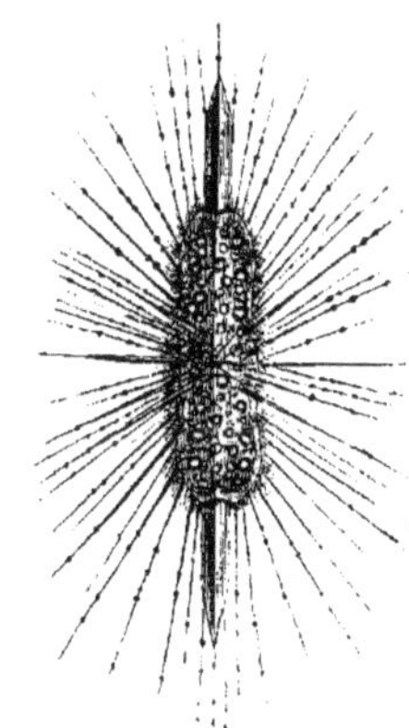

Fig. 236.— Cladococcus cervicorne. Fig. 237.—Amphilonche hétéracanthe.

infusoires, et ensuite par des espèces de sporanges comparables aux germes des végétaux cryptogames. Ce double mode de propagation a été observé dans plusieurs espèces marines; on le retrouve aussi

formée par le feutrage des spicules; — c) chambres ciliées; — e) orifice commun pour la sortie des courants; — d) couche inférieure formée par les sporanges ou corps reproducteurs hibernaux.

C = Masse de spongille, vue en dessus.

Les flèches indiquent les oscules ou orifices servant à l'entrée des courants respiratoires; — c c) sont les ouvertures des chambres ciliées. — Au centre de la masse est l'orifice de sortie des courants marqué e sur la figure B.

B = Tout autour de la masse de la spongille est la partie gélatiniforme soutenue par les saillies de la substance feutrée; elle laisse paraître au dehors une douzaine de faisceaux de spicules.

dans les spongilles ou éponges propres aux eaux douces (fig. 235), qui diffèrent des éponges usuelles en ce qu'elles manquent de la partie chitineuse qui fait le mérite de ces dernières et que leurs spicules sont siliceux au lieu d'être calcaires.

Les RADIOLAIRES, animalcules marins à charpente siliceuse, dont on a fait une classe de protozoaires, paraissent avoir une grande analogie avec les éponges. Leurs formes sont souvent d'une régularité remarquable et présentent des détails on ne peut plus élégants, qui pourraient être copiés avec avantage pour l'ornementation de nos habitations. M. Hœckel a fait une étude attentive de ces animaux et leur a consacré un très-bel atlas. Nous figurons d'après lui deux genres de radiolaires, ceux qu'on a nommés *Cladococcus* (fig. 236) et *Amphilonche* (fig. 237).

Parmi les protozoaires autres que les foraminifères, les infusoires et les éponges, il en est qui méritent encore d'être signalés. Nous citerons de préférence les NOCTILUQUES, petits animaux aquatiques qui sont l'une des causes principales de la phosphorescence de la mer, les GRÉGARINES, et enfin les AMIBES, quelquefois appelées protées à cause des changements incessants de leur forme. Les amibes (fig. 12, A) vivent principalement dans les eaux corrompues.

CHAPITRE XXXVI.

L'HOMME. — PRINCIPAUX TRAITS ET SUPÉRIORITÉ DE SON ORGANISATION. RACES HUMAINES.

COMPARAISON DE L'HOMME AVEC LES ANIMAUX. — L'homme est, sans contredit, le plus parfait des êtres créés. Indépendamment des caractères moraux qui le distinguent, et lui assignent des destinées autres que celles du reste des animaux, il est supérieur à tous par la structure et la disposition de ses organes Son anatomie ainsi que sa physiologie, étudiées dans leur ensemble aussi bien que dans leurs moindres détails, justifient parfaitement la place qu'on lui donne dans la classification naturelle, à la tête de tout l'empire organique.

Que l'homme, envisagé dans sa partie matérielle et périssable, soit un être organisé; que les détails de sa structure doivent le faire rapporter au règne animal et classer parmi les mammifères, cela n'est pas susceptible d'être contesté; aussi s'étonnerait-on que quelques savants aient songé à en faire l'objet d'un règne à part, appelé par eux *règne humain*, et comparé, pour l'importance des caractères qu'ils lui assignent, au règne animal et au règne végétal, si l'on ne considérait que c est sur les caractères moraux de l'homme, plutôt que sur ses caractères physiques, qu'ils ont fondé cette distinction. Mais notre objet, dans cet ouvrage, n'est ni la métaphysique ni aucune de ses branches; c'est l'histoire naturelle et l'histoire naturelle seule. Nous établissons donc, comme un fait qui n'a pas besoin de démonstration, que, sous le rapport de ses organes et de leurs fonctions, envisagés conformément aux méthodes de la science dont nous traitons, l'homme ne saurait être classé ailleurs que parmi les mammifères.

C'est ce qu'avait parfaitement compris Linné, en assignant au genre *Homo* le premier rang parmi les primates, qui constituent eux-mêmes, dans sa classification, le premier ordre de mammifères. En agissant ainsi, il avait montré qu'il se faisait une idée suffisamment exacte de la valeur des particularités anatomiques qui rapprochent l'homme des premiers animaux de cette classe, c'est-à-dire des singes; il en avait même exagéré l'importance en le plaçant dans le même genre qu'eux.

Nous avons vu que, pendant près de quatorze siècles, l'anatomie d'un singe, et ce singe était peut-être le magot, a passé, dans les écoles de médecine, pour l'anatomie de l'homme lui-même. Cette anatomie, due au célèbre Galien ou empruntée par lui à l'école d'Alexandrie, s'était enrichie, vers l'époque de la Renaissance, de faits nouveaux également tirés de l'anatomie des animaux, plus particulièrement de celle de plusieurs quadrumanes peu différents du magot. La découverte de singes encore plus semblables à l'homme par leurs caractères extérieurs, tels que les gibbons, propres à l'Inde et à ses archipels, l'orang-outan, qui vit à Sumatra et à Bornéo, le chimpanzé, confiné sur la côte occidentale d'Afrique, vint établir entre l'homme et les quadrumanes un nouveau lien organique. Mais, par une aberration qui serait difficile à comprendre si l'on ne savait que les genres avaient du temps de Linné une extension bien moins limitée que de nos jours, ce grand naturaliste crut devoir placer l'homme et ces premiers quadrumanes dans un seul et même genre, sous la dénomination commune d'*Homo*. Les gibbons furent l'*Homo lar*; le chimpanzé, l'*Homo troglodytes*, et l'orang, l'*Homo satyrus*; quant à l'homme véritable, le seul digne de ce nom et le seul auquel depuis lors on l'a uniquement réservé, Linné l'appelait *Homo sapiens*.

Quoique génériquement séparés, dans la classification actuelle, et à juste titre, de l'*Homo sapiens*, les grands singes dont nous venons de rappeler les noms n'en sont pas moins, de tous les animaux, ceux qui ont le plus d'analogie avec l'homme dans leur structure; aussi les appelle-t-on, à cause de cela, des *singes anthropomorphes*. Cette division des primates s'est accrue, dans ces derniers temps, d'une espèce plus remarquable encore par sa force et par la grandeur de ses dimensions, le gorille, qui habite, comme le chimpanzé, la côte occidentale de l'Afrique, plus particulièrement les épaisses forêts du Gabon. Buffon et Linné avaient à tort attribué au chimpanzé les données que, de leur temps déjà, on possédait au sujet du gorille, qui est un animal redoutable et dépasse tous les autres singes en grandeur[1].

Si l'on cherche quels sont les rapports principaux de structure qui existent entre l'homme et ces animaux anthropomorphes, on constatera aisément qu'avec quelques différences de la valeur de celles qui servent d'habitude à caractériser les genres, ils ont les uns et les autres les mamelles pectorales et au nombre de deux seulement, le pouce des membres supérieurs opposable aux autres doigts, le coccyx non prolongé sous forme de queue, les tubérosités ischiatiques dépourvues de callosités (les gibbons exceptés), le sternum aplati, la poitrine large au lieu d'être comprimée, les yeux rapprochés et dirigés en avant, la cloison des narines étroite, le cerveau établi sur un plan commun malgré ses différences de volume, enfin les hémisphères cérébraux pourvus de circonvolutions et renflés de telle sorte que les lobes olfactifs, ici très-petits, sont recouverts, ainsi que le cervelet, par la masse de ces hémisphères.

On a signalé une autre disposition curieuse qui est commune à l'homme et aux singes anthropomorphes : chez ces animaux et aussi chez les autres singes, les yeux ont leurs nerfs optiques à la fois en rapport avec les hémisphères du cerveau, organes spéciaux de l'intelligence et de la réflexion, et avec les tubercules quadrijumeaux ou corps optiques, siége spécial des facultés instinctives. Au contraire, chez les autres mammifères, les nerfs de la vue ne mettent la rétine qu'en communication avec la partie instinctive du cerveau, c'est-à-dire avec les tubercules quadrijumeaux, ce qui établit une grande différence entre ces animaux et les précédents sous le rapport des fonctions de relation et les place dans une condition évidemment inférieure à la leur.

L'homme et les premiers singes, auxquels il faut d'ailleurs joindre, sous ce rapport, toutes les autres espèces de cette famille qui sont

1. Voir p. 271 à 273 des figures de l'orang-outan, du chimpanzé et du gorille.

particulières à l'ancien continent, ont trente-deux dents, et ces dents sont disposées d'après la formule suivante :

$$\frac{2}{2} \text{ incisives, } \frac{1}{1} \text{ canines, et } \frac{5}{5} \text{ molaires de chaque côté,}$$

répartition entièrement semblable à celle qu'affectaient aussi les dents chez les singes qui ont autrefois vécu en Europe[1].

En outre, leur dentition de lait est aussi la même[2], savoir :

$$\frac{2}{2}\ \text{i}\ \frac{1}{1}\ \text{c}\ \frac{2}{2}\ \text{m.}$$

L'examen du squelette et celui des muscles, l'étude des organes de la nutrition et celle de tous les autres appareils, ne feraient que confirmer ces rapprochements et démontrer de nouveau les rapports d'organisation qui font des singes les animaux les plus rapprochés de l'homme, malgré la condition inférieure de la plupart de leurs caractères. C'est donc avec raison que Linné avait placé zoologiquement l'homme et les singes ou quadrumanes dans un même ordre sous la dénomination de *primates*, indiquant que ce sont les premiers des animaux. En effet, l'homme emprunte les principaux traits de son organisation à cet ordre des primates, et, au point de vue de la classification naturelle, on a exagéré la valeur des caractères organiques qui le séparent des animaux du même groupe, en faisant pour lui un ordre à part sous le nom de *bimanes*. Cependant, tout en appartenant au groupe naturel des primates, il est supérieur sous tous les rapports organiques aux animaux qui s'y rapportent, et Linné n'a pas assez tenu compte de cette supériorité lorsqu'il a réuni dans ce même genre l'homme et les singes anthropomorphes ; tout, même dans les caractères anatomiques, repousse une pareille association. C'est ce que fera mieux comprendre un examen rapide des caractères physiques du genre humain.

Caractères distinctifs de l'homme. — Sa station, au lieu d'être quadrupède comme celle de la plupart des autres mammifères, ou oblique, comme celle des singes des premiers genres, est tout à fait droite (*situs erectus*). Il n'est donc pas, comme ces derniers, dans l'obligation de s'appuyer dans la marche et sous peine de trébucher à chaque pas sur ses extrémités supérieures ; celles-ci restent à la disposition

1. Les cébins ou singes d'Amérique (p. 273) ont, en général, $\frac{6}{6}$ molaires de chaque côté, et lorsqu'ils n'en ont que $\frac{5}{5}$, comme l'homme et les pithécins ou singes de l'ancien continent, ce qui a lieu chez les ouistitis, ils ont toujours $\frac{3}{3}$ avant-molaires, tandis que l'homme et les pithécins (p. 27) n'en ont que $\frac{2}{2}$.

2. Voyez p. 77 à 79 des figures de la dentition de l'homme.

de son intelligence. L'homme diffère d'ailleurs des singes par ses membres en ce que, inférieurement, il n'a pas, comme eux, le pouce opposable aux autres doigts; ses pieds sont plantigrades et il n'a de mains qu'aux membres supérieurs. C'est presque uniquement sur cette différence entre l'homme et les singes que Blumenbach, Cuvier et d'autres auteurs ont fondé l'établissement de leur ordre des bimanes. Mais ce caractère, sans être absolument dépourvu de valeur, n'a pas l'importance que ces naturalistes lui avaient supposée, et il faut en outre remarquer que tous les quadrumanes n'ont pas réellement quatre mains[1]. Dès lors, la différence qui fait de l'homme un bimane n'a pas elle-même assez de valeur zoologique pour qu'on l'emploie à caractériser un ordre distinct, bien qu'elle soit en rapport avec la station particulière à notre espèce et puisse être regardée comme la conséquence de notre mode de progression.

C'est aussi en vue de sa station droite que l'homme a les jambes plus longues que les singes anthropomorphes, les mollets plus musculeux et le bassin plus élargi, de manière à lui assurer une base plus solide de sustentation. Divers autres caractères du squelette ainsi que la disposition générale des muscles concourent au même résultat; c'est ce que montrent très-bien les deux planches de cet ouvrage consacrées au squelette de l'homme et à sa myologie (p. 169, fig. 53, et p. 186, pl. II). Il résulte de ces dispositions que les bras ont plus de liberté, les muscles deltoïdes y étant plus puissants et la tête de l'humérus de forme différente, et que la main est surtout plus parfaite que chez les animaux. Elle devient ainsi un instrument spécial de la volonté.

Mais c'est principalement dans l'expression ou dans la forme de la tête (*os sublime*), envisagée surtout dans sa partie faciale, que se révèlent les conditions de la perfection humaine, et elles placent notre espèce à un rang fort élevé au-dessus de tous les autres animaux (*sanctius his animal mentisque capacius altæ*).

Le cerveau présente dans ses diverses régions, surtout dans celles qui sont particulièrement affectées au service de l'intelligence, un attribut tout à fait propre à notre espèce. Le développement des hémisphères y est supérieur à celui qu'il présente dans les animaux les mieux doués sous ce rapport; les circonvolutions y sont nombreuses et groupées d'une manière spéciale; en outre, ce sont les circonvolutions du lobe antérieur de ces hémisphères qui sont surtout développées, et, dans leur disposition, ces circonvolutions sont exclusivement caractéristiques du cerveau humain. Elles sont si bien des parties

1. Chez certains de ces animaux les pouces des membres antérieurs ne sont pas opposables.

caractéristiques de notre espèce, qu'elles existent déjà avant la naissance et se montrent indépendamment de celles qui apparaissent ultérieurement sur les autres lobes. Cette disposition établit, au point de vue du cerveau, une différence considérable entre l'homme et les singes, et elle se trouve en rapport avec la supériorité de ses facultés intellectuelles, puisque c'est l'instrument lui-même de l'intelligence ou, comme disait de Blainville, son *substratum*, qui la présente (fig. 66).

Les singes, dont le cerveau est le plus développé, c'est-à-dire les singes anthropomorphes, signalés dans un des précédents chapitres, sont d'ailleurs forts différents de l'homme en ce qui concerne cette partie importante de l'encéphale (fig. 67); c'est par là qu'ils s'éloignent surtout de notre espèce, et quoiqu'elles méritent aussi d'être signalées, les différences de leur forme extérieure n'ont en réalité qu'une valeur secondaire. Au point de vue phrénologique, cette particularité est fondamentale, et l'étude physiologique du cerveau en fait ressortir toute l'importance. C'est ce qui a fait dire à M. Wagner, savant physiologiste allemand, qui s'est beaucoup occupé de ces grandes questions, que « l'homme et les singes sont des créatures absolument distinctes, alors même qu'on fait abstraction de toutes les données de la psychologie ; » et, en réponse aux savants qui ne craignent pas de voir dans notre espèce quelque forme animale d'abord inférieure qui se serait perfectionnée par l'effet du temps ou des conditions physiques, il ajoute que « tout en anatomie, comme en zoologie, répugne à l'idée de ces métamorphoses et de ces transitions indéfinies que Darwin à supposées[1]. »

Par une analyse ainsi raisonnée des caractères anatomiques de l'homme on peut arriver à démontrer que, tout en restant être organisé et animal et en appartenant, par ses différents organes, à la classe des mammifères, le genre humain se distingue néanmoins de tous les autres êtres vivants par des caractères qui le placent fort au-dessus d'eux. Ces caractères sont en rapport avec les particularités physiologiques qui distinguent l'homme, et ils assurent, avec l'intelligence dont il est doué, sa suprématie sur la nature. Moins forte que beaucoup d'animaux, privée des armes puissantes que possèdent la plupart d'entre eux, l'espèce humaine domine le monde entier par la supériorité de son intelligence, et ses destinées terrestres sont elles-mêmes différentes de celles du reste des êtres créés.

La voix de l'homme, qui constitue le langage articulé et la parole, n'est pas un moindre gage de la perfection de son organisme ni une preuve moins certaine de son élévation. Elle donne une puissance

1. Voir p. 21 la discussion des idées de Lamark et de M. Darwin relatives à la variabilité de l'espèce.

nouvelle à ses sociétés, et devient, par la tradition, un lien entre les générations disparues et celles qui leur ont succédé. Elle permet à ces dernières de profiter de l'expérience acquise dans le passé, et en perpétuant les résultats de la civilisation, elle prépare de nouveaux progrès qui seront, au physique, autant de conquêtes sur la nature et, au moral, autant de causes de perfectionnement.

Les modifications que l'homme subit individuellement en passant de l'enfance à l'adolescence et de l'adolescence à l'âge mûr ou à la vieillesse ne sont pas moins curieuses à observer. Ses aptitudes changent avec l'âge, et en se développant, son jugement et sa raison accroissent l'ascendant qu'il peut avoir individuellement sur ses semblables. A cet égard l'homme n'est pas moins supérieur aux animaux; mais si les caractères moraux qui le distinguent en font un être exceptionnel au sein de la création, c'est par la nature même de ses organes et par les éléments anatomiques qui les constituent, qu'il ressemble au reste des êtres organisés; comme nous avions surtout à l'envisager sous ce double rapport, nous n'avons pas craint de donner des détails étendus au sujet de ses principaux organes et des fonctions qu'ils exécutent.

Races humaines.— L'homme se distingue de tous les animaux par les différents caractères que nous venons de rappeler et par ses diverses aptitudes physiologiques; de plus, il n'est pas identique à lui-même dans tous les lieux qu'il habite. Suivant qu'on l'observe sur un point du globe ou sur d'autres, il présente des particularités qui semblent en harmonie avec le sol sur lequel il est né. Des différences tirées de sa stature; de la couleur blanche, brune, jaune, cuivrée ou noire de sa peau; de la forme de son crâne, qui est oblong (crânes dolichocéphales) ou arrondi (crânes brachycéphales); des mâchoires tantôt courtes (crânes brachygnathes), tantôt proéminentes (crânes prognathes); de la nature lisse (léiothrique) ou crépue (ulothrique) des cheveux; de l'abondance ou de la rareté des poils de la barbe; de l'horizontalité ou de l'obliquité des yeux; de la saillie du menton ou de celle des pommettes; du développement du nez; de la grandeur relative du lobule des oreilles, et d'autres différences également tirées de l'organisme, permettent de caractériser plusieurs variétés principales parmi les hommes des divers pays, et comme ces différences sont durables et se transmettent de génération en génération, on établit plusieurs *races humaines*. Ces races peuvent à leur tour être partagées d'une manière assez régulière en groupes secondaires, qu'on appelle sous-races, rameaux, familles, etc., et qui constituent autant de modifications de l'espèce humaine.

Les plus grands naturalistes, Buffon, Blumenbach, G. Cuvier et de Blainville, ont admis qu'il n'existe qu'une seule espèce d'hommes, et la plupart des auteurs reconnaissent, avec les savants que nous venons de citer, trois races principales dans l'espèce humaine, savoir : la RACE BLANCHE ou *caucasique*, la RACE JAUNE ou *mongolique* et la RACE NOIRE ou *éthiopique*. Mais ces distinctions, fondées sur la seule considération de la couleur de la peau, ne donnent pas une idée suffisante des particularités qui distinguent entre elles les diverses populations humaines, et quelques ethnologistes ont admis un plus grand nombre de races.

Il est aisé de constater qu'il y a des hommes de couleur noire, ou tout au moins de couleur très-foncée, qui ressemblent plus aux

Fig. 238. — Nouveau-Zélandais (exemple de tatouage).

blancs qu'aux nègres par les traits principaux de leur physionomie : tels sont les Abyssins, les Indous, les Indo-Chinois et même les Malais, et l'on en fait une race à part sous le nom de RACE BRUNE. Certaines îles de l'Océanie sont habitées par des hommes très-peu différents des Malais par l'ensemble de leurs caractères ; telle est en particulier la Nouvelle-Zélande (fig. 238).

De plus, les indigènes de l'Amérique ne se laissant que difficilement classer dans la race jaune, on a donc admis qu'ils constituent une race à part, appelée RACE CUIVRÉE ou *rouge*.

En outre on a aussi partagé les nègres en deux catégories :

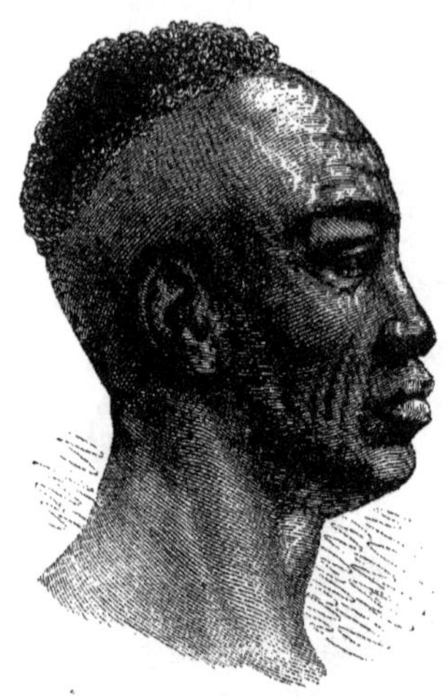

Fig. 239. — Nègre africain.

ceux de l'Afrique ou ÉTHIOPIENS, et ceux de l'Australie, qui sont principalement les Papous et les habitants de la Nouvelle-Hollande ; ceux-ci constituent la RACE MÉLANÉSIENNE ou *australienne*. Les nègres africains ont d'ailleurs des caractères très-variés et sous ce rapport ils ne le cèdent en rien aux peuples de race blanche ou brune. Quelques-uns se rapprochent notablement des Abyssins; le noir dont nous donnons ici la figure (fig. 239) en est un exemple.

Enfin il paraît convenable d'admettre une septième race pour les Hottentots et les Boschimans (RACE HOTTENTOTE), qui sont jaunes comme des Mongols, mais qui ont cependant les principaux caractères des nègres, quoiqu'ils leur soient certainement inférieurs. Les Hottentots semblent être les derniers des hommes.

Le tableau suivant fera mieux connaître cette classification que ne le pourraient de longs détails. Nous y avons joint l'indication du chiffre auquel on peut évaluer l'ensemble des populations propres à chacune des races humaines et à chacun de ses rameaux.

Races.	Rameaux.	
1° BLANCHE	*Arya* ou Européen	294 000 000
	Araméen	50 000 000
	Scythique	31 000 000
2° BRUNE	*Abyssin*	8 000 000
	Hindou	180 000 000
	Indo-Chinois (Siamois, Anamides, etc.)	18 000 000
	Malais (des Moluques et de l'Océanie)	25 000 000
3° JAUNE	*Sinique*	320 000 000
	Mongol	7 000 000
	Hyperboréen ou Arctique	200 000
4° CUIVRÉE	*Nord-Américain*	5 000 000
	Sud-Américain	5 000 000
5° NÈGRE	*Caffre* / *Nègre*	5 200 000
6° MÉLANÉSIENNE	*Papou* / *Andamène* ou Australien	1 000 000
7° HOTTENTOTE	*Hottentot* / *Boschisman*	?
Plus les *hybrides*, individus provenant du croisement des races précédentes, et que l'on désigne suivant leur origine par les noms de *métis*, *mulâtres*, *zambos*, etc.		12 000 000
	Total	908 200 000

Ce chiffre total paraît être au-dessous de la réalité, et, dans l'état actuel de nos connaissances géographiques, on suppose qu'il doit être porté à *un milliard*.

RACE BLANCHE. — Les trois rameaux de la race blanche méritent que nous nous y arrêtions quelques instants. Ces hommes sont ceux qui ont accompli les plus grands progrès dans la civilisation, et ils sont aussi les premiers de tous par la régularité de leurs caractères physiques. Les uns ont les cheveux blonds, les autres les ont d'un brun plus ou moins foncé; tous ont le nez grand et droit, la bouche modérément fendue, les lèvres petites, la face courte, les yeux grands, fendus suivant une ligne horizontale et surmontés par des sourcils bien arqués; leur angle facial approche de 90°, et ils ont les cheveux lisses.

Rameau européen. — Des trois rameaux de la race blanche celui qui a pris le plus d'extension est le rameau arya ou européen, maintenant répandu sur tous les points du globe et dont la puissance fait chaque jour de nouveaux progrès. Voici sa répartition en nationalités principales, d'après le Traité des races humaines de M. D'Omalius d'Halloy.

Peuples	Groupes	Subdivisions	Nombre	Total
Peuples teutons..	*Germains* ...	*Allemands* ...... *Hollandais*	54 155 000	100 730 000
	Scandinaves.	*Danois*	1 710 000	
		Norvégiens	1 572 000	
		Suédois	3 788 000	
	Anglais		39 505 000	
Peuples latins....	*Français*		37 553 000	98 130 000
	Hispaniens..	*Espagnols* .... *Portugais*	27 606 000	
	Italiens		25 773 000	
	Valaques		7 198 000	
Peuples grecs.....	*Grecs*		3 000 000	4 480 000
	Albanais		1 480 000	
Peuples slaves....	*Russes*	*Russes* propr. dits. *Rousniakes* ...... *Cosaques*	50 120 000	79 340 000
	Bulgares		3 400 000	
	Serbes		7 500 000	
	Slovences		1 400 000	
	Tchèkkes	*Bohêmes*	3 200 000	
		Moraves	1 280 000	
		Slovakes	2 500 000	
	Polonais		9 400 000	
	Lithuaniens .	*Lithuaniens* prop. dits	1 228 000	
		Lettes	872 000	
Peuples erso-kymriques	*Kimris*......	*Gallois*	650 000	11 750 000
		Bas-Bretons	1 000 000	
	Erses.......	*Irlandais*	9 700 000	
		Higlanders	400 000	
		Total................		294 430 000

Rameau araméen. — Les peuples qui s'y rapportent ont joué, antérieurement aux Européens, un rôle important dans la civilisation. Ce sont :

Les *Basques* ou Euskaldunes, habitant sur les pentes des Pyrénées et des monts Cantabres, en France et en Espagne. Ils ont fourni à l'antiquité les Ibères, les Aquitains et les Ligures, soumis plus tard par les Celtes et les Latins.

Les *Libyens* où les Berbers et les Fellahs, dont faisaient sans doute également partie les Coptes ou anciens Égyptiens.

Les *Sémites*, comprenant les Arabes, les Juifs ou Israélites, les Syriens et les Maltais. Les Assyriens, les Phéniciens et les Carthaginois sont, avec les Juifs, les Sémites dont l'histoire ancienne nous parle le plus souvent.

Les *Perses* divisés en Kurdes, Perses proprement dits, Afghans, Arméniens, Béloutchis, etc.

Et les *Géorgiens* ou Géorgiens, Mingréliens et Lares, qui vivent sur la côte nord-est de l'Anatolie.

Rameau scythique. — Le noyau principal du rameau scythique se compose des *Turcs*, autrefois maîtres d'une grande partie de l'Asie sous le nom de Tartares, et qui étaient naguère possesseurs d'une grande partie du bassin méditerranéen.

Les *Circassiens* et les *Magyares* ou Hongrois sont aussi de ce groupe, auquel paraissent appartenir également les *Finnois* répandus depuis la Sibérie jusqu'à la Baltique sous les noms de Téléoutes, Ostiakes, Baskirs, Permiaques, Lives ou Livoniens, Esthes ou Esthoniens, etc.

EUROPE BORÉALE. — Dans les régions les plus voisines du pôle habitent les Lapons, peuple de race jaune appartenant au rameau hyperboréen, qui s'étend dans toute la zone arctique. La race jaune a pour principaux rameaux les Mongols, les Chinois et les Tibétains, tous propres à l'Asie continentale, ainsi que les Japonais, limités aux îles de ce nom.

ANCIENNETÉ GÉOLOGIQUE DU GENRE HUMAIN. — L'homme n'est pas seulement le plus parfait des êtres organisés, il compte aussi parmi les moins anciennement créés, et Cuvier, après avoir parlé, dans son Discours sur les révolutions du globe, de ces singulières espèces animales qui ont pour toujours disparu du nombre des êtres vivants, et avoir discuté leur ancienneté relative, se posait cette question : « Où donc était alors le genre humain? Ce dernier et ce plus parfait ouvrage du Créateur existait-il quelque part? »

La science n'a pas encore répondu avec certitude à cette question; mais les nombreuses recherches entreprises dans ces dernières années par les savants et par les archéologues ont conduit à des résultats tout à fait dignes d'intérêt et que nous devons rappeler.

On ne trouve, dans les terrains fossilifères qui sont antérieurs à ceux de la dernière période géologique, appelée aussi période quaternaire, par opposition aux trois périodes primaire, secondaire et tertiaire qui l'ont précédée, aucun débris fossile ni aucune trace quelle qu'elle soit susceptible d'être attribuée à notre espèce. En effet, il est bien démontré aujourd'hui que les indications de fossiles humains que divers auteurs ont publiées à diverses reprises comme se rapportant à des formations géologiques anciennes, reposent sur des interprétations complétement erronées.

Les couches récentes de l'écorce du globe terrestre, et ces couches sont par conséquent les plus superficielles, sont donc les seules dans lesquelles on puisse chercher avec quelque chance de succès des traces des premiers hommes. Antérieurement à leur dépôt, c'est-à-dire pendant les périodes dont nous avons tout à l'heure rappelé les noms, d'autres espèces d'êtres organisés, exclusives de la nôtre et de celles qui l'accompagnent à présent, voltigeaient dans les airs, parcouraient les différents points exondés de la croûte terrestre, s'agitaient dans les eaux douces et peuplaient la vaste étendue des mers. De semblables substitutions de populations nouvelles à des populations plus anciennes avaient eu lieu à diverses reprises avant la création des êtres aujourd'hui vivants, et c'est sur l'examen des débris fossiles laissés par ces populations dans les formations géologiques dont elles ont été contemporaines, que la science a pu rétablir les caractères de leurs principales espèces. L'étude des plantes fossiles a conduit aux mêmes résultats que celle des animaux.

Cuvier admettait qu'on ne rencontre des restes humains que dans les dépôts qui sont supérieurs à celui appelé *diluvium* par les géologues, « lequel, ajoute-t-il, recouvre partout nos grandes plaines, remplit nos cavernes, obstrue les fentes de plusieurs de nos rochers[1]. » D'après lui, ce ne serait même que dans les terrains formés depuis cette époque, laquelle remonte aux premiers temps de la période quaternaire, c'est-à-dire dans les alluvions, dans les tourbières, dans les concrétions ou brèches récentes, géologiquement parlant, que l'on trouverait les débris des animaux qui peuplent maintenant l'Europe. Il cite, comme tels, « les os de bœuf, de cerf, de chevreuil, de castor, communs dans les tourbières, et tous les os d'hommes et d'animaux domestiques enfouis dans les dépôts des rivières, dans les cimetières et sous les champs de bataille. »

D'après ses recherches, aucun reste des animaux anéantis par les *catastrophes* qui ont bouleversé notre planète, ne se retrouverait dans les conditions qui viennent d'être rappelées, pas même les restes des espèces qu'il démontre avoir été détruites par la dernière des catastrophes qu'il invoque ; et, parmi celles de ces espèces dont les débris ont été observés en Europe, il faut citer, comme étant surtout remarquables, l'éléphant fossile (*Elephas primigenius*), le rhinocéros à narines cloisonnées (*Rhinoceros tichorhinus*), le grand félis des cavernes (*Felis spelæa*), les hyènes européennes (*Hyena spelæa* et autres), et l'ours gigantesque (*Ursus spelæus*). Le mégathérium paraît avoir été contemporain de ces animaux ; mais il vivait en Amérique, et nous n'avons pas à nous en occuper ici.

Cependant de nouvelles observations ont montré, contrairement à l'opinion de Cuvier, que toutes ces grandes espèces, maintenant anéanties, n'avaient pas, comme le croyait ce savant, précédé celles

1. Les brèches osseuses.

aujourd'hui existantes. Il est bien certain, en effet, qu'en Europe des ossements de divers bœufs, de cerfs, de loups, de blaireaux, de castors, etc., semblables à ceux d'à présent, sont mêlés dans les brèches, dans les cavernes, et dans le diluvium, à ceux des grands animaux éteints : preuve que leurs espèces ont été contemporaines de ces grands animaux. La population mammifère de nos contrées descend donc, à l'exception de certains animaux domestiques que l'homme y a amenés d'Orient, des espèces mêmes que l'Europe a eues pour habitants à l'époque où s'opérait le dépôt des terrains que l'on a appelés diluviens. Toutefois la faune quaternaire de l'Europe, au lieu de rester complète, comme celle de l'Inde ou de l'Afrique, et de conserver la plupart des espèces dont elle était d'abord formée, a été pour ainsi dire décimée ; ses principaux animaux ont été détruits par une ou plusieurs de ces grandes perturbations qui ont anéanti, à diverses reprises, tant de formes d'êtres organisés sur tant de points du globe. Sans la destruction de ses principales espèces, elle ne le céderait ni pour la richesse, ni pour le nombre, aux faunes restées plus complètes, qui donnent aux deux parties du globe que nous venons de nommer une physionomie si animée. En Amérique et en Australie, des destructions d'animaux gigantesques ont eu lieu comme en Europe également depuis le commencement de la période quaternaire.

Ces données préliminaires établies, la question de la première apparition de l'homme en Europe devient beaucoup plus simple qu'on ne le supposerait d'abord. S'il y avait vécu antérieurement aux animaux diluviens, plus particulièrement à l'époque où nos contrées nourrissaient encore des mastodontes, son existence remonterait à l'époque tertiaire supérieure, les mastodontes ayant cessé d'exister en Europe avec la fin de la période tertiaire. Si c'est, au contraire, des éléphants de l'espèce dite *Elephas primigenius*, et des autres animaux accompagnant cette espèce qu'il a été le contemporain, il remonte aux premiers temps de la période quaternaire, et, pour établir sa domination en Europe, il a dû combattre toutes les grandes espèces qui ont disparu postérieurement à l'époque diluvienne de cette même période. Les luttes qu'il soutient encore en Afrique et dans l'Inde, contre les éléphants, les rhinocéros, les panthères, les lions, les hyènes, etc., il les aurait donc soutenues autrefois, dans nos régions, contre des animaux congénères de ceux-là, mais qui, pour la plupart, ont été reconnus constituer des espèces différentes des leurs.

Cette opinion peut s'appuyer sur cette considération théorique que, l'homme appartenant à la dernière des créations zoologiques, il a dû, ainsi que les espèces aujourd'hui éteintes qui viennent d'être énumérées comme ayant appartenu à cette même création, apparaître dès les premiers temps de la période quaternaire, que caractérise en effet la dernière population d'êtres organisés. Il serait donc possible que l'on rencontrât ses débris enfouis avec les leurs dans des terrains d'époque diluvienne, tels que les sédiments anciens des cavernes, les brèches ou le diluvium proprement dit. Il est vrai que Cuvier combattait cette manière de voir, mais elle a été défendue depuis lui par beaucoup d'auteurs, et de nombreuses découvertes ont été successivement alléguées en sa faveur.

Quoique déjà informé de quelques-unes de ces découvertes, Cuvier défendit jusque dans ses dernières publications les vues qu'il avait émises dans son Discours sur les révolutions du globe, et, dans l'édition de ce discours qu'il a publiée en 1830, deux ans avant sa mort, il a même discuté l'opinion des géologues qui ont invoqué en faveur de la contemporanéité de l'homme et des grandes espèces maintenant détruites, les ossements humains recueillis dans des cavernes du midi de la France, soit à Bize (Aude), soit à Pondres (Gard).

Aux débris humains, que l'on recueille dans les cavernes de Bize et dans divers cavernes analogues situées en France ou dans d'autres parties de l'Europe centrale, en Belgique, en Angleterre, sont associés des objets travaillés : les uns en pierre, représentant des pointes de couteaux, des flèches, etc.; les autres en os, et qui ont la forme de poinçons ou d'autres formes appropriées aux usages auxquels on les employait. La plupart semblent avoir servi à la guerre, à la pêche, à la chasse ou à la préparation des peaux. Il y a aussi, avec ces objets, des coquillages appartenant au genre natice et à d'autres genres marins ; ces coquillages, qui ont été percés de main humaine, ont sans doute servi à faire des colliers ou des couronnes tels qu'en font encore certains peuples sauvages.

Les hommes qui ont laissé ces débris vivaient donc à peu près à la manière des peuplades les moins civilisées de nos jours. Un fait plus remarquable encore, c'est que les dépôts qui renferment leurs dépouilles sont pétris d'ossements et de dents d'un animal qui n'habite plus actuellement que dans les régions les plus septentrionales du globe, et, comme le disait déjà Albert le Grand, mort en 1280, *in partibus aquilonis, versus polum Arcticum et etiam in partibus Norwegiæ et Sueviæ*. Cet animal est le renne ; et, ce qui n'est pas moins singulier, ses os que l'on trouve pêle-mêle avec ceux des anciens habitants de l'Europe centrale , sont partout brisés de la même manière, et ces brisures sont le fait de l'homme lui-même, qui a retiré la moelle de ces os de rennes, et en a utilisé certaines parties comme le font encore les tribus de race hyperboréenne.

Aussi a-t-on pensé que les hommes qui s'étendaient dans l'Europe centrale pendant que le renne habitait cette région, étaient de la même race que ceux qui vivent maintenant sous le cercle polaire. Ce qui paraît certain, c'est que les temps pendant lesquels ils ont occupé nos pays ont coïncidé avec le grand refroidissement survenu anciennement en Europe et qui a eu pour conséquence l'extension des glaciers.

Alors beaucoup d'autres animaux, qui depuis ont également été refoulés dans le Nord, s'étendaient jusque chez nous, et les débris qu'ils y ont laissés durant leur séjour sont une preuve nouvelle de la rigueur du climat européen pendant cette même époque.

Cette période glaciaire avait fait suite à celle que l'on a nommée diluvienne, pendant laquelle, au contraire, la température était plus douce, les pluies plus abondantes, les animaux plus variés, plus grands et plus semblables à ceux de l'Afrique ou de l'Inde actuelles.

Ainsi que nous l'avons déjà dit, beaucoup d'auteurs pensent que

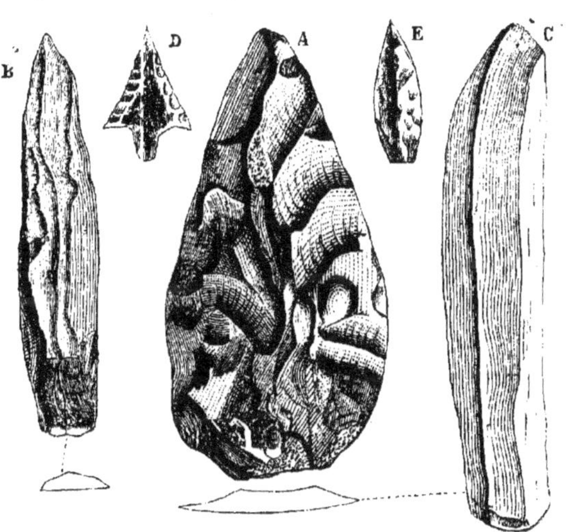

Fig. 240. — Divers instruments en silex taillé.

l'homme existait en Europe antérieurement à l'époque glaciaire, et qu'il s'y trouvait déjà pendant la période diluvienne. Ils ont cité à l'appui de leur opinion la découverte, dans certains dépôts regardés comme diluviens, d'instruments en pierre, particulièrement de haches en silex, et celle d'os travaillés. On a aussi allégué en preuve

Fig. 240. Divers instruments en silex taillé.
A = Hache ; moitié de la grandeur naturelle.
Des haches de cette forme ont été recueillies à Moulin-Quignon, près Abbeville,

certaines mâchoires de carnassiers, appartenant à des espèces diluviennes, telles que des hyènes, des *Felis spelæa*, des grands ours, etc., que l'homme aurait taillées de sa main, et l'on en a conclu que c'étaient les trophées de chasse des premiers habitants de l'Europe. Parmi les naturalistes qui ont soutenu que la présence de l'homme dans nos contrées remonte à une antiquité aussi reculée, il faut surtout citer Schmerling, médecin belge, qui avait fouillé avec soin les cavernes des environs de Liége.

MM. de Christol et Emilien Dumas[1], dans un travail publié en 1829, et MM. Boucher de Perthes et Lartet, dont le premier a fait connaître les haches en silex taillé des environs d'Abbeville (fig. 240, A), et le second les fossiles de la sépulture ancienne d'Aurignac (Haute-Garonne), ont apporté de nouveaux faits à l'appui de l'opinion que l'homme aurait habité l'Europe dès l'époque diluvienne. Cependant l'interprétation donnée par ces savants a eu des contradicteurs et de nouvelles preuves pourront seules trancher la question. Il est reconnu en effet que certains mélanges postérieurs à l'époque diluvienne ont pu avoir lieu dans les cavernes et que plusieurs des débris antéhistoriques qui ont été attribués à cette époque sont plutôt de l'époque glaciaire, ou même moins anciens encore.

Si l'opinion de ces savants était fondée, la science aurait ainsi retrouvé trois époques antéhistoriques pendant lesquelles l'homme aurait habité l'Europe, et ces trois époques présenteraient les unes et les autres ce caractère que les principaux instruments dont l'homme se servait alors, étaient faits en pierre[2], le bronze, ni le fer, ni aucune autre substance métallique n'étant encore en usage[3].

à Saint-Acheul, près Amiens, et dans d'autres localités en France, en Angleterre, en Espagne, etc.; quelques auteurs supposent qu'elles ont été taillées pendant l'époque diluvienne et ont appartenu à des hommes contemporains de l'*Elephas primigenius*.

B = Couteau; deux tiers de la grandeur naturelle.

Extrait de la grotte de Laroque, près de Ganges (Hérault).

C = Couteau; autre forme; également recueilli dans le département de l'Hérault, mais sous un dolmen celtique du bois de Puéchabon.

D = Pointe de flèche; forme triangulaire; des habitations lacustres de l'Italie.

E = Autre pointe de flèche, en forme de feuille de laurier; des habitations lacustres de l'Italie.

1. D'après des recherches faites dans la grotte de Pondres (Gard) où l'on a découvert quelques os humains, des silex taillés, des fragments de charbon de bois et des poteries ainsi que des ossements d'hyènes, d'ours, de rhinocéros, etc.

2. Une des formes les plus fréquentes de ces instruments en silex taillé est celle des *couteaux* (fig. 240, B et C). On en rencontre dans un grand nombre de localités, soit dans les cavernes, soit dans les parties superficielles du sol.

3. On ne trouve plus d'exemples d'une civilisation aussi peu avancée que sur un très-petit nombre de points du globe, particulièrement en Océanie; encore ré-

La plus ancienne de ces époques, dont la caverne de Pondres, signalée en 1829 par MM. de Christol et Émilien Dumas, et d'autres cavernes au nombre desquelles M. Lartet comprend celle d'Aurignac, citée plus haut, serait contemporaine du diluvium des géologues. Elle nous fournirait la preuve de la coexistence en Europe de l'homme et des grandes espèces qui ont été anéanties plus tard par l'extension des glaciers. Les haches en pierre d'Abbeville, de Saint-Acheul, près Amiens et celles de plusieurs autres localités françaises et étrangères auraient la même antiquité.

La seconde époque antéhistorique répondrait à l'extension, dans nos contrées, du renne et de différents autres animaux, maintenant refoulés dans les régions polaires. La grotte de Bize (Aude) et celles des Eyzies, en Périgord, sont les mieux explorées de celles qui ont reçu les sédiments au sein desquels les débris travaillés pendant ce second âge nous en ont été conservés.

Une troisième époque, aussi caractérisée par l'usage d'instruments en pierre, serait celle pendant laquelle ont eu lieu les premiers dépôts, également riches en autres instruments, que l'on observe dans les lacs de la Franche-Comté, de la Suisse et de l'Italie; de là le nom d'époque des habitations lacustres qu'on lui a donné. En effet, les dépôts de ce troisième âge antéhistorique, sont aussi caractérisés par des instruments en pierre ; mais ces instruments ne sont pas toujours aussi primitifs que ceux des deux âges précédents. On y remarque non-seulement des haches et des couteaux en pierre taillée, mais aussi des haches en pierre usée semblables à celles dont les Celtes se servaient et que l'on retrouve dans leurs dolmens et dans les tumulus. Les pointes de flèches (fig. 240, D et E) y ont aussi une plus grande perfection.

Cette période est la transition des âges réellement antéhistoriques à ceux dont l'homme a conservé le souvenir, et que l'histoire nous décrit. Elle touche aux temps où le bronze et plus tard le fer ont commencé à être utilisés[1].

Le climat de l'Europe ainsi que sa population animale sont dès lors devenus plus semblables à ce qu'ils sont encore de nos jours; mais d'immenses forêts couvraient la plus grande partie du sol, et par endroits s'étendaient des lacs ou de grands marécages et en différents lieux l'homme établissait ses habitations au-dessus des eaux.

Il y trouvait une défense naturelle contre les peuplades hostiles, et

pondent-ils, par la forme des instruments que ces peuples emploient, au troisième âge antéhistorique plutôt qu'aux âges glaciaire ou diluvien. Ainsi les haches en pierre de l'époque actuelle sont polies, comme celles que l'on découvre dans les habitations lacustres et sous les monuments celtiques.

1. On sait que l'usage du bronze est antérieur à celui du fer.

en même temps un refuge contre les animaux carnassiers, tels que les loups, les ours de l'espèce ordinaire et quelques autres moins redoutables, sans doute, que ne l'avaient été les grands carnivores diluviens, mais très-capables cependant de l'inquiéter ou de nuire à ses troupeaux. Parmi les espèces alors plus répandues que de nos jours, il faut également citer les castors, le sanglier, le cerf, etc., qui pullulaient dans un grand nombre de lieux d'où les progrès de la civilisation et ceux de la culture les ont successivement chassées. Il y avait aussi de grands bœufs, et, entre autres, le bœuf primitif (*Bos primigenius*), dont la race a disparu depuis. Quelques auteurs ont pensé que ce grand bœuf a aussi vécu pendant l'époque historique et qu'il est le même que l'*urus* signalé dans les Commentaires de Jules César.

A cette époque reculée, l'homme était maître du cheval comme il paraît l'avoir été déjà durant l'âge glaciaire. Il possédait aussi le taureau, le cochon, la chèvre, le mouton et le chien. Les diverses tribus humaines établies en Europe ne vivaient pas seulement sur les lacs; les grandes forêts leur servaient aussi d'habitation, et l'on trouve aussi des ossements humains ainsi que les débris d'une civilisation naissante dans certaines cavernes. Celle du Pontil, près Saint-Pons (Hérault), et celles de la vallée de Tarascon (Ariége), qui se sont remplies à cette époque, ont déjà permis aux archéologues des découvertes intéressantes qui ne laissent aucun doute sur la similitude des objets qui y ont été enfouis avec ceux qu'on a recueillis dans les habitations lacustres de la Suisse. C'est vers le même temps que s'est opérée l'extension en Occident des peuples originaires de l'Asie centrale que l'on a désignés par le nom d'Aryas, et qui sont les fondateurs de la civilisation européenne.

FIN DE LA ZOOLOGIE.

TABLE DES MATIÈRES.

CHAPITRE V.

FONCTIONS ET ORGANES DES ANIMAUX.

CHAPITRE VI.

DE LA NUTRITION EN GÉNÉRAL.

CHAPITRE VII.

DIGESTION.

CHAPITRE VIII.

CIRCULATION[1].

1. Planche explicative de cette fonction, p. 162.

CHAPITRE IX.

RESPIRATION.

CHAPITRE X.

SÉCRÉTION URINAIRE.

CHAPITRE XI.

CHALEUR ANIMALE.

CHAPITRE XII.

FONCTIONS DE RELATION.

CHAPITRE XIII.

ORGANES DE LOCOMOTION.

CHAPITRE XIV.

MUSCLES ET ORGANES ACTIFS DE LA LOCOMOTION.

CHAPITRE XV.

SYSTÈME NERVEUX.

CHAPITRE XVI.

DE LA PEAU.

CHAPITRE XVII.

DES ORGANES DES SENS ET EN PARTICULIER DU TOUCHER.

CHAPITRE XVIII.

SENS DU GOUT ET SENS DE L'ODORAT.

CHAPITRE XIX.

SENS DE LA VUE.

CHAPITRE XX.

SENS DE L'OUÏE.

CHAPITRE XXI.

PHONATION.

CHAPITRE XXII.

PRINCIPES GÉNÉRAUX DE CLASSIFICATION.

CHAPITRE XXIII.

DES ANIMAUX VERTÉBRÉS ET DE LEUR DIVISION EN CINQ CLASSES.

CHAPITRE XXIV.

CLASSE DES MAMMIFÈRES.

CHAPITRE XXV.

CHAPITRE XXVI.

CLASSE DES OISEAUX.

CHAPITRE XXVII.

CLASSE DES REPTILES.

CHAPITRE XXVIII.

CLASSE DES BATRACIENS.

CHAPITRE XXIX.

CLASSE DES POISSONS.

CHAPITRE XXX.

DES ANIMAUX ARTICULÉS ET PLUS PARTICULIÈREMENT DES INSECTES.

CHAPITRE XXXI.

DES MYRIAPODES, ARACHNIDES ET CRUSTACÉS.

CHAPITRE XXXII.

VERS.

CHAPITRE XXXIII.

DES ANIMAUX MOLLUSQUES.

CHAPITRE XXXIV.

ANIMAUX RAYONNÉS.

CHAPITRE XXXV.

PROTOZOAIRES OU ANIMAUX LES PLUS SIMPLES.

CHAPITRE XXXVI.

DE L'HOMME. — PRINCIPAUX TRAITS DE SON ORGANISATION. RACES HUMAINES.

FIN DE LA TABLE DES MATIÈRES.

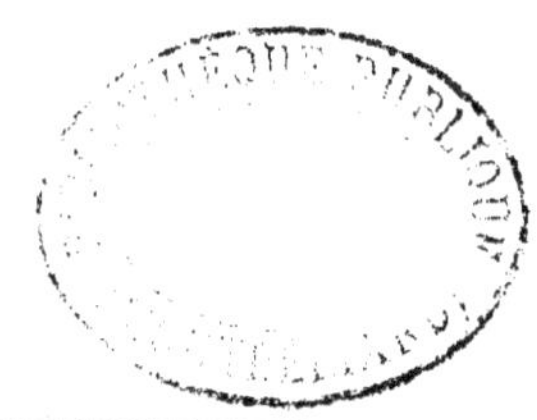

8376 — Imprimerie générale de Ch. Lahure, rue de Fleurus, 9.

www.ingramcontent.com/pod-product-compliance
Lightning Source LLC
LaVergne TN
LVHW010125230826
846091LV00001BA/149

* 9 7 8 2 0 1 9 7 2 2 0 9 8 *